質譜分析術專輯

國家實驗研究院儀器科技研究中心編印

作　者

林隆清　日本東北大學有機化學博士
國立台灣大學化學系教授暨中央研究院化學研究所研究員

林孝道　美國阿肯色大學有機化學博士
私立靜宜女子大學化學系教授暨應用化學研究所所長

曹汝祥　美國北卡州立大學分析化學博士
美國氰胺公司立達藥廠高級研究員

韓肇中　美國史丹福大學物理化學博士
中央研究院原子與分子科學研究所副研究員

李茂榮　美國佛羅里達大學分析化學碩士
國立中興大學化學系副教授

何國榮　美國密西根州立大學分析化學博士
國立台灣大學化學系副教授

王　碧　美國華盛頓大學有機化學碩士
行政院環境保護署環境檢驗所副所長

王作仁　國立台灣大學醫學院醫學士
國立台灣大學醫學院小兒科教授暨分子醫學研究所教授

王惠珀　美國密西根大學藥物化學博士
國立台灣大學藥學系副教授

吳淳美　美國羅格斯大學香味化學博士
食品工業發展研究所正研究員暨香料單元主持人

羅初英　美國德州大學奧斯汀校區有機化學博士
國立成功大學化學系教授

凌永健　美國佛羅里達州立大學分析化學博士
國立清華大學化學系副教授

江旭禎　美國愛荷華州立大學分析化學博士
國立中山大學化學系副教授

楊惠珍　國立中山大學化學系學士
國立中山大學化學系助教

劉邦基　日本電子株式會社質譜儀操作維修合格
國立清華大學質譜分析室技士

(依章次順序排列)

序　言

質譜儀因其具有高靈敏度、高鑑識能力和與層析儀器之高相容性三大特點，而成爲所有分析儀器中使用範圍最爲廣泛的分析儀器，它除了廣泛的用於化合物的鑑定、複雜混合物的定性和定量分析外，近年來在表面分析和無機元素分析領域中也扮演日益重要的角色。

自 1965 年 Watson 和 Bieaman 成功的將質譜儀和氣相層析儀結合在一起後，這種結合了氣相層析儀高分離能力和質譜儀高靈敏度及高鑑識能力的分析儀器 —— 氣相層析/質譜儀，迅速的成爲微量分析和混合物分析最爲重要的一種分析儀器。

質譜儀在 80 年代有了許多重大的突破。軟離子化法之發展，尤其是 1981 年快速原子撞擊法的發明，使得質譜儀可以有效的分析蛋白質及多醣類等具有重要生化功能的高極性化合物，而 1988 年所推出的電灑法和介質輔助雷射揮離法，更使質譜儀可以分析質量超過二十萬的生化大分子。

質譜/質譜儀是 80 年代質譜儀另一項重要的發展。將兩部質譜儀串聯而成的質譜/質譜儀，除了可提供更爲完整的構造訊息外，它也被廣泛使用於混合物之分析。與氣相層析/質譜儀相較，質譜/質譜儀具有更快的分析速度，而且也不受層析法分析能力的限制。

傳統的氣相層析/質譜儀並不十分適合分析揮發性低、極性高、熱不穩定或高質量的分子。雖然分析前的衍生化可以克服部分的困難，但是仍有耗時及氣相層析儀低質量上限兩個缺點。近年來各種液相層析/質譜儀界面的高度發展，使得許多高極性混合物可以直接使用液相層析/質譜儀來分析，這也使得質譜儀應用的範圍更爲廣泛。

國內近年來由於經濟的繁榮和工業水準的提升，質譜儀的數量呈現快速成長的趨勢，近五年所採購及安裝的高解析度質譜儀、質譜/質譜儀和低解析度質譜儀總數有數十台之多；以日本及美國的發展爲前例，我們相信質譜儀在可見的未來仍將保持快速的成長。

本書共分爲十四章，可概分爲三部分，第一章至第六章介紹質譜儀的基本技術，第七章至第十二章回顧質譜儀在醫藥、檢驗、環境、生化等方面的應用，第十三章和第十四章則介紹質譜儀在表面和無機分析的應用。我們要特別感謝各章作者及精密儀器中心編輯小組的鼎力協助，使得本書能順利出版。最後我們希望藉此書之出版能推廣國內在此領域之研究，並提供質譜儀使用者及相關領域研究人員一本有用的質譜學專門書籍。

林隆清　何國榮

中華民國八十一年八月於台灣大學化學系

目　錄

序言 …… vii

第一章　實用質譜分析摘要 …… 1
一、引言 …… 3
二、分子量的求得 …… 3
三、分子式的決定 …… 6
四、分子結構式的推論 …… 13
五、如何判斷正常的質譜 …… 16
六、結語 …… 16
・參考文獻 …… 16

第二章　化學游離法質譜術 …… 19
一、前言 …… 21
二、正離子化學游離法質譜術 …… 22
三、負離子化學游離法質譜術 …… 28
四、CIMS 之應用 …… 31
・參考文獻 …… 35

第三章　快速原子撞擊質譜技術及其應用 …… 37
一、樣本製備 …… 41
二、介質的選擇 …… 41
三、FAB 質譜及其應用 …… 41
・參考文獻 …… 54

第四章　傅立葉轉換質譜術簡介 …… 57
一、發展過程 …… 59

二、離子迴旋共振質譜儀之工作原理 …… 60
三、外置離子源之應用 …… 77
四、中央研究院原子與分子科學研究所 FT-ICR 簡介 …… 79
五、結論 …… 79
• 參考文獻 …… 80

第五章 低能量碰撞誘導解離之串聯質譜儀 …… 87
一、前言 …… 89
二、串聯質譜儀的發展歷史 …… 91
三、串聯質譜儀之功能 …… 92
四、離子活化方法 …… 94
五、三段四極質譜儀 …… 95
六、離子阱質譜儀 …… 100
七、低能量碰撞誘導解離 …… 106
八、三段四極及離子阱質譜儀之應用 …… 107
九、結論 …… 110
• 參考文獻 …… 111

第六章 磁場式質譜儀之質譜/質譜分析法
(高能碰撞引致裂解) …… 115
一、正常操作 …… 123
二、加速電壓掃描 …… 124
三、電場掃描 …… 125
四、磁場/電場聯結掃描 …… 125
五、磁場平方/電場聯結掃描 …… 126
六、第一無場區之中性丟失掃描 …… 127
七、第二無場區之母離子掃描 …… 128
八、各種掃描法之解析度 …… 129
九、串聯式質譜儀 …… 134
十、高低能碰撞之差異 …… 135

十一、結論 …… 136
・參考文獻 …… 137

第七章　氣相層析質譜術在環境分析上之應用 …… 141
一、前言 …… 143
二、氣相層析質譜術原理及儀器 …… 144
三、樣品製備 …… 151
四、樣品分析 …… 157
・參考文獻 …… 177

第八章　氣相層析質譜法及其應用於先天性代謝異常症
　　　　— 甲基丙二酸尿症之研究 …… 183
一、氣相層析儀－質譜儀之結構及功能 …… 186
二、氣相層析－質譜法之原理簡介 …… 187
三、應用氣相層析－質譜儀偵測有機酸尿症 (以甲基丙二酸症為例) 之操作舉例說明 …… 189
四、結論 …… 196
・參考文獻 …… 197

第九章　質譜儀在禁藥及運動員用藥檢測方面的應用 …… 199
一、前言 …… 201
二、國際運動員協會禁藥檢測的沿革 …… 202
三、運動員用藥的種類 …… 203
四、藥物檢測的作業步驟及質譜儀的應用 …… 209
五、結語 …… 219
・參考文獻 …… 219

第十章　質譜技術在食品成份分析上之應用 …… 221
一、食品微量成份分析之功能 …… 223
二、食品研究所過去十年質譜技術之應用研究 …… 224

三、液相層析質譜術在食品成份分析上之應用 ……228
四、串聯質譜術在食品成份分析上之應用 ……234
五、展望 ……238
• 參考文獻 ……238

第十一章 氣相層析質譜法的應用 — 脂肪酸 ……243
一、前言 ……245
二、衍生物的製備 ……246
三、脂肪酸及其衍生物在氣相層析條件下的性質 ……247
四、脂肪酸及其衍生物在質譜條件下的斷裂形式 ……249
五、結語 ……263
• 參考文獻 ……264

第十二章 質分離子顯微術在生物和醫學上的應用 ……275
一、前言 ……277
二、原理 ……280
三、儀器 ……290
四、儀器系統和功能參數 ……295
五、樣品處理 ……303
六、定量分析 ……308
七、牙齒中氟、鈣、鎂等元素的分佈研究 ……310
八、骨骼中鋁元素的分佈研究 ……311
九、細胞中鈣元素的分佈研究 ……313
十、甲狀腺組織中碘分佈的研究 ……315
十一、成纖維細胞的可體松類固醇和治療腦瘤藥物的分佈研究 ……320
十二、腦肌肉細胞中負責神經信號傳遞的 Acetylcholine 的分佈研究 ……323
十三、有絲分裂細胞中鈣元素的分佈研究 ……325
十四、結論 ……329
• 參考文獻 ……330

第十三章　感應偶合電漿質譜儀 …… 341
一、前言 …… 343
二、基本原理 …… 344
三、ICP-MS 的分析特性 …… 351
四、應用 …… 360
五、討論 …… 364
・參考文獻 …… 364

第十四章　質譜儀之維護與保養 …… 369
一、前言 …… 371
二、儀器室一般要求 …… 371
三、導入系統 …… 372
四、游離區 …… 373
五、質荷比分析區 …… 375
六、偵測區 …… 375
七、眞空系統 …… 375
八、其它 …… 376
・參考文獻 …… 376

索引 …… 377
I. 英文名詞索引 …… 377
II. 中文名詞索引 …… 384

第一章

實用質譜分析摘要

林隆清

一、引言

質譜儀在近幾年有很大的進展，尤其游離方法的改良，如 PD (Plasma Desorption)、DCI (Desorption Chemical Ionization)、FD (Field Desorption)、FI (Field Ionization)、FAB (Fast Atom Bombardment)、LD (Laser Desorption) 及電灑法 (electrospray) 等，已使受檢樣品的範圍增加，即分子量較高、極性較大及對熱不穩定的胜肽與蛋白質等生物分子都可加以分析。更因質譜儀與 GC 、 LC 等分離儀器成功地相連，或是以串聯方式所構成的串聯質譜儀 (Tandem Mass Spectrometer, MS / MS) 等，皆對微量混合物的分析有莫大的幫助，因而被化學、生化、地球化學、醫學、生物技術、毒品診斷分析及環保等廣泛應用。

二、分子量的求得

利用質譜分析最重要的目的是要得到化合物的分子量。因此歷年來質譜儀的設計不斷推陳出新，就是希望能直接測得 $M^{+\cdot}$ (molecular ion ，分子離子峰)。一般鑑定分子量是由 EI (Electron Impact Ionization) 及一軟性游離化法 (soft ionization)，如 CI (Chemical Ionization)、 FAB 或 thermospray HPLC-MS 配合使用來完成。

一般分析的步驟如圖 1.1 之流程圖。由測 70 eV 之 EIMS 開始，得到 M^+峰，如不確定則用 11 eV 之 EIMS 再測試，若得到相同的 M^+峰就足以證實該化合物的分子量。若不相同，則有必要選擇一種適當的軟性游離法，一般最常使用的是 CI 。

在決定 M^+峰的過程，必須注意以下四點：

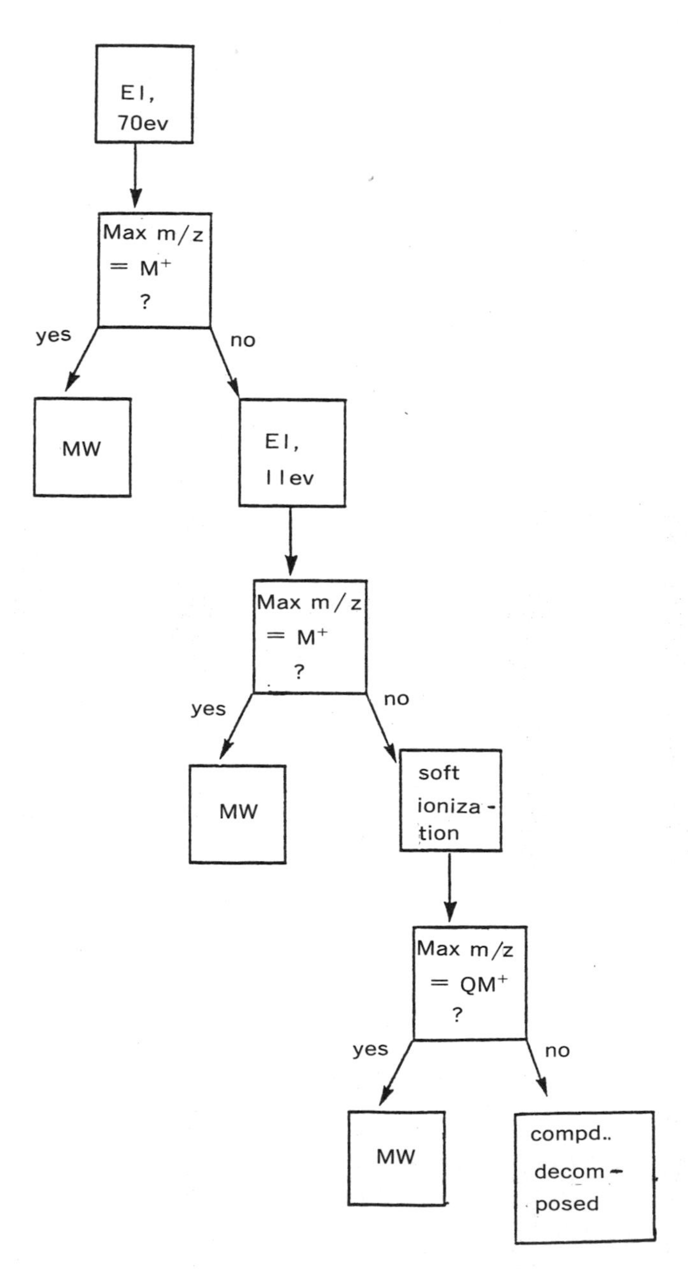

圖1.1 一般質譜分析步驟之流程圖。

(1) $M^{+\cdot}$峰是在質譜上最大 m/z 值之峰。一般 M + 1 或 M + 2 值的峰都較短小。

(2) 一般 M−4 至 M−14，M−21 至 M−25，M−37 及 M−38 的裂片峰 (fragment ion peak) 是不可能出現，因爲要脫離上述質量之中性裂片是不可能的。因此，對純化合物而言，如有以上峰出現，表示所選出的 M^+峰是不對的。

(3) 對含氮的化合物，其 m/z 值要符合氮定律 (nitrogen-rule) 即氮有奇數個，m/z 值亦是奇數，則 M^+方爲所求。

(4) 如推論該化合物可能被分解，可以藉由注入樣品的量及溫度的改變，對照各質譜上峰的變化，以確定是否分解。

低分子量有機化合物分子高位子群中的單同位素峰 (monoisotopic mass) 也就是最高強度峰 (most abundant mass)，因此都是以最高強度峰來判斷分析物的分子量。但是對分子量較高之生物分子而言，最高強度峰不再是單同位素峰，因此分子量的判定就較分子量有機分子來得複雜，例如分子式是 $C_{153}H_{224}N_{42}O_{50}S$，其分子量則有以下四種：

(1) nominal mass (整數分子量) 以 C = 12，H = 1，N = 14，O = 16，S = 32 計算得 3480。

(2) monoisotopic mass (exact mass，精確分子量) 以 ^{12}C = 12.0000，^{1}H = 1.0078，^{16}O = 15.9949，^{14}N = 14.0030，^{32}S = 31.9721 (是考慮各元素中存在量最大的同位素質量) 計算得 3481.590。

(3) average mass (平均分子量) 以 C = 12.011，H = 1.008，N = 14.007，O = 15.999，S = 32.060 (是考慮各元素所有同位素存在的比例) 計算得 3483.779。

(4) most abundant peak 的 m/z 值是質譜的分子離子群中，出現機率最大的爲 3483.640。

事實上，^{13}C 在一分子中有大於 100 個碳中，就至少佔 1 個，因此碳的數目愈多，則^{13}C 在分子中存在的機率就相對地增大，此時若僅考慮^{12}C 就不盡合理。

圖 1.2 是 Insulin 的部分質譜，其分子式是 $C_{254}H_{377}O_{75}N_{65}S_6$，在分子離子群中，出現比例最高的峰 (most abundant peak) 並不是單同位素峰。單同位素

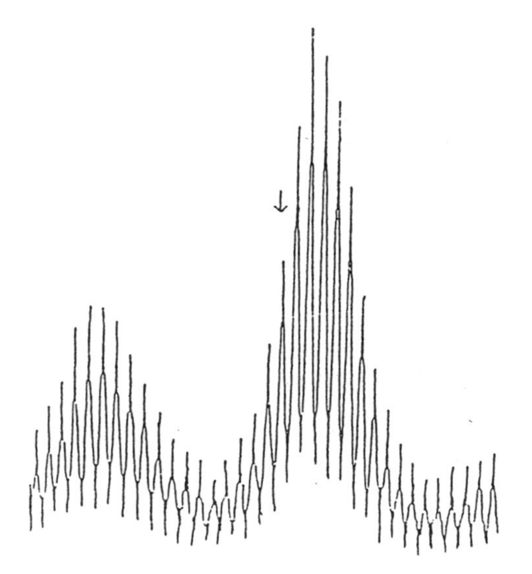

圖1.2
FAB Spectrum of insulin (胰島素)。

質量 (monoisotopic mass) 峰出現在箭頭所指之位置。

對於分子量超過八仟的分子而言，因為①單同位素峰不存在，②分子離子的強度不足以得到高解析度質譜，③低解析度質譜分子離子的中間點 (centroid) 和平均值十分靠近，因此最常被使用的分子量表示方法是平均分子量。由於是以分子離子的中間點為分子量制定的依據，因此質譜儀的準確度是必須考慮的主要因素，而解析度反而是其次。

三、分子式的決定

若先求得分子量之後便可決定分子式。依低解析度及高解析度質譜，我們可以利用以下原則推測而決定分子式。

(一) 低解析度質譜

(1) MW (分子量) 除以 14 (表示 CH_2、N、O) 得到的商即為 C、O、N 的最小總原子數。

(2)設分子式為 $C_xH_yO_nN_z$，即可利用以下的關係式：

$$\frac{(M+1)^+}{M^+}\% = 1.1x\% + 0.36z\%$$

$$\frac{(M+2)^+}{M^+}\% = (1.1x)^2/200\% + 0.2n\%$$

但在此要注意理論上 M ＋ 1 及 M ＋ 2 峰的強度可利用公式導出分子式，但在實際應用上，M ＋ 1 及 M ＋ 2 峰的強度，常因有離子及分子相撞的反應造成所呈現的強度不正確，尤其在快速掃描的技術中，往往得到較大的強度，基本上，分子量低於 250 的化合物，仍可利用$(M+1)^+/(M+2)^+$導出分子式，而大於 250 時，就要依賴高解析度的質譜來決定分子式。

(3)鑑別含 O 的方法為檢查質譜中是否有 M−17 (或 M−18)，M−31，M−45 的離子值存在，判定是否有−OH (H_2O)，−OCH_3，−OC_2H_5或−COOH 的官能基，而決定是否含 O。

(4) N 的鑑別方法是 MW −(12x ＋ y) ＝ 14 或為其倍數時，而推測含有 N。

(5) X (鹵素) 則依同位素的含量比例來推測，即 $(M+2)^+/M^+$為 1 / 3 時則含一個 Cl，為 1 / 1 時則含一個 Br。F 和 I 是單同位素元素 (monoisotopic elements)，即在天然中不含較重的同位素，另外，也可從質譜中是否有 M − X 的裂片峰而推定鹵素是否存在。

(6)對 S 與 Si 而言，是根據 M ＋ 2 / M ＋ 1 的比例來推定的。

一般 C、H 化合物中 M ＋ 2 / M ＋ 1 比不大。分子量為 340 時，其比約為 0.14，但是若含有 S 或 Si 時，則其比會增加 2 至 3 倍，即 0.30～0.40 之間。

以下為一般處理方法的五項實例：

例一、M^+：$m/z = 124$

[解] (1) 124 ÷ 14 ＝ 8………12

(2) (i) 只含 C、H 時 ⟶ ① C_8H_{28}不合理，因為 H 的個數必須小於 18。

② C_9H_{16}為合理的。

(ii) 含 C,H,N 時，可從合理的碳氫化合物來推：

$$C_9H_{16} \xrightarrow{-24(2C)-4(4H)+28(2N)} C_7H_{12}N_2 \xrightarrow{\text{同理類推}} C_5H_8N_4 \xrightarrow{\text{同理類推}} C_3H_4N_6$$

(iii) 含 C,H,O 時，也可從合理的碳氫化合物來推：

$$C_9H_{16} \xrightarrow{-12(1C)-4(4H)+16(1O)} C_8H_{12}O \xrightarrow{\text{同理類推}} C_7H_8O_2 \xrightarrow{\text{同理類推}} C_6H_4O_3$$

(iV) 含 C,H,O,N 時，也可從合理的碳氫氧化合物來推：

$$C_8H_{12}O \xrightarrow{-24(2C)-4(4H)+28(2N)} C_6H_8ON_2 \xrightarrow{\text{同理類推}} C_4H_4ON_4$$

$$C_7H_8O_2 \xrightarrow{\text{同理類推}} C_5H_4O_2N_2$$

由以上推演，在 C 、 H 化合物中只有一種可能， C 、 H 、 O 化合物有三種， C 、 H 、 N 化合物有三種，及 C 、 H 、 O 、 N 化合物則有三種，但如配合其它數據， PMR (proton NMR)、 CMR (^{13}C NMR) 等，則許多可能可被剔除，就可以決定分子式。

例二、 M^+： $m / z = 125$

［解］ (1) 至少要含有一個 N

(2) $125 \div 14 = 8 \cdots\cdots 13$

(3) (i) 含 C,H,N 時

$$C_8H_{15}N \xrightarrow{-24(2C)-4(4H)+28(2N)} C_6H_{11}N_3 \xrightarrow{\text{同理類推}} C_4H_7N_5$$

(ii) 含 C,H,O,N 時，可從合理的碳氫氮化合物推出：

$$C_8H_{15}N \xrightarrow{-12(1C)-4(4H)+16(1O)} C_7H_{11}ON \xrightarrow{\text{同理類推}} C_6H_7O_2N \xrightarrow{\text{同理類推}} C_5H_3O_3N$$

$$C_7H_{11}ON \xrightarrow{-24(2C)-4(4H)+28(2N)} C_5H_7ON_3$$

$$C_6H_7O_2N \xrightarrow{\text{同理類推}} C_4H_3O_2N_3$$

$$C_6H_{11}N_3 \xrightarrow{\text{同理類推}} C_5H_7ON_3$$

同例一，有其它分析數據時則許多可能會被刪掉，但此例重要的是遇奇數的分子量要加上奇數的 N 。

例三、以圖 1.3 爲例。

(A)EI

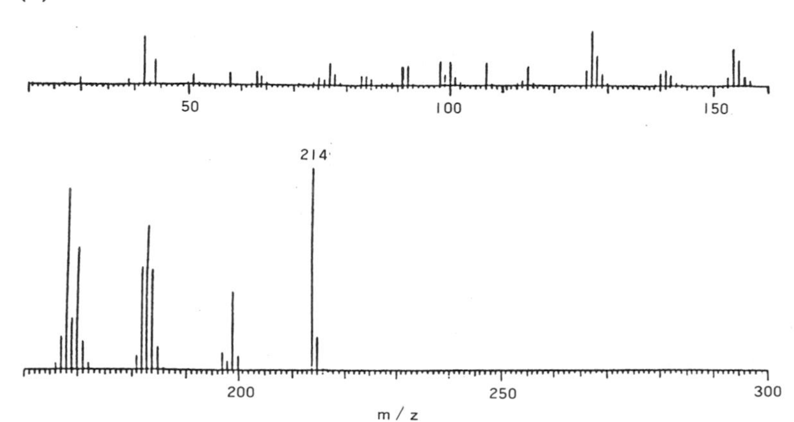

^{13}C-NMR(50.3 MHz)

(B)^{13}C-NMR (50.3 MHz)

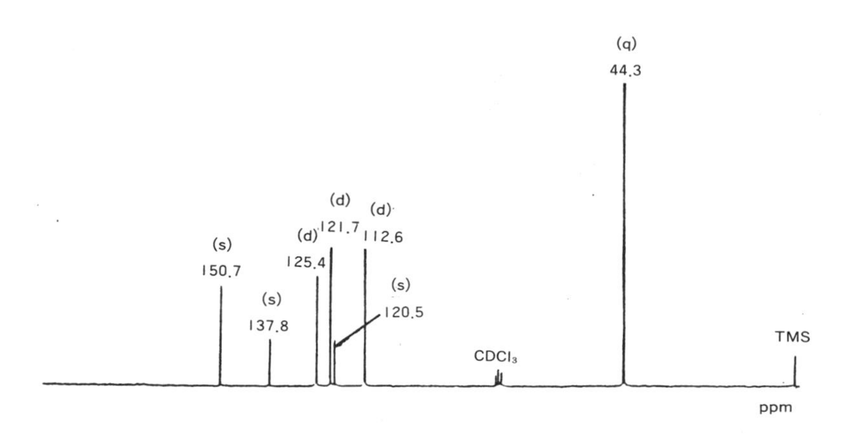

圖1.3　例三之 EI 及^{13}C-NMR。

[解] (1) M^+： $m / z = 214$

$214 \div 14 = 15 \cdots\cdots\cdots 4$

(2) CMR 有七種 C 及其強度比 (intensity ratio) 得知其比是 2 ： 1 ： 2 ： 2 ： 1 ： 2 ： 4，∴ 14 個 C 及 18 個 H

(3) $214-(12\times 14+1\times 18)=28$ ——— N_2

$\therefore C_{14}H_{18}N_2$

例四、已知 MS： 137(M) 100%

138(M + 1) 8.17%

139(M + 2) 0.71%

PMR = δ7.9(1H)，7.3(3H)，2.5(3H)

[解] (1) 至少含有一個 N 及七個 H

(2) $137 \div 14 = 9 \cdots\cdots 11$

(i) 含 C,H,N 時，

$$C_9H_{15}N \xrightarrow{-24(2C)-4(4H)+28(2N)} C_7H_{11}N_3 \xrightarrow{\text{同理類推}} C_5H_7N_5$$

(ii) 含 C,H,O,N 時，可從合理的碳氫氮化合物推出：

$$C_9H_{15}N \xrightarrow{-12(1C)-4(4H)+16(1O)} C_8H_{11}ON \xrightarrow{\text{同理類推}} C_7H_7O_2N$$

$$C_7H_{11}N_3 \xrightarrow{\text{同理類推}} C_6H_7ON_3$$

(3)由以上推出之可能化合物

再利用 $$\frac{M+1}{M}\% = 1.1x + 0.36z = 8.17$$

$$\frac{M+2}{M}\% = \frac{(1.1x)^2}{200} + 0.20n = 0.71$$

求得 $x=7$，$z=1$，$n=2$

∴分子式爲 $C_7H_7O_2N$

例五、已知 M^+： $m/z=112$ 及含有四個 H (由 PMR 看出) 與 O

[解] (1) $112 \div 14 = 8$

(2) 含 C 、 H 時 ———→ C_9H_4

(3) 含 C 、 H 及 O

爲了補上 O，只能扣掉 C，因此將 C = 12， O = 16 此二值取最小公倍數 48，所以得知要扣掉四個 C，補上三個 O 分子式得到 $C_5H_4O_3$。

㈡ 高解析度質譜

由高解析度質譜讀到的是精確的分子量 (exact mass)，需報告到小數點的第四位，而實驗可容忍的誤差是± 0.003 amu ，如超過或不足，要自動剔除。在高解析度的數據系統，我們可以獲得下列資料。

表1.1　精確分子量所對應可能的分子式組合數。

Composition / Exact. M. W.	C H N O	C H N O S P
100.100	1	1
300.225	10	26
500.350	21	56
700.475	25	311

C： 12.0000　　O： 15.9949　　N： 14.0031
H： 1.0078　　S： 31.9721　　P： 30.9737

由表 1.1 得知，若分子量在 300 以下時，可以直接決定其分子式如例一至五，分子量在 300 以上，其組合較複雜，所以必須仰賴電腦計算，如 300.225 的 C、H、O、N 化合物的組合有 10 種，再加上 S 、 P 二元素時則有 26 種，如是 700.475 ，其組合有 331 種，則複雜性已非人力所能完成，今舉下例作說明。某化合物 M.P. 270～271°C去測定質譜如圖 1.4 及表 1.2 。

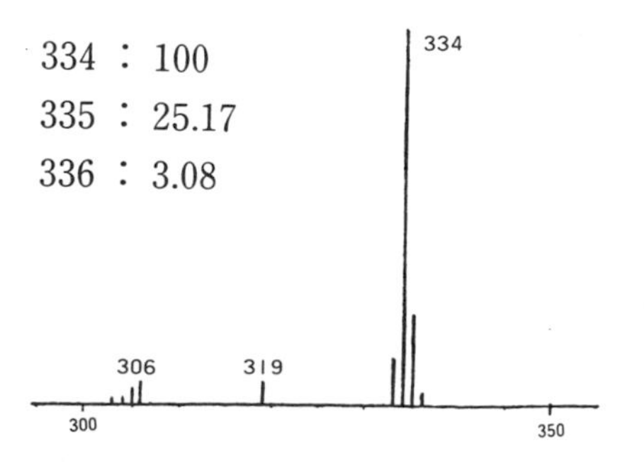

圖1.4
化合物 M.P.270～271°C的低解析度質譜 (部份省略)。

表1.2　由數據系統得知之元素組成。

Mass	Int.	mmu	u.s.	No:	C	H	O	N	P
334.1679	100.0	− 0.2	12.0	1:	21	22	2	2	-
		− 1.9	8.0	2:	19	27	3	-	1
		− 0.5	8.5	3:	17	25	2	3	1
		− 2.2	4.5	4:	15	30	3	1	2
		− 0.8	5.0	5:	13	28	2	4	2
		− 2.5	1.0	6:	11	33	3	2	3

(部份，其它省略)

[解]

(1) $(M+2)^+$峰十分小，以及第二支峰是 319，證實此化合物應不含有 F、Cl、Br、I、S 及 Si。

(2) 假設此化合物的分子式爲 $C_wH_xN_yO_zP_k$。

(3) $(M+1)^+$峰的來源有^{13}C、^{2}H、^{15}N 及^{17}O

$$\frac{(M+1)^+}{(M)^+} = \omega\left(\frac{1.1}{100-1.1}\right) + x\left(\frac{0.015}{100-0.015}\right) + y\left(\frac{0.36}{100-0.36}\right) + z\left(\frac{0.04}{100-0.04-0.2}\right) = 25.17\%$$

忽略^{15}N 及^{17}O 的貢獻，求得 ω 的範圍

∵　(i) ^{13}C 貢獻 1.11%

(ii) ^{13}CH 貢獻 1.13%

(iii) $^{13}CH_2$ 貢獻 1.14%

∴　$25.17 \div 1.14 = 22.08 = 22$

± 2 是可容許的誤差

$20 \leqq \omega \leqq 24$

(4) 將 O、N 及 1 / 2P 的原子量大約視作 15

$$\frac{(334 - 20 \times 12)}{15} = 6$$ (含 O 、 N 及 1 / 2 個 P 的最大個數)

$\therefore 0 \leqq y + z + 2k \leqq 6$

$\omega = 20，21，22，23，24$

$y = 0，2，4，6$ (依 nitrogen-rule)

$z = 0，1，2，3，4，5$

$k = 0，2$ 依 (nitrogen-rule)

(5) 不飽和數必須爲整數。

(6) 根據(1)～(5)的條件，由高解析度質譜的元素組成資料中，得知分子式 $C_{21}H_{22}O_2N_2$是唯一可能之分子式。

四、分子結構式的推論

(一) M^+斷裂過程的推論

由質譜的斷片離子峰 (fragment ion peak) 來推論其 M^+的斷裂 (fragmentation) 過程，就可能提供分子結構的證據。而斷裂的方式有以下幾種：

(1) α －斷裂
(2)史蒂文生 (Stevenson's) 定律
(3) C －異原子鍵的斷裂
(4) McLafferty 重組
(5)四環過渡狀態
(6) Retro-Diels-Alder 過程

以上在相關的書籍都有詳盡的說明，此處便毋需贅述。此外，若把握以下的基本原則及類型則對於推測分子結構，可免去許多不必要的推測。

1. The Even-Electron Rule (偶電子數定則)

一奇數個電子的離子可能失去自由基或偶數個電子的分子，但偶數個電子的離子則通常只能失去偶數個電子的分子。

例：

$CH_3\text{-}CH_2\text{-}CH_2\text{-}CH_2^+$ —— $-CH_2=CH_2$ ⟶ $CH_3CH_2^{\cdot}$ $m/z = 29$

$-CH_3CH_2$ ⟶ $^+CH_2-\dot{C}H_2$ $m/z = 28$

$OE^{\ddagger}$ —— ⟶ $OE^{\cdot} + EE^+$ ……(1) 穩定

⟶ $OE^{\ddagger} + EE$ ……(2) 穩定

$OE^{\ddagger}$ ＝奇電子自由基離子 (an odd-electron radical ion)

$OE^{\cdot}$ ＝奇電子自由基 (an odd-electron radical) 中性物

EE^+ —— ⟶ $EE^+ + EE$ ……(3) 穩定

⟶ $OE^{\ddagger} + OE^{\cdot}$ ……(4) 不太可能

EE ＝偶電子中性分子 (an even electron neutral molecule)

EE^+＝偶電子離子 (an even-electron ion)

2. 斷裂方式的類型

$[M]^{\ddagger} \xrightarrow{(1)} EE^+ + OE^{\cdot}$

偶數個電子離子穩定

$\xrightarrow{(2)} [\ \text{(環狀結構, H)}\ ]^{\ddagger} \xrightarrow{\text{重組}}$

途經穩定環狀過渡狀態

$\xrightarrow{(3)} OE^{\ddagger} + n$

含奇數個電子之離子，雖較不穩定，但因一中性分子之脫落而降低能量。

(二)推論結果的辨識

1. 利用間穩峰 (metastable peak) 鑑定所推測的斷裂方式是否正確。 m^*表示間穩峰，與 m_1、 m_2的關係如下：

(1) $m_1^+ \xrightarrow{m^*} m_2^+ + n \ (n = m_1 - m_2)$

(2) $m^* = m_2^2 / m_1$

間穩離子是 m_1^+在離子源中帶有較大的能量，但又不足以在離子化室內分解成 m_2^+，所以可藉由間穩峰的存在與否來決定裂解離子間的關係。如有 m^*出現，表示 m_1^+是直接一次斷裂成 m_2^+，而非 $m_1^+ \longrightarrow m_x^+ \longrightarrow m_2^+$，即不經另一中間離子 ($m_x^+$) 而直接得到 m_2^+，但 m^*的出現，和質譜儀的設計有密切關係。傳統單一磁場型 (one-sector type) 質譜儀可以準確地測定出，但如四極質譜儀 (quadrupole mass) 就無法測得。今往往在 lst FFR (First Free Field Region) 加上碰撞室 (Collision Activation chamber, CA) 故意撞擊使成 m^*。

2. 以聯結掃描 (linked scan) 質譜作分子結構的驗證。

⑴ 子離子掃描 (daughter ion scan) 質譜是對一特定的母離子峰，控制 B / E 比值固定，使其所有子離子 (daughter ions) 出現在質譜上。(B ：磁場強度，E ：電場強度)

⑵ 母離子掃描 (parent ion scan) 質譜是對一特定子離子峰控制 B^2/E 比值固定，而使所有母離子 (parent ions) 出現。

今以 limonene 爲例，作⑷及⑻質譜 (參見圖 1.5 及圖 1.6)。

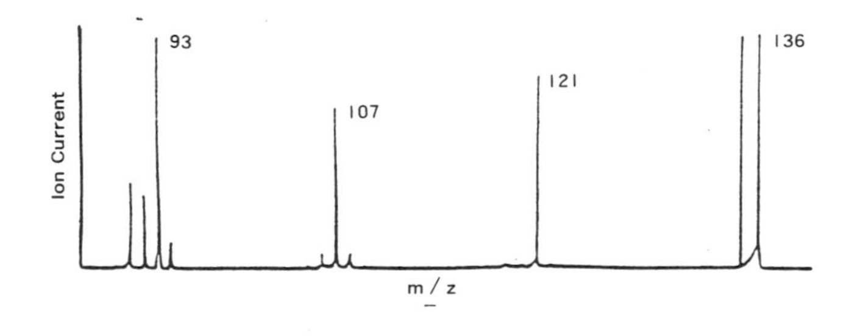

圖1.5
Limonene 之 B/E 聯結掃描質譜：$M^{+\cdot}$ m/z 136。

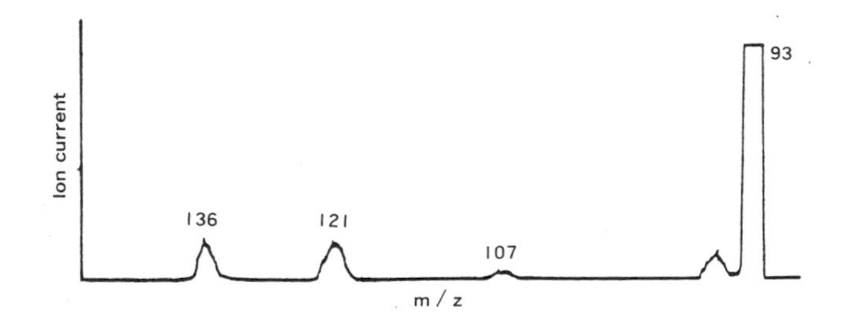

圖1.6
Limonene 斷裂離子之 B^2/E 聯結掃描質譜：$C_7H_9^+$ m/z 93。

⑷ m / z 136 (M^+)的 B / E 聯結掃描 (linked scan)質譜

⑻ m / z 93 的 B^2/E 聯結掃描 (linked scan) 質譜

由 EI (70 eV) 質譜得到 m / z 136 ， 121 ， 107 ， 93 (基峰)， 79 ， 68 等峰。根據以上⑷及⑻質譜推論 limonene 的斷裂方式如圖 1.7 。

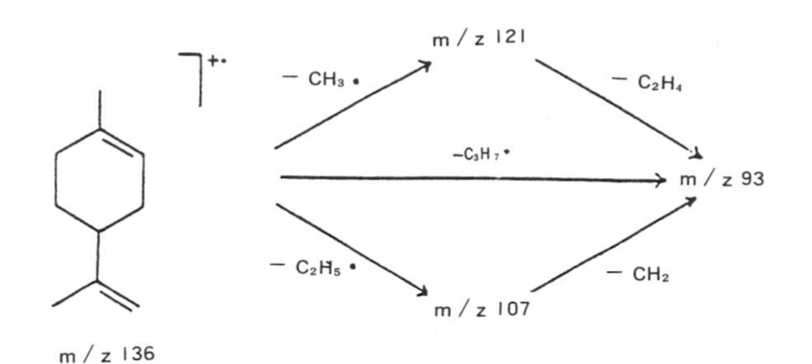

圖1.7
Limonene 的斷裂途徑。

五、如何判斷正常的質譜

依據經驗，如遇以下情形表示導入樣品的量太多，必須調整眞空度在 10^{-7} mm 以下，期使樣品能以單一分子的狀態裂解。

(1) 質譜中出現 20～30 支高強度的裂片離子峰。

(2) $(M+1)^{+}$的強度較計算值大得多。

另外質譜不具再現性，表示樣品本身有問題，即(1) 非純物質，(2) 在測定過程中，已被分解。

六、結語

限於篇幅，筆者僅將歷年來在質譜分析的教學經驗大略地討論。希望讀者能容易接受並應用，且對各位研究者能有幫助。

參考文獻

1. R. M. Silverstein, G. Clayton Bassler, Terence C. Morrill, Spectrometric Identification of Organic Compounds, 5th ed. John Wiley & Sons, Inc. (1991)
2. Dudley H. Williams,. Ian Fleming, Spectroscopic Methods in Organic Chemistry,4th ed., McGRAW-HILL Book Company (UK) (1987).
3. J. Throck Watson, “Introduction to mass spectrometry”, Raven Press Books, (1985).
4. M. E. Rose, R. A. W. Johnstone, Mass Spectrometry for Chemists and Biochemists,Cambridge University Press (1982).

5. F. W. McLafferty, Interpretation of Mass Spectra, 3rd ed., University Science Books Press, Mill Valley, CA. (1980).
6. E. Stenhagen, S. Abrahamsson, F. W. McLafferty, "Atlas of mass spectral data",vol.1-3 (1969).
7. 林隆清　實用質譜分析　國立編譯館主編　正中書局印行　(1978)。

第二章

化學游離法質譜術

林孝道

摘　要

化學游離法是一種間接地以低能量將待分析樣品離子化的方法，與電子撞擊法一樣，它可以產生帶正、負電荷的分子離子及其子離子。由於分子離子所帶能量較低，斷裂之程度亦低，因此可用來輔助分子量之測定；除此之外，這些化學試劑亦可進行與液相類似之反應，這種氣相反應亦廣泛被利用作反應機構之模擬探討、熱力學數據測定及理論計算。本文將介紹正、負分子離子形成之原理及反應，並列舉四種不同之例子加以說明。

一、前言

化學游離法質譜術 (Chemical Ionization Mass Spectrometry, CIMS) 是在質譜儀的游離室內，待測的氣態樣品分子與已離子化之化學試劑相互作用中進行質子轉移時，將樣品分子質子化而成〔M + H〕$^{+}$。由這種方法生成的質子化分子離子之裂解方式有異於電子撞擊法質譜術 (Electron Impact Mass Spectrometry, EIMS)，CIMS 是 Munson 和 Field 在 1966 年作離子與分子反應研究時所樹立[1]，此後以這基礎研究原理發展成爲鑑定有機化合物分子量之有效工具，最近已被廣泛應用於化學、生化、醫學及環境上之分析。在英國皇家學會出版之 “Mass Spectrometry” 第九卷第十章 “藥物的新陳代謝”、“藥物動力學及毒物學”中[2]收集了從 1984 年 7 月到 1986 年 6 月所發表的應用質譜法來作分析或鑑定的相關文獻，在 167 篇論文中，CIMS 佔了 62 篇之多，由此可見 CIMS 在當今質譜分析方法中所扮演角色的重要性；CIMS 分析法可分爲檢視正離子與檢視負離子兩種，玆分別介紹如下。

二、正離子化學游離法質譜術 (PCIMS)

由 PCIMS 所生成之質子化離子 ($[M+H]^+$) 的裂解較經由 EIMS 之裂解為簡單，因 $[M+H]^+$離子含有偶數個價電子及低能量，降低裂解的可能性，同時質子化分子離子亦保持其原化合物的組態，在這種情況下，一般而言，CIMS 均較 EIMS 單純。在 EIMS 測試時，可能產生下列之問題，如：(1)若分子離子不夠穩定時，化合物之分子量不易測得；(2)有時化合物的取代基在揮發時，分子結構有重排的現象，則所得之圖譜並非代表其真正之結果；(3)化合物具有不同的立體異構時，帶單電子之分子離子傾向於轉變成扭力穩定之化合物，EIMS 測試無法加以區別；這些困難可以使用 CIMS 來解決。一般而言，CIMS 的主要用途在(1)分子量的測定，(2)構造式的解析，(3)鑑定和定量分析，以及(4)熱力學數據之測定。

(一) 原理與反應型態

CIMS 的裝置設備大體上與 EIMS 相類似，其最大差別是在離子源中用來游離試劑氣體的電位 (約 200 eV) 比 EIMS 高，試劑經電子束直接撞擊後，轉變成具反應活性之離子化氣體或叢式離子 (cluster ions)，再與待測氣態樣品分子碰撞形成質子化分子離子產物或加成體 (adducts)。為了減少樣品分子可能直接受到電子束轟擊進而裂解的比率，使用之氣體與樣品分子的莫耳分率比 (壓力比) 可以由相等而至大於 10^4：1，如此讓所有電子束只能對試劑氣體進行轟擊。在這種條件下待分析樣品分子經由電子束撞擊而游離所產生的裂解可加以忽略。因在 CIMS 中，離子源的壓力比起一般質譜法具有相對的較高壓力 (約 0.2 ～ 2 torr，EIMS 的離子源壓力約 10^{-5} ～ 10^{-6} torr)，分子平均自由途徑 (mean free path) 則相對的減短 (只有約 0.2 μm)，亦即樣品分子跟氣體離子之間碰撞的機率相對的提高，因此樣品可以高效率的被離子化[4,5]。此圖譜不似 EIMS 圖譜中分子離子 ($M^{+\cdot}$) 有許多複雜的斷裂產物；在大部分的情況下，CIMS 圖譜所呈現的是質子化之分子離子產物 $[M+H]^+$，為基峰 (base peak)，可以讓我們很容易地鑑定出化合物的分子量。

在 CI 離子源中，離子化步驟如下：

$$RH + e^- \longrightarrow RH^+ + 2e^- \tag{2-1}$$

$$RH^{+\cdot} + RH \longrightarrow \begin{cases} RH_2^{+} + R^{\cdot} \\ RH_2^{\cdot} + R^{+} \end{cases} \qquad (2\text{-}2)$$

$$RH_2^{+} + SH \longrightarrow RH + (SH + H)^{+} \qquad (2\text{-}3)$$

$$R^{+} + SH \longrightarrow RH + S^{+} \qquad (2\text{-}4)$$

$$RH^{+\cdot} + SH \longrightarrow RH + SH^{+} \qquad (2\text{-}5)$$

$$RH_2^{+} + SH \longrightarrow SH - RH_2^{+} \qquad (2\text{-}6)$$

RH 表試劑氣體分子，經電子束轟擊形成試劑分子離子 RH^{+}，如方程式(2-1)，它能進一步再與其它的試劑分子結合，形成具反應性的離子 (RH_2^{+})；此種具活性的離子易和樣品分子 SH 進行碰撞，而發生多種型態的反應，如方程式 (2-3) 的質子化反應 (protonation)；方程式 (2-4) 的氫陰離子抽離反應 (hydride abstraction)；方程式 (2-5) 的電荷交換反應 (charge exchange) 及方程式 (2-6) 的叢式結合反應 (clustering association)[(5)]。雖然有多種反應發生，但常見的例子是以質子化反應及叢式結合反應居多，且較有應用的價值，因此下文將以這兩種反應型態爲主要的介紹重點。

1. 質子化反應 (Protonation)

在方程式 (2-3) 中，係以質子化試劑氣體離子 RH_2^{+}來進行質子轉移，這反應要有效率的進行其條件爲反應分子的質子親和力 (Proton Affinity, PA) 須大於氣體試劑的質子親和力，即 $PA_{SH} - PA_{RH} = \Delta PA$ ，ΔPA 爲負值；因若氣體分子的 PA 值愈低就愈有生成中性產物的傾向，而易將質子移轉給樣品分子形成穩定的質子化分子離子產物。表 2.1 爲常見的典型化合物之質子親和力值。

有些化合物在質子化後接著進行裂解反應，而〔$M + H^{+}$〕的裂解程度則受化合物的內能 (internal energy) 與質子轉移時所產生的熱 (exothermicity of proton transfer) 之支配，所以可由選擇適當的試劑氣體來控制 ΔPA 值進而控制〔$M + H$〕$^{+}$的裂解反應。若選擇適當的化學試劑則可減少質子轉移熱，而形成最大的〔$M + H$〕$^{+}$離子產物或較少斷裂之擬分子離子 (quasimolecular ion)，此將有助於明確地斷定分子量。因質子化分子的內能係隨分子本質而異，故若質子轉移熱被減到最低時，〔$M + H$〕$^{+}$之裂解作用將只受內能的影響。這種由內能影響斷鍵的關係將有助於判斷化合物的構造與同分異構物之區別。

表2.1 典型化合物的質子親和力值。

種　類	Kcal / mol
甲　烷	127
氨	207
酯　類	198～205
醛　類	177～193
醚　類	193
四氫呋喃	199
醇　類	185～191
簡單烯類	185

2. 叢式結合反應 (Clustering Association)

這是 CIMS 中另一種常出現的離子化途徑。如方程式 (2-6) 所示，具反應性的離子和另一樣品分子碰撞，形成了一個複合物 (complex)，這種碰撞所產生的穩定複合物及其平衡狀況，都可在質譜上看到，一般用 $[M + m(RH) + 1]^+$ 表示這種加成物離子 (adduction)。以甲基胺爲例，可觀察到這種反應的進行，如方程式 (2-7)[6]：

$$n\,CH_3NH_2 \longrightarrow CH_3NH_3^+ + (CH_3NH_2)_nH^+ \qquad (2\text{-}7)$$

$$n = 1、2、3、4$$

若因碰撞後的複合物穩定性不好時，則複合物可經由逆反應解離回到反應物。較明顯而常見的叢式反應是由極性分子對氣體離子產生溶合作用 (solvation)。在大於 0.1 torr 的壓力時，形成具有氫鍵的叢式離子，叢式離子的發生可由氣體試劑的壓力來控制，其形成狀況亦可因加入了非極性氣體而減少。

現將上述可能進行之反應相關資料簡略摘錄於表 2.2 。

(二) 試劑氣體

理想的試劑氣體必須易離子化且所產生的離子具有相當的穩定性，與試劑氣體本身的反應性低，但有足夠活性和其他待測樣品分子起化學反應；其次需高度揮發性，以利幫浦將未反應的試劑由離子源中移出，以降低它在質譜內滯留時間；又須不易腐蝕燈絲 (filament) 或其他裝置。一般低分子量的試劑氣體均能符

表2.2 各反應型態與其相關資料示意表。

反應型態	產　　物	產物的電子型態	質子親和力值比 $PA_{SH}-PA_{RH}=\Delta PA$	例　　子
質子化 protonation	$[M+H]^+$ 質子化分子離子	偶電子	樣品分子 PA 值大於試劑分子 PA 值	含有雜原子的化合物如胺、醚等等
氫陰離子抽離 hydride abstraction	$[M-H]^+$ 去氫分子離子	偶電子	樣品分子 PA 值小於試劑分子 PA 值	飽和的碳氫化合物，如烷類
電荷交換 clarge exchange	$M^{+\cdot}$ 分子離子	單電子	——	氣體試劑具高離子化位能者如 He
叢式結合 cluster association	$[M+m(RH)+1]^+$ 質子化分子離子加成物	偶電子	樣品分子 PA 值大於試劑分子 PA 值	具形成氫鍵能力的分子化合物，如醇、胺。

合這些條件且能有效率地轉移質子給樣品分子，測試時可依研究的需要選擇適當的氣體。

在 CI 的試劑氣體中最常見的是甲烷 (methane)，異－丁烷 (iso-butane) 和氨氣 (ammonia)，其它較少用的有甲基乙烯基醚 (methyl vinyl ether)、四甲基矽烷 (tetramethylsilane)、氧化亞氮 (nitrous oxide)、乙烷 (ethane)、丙烷 (propane) 和氬氣 (argon)。由於甲烷及氨是被廣泛使用的試劑氣體，在可用性及功能上頗具意義，所以特別對它們加以詳細說明。

由表 2.1 可知甲烷的質子親和力相當低，這促使甲烷所產生的 CH_5^+離子易將質子轉移給樣品分子而將它離子化，因此甲烷成為 CIMS 研究中的第一選擇。由 CH_5^+所進行的質子轉移過程，因有較高的反應熱釋出，這些能量可被產物所吸收而變成振動能，並造成分析試樣的裂解作用而降低了質子化分子離子的信號強度，再者甲烷本身反應之生成物造成的背景，干擾低質量單位數 (<50 amu) 範圍的圖譜 (即 $C_2H_5^+$, $C_3H_5^+$,……)。氨氣試劑所產生的背景干擾較甲烷之情況為低，雖然氨的高親質子性降低了質子化的效率，只能質子化高質子親和力之化合物，但待分析物可被質子化時，因低 ΔPA 之形成，其質子化產物的斷裂作用也相對的降低，因此有利於分子量之測定，而氨氣對管路的高腐蝕性及易

吸濕作用，使得操作上較爲困難。

甲烷是最早也是最常用的試劑氣體，在總壓力爲 1 torr 時，甲烷在游離室內反應生成的主要離子和其存在相對比率的情形是 CH_5^+(48%)，$C_2H_5^+$(41%) 和 $C_3H_5^+$(6.1%) 及少量的 $C_2H_4^+$ 及 $C_3H_7^+$ [7]，這些離子的產生如方程式 (2-8)～方程式 (2-11) 所示，離子試劑形成的初步反應爲甲烷在電子束下被撞擊產生 CH_4^+、CH_3^+ 和 CH_2^+。

$$CH_4 + e^- \longrightarrow CH_4^+,\ CH_3^+,\ CH_2^+,\ CH^+,\ \cdots\cdots + 2e^- \quad (2\text{-}8)$$

$$CH_4^+ + CH_4 \longrightarrow CH_5^+ + CH_3^{\cdot} \quad (2\text{-}9)$$

$$CH_3^+ + CH_4 \longrightarrow C_2H_5^+ + H_2 \quad (2\text{-}10)$$

$$CH_2^+ + CH_4 \longrightarrow \begin{cases} C_2H_4^+ + H_2 \\ C_2H_3^+ + H_2 + H^{\cdot} \end{cases} \quad (2\text{-}11)$$

$$C_2H_3^+ + CH_4 \longrightarrow C_3H_5^+ + H_2 \quad (2\text{-}12)$$

在離子源內方程式 (2-8) 反應產生第一級離子 (primary ions) 後，接著如方程式 (2-9)～方程式 (2-12) 的鏈鎖反應 (chain reaction) 生成二級離子 (secondary ions)，CH_5^+ 與 $C_2H_5^+$ 爲主要的質子來源，進行質子轉移反應，如方程式 (2-13)、(2-14)、(2-15)。

$$CH_5^+ + SH \longrightarrow SH_2^+ + CH_4 \quad (2\text{-}13)$$

$$\Delta PA = PA_{CH_4} - PA_{SH}$$

$$PA_{CH_4} = 127\ Kcal / mol$$

$$C_2H_5^+ + SH \begin{cases} \nearrow SH_2^+ + C_2H_4 \\ \qquad PA_{C_2H_4} = 168\ Kcal / mol \\ \searrow [SH + C_2H_5]^+ \end{cases} \quad (2\text{-}14)$$

$$C_3H_5^+ + SH \begin{cases} \nearrow SH_2^+ + C_3H_4 \\ \qquad PA_{C_3H_4} = 182\ Kcal / mol \\ \searrow [SH + C_3H_5]^+ \end{cases} \quad (2\text{-}15)$$

在式子中，SH 爲有機化合物分子 (亦可以是無機化合物分子)，CH_4 是一個弱的布忍司特鹼 (weak Brϕnsted base)，而 CH_5^+ 爲一個強的布忍司特酸

(strong Brϕnsted acid)，因此會使質子轉移向右進行反應，因爲反應的放熱作用，而促使方程式 (2-13)、(2-14)、(2-15) 中產生的 SH_2^+離子再度解離成 S^+、A_i^+、S_i，如方程式 (2-16)：

$$SH_2^+ \begin{cases} \longrightarrow S^+ + H_2 \\ \longrightarrow A_i^+ + S_i \end{cases} \qquad (2\text{-}16)$$

A_i^+：表示數種有可能的碎片離子之一。

由 CH_4、C_2H_4 和 C_3H_4的 PA 值相比較可知甲烷 PA 值最低，因而較容易對具較低 PA 值的樣品分子 SH 進行質子化轉移反應。雖然 $C_2H_5^+$ 的酸性遠弱於 CH_5^+，且其質子轉移後的生成物 C_2H_4 的鹼性亦強於 CH_4，但其質子轉移作用仍是不容忽略的。甲烷的 CIMS 圖譜中，除以〔M + H〕$^+$爲主峰外 (即方程式 (2-13)、(2-14)、(2-15) 中的 SH_2^+)，其他仍伴有低強度的叢式離子峰〔$M + C_2H_5$〕$^+$和〔$M + C_3H_5$〕$^+$ (即方程式 (2-14)、(2-15) 中的〔$SH + C_2H_5$〕$^+$，〔$SH + C_3H_5$〕$^+$)，這和丙烷的 CIMS 圖譜中顯示的〔$M + C_3H_7$〕$^+$之叢式離子峰，或異－丁烷的 CIMS 圖譜中之〔$M + C_3H_3$〕$^+$和〔$M + C_4H_9$〕$^+$的叢式離子峰是不相同的。

在以氨爲試劑氣體時，經由燈絲所產生的電子束撞擊後，生成的離子分別爲 NH_4^+ ($m/z = 18$)，13%；$NH_4^+(NH_3)$ ($m/z = 35$)，19%；$NH_4^+(NH_3)_2$ ($m/z = 52$)，63%及 $NH_4^+(NH_3)_3$ ($m/z = 69$)，5%。樣品的質子親和力需大於或等於 207 Kcal / mol 方能進行質子轉移反應。另一方面，由於 $H(NH_3)_n^+$ 的生成爲一放熱反應，在質譜儀內的系統可視爲一絕對反應，因此 $H(NH_3)_n^+$ 將吸收反應時所放能量而成爲具有熱活性之離子。因大部份有機化合物的 PA 值均在 200 Kcal / mol 上下，所以氨的 CIMS 圖譜中由質子轉移而生成產物之可能性通常並不高，但是由 $H(NH_3)_n^+$ ($n = 1,2,3$) 與樣品分子形成加成物 (adduct ion) 的可能性相對的增加。以氨爲試劑氣體的反應步驟如下：

$$NH_3 + e^- \longrightarrow NH_3^+ \qquad (2\text{-}17)$$

$$NH_3^+ + NH_3 \longrightarrow NH_4^+ + NH_2 \qquad (2\text{-}18)$$

$$PA_{NH_3} = 207 \text{ Kcal / mol}$$

$$NH_4^+ + SH \longrightarrow SH_2^+ + NH_3 \quad (2\text{-}19)$$

$$NH_4^+ + nNH_3 \longrightarrow NH_4^+ \cdot nNH_3 \quad (2\text{-}20)$$

$$n = 1,\ \Delta H = -24.9\ \text{Kcal / mol}$$

$$n = 2,\ \Delta H = -17.5\ \text{Kcal / mol}$$

$$n = 3,\ \Delta H = -13.8\ \text{Kcal / mol}$$

$$SH + NH_4^+ \longrightarrow [SH \cdot NH_4]^+ \quad (2\text{-}21)$$

$$SH + NH_4^+ \cdot NH_3 \longrightarrow [SH \cdot 2NH_3 + H]^+ \quad (2\text{-}22)$$

方程式 (2-18)、 (2-20) 是質子來源，也可進行叢式結合反應，如方程式(2-21)、(2-22)。

三、負離子化學游離法質譜術 (NCIMS)

為使試劑離子與待測分子有效率的碰撞並進行離子化，在設計上，化學游離法之游離室體積遠大於電子游離法的。在游離室內，由金屬絲產生之高能量電子對於較不具活性的氣體 (如甲烷、氮氣) 進行第一次碰撞後，仍然有可能與其他分子進行碰撞。由於第一次碰撞後的電子已損失了原來的動能，因此而後的撞擊僅造成能量之損失而不能再離子化其他分子。被使用來降低電子能量的氣體稱為緩衝氣體 (buffering gas, moderating gas)，當這些低能量之電子與具較高電子親和力之氣體作用時，即進行附加反應並形成負離子游離基 (anion radical)

$$AB + e^-_{(fast)} \longrightarrow AB^{+\cdot} + 2e^-_{(slow)}$$ 形成低能量電子

$$e^-_{(slow)} + M \longrightarrow M^{*-}$$ 形成激發態之負離子游離基

$$M^{*-} + AB \longrightarrow M^- + AB$$

此負離子可以進行其他之離子化反應或進行裂解反應而得到負離子圖譜。

待分析物的裂解與它本身的能量有關，由表 2.3 的比較可以發現各種原子與分子之電子親和力差值並不大[11]，因此負分子離子之裂解程度並不高，有利於大分子之分子量測定。惟因儀器本身之眞空度或試劑氣體之純度差異以致存有不同量之氧氣，可能造成負離子質譜再現性的困擾。譬如，在相同條件下，以甲烷作試劑氣體對六氯聯苯作質譜分析，在四個不同的實驗室所得結果顯示〔M－

$Cl + O$〕$^-$ 的相對強度變化在 2%到 34%之間[10]。

一般負離子之形成可以由(1)待分析物與電子直接反應或(2)待分析物與負離子之間進行電荷轉移、置換反應或電子轉移而得。前者是用低活性氣體與電子碰撞來降低電子動能後，電子與待分析物直接作用；而後者係使用高陰電性氣體來捕捉電子，形成陰離子游離基後再與待分析物進行反應。電荷轉移如方程式 (2-23) 所示。

$$A^- + B \longrightarrow B^- + A \tag{2-23}$$

該反應進行之條件是 B 之電子親和力要大於 A 的；也就是這個反應須在足夠的放熱反應下，電荷轉移才能有效率的進行。如 $X^- + RY \longrightarrow RX + Y^-$ 的置換反應則是由氣體離子與待分析物進行 S_N2 反應，利用這反應來探討氣相反應機構，並和在液體中反應者作比較，遠比利用它來作游離之工具來得更有意義，如利用 OH^-與 CH_3CN 反應顯示了它的質子抽取反應而非取代反應[12]，而 Cl^-與順-4-溴和反-4-溴己醇之氣相反應由產物組態改變的結果證實了眞正的 S_N2 之取代反應[13]。質子置換反應則在較有酸性氫之條件下進行，因此這個反應多用於化合物在氣相中相對酸度之測定。

在負離子化學游離法中常用的氣體系統有 CH_4/O_2、$N_2O/He/H_2$、$N_2O/He/CH_4$、N_2O/N_2或 N_2O/惰氣。在不同氣體混合下，生成了不同的負離子源，茲分別敍述於下：

(一) 布忍斯特鹼試劑系統

負離子化學游離法中，布忍斯特鹼與待分析物中具有酸性的氫發生反應。此反應的結果，待分析物將呈現〔M − H〕$^-$代替母峰，其可能裂解的程度，如正離子化學游離法一般，依質子交換時所釋放出之能量多寡而定。

$$B^- + M \longrightarrow BH + [M - H]^-$$

$$\begin{aligned}\Delta H &= \Delta H_{(酸，M)} - \Delta H_{(酸，BH)} \\ &= PA([M - H]^-) - PA(B^-)\end{aligned}$$

表 2.3 爲一些常見的布忍斯特鹼之質子親和力 (PA) 與電子親和力 (EA)。表中 H^-離子未被用來作化學游離法之試劑；NH_2^- 離子可在 NH_3系統中形成，但不常用到，O^-及 O_2^- 離子之反應情形不以質子置換爲主，因此另段討論。

表2.3 常見之布忍斯特試劑系統的親和力[11]。

B^-	$PA(B^-)$ Kcal / mol	EA (B) Kcal / mol
H^-	400	17.4
NH_2^-	400	18.0
OH^-	382	42.2
O^-	382	33.7
CH_3O^-	379	36.2
O_2^-	351	10.1
Cl^-	333	83.4

OH^-離子可由 N_2O / He / H_2 或 N_2O / He / CH_4 混合氣在電子撞擊後生成。其反應係由 N_2O 與低動能的電子作用而釋放出氮氣與 O^-離子，後者再由氫氣或甲烷捕捉氫原子而形成 OH^-。氦氣在這裡提供緩衝的功能。在 3 torr 之壓力下，N_2O / He / H_2 混合氣可生成 OH^- (～93%) 及 $H_2O\,(OH)^-$ (3%)，相同條件時，N_2O / He / CH_4混合氣生成 OH^- (～72%) 及 CN^- (～18%)。

以電子撞擊 1% CH_3ONO / CH_4氣體系統時，若在正離子游離法中，此氣體生成 CH_5^+、$C_2H_5^+$作爲布忍斯特酸；另一方面，此系統亦可同時生成 CH_3O^-成爲布忍斯特鹼而作爲負離子游離法試劑離子[15]。

(二) 以 O^-或 O_2^-作爲試劑離子

在不具活性的緩衝氣體 (如 N_2 或鈍氣) 下，N_2O 可以捕捉不具動能的電子而生成 O^-，O^-離子可與所有的有機物進行反應，其中以從分析物中抽取質子 (proton abstraction) 爲最常見，其他常見的反應亦列舉如下：

質子抽取反應：

$$O^{\cdot -} + M \longrightarrow OH^{\bullet} + [M - H]^- \tag{2-24}$$

$H_2^{\cdot +}$ 抽取反應：

$$O^{\cdot -} + M \longrightarrow H_2O + [M - 2H]^{\cdot -}$$

$$O^- + R - \overset{O}{\overset{\|}{C}}CH_2R' \longrightarrow R - \overset{O}{\overset{\|}{C}} - C^- - R' \rightarrow R' - C \equiv C - O^{\ominus} + R'' \tag{2-25}$$

氫原子或烷基置換反應：

$$O^{\cdot -} + C_3H_7\overset{O}{\overset{\|}{C}} - CH_3 \longrightarrow C_3H_7COO^- + \cdot CH_3$$
$$CH_3COO^- + \cdot C_3H_7 \qquad (2\text{-}26)$$

$$O^{\cdot -} + C_2H_5\overset{O}{\overset{\|}{C}}C_2H_5 \longrightarrow C_2H_5COO^- + \cdot C_2H_5 \qquad (2\text{-}27)$$

氧分子在以氮、甲烷或氬作爲緩衝氣體下，可以捕捉電子而形成 $O_2^{\cdot -}$作爲試劑離子，此離子爲一強布忍斯特鹼，因此，它不僅可以進行質子抽取反應，也可與電子親和力較高之分子進行電荷交換反應而形成〔M + O_2〕$^-$的附加產物及取代氫或氯，後兩者取代反應分別生成〔M − H + O〕$^-$及〔M − Cl + O〕$^-$，反應如下列所示。

$$O_2^{\cdot -} + M \longrightarrow [M - H + O]^- + OH^{\cdot} \qquad (2\text{-}28)^{(18)}$$
$$O_2^{\cdot -} + M \longrightarrow [M - Cl + O]^- + OCl^{\cdot} \qquad (2\text{-}29)^{(18)}$$

四、 CIMS 之應用

㈠ 分子量之測定

在正常操作條件下，EIMS (70 eV) 可以提供大部分化合物分子量之資訊，或藉游離能降低至 10 eV 左右來改善分子離子的訊號；CIMS 則可用來輔助分子量的確認，即生成〔M + 1〕$^+$。但少數化合物由於分子內具有較弱的鍵能，即使在低游離能時接受電子撞擊所得的能量就足以使該分子離子裂解而完全喪失了分子量的資料。在這種情況下則改用 CIMS 法，選用適當的試劑氣體來控制反應熱 (即 ΔPA)，降低過剩的能量以減少質子化產物的分解。

以縮醛和縮酮爲例，同位－雙烷氧基使得這類化合物非常容易離子化，進而裂解成雙烷氧甲基離子，即 “$R-O-\underset{R}{\underset{|}{C^+}}-O-R$”[19]。此碳離子可因氧原子上未共用之電子對的共振而穩定存在。以環戊烯甲醛之縮醛爲例，此系列化合物的 EI (70 eV ， 14 eV) 均以 m/z 75 的離子 ($CH_3-O-C=\overset{+}{O}-CH_3$) 爲基峰，分子離子完全消失，其他離子峰之相對強度則不高於 20%。由 EIMS 無法獲得任何與化合物相關的資料 (參見圖 2.1)[20]。在 CH_4之 CIMS 條件下，由圖中

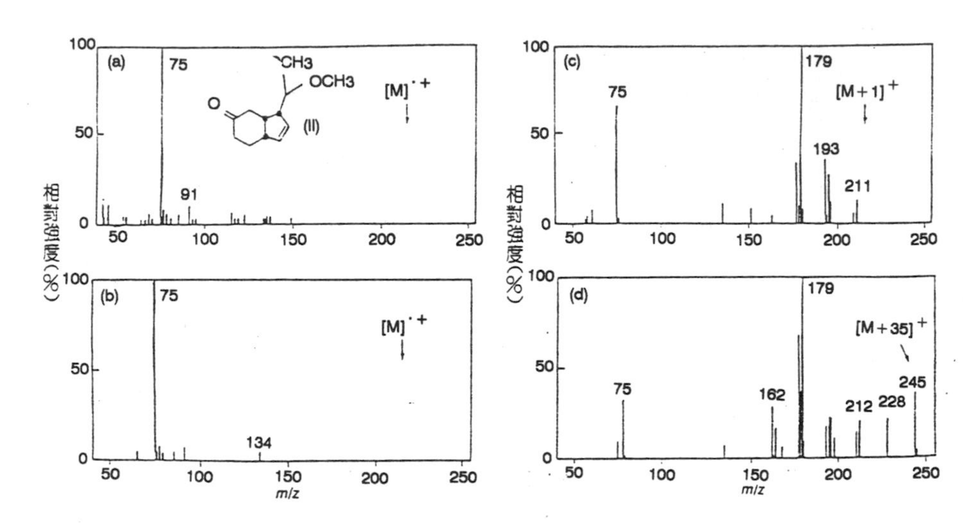

圖2.1 縮醛(II)的質譜(a) EI(70 eV)；(b) EI(14 eV)；(c) CI(CH_4)；和(d) CI(NH_3)。

可以發現〔M＋1〕$^+$ 離子及一些裂解產物，其中包含有〔M＋1－18〕$^+$、〔M＋1－32〕$^+$及 m/z 75 離子。此時以〔M＋1－32〕$^+$爲基峰，顯示出質子化位置爲甲氧基的氧原子。而裂解反應是由於較高的 ΔPA 所導致的。另一方面，以質子親和力較高之氣體——氨作爲反應試劑時，其特徵爲加成物離子 (adduct ion) 的增加，其中包含了〔M＋35〕$^+$、〔M＋18〕$^+$，而〔M＋1〕$^+$離子峰則減弱。CH_4之 CIMS 的裂解產物亦可在 NH_3之 CIMS 中觀察得到，由此可見此類化合物內之鍵能相當低，造成這種現象的另一因素是因爲生成了穩定的二甲氧基甲基離子及環戊烯游離基。

㈡ 區分異構物

由於 EI 游離法涉及到失掉單電子的程序，一般順式及反式異構物在此條件中，可因 π 鍵失掉電子後進行鍵－鍵的旋轉而失去本身的特性，即因 EI 的程序及條件易使不飽和烴化合物進行異構化而不易區分出異構物。而 CI 游離法可因質子化過程中的反應熱不高，異構化情形較低且裂解情形亦隨之降低，有利於異構物之區分。

以丁烯二酸爲例，在不同酸度及反應溫度下，順式－丁烯二酸於濃硫酸溶液 140°C 下即可進行脫水反應而得丁烯二酸酐；在相同條件下，反式－丁烯二酸則

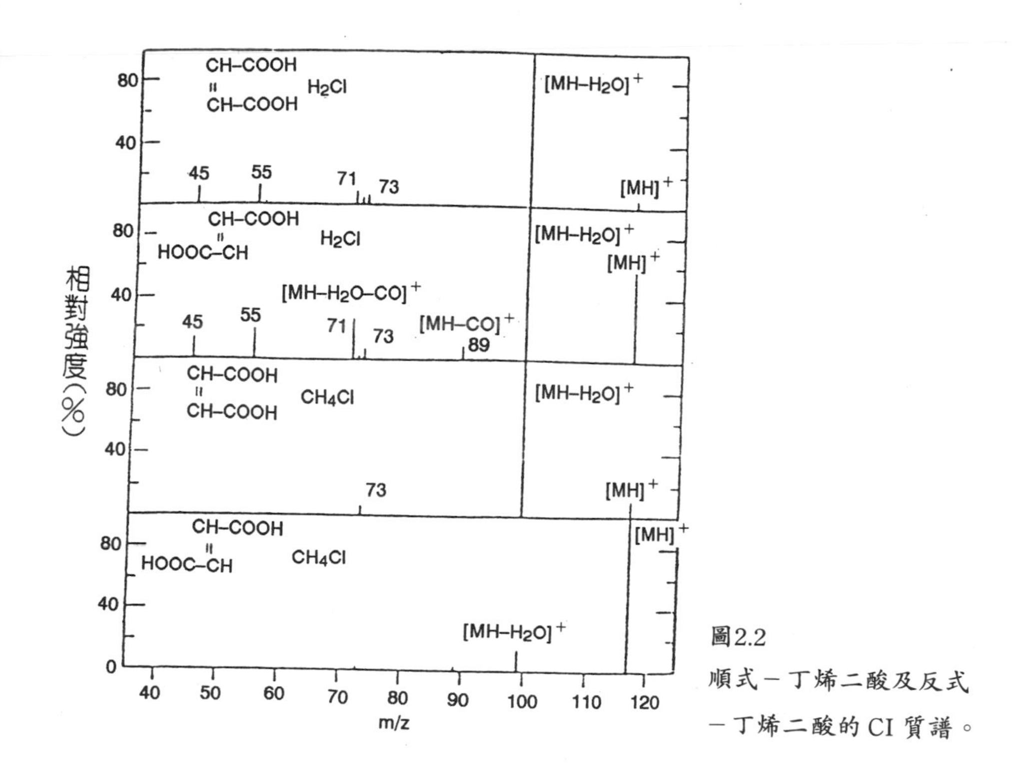

圖2.2
順式－丁烯二酸及反式－丁烯二酸的 CI 質譜。

生成以質子化爲主的產物，而脫水反應則需於 100°C 的 35%發煙硫酸液才可進行，後者顯示出在脫水反應前異構化的可能性[21]。

在 CIMS 中質子轉移可視爲與在濃酸中進行的質子化相同，在 PA 值低的試劑 (H_2，100.7 Kcal / mol) 下，順式－丁烯二酸及反式－丁烯二酸均可形成〔M＋1〕$^+$，〔M＋1－H_2O〕$^+$及〔M＋1－H_2O－CO〕$^+$之離子，其差異在相對強度的不同，這是因在高 ΔPA 值下所產生的熱量會造成質子化離子的裂解。若採用 PA 值低的試劑 (CH_4，127 Kcal / mol)，則因 ΔPA 值降低，質子化產物所含過剩能量亦隨之降低，因此兩者之 CIMS 即隨之會有很大的差異：順式－丁烯二酸以〔M＋1－H_2O〕$^+$爲基峰，但〔M＋1〕$^+$離子峰只佔 18%，反之，反式異構物之〔M＋1〕$^+$爲基峰，而〔M＋1－H_2O〕$^+$只佔其中的 20% (圖 2.2)。

㈢ 氣相化學反應

CIMS 中，試劑與樣品分子可以進行質子化反應，接著根據質子化產物的特性再進行脫水、取代或重組等反應。在沒有溶劑影響下，這些反應比起在液相時

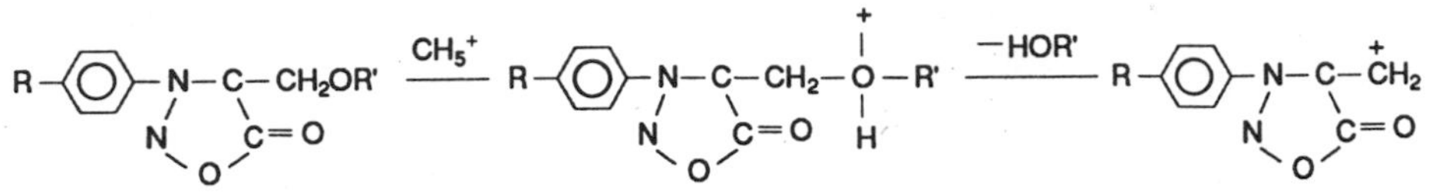

R－C₆H₄－N－C－CH₂OR' (N, C=O, O) —CH_5^+→ R－C₆H₄－N－C－CH₂－O⁺(H)－R' —(－HOR')→ R－C₆H₄－N－C－$\overset{+}{C}H_2$ (N, C=O, O)

R	R'		k
H	H	100	74
Br	H	100	21
Br	Ac	3	100

圖2.3 3－芳香基－4－(烴基甲基) 雪梨酮及其衍生物之 CIMS 的裂解程序及圖譜中存在的相對比率[23]。

的反應應該是較單純，因此藉由 CIMS 之裂解情形，可用來解釋或預測液相條件下的反應結果及機構。

在一般的情形下，丙烯基或苄基陽離子均是被認爲具有相當高的穩定性，在質譜圖具有苄基的化合物通常均可形成 m/z 91 離子作爲基峰，因爲苄基上之次甲基陽離子可以因苯環的共振而穩定或者此系統可以轉變爲具有芳香性之環庚三烯陽離子 (tropylium cation)。雪梨酮的反應特性亦顯示出它的芳香性，但在液相反應條件下卻沒有明確的證據，在最近所獲得的 3－芳香基－4 (烴基甲基) 雪梨酮及其衍生物之 CIMS 質譜中顯示了此雪梨酮化合物之次甲基陽離子的產物，在某些取代基時，此碎片是以基峰存在，如圖2.3 所示。此種次甲基離子的產生是因醇或其衍生物之氧原子接受質子化後分別脫去水、醇或酸分子而來的。

(四) 2,3,7,8,－ TCDD[24]之測定

多氯戴奥辛含有多種異構物，且各具有不同的致突變性，它是由製造除草劑而得之副產品，亦是燃燒電纜時之產物，分散在大氣或土壤中，成爲環境污染源之一。以氧負離子化學游離法分析 2,3,7,8-四氯二苯一對一戴奧辛 (TCDD) (毒物

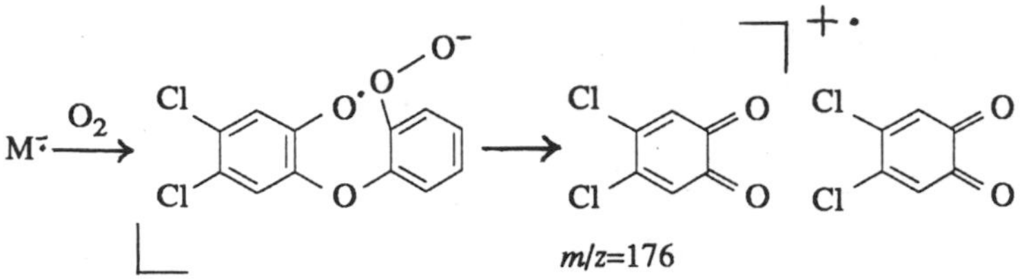

$M^{\cdot-} \xrightarrow{O_2}$ [Cl, Cl, O, O·, O, O⁻] → [Cl, Cl, O, O] [Cl, Cl, O, O] +·

m/z=176

最強之異構物)，除了形成分子負離子及酚負離子外，並形成 m/z 176 離子爲基峰，可能裂解反應如上頁。

由於多氯化合物中只有 TCDD 具有這種圖譜特性，因此用 O_2^- 的 CI 來偵測環境樣品 TCDD 之含量。

參考文獻

1. M. S. B. Munson and F. H. Field, J. Am. Chem. Soc., 88, 2621 (1966).
2. D. J. Harvey, "Mass Spectrometry", Vol.9, the Royal Society of Chemistry, London, p.303 (1987).
3. A. G. Harrison, Chemical Ionization Mass Spectrometry, 2nd ed., CRC Press, Bocca Raton, F1., (1984).
4. R. D. Braun, Introduction to instrumentatal analysis, International Ed., McGraw-Hill Co. Press, Sigapore, (1987).
5. F. W. McLafferty, Introduction of mass spectra, 3rd ed., University Science Books Press, Mill Valley, CA., (1980).
6. L. Hellmer and L. W. Sieck, Int. J. Chem. Kinetic., 5, p.177 (1973).
7. F. H. Field and M. S. B. Munson, J. Am. Chem. Soc., 87, p.3289 (1965).
8. D. F. Hunt, C. N. McEwen, and T. M. Harvey, J. Anal. Chem., 11, p.1730 (1975).
9. R. C. Dougherty and C. R. Weisenberger, J. Am. Chem. Soc., 90, p.6570 (1968).
10. B. Arbogast, W. L. Budde, M. Deinzer, R. C. Dougherty, J. Eichelberger, R. D. Foltz, C. C. Grimm, R. A. Hites, C. Sakashita, and E. Stemmler, Org. Mass Spectrom., 25, p.191 (1990).
11. Ref. 3, p.77.
12. G. I. Mackay, L. D. Betowski, J. D. Payzant, H. I. Schiff, and D. K. Bohme, J. Phys. Chem., 80, p.2919 (1976).
13. C. A. Lieder, J. I. Brauman, Int. J. Mass Spectrom. Ion Phys., 16 ,307 (1975); C. A. Lieder, J. I. Brauman, J. Am. Chem. Soc., 96, p.4028 (1974).

14. A. L. Smit, F. H. Field, J. Am. Chem. Soc., 99, p.6471 (1977).
15. D. F. Hunt, G. C. Stafford, F. W. Crow, and J. W. Russell, Anal. Chem., 48, p.2098 (1976).
16. G. C. Goode, K. R. Jennings, Adv. Mass Spectrom., 6, p.797 (1974).
17. J. H. Dawson, A. J. Noest, and N. M. M. Nibbering, Int. J. Mass Spectrom. Ion Phys., 30, p.189 (1979).
18. A. G. Harrison, and K. R. Jennings, J. Chem. Soc., Faraday Trans. II, 72, p.1601 (1976).
19. P. A. Kollmans, W. F. Trager, S. R. Rotherberg, and J. E. Williams, J. Am. Chem. Soc., 95, 458(1973); R. A. Friedel and A. G. Sharbry, Anal. Chem., 28, p.940 (1956); P. Brown, C. Djerassi, G. Schroll, H. J. Jakobson, and S. O. Lewesson, J. Am. Chem. Soc., 87, p.4559 (1965).
20. S. T. Lin, L. L. Tien, and N. C. Chang, Analyst, 114, p.1083 (1989).
21. A. M. Amat, G. Asensio, M. A. Miranda, M. J. Sabater, and A. Simon-Fuents, J. Org. Chem., 53, p.5480 (1988).
22. A. G. Harrison and R. K. M. R. Kallury, Org. Mass Spectrom., 15, p.277 (1980).
23. L. L. Tien, S. T. Lin, and H. J. Chiang, Hetercycles, 29, p.185 (1989).
24. D. F. Hunt, T. M. Harvey, and J. W. Russell, J. Chem. Soc., Chem. Comm., p.152 (1975).

第三章

快速原子撞擊質譜技術及其應用

曹汝祥

摘　要

一種操作簡單而靈敏的質譜分析方法，被稱爲快速原子撞擊法，已經成功的發展出來。此法應用高能量的氬、氙等氣體原子，加速撞擊溶于介質的有機物，而產生離子質譜，可提供分子的結構訊息。此種技術，適用於不易揮發、極性高的物質。對無法以傳統 EI 或 CI 方法分析的化合物，例如胜肽及低聚醣類等，提供了有效的質譜分析。如果使用高解析儀器，還可精確地測定離子質量及其相關的元素組成。

自從 1981 年，巴博 (Michael Barber)[1]首先發現以高能量氬或氙氣體原子撞擊有機物溶于甘油介質 (glycerol matrix) 中之溶液後，能夠產生與該有機物分子結構有關之特性離子，此種現稱爲快速原子撞擊 (Fast Atom Bombardment, FAB) 的技術，已經廣泛地應用到許多不易揮發 (nonvolatile) 及遇熱不安定 (thermally labile) 的有機化合物。只要正確地選擇有效的介質，這種操作簡單的 FAB 質譜技術，已幾乎完全取代先前發現的電場揮離 (field desorption) 方法[2,3]。

圖 3.1 爲簡化的質譜儀離子源 (ion source)，首先 FAB 原子槍 (atom gun) 內，氬 (或氙) 氣體先離子化，再加速成高能離子 (約 8 KV)，同時此離子再與槍內的中性氣體彼此碰撞，產生電荷交換 (charge exchange) 現象，而產生高能量的中性氣體原子，此現象可簡單地表示如下：

$$Ar \rightarrow Ar^{+} + e^{-}$$

$$Ar^{+}_{(H.E.)} + Ar^{0} \rightarrow Ar^{0}_{(H.E.)} + Ar^{+}$$　　H.E.：高能

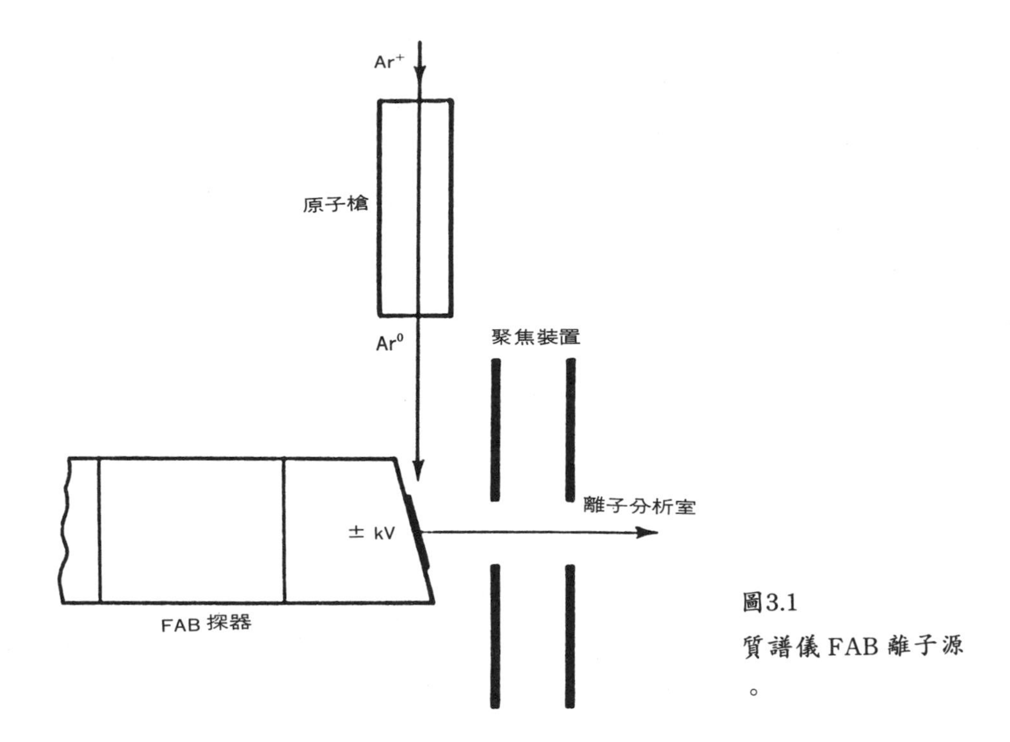

圖3.1
質譜儀FAB離子源。

槍內高能氬離子可以簡單電場偏離，而高能中性氬原子氣體則由 FAB 槍內射出。通常操作時，維持此氣體流率 (gas flow rate) 約 0.5 立方厘米/分，相當于 25～50 毫安培的離子電流。

溶于介質的化學樣本 (sample)，放置于 FAB 探器頭端，面積約 0.1 平方公分的金屬表面 (通常為不銹鋼製)。探器由外經由眞空閥進入儀器內離子源。高能原子撞擊金屬面的樣本約在 60°～70°角度，以產生最佳的分析效果。如果以價格較高的氙氣取代氬氣，因為原子量較大，在相同的情況下，產生的質譜離子強度較佳，故在 FAB 槍中氙氣為較好的選擇。

更好的選擇是用離子槍，以銫 (Cs) 離子槍最為普遍。當加高溫于銫鹽 (CsI) 時，銫離子揮發，經過電場加速至 30 KV～35 KV ，可產生較原子槍更高能的銫離子，由此離子撞擊介質溶液，一則靈敏度增加，一則能使較高分子的物質離子化。有別于 FAB 技術，這種以銫離子槍撞擊之方法，有人稱之為液體二級離子質譜 (Liquid Secondary Ion Mass Spectrometry, Liquid SIMS)、或又稱為快速離子撞擊 (Fast Ion Bombardment, FIB)。但為簡化起見，本章各節將仍舊用 FAB 稱之。

一、樣本製備 (Sample Preparation)

探器頭端金屬表面需先以有機溶劑或稀釋酸液洗淨，除去先前分析物質。選擇有效的介質，加于金屬表面約 2～3 毫升，使其均勻分佈表面。分析樣本可先溶于易揮發之有機溶劑如甲醇、二氯甲烷、乙腈或水等，約 1～2 毫升的樣本溶液加入介質使均勻混合。至於能否得到理想的質譜分析結果，有賴于樣本是否能與介質完全混合 (homogeneity)。如此，當表面的樣本物被高能量的原子 (或離子) 碰撞產生離子後，在介質內部的樣本物能夠不停繼續地擴散至表面補充，一直到所有的介質被消耗完全爲止，這種過程通常可繼續 20 分鐘左右。

二、介質的選擇 (Choice of Matrix)

如前述成功的 FAB 質譜有賴于樣本在介質中的溶解度。甘油是最先使用的介質，適合于極性化合物如碳水化合物 (carbohydrates)及醣胜肽 (glycopeptides) 等。對於在極性溶劑中產生聚集體 (aggregates) 者，如醣酯類 (glycolipids)，或溶于二甲基氧化硫 (dimethyl sulfoxide) 者，則硫甘油 (1-thioglycerol) 是最佳選擇，此介質主要缺點是易揮發，在眞空離子源中只能持續 2～3 分鐘，因此可與甘油混合一起使用，增長存留時間。另有一種稱爲魔術子彈 (magic bullet) 的介質是一種混合物，含有百分之八十的二硫蘇糖醇 (dithiothritol) 及百分之二十的其光學異旋物，二硫赤蘚糖醇 (dithioerythritol)，已廣泛地使用于各種極性或略具極性的物質，筆者的實驗室中有百分之八十的樣本使用它，對于極性低的化合物還可使用 3-硝基苯醇 (3-nitrobenzyl alcohol)。至于負離子 FAB ，則使用較鹼性物質－三乙醇胺 (triethanol amine)。除上述諸介質之外，還有一些比較不普遍化的，請參考文獻 (4)。總之，這些介質必需具備有低揮發性、相當的穩定性及安全無毒等特性。

三、 FAB 質譜及其應用

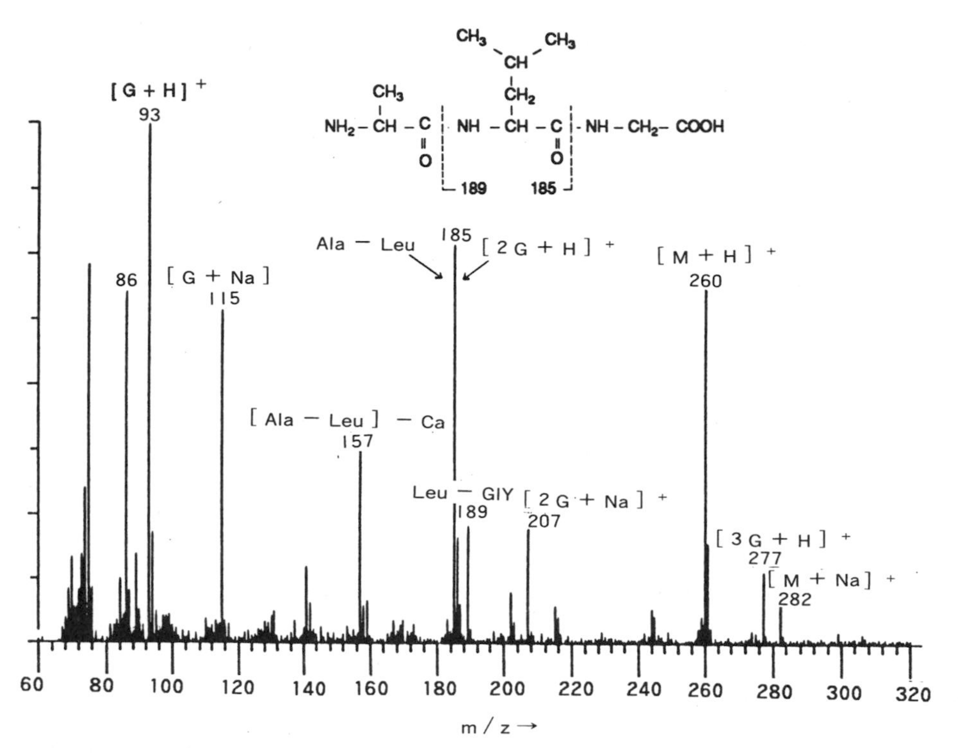

圖3.2 三胜肽(Ala－Leu－Gly) 的 FAB 正離子質譜。(取材自 J. T. Watson, ed., Introduction to Mass Spectrometry, 2nd Edition, Raven Press, New York (1985). P.211)

FAB 方法通常最適合化合物其結構中含有酸或鹼的部份，帶酸的部份可釋放質子，而產生 M － H 負離子；而帶鹼的部份則可接受質子，產生 M ＋ H 正離子。如果所得的效果不顯著，離子強度 (ion intensity) 太弱，可加入一些稀釋酸，如 HCl 、 HOAC 、 HCOOH 等，或直接加入少許的濃三氟乙酸，以增強 M ＋ H 正離子強度。或加入 NH_4OH 、 NaOH 等以增強 M － H 負離子強度。此外，可加入鹼金屬鹽類化合物如 KCl 、 NaCl 等 (通常配製濃度 0.1 N 溶于 H_2O / MeOH, 50 / 50 V / V 中)，可促成正離子 M ＋ Na 、 M ＋ K 之生成，此法對於只含有 C 、 H 、 O 三種元素之有機物，如醣類等最適合，因其不易產生 M ＋ H 離子之故，此外對分子量之測定也可由此決定。圖 3.2 爲一簡單的三胜肽 (Ala-Leu-Gly)的 FAB 質譜，因該化合物含有鹼性的胺基 (－ NH －)，故可產生較強的 M + H 離子出現在 *m* / *z* 260；同時因含有少量的鈉鹽存在，M + Na 離子也清楚地可看到；此外有一些斷裂離子 (fragment ion) 出現在 *m* / *z* 189、185、157 和 86，這些皆有助於結構的判定。但是 FAB 質譜也有其缺點，即所使用的介質本身也會撞擊出離子，產生化學干擾背景 (chemical background) 而影響結構的判定，故對每種介質必須瞭解其干擾背景，如在此圖中的甘油本身分子量爲 92，故產生 *m* / *z* 93、115、185、207、277 等離子，尤其是 *m* / *z* 185，其離子強度來自分析樣本，但也同時來自甘油。如果需要更進一步地決定該離子是否爲一斷裂離子，可簡單地改用它種介質即可。

過去十年來，胜肽與較低分子之蛋白質已經廣泛地使用 FAB 技術做初級結構 (primary structure) 及順序分析 (sequence analysis)[5-9]，主要是因爲下述原因：

(1) 樣本不需經過複雜的衍生化 (derivatization) 程序，即可很迅速的得到類似分子之離子 (pseudomolecular ion)，如 M + H、M − H、M + Na 離子，

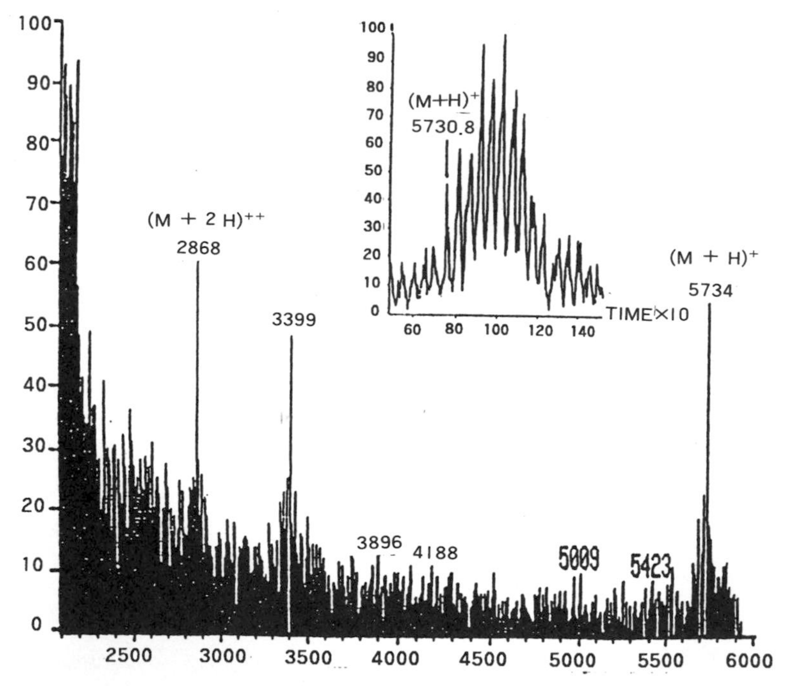

圖3.3 牛胰島素之 FAB 質譜，分辨度爲 1000；小圖所用分辨度約爲 5000[9]。

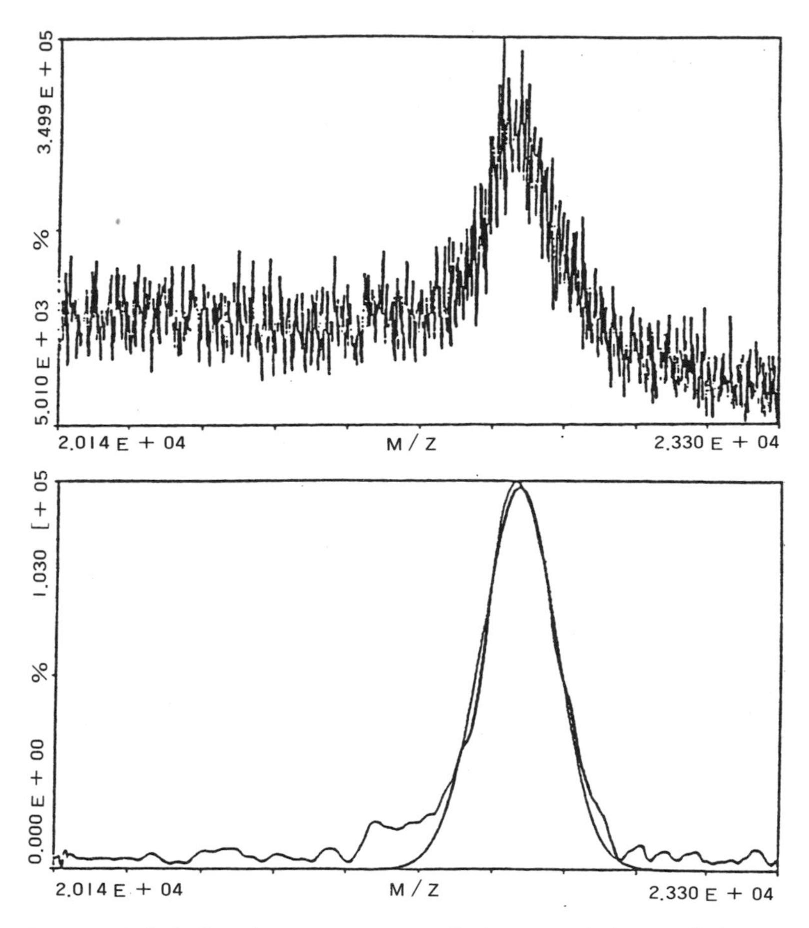

圖3.4 一種牛生長激素之 FAB 正離子質譜。上圖爲實驗之眞實結果，下圖則爲用電腦處理後之結果。

如果分子量較低，還可以得到與結構有關的斷裂離子。

(2) 用量少，視各類樣品的特性，可低至數十 picogram，而且未被使用的樣本可從介質溶液中再回收，而不失去其原有的生物活性。

(3) 如使用特殊高磁場質譜儀，可得到高過兩萬以上分子量多胜肽之離子質譜。

當胜肽的分子量大於 4,000 以上時，其靈敏度相對地降低，除選擇適當的介質頗重要外 (根據筆者經驗，當分子量小于 4,000 時，用甘油與硫甘油的混合物加入少許三氟乙酸最適合；當大于 4,000 時，則使用 3 －硝基苯醇加入少許酸最

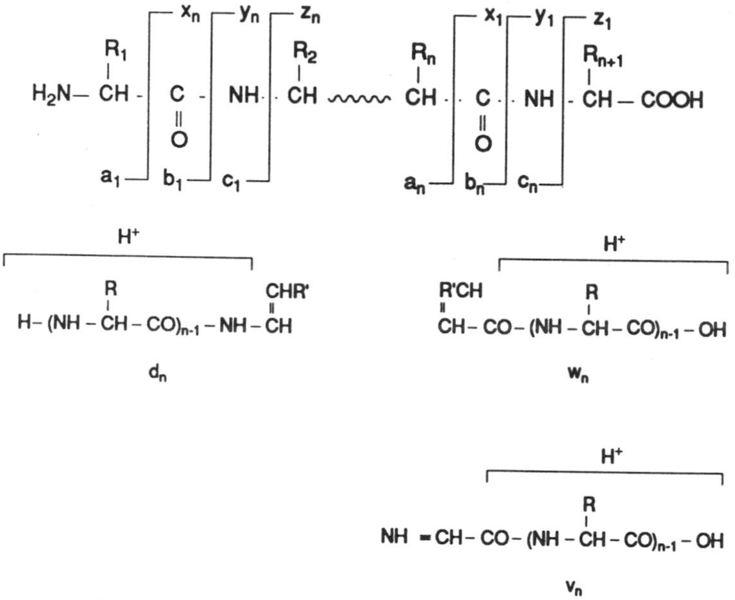

圖3.5 胜肽 FAB 質譜斷裂離子之標示。

佳。)，如果欲得到較理想的質譜，必需縮小質量掃瞄範圍 (mass scan range)，且需連續多次收集訊號，稱爲訊號平均 (signal averaging) 的方法。

圖 3.3 爲牛胰島素 (bovine insulin) 的 FAB 質譜，該物質的單一同位素分子量 (monoisotopic molecular weight) 爲 5,729 ，首先用較廣掃瞄，且用較低解析度 (resolution) 1,000 ；在此情況下，各同位素離子無法分辨，故只能見到一般化學分子量， M ＋ H 在 5,734 。但如果增加儀器解析度至 5,000 ，而且只掃瞄該分子量左右範圍，即可得到各同位素圖譜 (isotopic pattern)，也可得知正確的單一同位素分子量。

當所測量的物質分子量大於兩萬時，這已經到達目前所知用 FAB 方法的極限，圖 3.4 爲一種生長激素 (recombinant bovine somatotropin) 的質譜，儀器的解析度降低爲 400 ，銫離子槍調至最大離子電流而獲得的；很明顯地，訊號雜訊比 (signal-to-noise) 約爲 4 ，是很微弱的；以碘化銫校正的結果，測量的分子量爲 22,148 ，與實際的分子量 22,117 相差爲 31 。通常對于如此高的分子量，百分誤差約爲 0.1%至 0.5%。由於有更新的電灑 (electrospray) 質譜法出現[10,11]，

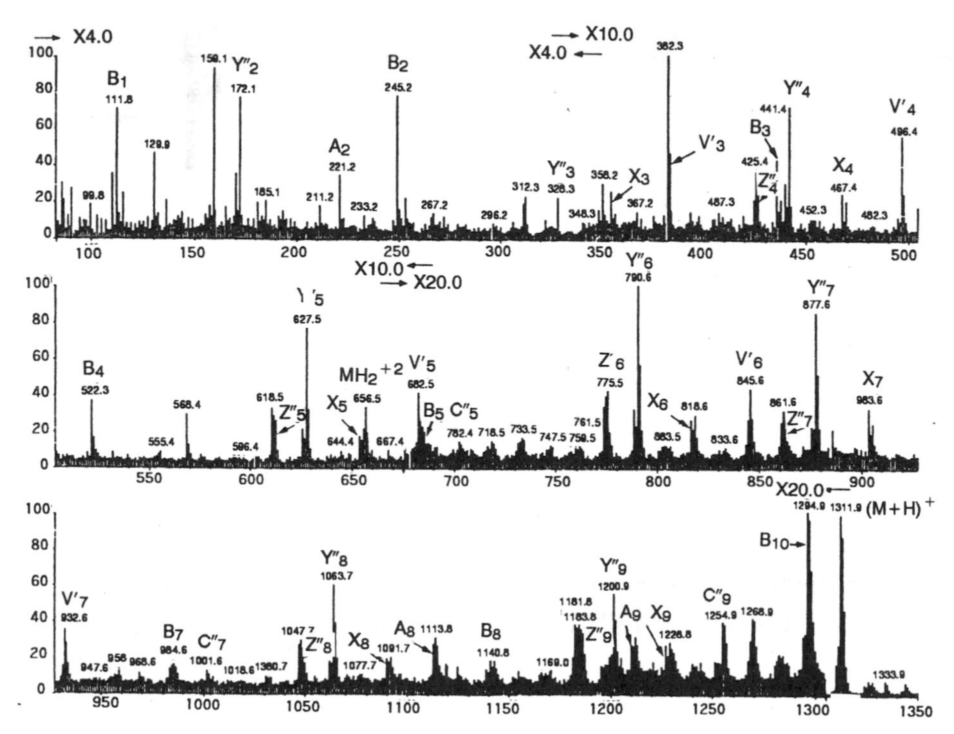

圖3.6 十胜肽的 FAB 正離子質譜，各斷裂離子也同時標示出來。

對于分子量較高的胜肽 (> 5,000)，可測量得較準確的分子量， FAB 方法對高分子量的應用也相對的變成過時了。

當胜肽分子量較小時，除了可見到類似分子離子外，許多與結構有關的斷裂離子也可見到，圖 3.5 標示說明各種可能斷裂的情形， N －終端離子 (N-terminal) 註明為 a_n 、 b_n 和 c_n ， C-終端離子 (C-terminal) 註明為 x_n 、 y_n 和 z_n ，而有時更進一步產生側鏈 (side chain) 斷裂生成較為複雜的 d_n 、 w_n 和 v_n 離子。

圖 3.6 為一十胜肽 (decapeptyl) 的 FAB 正離子質譜，其結構為 (pyro) Glu－H－W－S－Y－W－L－R－P－G－NH_2，分子量為 1310 。質譜中幾乎各形式的順序離子 (sequence ions) 都出現，除此之外，也有一些 V_n 離子被看見這些離子都可以幫助對胜肽初級結構的鑑定。但也有一些離子不屬于前圖所標示的任何一種斷裂形式，此點也說明，如果只依靠單一的 FAB 質譜來決定正確的胜肽

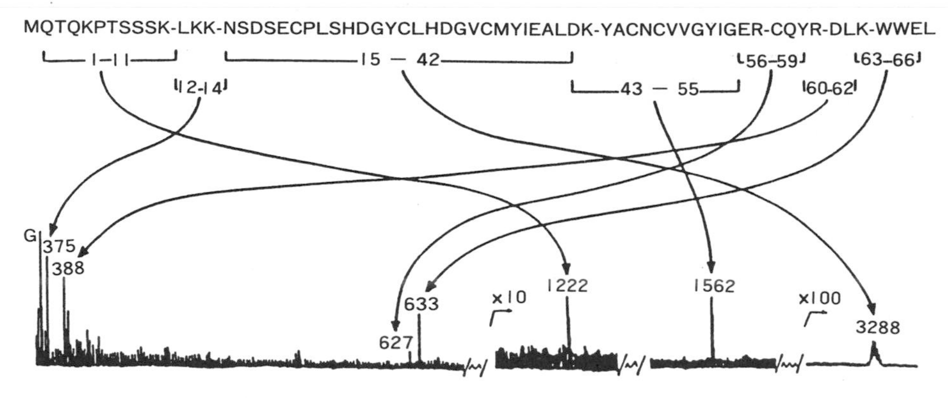

圖3.7 一種皮上細胞生長因子之 FAB 圖譜[9]。

順序 (peptide sequence) 也是頗困難的。

雖然當胜肽分子量高於 4,000 以上時，除了只能看到與分子量有關的分子離子之外，很難見到與結構有關的斷裂離子，可是如果結合以生化酵素酶或是化學方法可將其分解爲消化混合物 (digest mixture)，然後以 FAB 方法做質譜分析，而得到此混合物中各別成份的分子量，這方法稱爲 FAB 胜肽圖譜分析[12] (FAB peptide mapping)。最常見的方法是以胰蛋白酶消化 (trypsin digestion)，如果被消化後的混合物太多而複雜，還必須以 HPLC 分離 (不必將每一成份完全分離) 成各個較簡單的混合物，再用 FAB 法決定各個混合物中的各成份分子量。圖 3.7 顯示一種皮上細胞生長因子 (epidermal cell growth factor) 的圖譜。樣本首先將其中的半胱胺酸 (cysteine residue) 還原再羧基甲基化 (carboxy-methylation) 後，以胰蛋白酶消化，所有在 C－終端的精胺酸 (arginine) 與離胺酸 (lysine) 被消化斷裂，FAB 質譜顯示出各個斷裂後的混合物各成份之分子量。此法可迅速地確定所預期的初級順序 (primary sequence) 是否正確，如果胜肽因爲轉譯 (translation)、刪除 (deletion)、加入 (insertion)、點突變 (point mutation) 及過轉譯修變 (posttranslational modification)等，都可以以 FAB 圖譜法測定出來。例如，如果 N－終端的甲硫胺酸 (methionine) 被甲醯基化時，則在 FAB 質譜中的 m/z 1222 離子，將提高質量 28 單位至 m/z 1250。如果先前的混合物再繼續以羧胜肽酶 B (carboxypeptidase B) 處理消化，可再除去 C－終端的精胺酸或離胺酸，則圖 3.7 的

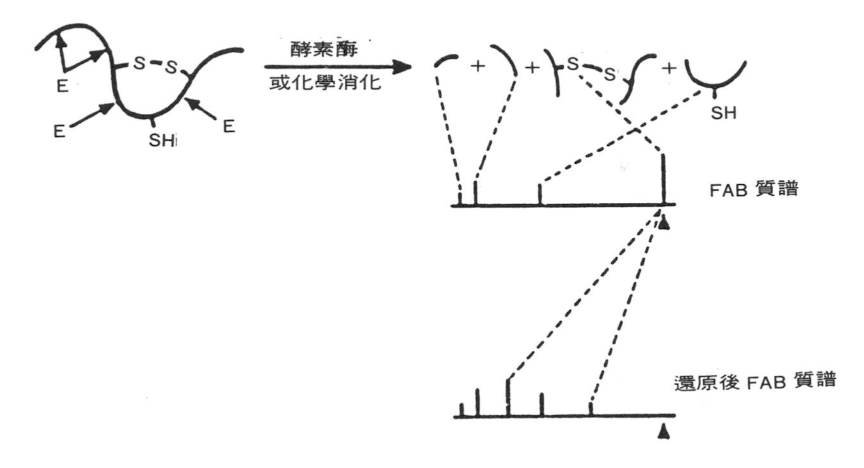

圖3.8胜肽先被酵素酶或化學物質消化分解，再更進一步將雙硫鍵還原。

FAB 質譜，除了 WWEL 片斷仍舊出現在 *m* / *z* 633 外，其餘所有離子都會減少 128 (離胺酸) 或減少 156 (精胺酸) 的質量。而此唯一不變質量的片斷 (*m* / *z* 633)，即可證明為該生長因子的 C －終端胜肽。

胜肽圖譜最主要的用途是在對基因工程所製造之蛋白質的品管分析，只需要幾種以酵素酶或化學方法，如上述胰蛋白酶消化或凝乳胰蛋白酶消化 (chymotrypsin digestion)。V8 蛋白酶消化及溴化氰 (CNBr) 法等，將胜肽消化成混合物而被分析。這種方法對較複雜的胜肽，幾乎超過 90%的胺基酸順序可被證實。

FAB 胜肽圖譜另外一項重要的功用為證實蛋白質中雙硫鍵 (－S－S－) 的位置。在一般蛋白質消化而斷裂的過程中，如果使用的酵素酶或化學物質沒有硫基 (－ SH) 存在的話，雙硫鍵則不會還原斷裂，如圖 3.8 所示。但是如果使用魔術子彈或是硫甘油作為介質，雙硫鍵即會被還原為兩個各別的硫基，即－ SH, HS －，比較還原前後的 FAB 質譜，不僅可以測定是否有半胱胺酸胜肽 (cysteinyl peptides) 的存在，也可以知道它們之間雙硫鍵的連接情形。但是有如其他的傳統方法，以 FAB 圖譜法來測定雙硫鍵位置，也有其限制。通常只限於帶有 4 個以下雙硫鍵的蛋白質，若超過此數以上時，由於斷裂的不完全，就較難測定了。

FAB 質譜也廣泛地使用於碳水化合物 (carbohydrates) 的應用[13-16]，首先它可提供分子量的大小，其次，可經由斷裂離子而幫助證實其結構。為了增強其

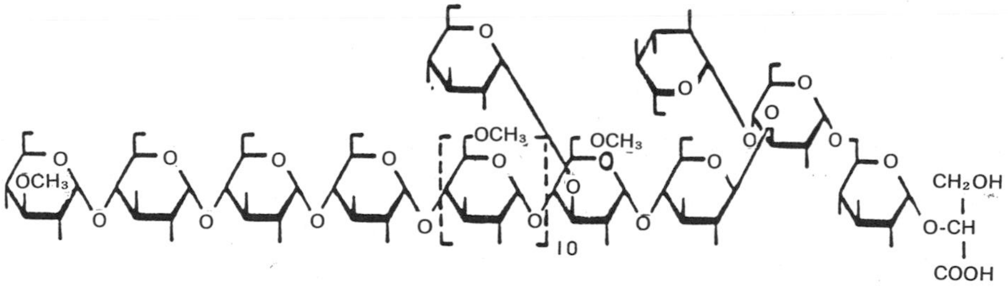

圖3.9 一種部份甲基化之葡萄糖多醣之化學結構。

離子訊號的靈敏度，往往需將化合物中的氫氧基 (－OH)，全部或部份地轉換成衍生物 (derivatives)，通常爲甲基或乙醯基衍生物。圖 3.9 爲一甲基化葡萄糖多醣之結構，雖然僅部份氫氧基甲基化，但是使用 FAB 方法，很容易地顯示其正離子 m/z 3437 (M＋Na) 或負離子 m/z 3413 (M－H)，而原先的多醣聚合物，則根本無法出現分子離子。這可能的解釋爲原先太多的氫鍵，彼此相互束縛著，而使用之快速原子 (或離子) 的能量，不足以克服此相互束縛的力量之故。

至於碳水化合物斷裂離子產生的途逕可歸納成下列五種：

⑴ 途徑 A：糖苷解離 (glycosidic cleavage) 後產生氧鎓離子(oxonium ion)，電荷留在非還原的一端 (如圖 3.10 所示)，且只能產生正離子，通常又稱之爲 A_1型解離 (A_1-type cleavage)。

⑵ 途徑 B：糖苷解離時氫原子轉移如圖所示，電荷留在被還原的一端，可產生正或負離子，又稱爲 β －解離。

⑶ 途徑 C：糖苷解離時氫原子轉移如圖所示，電荷留在非還原的一端，也可產生正或負離子。

⑷ 途徑 D：糖苷產生環解離 (ring cleavage)，電荷留在被還原的一端，此 β －解離多出 28 個質量單位，可產生正或負離子。

⑸ 途徑 E：糖苷產生環解離，但電荷留在非還原的一端，較少產生正離子，主要爲產生負離子，因爲負離子比較穩定，比途徑 C 產生的離子多出 42 個質量單位。

對於沒有經過衍生化的原碳水化合物，是無法僅依靠 FAB 質譜來判定其順序的，因爲途徑 B 與途徑 C 是無法分辨的，因爲不能知曉斷裂離子來自非還原或是被還原的一端。有時候產生雙重解離 (double cleavage)，使情形更爲複雜

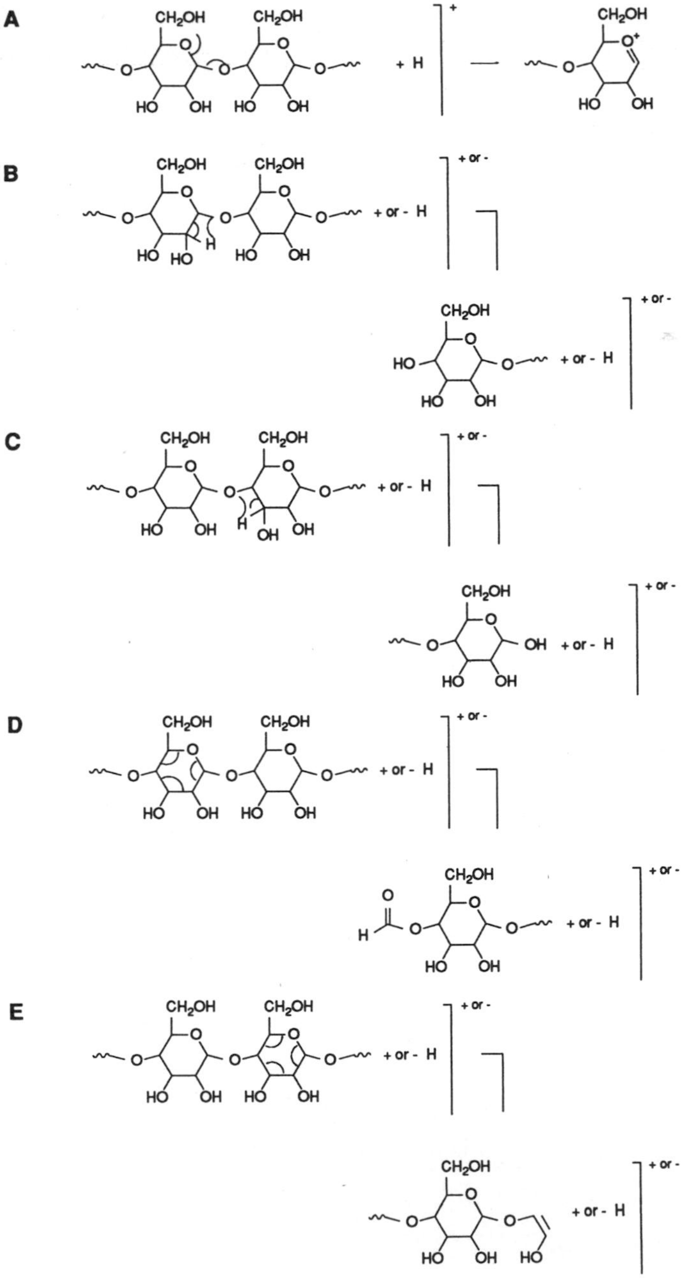

圖3.10 FAB 質譜中碳水化合物產生斷裂離子的途徑。

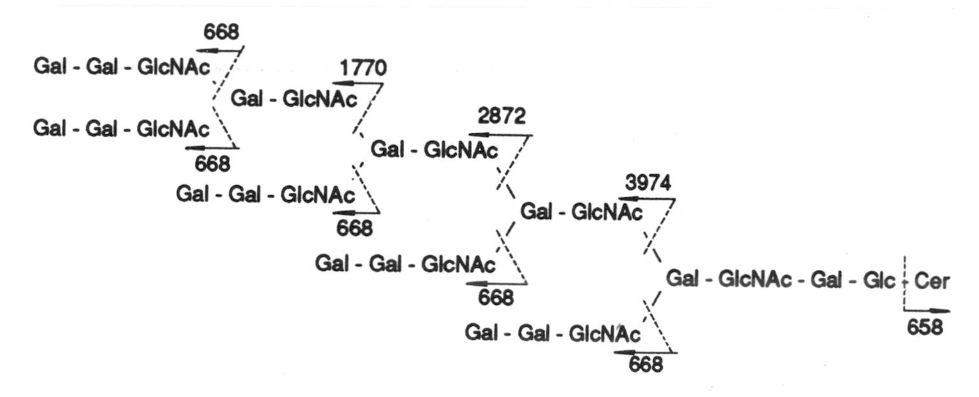

圖3.11 兔子紅血球膜中分離出之糖抱合脂，經甲基化後，在FAB質譜中其斷裂離子之分枝圖樣[16]。

。例如途徑A與B同時發生在不同的糖苷上，將使一端爲非還原端的順序離子而另一端卻爲被還原端。通常在做順序分析時，需先做好乙醯基或甲基的衍生物，因此如果是非還原端的離子，所有的氫氧基都被導合，而被還原端的離子，則將有一個氫氧基未被導合，即可依此而分辨出。

經過甲基或乙醯基導合後的化合物，產生較強烈的途徑A離子，而產生較弱的途徑B離子。如果該化合物含有己醣胺基 (hexosamine residue)，則解離主要發生在此胺基上，例如假定M－N－HexNAc－Q－R結構，則其斷裂離子爲M－N－HexNAc$^+$，對於許多以化學方式或酵素方法而改變碳水化合物的結構，FAB質譜可以用來測定其變化情形。圖3.11爲一種從兔子紅血球膜 (rabbit erythrocyte membrane) 分離出來的糖抱合脂 (glycosphingolipid)，經過甲基化之後，其斷裂離子在FAB質譜中出現的情形。至於其中有關其分枝圖樣 (branching pattern)，可更進一步用半乳糖苷酶酵素 (α-D-galactosidase) 處理，以切掉終端半乳糖，FAB質譜發現分子離子減少了1020質量單位，說明有五個終端半乳糖被切掉，而主要的斷裂離子出現在 m/z 464, 1362, 2260及3158，這些離子也證明其分枝情況 (見圖3.12)。在實際情況中，也有微弱的離子出現在 m/z 668，這是因爲還有少部份的原化合物沒有被消化分解之故。除了醣脂類之外，FAB質譜方法還廣泛地應用到醣蛋白質類及環狀碳水化合物等較複雜的化合物。

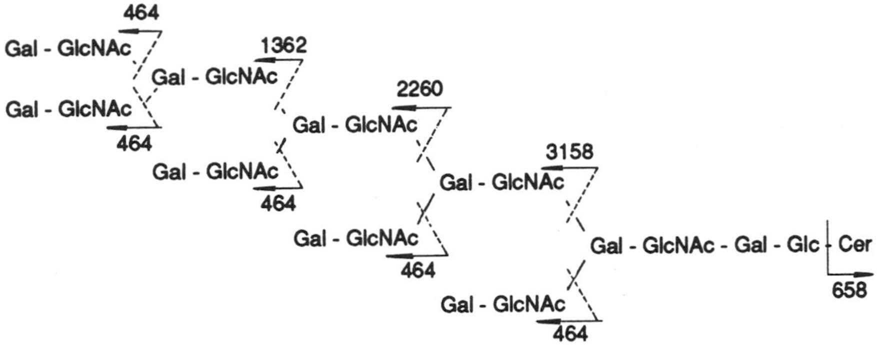

圖3.12 甲基化之糖抱合脂，再經半乳糖苷酶酵素分解後，FAB 質譜中斷裂離子之分枝圖樣(16)。

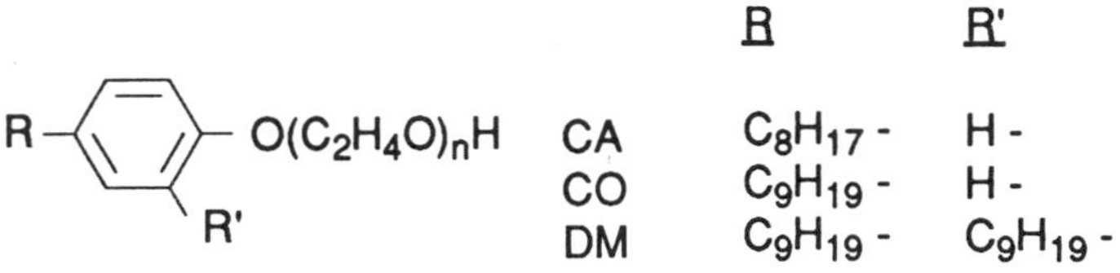

R—(苯環, R')—$O(C_2H_4O)_nH$

	R	R'
CA	C_8H_{17} -	H -
CO	C_9H_{19} -	H -
DM	C_9H_{19} -	C_9H_{19} -

圖3.13 三種非離子活性劑的化學結構，CA、CO 及 DM 為商業上的名稱。

FAB 質譜本身除了能夠提供化合物分子量及其化學結構的訊息之外，如果採用磁扇形質譜儀 (magnetic sector instrument)，尚可使用高解析度 (high resolution) 的方法，測得離子的正確質量 (accurate mass)，並依此求得該離子的元素組成 (elemental composition)。通常的情況下，儀器的分辨度維持在 5,000 至 10,000 之間。

為求得正確質量時所用的參考物質，如果所欲測量的離子質量小於 800 時，可使用簡單的聚乙二醇 (polyethylene glycol) 或是聚丙二醇 (polypropylene glycol)；但是如果被測的質量高于 m/z 800 時，以上的兩種聚合物，則不易產生足夠強的參考離子，而必須尋找各種不同的適合參考物，筆者發現最廉價而適當的方法(17)，乃是以 HPLC 方法先分離此種類型的聚合物，然後收集各個不同的單體(monomer)，以此方法，使正確質量的分析能高至 2000 以上，而不影響其結果的靈敏度。

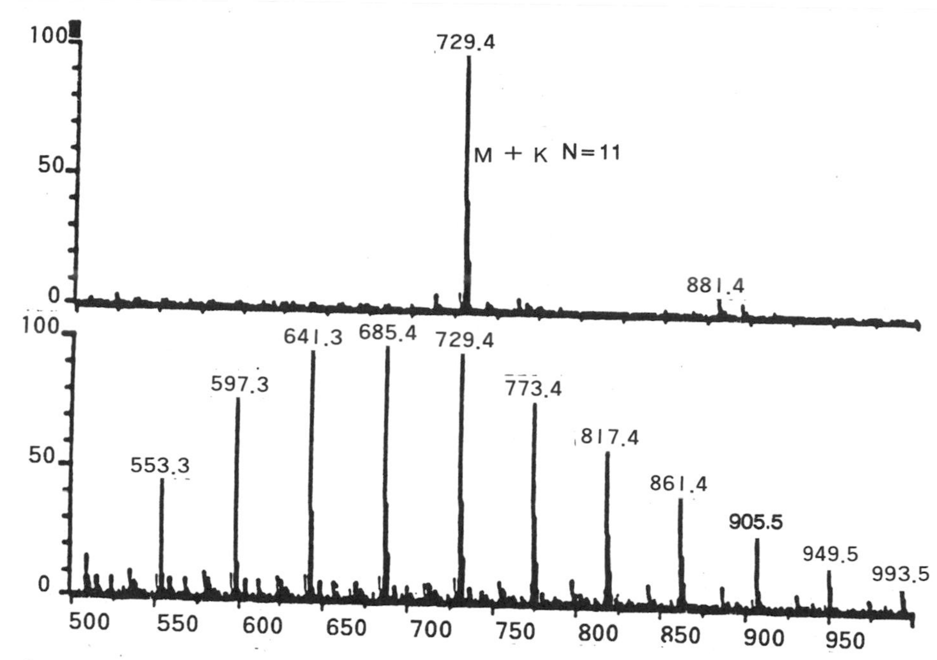

圖3.14 一種稱爲 CA720 的非離子活性劑，在經過 HPLC 法分離前以及分離後的一個單體的 FAB 質譜，魔術子彈被用來做 FAB 介質。

圖 3.13 爲數種非離子活性劑的化學結構，與聚乙二醇很類似，在其溶液中，只需加入極微量的鹼金屬鹽，即可很容易地產生極強的 FAB 質譜，圖 3.14 爲比較經 HPLC 法分離前及分離後的一個單體的質譜。很明顯的，除了較強的分子離子 M + K 之外，幾乎沒有任何斷裂離子存在，是做爲 FAB 參考物質的最佳選擇。圖 3.15 即爲以此方法分離之單體，用來測量一種稱爲 avoparcin 抗生素之正確質量，其結果與該分子離子之實際質量只有 6.1 毫質量單位 (mmu) 的誤差。

在經過十多年的發展，FAB 質譜技術已經廣泛地應用到許多有機化合物，除了前面所提到的之外，還包括各類抗生素、有機金屬化合物、維生素及核苷酸等等。雖然在分子量的決定有其上限，以及對結構有關的斷裂離子不足以完全判定其結構，但無疑地在質譜法領域內，已算是技術上重大的突破了。

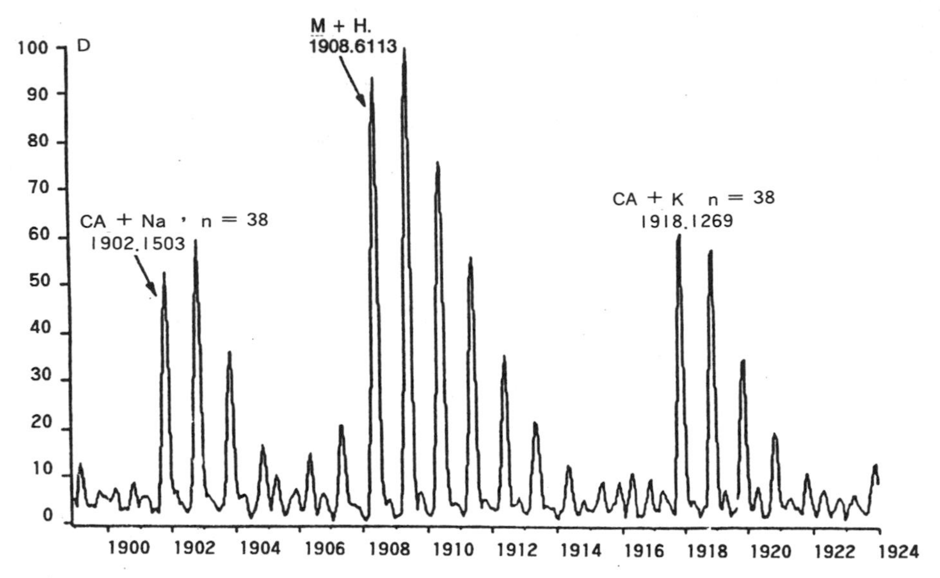

圖3.15 在高分辨儀器操作情況下，avoparcin 抗生素與一種稱為 CA 的非離子活性劑兩個單體混合後的 FAB 質譜；以已知正確質量的活性劑為參考物，可求得該抗生素之正確質量。

參考文獻

1. M. Barber, R. S. Bordoli, R. D. Sedgwick and A. N. Tyler, Nature, Vol. 293, p.270 (1981).
2. M. G. Inghram and R. Gomer, J. Chem. Phys. Vol. 22, p. 1279 (1954).
3. H. D. Beckey, Principles of Field Ionization and Field Desorption Mass Spectrometry,Pergamon, London (1977).
4. J. L. Gower, Biomed. Mass Spectrom. Vol. 12, 191 (1985).
5. H. R. Morris, G. W. Taylor, M. Panico, A. Dell, A. T. Etienne, R. A. McDowell and M. B. Judkins, Methods in Protein Sequence Analysis, Humana Press, Clifton, New Jersey (1982).
6. J. Martin, M. Brownstein and D. Krieger, eds., Brain Peptides Update, Vol. 1,Wiley, New York (1987).
7. K. Biemann and F. A. Martin, Mass Spectrom. Rev. Vol. 6,p. 1 (1987).

8. J. E. Shively, ed., Microcharacterization of Peptides : A Practical Manual,Humana Press, Clifton, New Jersey (1986).
9. C. N. McEwen and B. S. Larsen, eds., Mass Spectrometry of Biological materials, Marcel Dekker, New York (1990).
10. M. Dole, L. L. Mack, R. L. Hines, R. C. Mobley, D. L. Ferguson and M. B. Alice, J. Chem. Phys., Vol 49, p. 2240 (1968).
11. C. M. Whitehouse, R. N. Freyer, M. Yamashita and J. B. Fenn, Anal. Chem. Vol.57, p. 675 (1985).
12. H. R. Morris, M. Panico and G. W. Taylor, Biochem. Biophys. Res. Commun. Vol 117, p. 299 (1983).
13. L. S. Forsberg, A. Dell, D. J. Walton and C. E. Ballou, J. Biol. Chem. Vol. 257, p. 3555 (1982).
14. Y. Kushi, S. Handa, H. Kambara and K. Shizukuishi, J. Biochem. (Tokyo),Vol. 94, p. 1841 (1983).
15. S. J. Gaskell ed., Mass Spectrometry in Biomedical Research, Wiley, New York (1986).
16. A. Dell, FAB Mass Spectrometry of Carbohydrates in "Advance in Carbohydrate Chemistry and Biochemistry", Vol. 45, Academic Press, London (1987).
17. M. M. Siegel, R. Tsao and S. Oppenheimer, Anal. Chem., Vol. 62, p. 322 (1990).

第四章

傅立葉轉換質譜術簡介

韓肇中

摘　要

在本文中我們將介紹離子迴旋共振質譜儀的工作原理及以傅立葉轉換的訊號處理方式來獲得質譜及超高解析度的應用。由於工作壓力的要求，高壓（> 10^{-5} torr) 的離子源無法直接應用 FT-ICR 來作質譜分析；克服壓力障礙的方法也將被介紹，最後將簡介我們所使用的 FT-ICR 質譜儀。

一、發展過程

在 1950 年前後，美國國家標準局 (National Bureau of Standards) 的一組研究人員 (H. Sommer, H. A. Thomas 及 J. A. Hipple) 為了要精確地測量質子的質荷比 (mass-to-charge ratio)，而設計了一套他們稱為亞米茄迴旋加速器 (omegatron) 的質譜儀[1]。此後美國的 Varian Associates 公司在 1966 年使用亞米茄迴旋加速器的原理生產第一部今日所用的離子迴旋共振質譜儀 (Ion Cyclotron Resonance mass spectrometer, 簡稱為 ICR) 的雛型儀器，交由史丹福大學化學系使用。由於 ICR 主要的特色便是它的離子阱 (ion trap) 工作原理，便於把低能量的離子作長時間 (毫秒至數小時) 的儲存[2]，早期的研究工作大多數偏重於氣相離子與分子間的低能量碰撞反應。早期的 ICR 在質譜的記錄方式是屬於掃描式的設備，獲得質譜的速度比其他常用的質譜技術慢，有效的質量上限大約在數百原子質量單位 (amu) 以下，因此主要的使用者大都是借重其離子阱及雙共振離子排除 (double resonance ion ejection) 之特色來從事分析化學以外之研究工作。這種趨勢在 1980 年代中期以後起了急劇的變化，其關鍵即在於 ICR 使用了傅立葉轉換 (Fourier transform) 的方法來記錄質譜。利用 FT 技術自 ICR 擷取質譜的研究工作在 70 年代初期由 M. B. Comisarow 及 A. G. Marshall 率先開始，在經過十年的開發後，商業化的 FT-ICR (亦有人稱爲 FT-MS) 在 80 年代先後有數家製造廠推出。

FT-ICR 在使用現代最進步的電腦科技和超導磁鐵所提供的高強度均匀磁場下，擁有多種其他質譜技術望塵莫及的優勢：(1)多頻偵測 (multichannel detection) 使得整個質譜資料不再需要用掃描的方式獲得。(2)超高質量解析度 ── 在 $m/z = 18$ 可達到[2] $> 10^8$，在 $m/z \sim 10^4$ 可達到[41] $> 5 \times 10^4$。(3)連續質譜分析 (MS^n) 只需要電腦軟體的設定即可做到，不需要擴充昂貴的硬體設備。(4)適用於低能 (小於 1 電子伏特) 至高能 (數千電子伏特) 離子之研究，不需要任何硬體設備之修改。(5)偵測之靈敏度不因離子之質量或解析度之不同而改變。(6)在不需要重覆做質量校正的情形下，測得之質量準確度可維持在 < 100 ppm 達數日之久，而在有標準質量校正的情形下，< 2 ppm 之質量誤差可在 69～502 amu 之範圍達到[12]。(7)子離子的質量解析度常和母離子一樣好或更好。[29]

隨著 FT-ICR 技術的精進，今天的應用已廣及於物理、化學、分析、材料科學及生物醫學等領域。我們將在下面各節中把 FT-ICR 最重要的特性逐一作深入的介紹，至於無法在此作完整討論的有關於 FT-ICR 的基本理論部份，讀者可以參考文獻 3～10 。此外，參考文獻 11～14 可作爲讀者全盤性瞭解 FT-ICR 的入門資料。

二、離子迴旋共振質譜儀之工作原理

(一) 基本組件

高均匀度磁場、離子阱室 (trapped-ion cell)、眞空腔 (vacuum chamber)、離子源及數據處理系統，茲分別討論於后：

1. 高均匀度磁場

一個帶電荷 q 的質點在磁場中受到磁力的作用

$$\mathbf{F} = q\,\mathbf{V} \times \mathbf{B} \tag{4-1}$$

使得它在垂直於磁場方向上的運動成爲週期性的圓週運動，其迴旋頻率 (cyclotron frequency) 爲

$$\omega_c = \frac{q\,B}{m} = 2\pi\nu_c \tag{4-2}$$

在 (4-2) 式中 q 之單位爲庫倫 (coulomb)，B 是以 tesla (= 10^4 gauss) 爲單位的磁場強度，m 是以公斤爲單位的質點質量，ω_c是以 radians / sec 爲單位，因此由測量離子在已知強度之磁場中的迴旋頻率，我們就可以知道其質荷比。由 (4-2) 式取 $d\omega_c / dm$ ，我們得到

$$\frac{m}{\Delta m} = \frac{qB}{m\,\Delta\omega_c} \tag{4-3}$$

因此，在頻率解析度 $\Delta\omega_c$不因實驗條件改變時，質量解析度 $m\,/\,\Delta m$ 可藉著提高磁場強度而增加。現在 FT-ICR 多使用 3～7 tesla 之超導磁鐵。

2. 離子阱室

由於磁場對於平行於它的離子運動分量不產生影響，磁場僅能達到二度空間上的離子阱作用，在平行於磁場的第三度空間上，則有賴於靜電場位能井 (electrostatic potential energy well) 的配合，使得平行於磁場方向的離子運動成爲線性的週期振動。離子阱室的基本作用除了產生四極電場 (quadrupolar electrostatic field) 以生成上述的位能井，它同時也構成離子迴旋運動之激發及離子偵測所必要之電極。常見的離子阱室的形狀有平行六面體[15-17]、圓柱體[18,21] 及雙曲面體[19,20]，它們的基本原理是相同的，不同的只是它們所生成的四極電場的均勻度及對稱性的些微差異。由於平行六面體的構造遠比其他形狀的結構容易製造，絕大多數使用中的 FT-ICR 都是採用六面體的離子阱室。

圖 4.1 爲一個典型的平行六面體離子阱室的電極構造示意圖，其中每一組平行的兩片電極板各有其不同的特定功能，因而區分爲阱極 (trapping plates, 平行於 XY 平面)、無線電頻率訊號發射極 (rf transmitter plates, 平行於 XZ 平面) 及離子訊號接收極 (signal receiver plates, 平行於 YZ 平面)。除了阱極必須和磁場 (**B**) 垂直之外，發射極和接收極可以對調，而電極間是彼此不導通的。圖中的阱極帶有正偏壓，適於偵測陽離子，若是要偵測陰離子則只需要將阱極的極性顚倒。離子阱內的電場分佈情形在參考文獻(17)及(22)中有詳細的描述。圖 4.2 爲離子阱內的電場剖面圖及離子在其中運動的軌跡。阱極的偏壓通常使用約 1V，其數值的大小直接決定離子阱中離子平行於磁場方向的最大動能，且對於離子

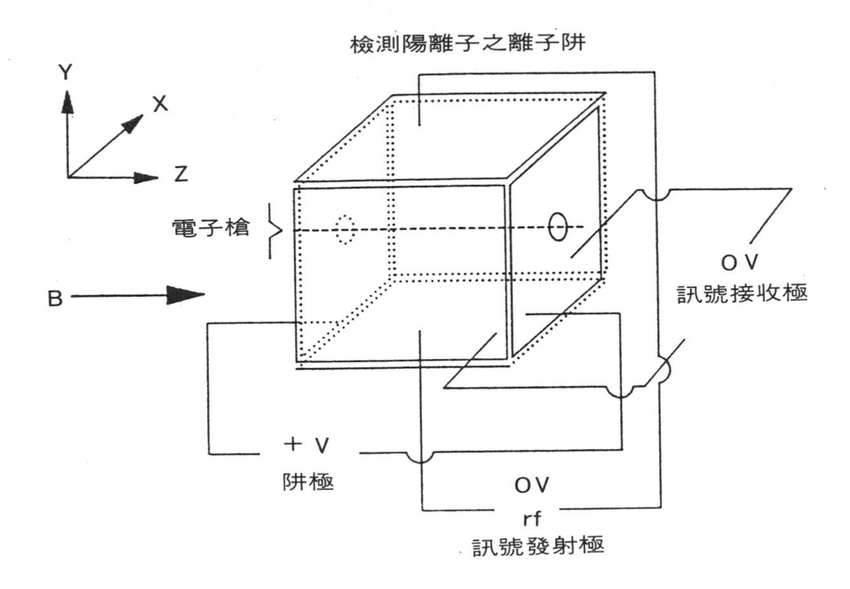

圖4.1 最普遍被使用的平行六面體離子阱室構造示意圖。正偏壓的阱極適於偵測陽離子，習慣上磁場(B)的方向定爲直角座標系之 Z 軸。

質量測定之準確度有很大的影響。九條點虛線 (……) 所代表的是在此剖面中等電位面的分佈情形，每相鄰的兩條曲線代表 $q \cdot V / 10$ 的電位改變。五條實線 (—) 所代表的是五個起始動能爲零的離子在約爲 0.85 $q \cdot V$ 位能處生成後在此 (無磁場) 四極靜電場中之運動軌跡，而虛線 (……) 表示的是在離子阱左下角 0.6qV 電位處生成的離子具有在＋ **Y** 方向上起始的 0.3 $q \cdot V$ 動能的陽離子在阱中的運動軌跡。這些軌跡顯示，當僅有電場之作用時，所有能量 (動能＋電位能) 小於阱位能 (trapping potential energy) $q \cdot V$ 之離子在 Z 軸方向上的運動都會受到限制，而所有低能量離子之損失都發生在 XY 方向上的二度空間中。如此的四極電場有如一個 Z 軸方向的離子阱，當 Z 軸方向上再加上磁場後，原來造成離子損失的 XY 方向運動會因爲磁力［(4-1) 式］的作用而被轉變成爲週期性的迴旋運動，而使得離子可以長時間[2]的停留在離子阱內。離子在這樣的磁場和電場的作用下［(4-4) 式］，

$$\mathbf{F} = q(\mathbf{E} + \mathbf{V} \times \mathbf{B}) \tag{4-4}$$

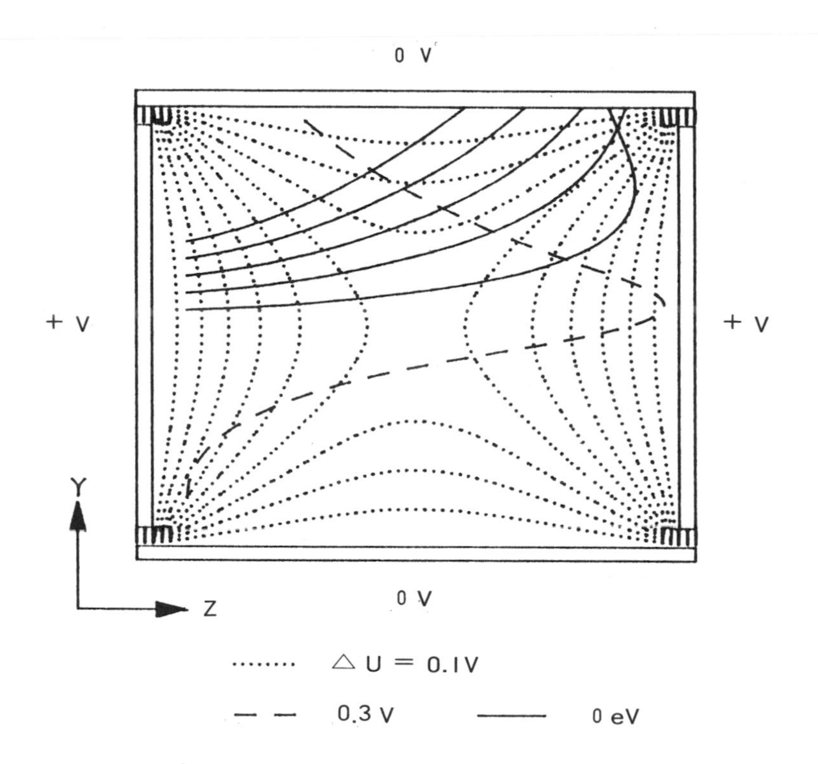

圖4.2 平行六面體離子阱室的四極靜電場等位能線剖面圖及其中代表性的離子運動軌跡 (磁場不存在的情形)。

其運動的軌跡遠比前面討論的複雜，但是大致可簡化成以下三種簡單的運動方式之總和：(17,22,25)

(1) 迴旋運動

這是 ICR 用以測定離子質量之依據，然而由於磁、電場的交互作用［(4-4) 式］，它的頻率略異於 (4-2) 式的描述，而應修正爲(17,22)

$$\omega = \frac{1}{2}\{\omega_c + [\omega_c{}^2 - \frac{8q\alpha(V_T - V_0)}{ma^2}]^{1/2}\} \qquad (4\text{-}5)$$

在 (4-5) 式中 V_T及 V_0分別是阱極和其餘二組電極 (發射和接收極) 上所加的直流偏壓，a 是阱極之邊長 (通常在 XY 面上的剖面爲正方形)，而 α 是和離子阱的三個邊長的比例有關的一個參數。(17,22)

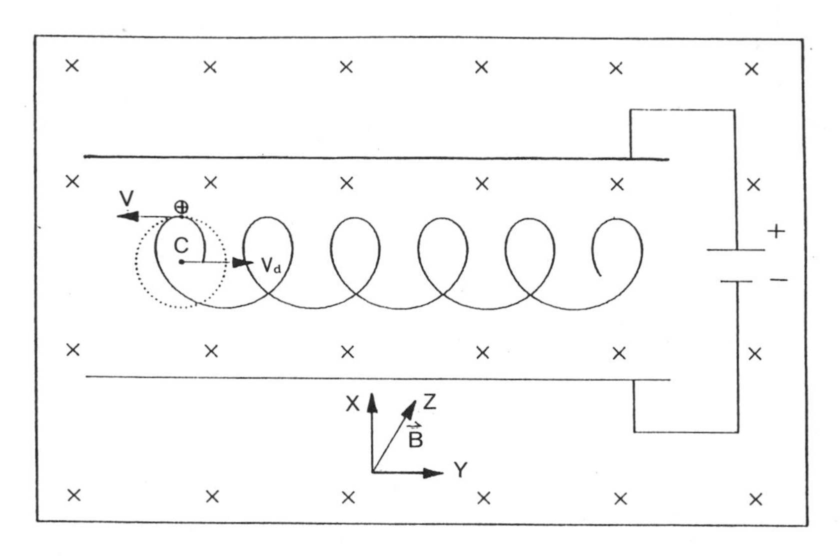

圖4.3 互相垂直的電、磁場造成第三軸向上的離子移動 (drift)，V 是離子瞬間的線性速度，V_d是迴旋運動質心移動的速度。

(2) 磁子運動 (Magnetron Motion)[23]

這是離子迴旋運動在有垂直於磁場方向的電場存在時所特有的運動方式。假設有如圖 4.3 所示的互相垂直的磁、電場，當陽離子向正極移動時受電場之減速而使得其曲率半徑變小；反之，則曲率半徑變大。因此離子迴旋運動的圓心 C 在＋ $\mathbf{Y}$ 方向上有移動速度 (drift velocity)

$$\mathbf{V}_d = \frac{\mathbf{E} \times \mathbf{B}}{|\mathbf{B}|^2} \tag{4-6}$$

在三度空間的 ICR 離子阱中，C 是沿著立體的四極電場的等位能面在 XY 平面上環繞著阱中心以

$$\omega_m = \frac{1}{2}\left\{\omega_c - \left[\omega_c^2 - \frac{8\alpha q\,(V_T - V_0)}{ma^2}\right]^{1/2}\right\}$$
$$\approx \frac{2\alpha\,(V_T - V_0)}{a^2 B} \tag{4-7}$$

作週而復始的 (磁子) 運動。圖 4.2 所代表的是等位能面在 XZ 或 YZ 平面上的剖視圖，我們若是在 XY 平面上取剖視圖則會得到一系列的環狀封閉曲線 (請參

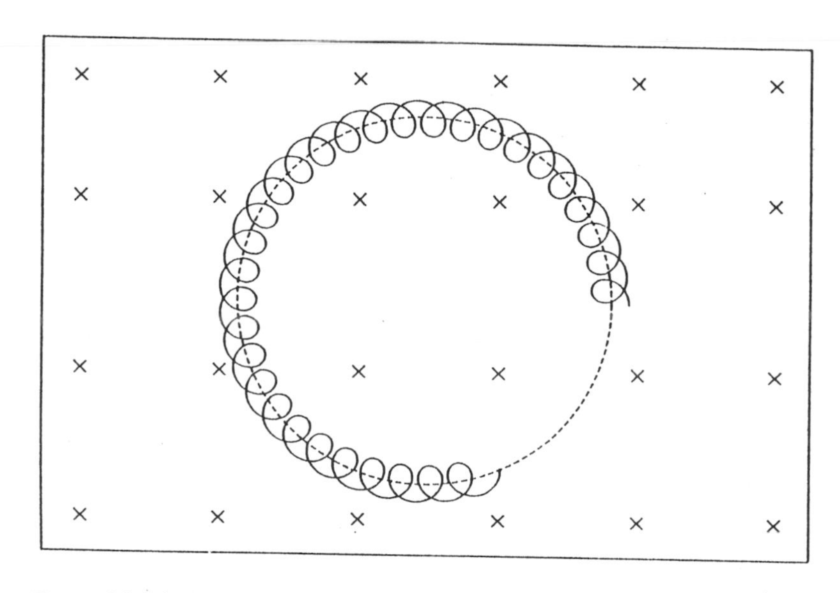

圖4.4 圓柱體離子阱內離子之磁子運動部份軌跡，虛線圓是迴旋運動中心移動的軌跡。

考文獻(21)中之圖 3)。因爲圓柱體或雙曲面體離子阱在 XY 平面上簡單的圓柱狀對稱易於作磁子運動軌跡之定性描述，圖 4.4 便是離子在這種高對稱性的四極電場中磁子運動的部份軌跡，而圖中虛線圓就是離子迴旋運動中心沿著等位能面旋轉的軌跡。在一平行六面體離子阱中，磁子運動的軌跡和此圖非常相似，不同的只是在前者中等位能面是介於圓形和方形間的幾何形狀。

(3) 阱振盪 (Trapping Oscillation) 運動

離子在平行於磁場的 Z 軸方向上受到電位能井的限制，而在兩片阱電極以

$$\omega_T = \left[\frac{2\beta q(V_T - V_0)}{ma^2}\right]^{1/2} \tag{4-8}$$

之頻率[17,22]來回振盪，(4-8) 式中之 β 有如 (4-5) 式中之 α ，一般是視離子阱尺寸比例而定的一個參數。若一離子在 Z 軸方向上的能量大於 $(V_T - V_0)q$ ，則此離子會撞擊阱電極而損失其電荷。

雖然靜電位能井之存在是 ICR 所必要的條件，但是它在 XY 平面上所造成的輻射狀電場 (造成磁子運動的環狀封閉等位能面也是因此而來) 卻也是造成

ICR 缺陷的主要因素。由於此四極電場在 XY 平面上對離子的迴旋運動有增加離心力的作用，因此它相當於減低磁場強度。最不利的影響源於此四極電場的不均勻性所造成離子感受到的電場效應隨它所在的位置而異，因而質量解析度與離子迴旋頻率［(4-9) 式此處只考慮了 ω_T對 ω_c之平均影響］將視離子在阱中之分佈的情形而定。所幸的是這種不利的影響在一般例行的使用上並不造成困難，而且可經由簡單的修改離子阱的構造而使得此負面影響減低[17]或近乎消除[24]。

$$\omega = \frac{1}{2}\left[\omega_c + (\omega_c{}^2 - 2\omega_T{}^2)^{1/2}\right]$$
$$\approx (\omega_c{}^2 - \omega_T{}^2)^{1/2} \tag{4-9}$$

離子在 ICR 中貯存的時間可以用 (4-10) 式作定性的估計[22]

$$\tau = \frac{D^2 q^2 B^2 \pi^{1/2}}{4.8\, P\, \sigma\, (mkT)^{1/2}} \tag{4-10}$$

其中 D 是離子阱在 XY 平面上最小尺寸之半，P 爲真空中殘餘氣體之壓力，σ 是離子和殘餘氣體碰撞截面積，k 是波玆曼常數 (Boltzmann constant)。其他的研究發現[25]離子的貯存時間和阱電位成反比，因此 (4-10) 式也被修正爲

$$\tau_{1/2} \propto \frac{D^2 B^2}{P\,(V_T - V_0 + 0.81)\,(\alpha\mu)^{1/2}} \tag{4-11}$$

其中 α 是殘餘氣體之極化常數 (polarizability)，μ 是粒子和殘餘氣體碰撞時的縮減質量 (reduced mass)。除了起始能量 (在 Z 方向上) 過高的離子在生成後一個振盪週期內會因爲與阱電極碰撞而損失外，剩餘的低能量離子若非和殘餘氣體反應而生成新離子之外，其主要的非反應性損失 (non-reactive ion loss) 是經由和殘餘氣體分子的碰撞所造成的磁子運動半徑的逐漸增加，而終於撞擊發射或接收電極。[22,25]

因爲 ICR 由離子的迴旋頻率來決定該離子之質量，(4-9) 式意味著 ICR 所測的質量 m*將隨著阱電位 (trapping potential, V_T) 之改變而異[17]：

$$\frac{\partial\left(\frac{m^*}{q}\right)}{\partial\,(V_T - V_0)} \sim \frac{\beta}{(a\omega)^2} = \frac{\beta}{a^2}\left(\frac{m}{qB}\right)^2 \tag{4-12}$$

$\frac{m^* - m}{q}$ 為位能阱所造成質量測定上的誤差 (mass drift)。(4-12) 式顯示因阱位能所造成的質量誤差對高質量的離子遠較低質量者來得嚴重：在 1 英吋見方的離子阱及 1 tesla 的磁場中，質量誤差在 1,000 amu 約為 5×10^{-4} amu / V，在 10,000 amu 時誤差增加為 0.05 amu / V。

3. 真空腔

為了配合 FT-ICR 的多重功能，真空度的範圍在 10^{-4}～10^{-10} torr —— 低度真空便於進行離子和中性氣體分子的碰撞反應，而高度真空可增加離子在阱中貯存的時間，以滿足高質量解析度的要求 (詳見以下討論)。在需要碰撞和高解析度的應用中，經常以脈衝 (pulse) 的方式在離子產生和反應的期間充入反應氣體，在反應完成後待壓力降回至 $< 10^{-8}$ torr 後，再進行離子檢測以達到高解析度之目標。由於真空腔處於很強的磁場環境中，常用的離子幫浦及渦輪分子幫浦和游離真空壓力計等設備在使用上必須小心隔離磁場，以免造成測量上的誤差甚至設備的損壞。一般 FT-ICR 多使用超高真空油擴散幫浦或冷凝幫浦作為主真空腔的抽氣用途。

4. 離子源

現今質譜所應用的大多數離子化技術，只要留意壓力條件的搭配便可應用到 FT-ICR 上，當離子源需要較高的壓力時，真空腔的設計就必須具有足夠的微差抽氣 (differential pumping) 能力，俾使離子阱能維持在 $< 10^{-8}$ torr。

(1) 電子撞擊游離

這是傳統 ICR 使用的方法，如圖 4.1 所示，電子束由裝在阱電極外側的熱電子發射絲順著磁場射穿整個離子阱，而把阱內的中性氣體分子離子化。在 FT-ICR 中，電子束的發射是脈衝式，以避免在檢測陰離子時因為過多的電子貯存在離子阱中而引發空間電荷效應 (space charge effect) 或陽離子和電子的中和。由於 FT-ICR 要求的樣本分子壓力 (10^{-9}～10^{-7} torr) 遠比其他的質譜技術 ($\geqq - 10^{-5}$ torr) 來得低，遇熱易分解的低揮發性樣本往往在只需加微熱的情形下便可研究。

(2) 化學游離 (Chemical Ionization)[31]

長時間的貯存離子是 ICR 的特點，因此化學游離在 ICR 上的使用是與生俱來的能力，它的操作遠比其他的質譜術方便。

(3) 雷射脫附 (Laser Desorption)

低蒸氣壓的固體樣本在送入離子阱外側後，可藉脈衝雷射瞬間傳遞大量能量至樣本，使得表層分子汽化，並伴隨有少量離子的生成。比較特殊的應用實例爲在離子阱中產生並貯存可作化學游離的反應物離子，然後在生成反應物離子的殘存氣體被徹底抽除後，再以雷射脫附的方法將樣本分子汽化於離子阱內。隨著反應物離子和樣本分子的碰撞，便可經由化學游離的方式很溫和地生成樣本分子的離子[26]。此外，樣本分子也可藉由電子撞擊游離的方式產生，可提供分子結構訊息的裂解反應；如此 FT-ICR 可以從樣本分子得到母離子之分子量和裂解產生的子離子，使得大分子的結構決定更容易做好。

上述的三種離子源都可以用於 FT-ICR 既有的眞空系統內，至於二次離子 (secondary ion)、快速原子撞擊 (fast atom bombardment)、熱灑 (thermospray) 及電灑 (electrospray) 等游離方式，則因爲需要在 FT-ICR 無法充分發揮功能的壓力條件下工作，而必須將這些離子源置於遠離離子阱之眞空腔內，藉著微差抽氣使得離子源及 ICR 均能在各自所需的壓力環境中發揮作用。由於使用這些外置離子源 (external ion source) 的主要關鍵在於如何克服「磁鏡」效應 (magnetic mirror effect)，而有效地把離子從處於低磁場環境中的離子源引入並貯存於處在高磁場中的離子阱，我們將在稍後再討論外置離子源的應用。

5. 電子及數據處理系統

主要包含一架控制 FT-ICR 工作脈波序列 (pulse sequence) 及將時域訊號 (time-domain signal) 作快速傅立葉轉換 (Fast Fourier Transform, FFT) 處理的小型電腦和附帶的界面電子設備 —— 例如數位式頻率合成器、瞬時訊號數位化處理器 (transient digitizer)、前級放大器、訊號混合器 (mixer)及濾波器 (filter) 等等。

(二) 基本操作

在這一節中我們首先將注意力集中在鉤繪出 FT-ICR 實驗的輪廓及一些相關的基礎常識，以便隨後討論使用者必須知道的深入問題。

典型的 FT-ICR 實驗週期 (cycle) 是由以下的脈波序列所構成：

1. 阱極離子清除 (Trapping-plate Ion Quench)

這是將平行的兩片阱電極分別賦予持續數毫秒的直流正、負偏壓，由其生成的電場將離子阱內已有的殘餘離子沿磁場的方向加速而撞擊阱電極中和之後，阱電極回復到貯存離子的工作偏壓 (V_T)。此種離子清除是沒有質量選擇性的，因而它有異於以下將討論的有質量選擇性的雙共振離子排除 (double resonance ion ejection)。

2. 離子生成

以前述的游離方式產生離子，此一事件則又視實際使用的離子化方式而由一至數個脈波所組成 —— 雷射、電子束、反應及緩衝 (buffer) 氣體之添加，及離子由外置式離子源引入時阱極電位之變化。

3. 特定離子之選擇

這一道手續一般又有兩種主要的目的：

(1) 以雙共振離子排除達到串聯質譜術 (tandem mass spectrometry) 由混合母離子中選取下一階段質譜分析的特定單一離子。FT-ICR 的一大特點是它可以同時選取一個或多個不同質荷比的離子來做進一步的工作。在執行上，雙共振離子排除可以由激發離子的迴旋運動或阱振盪運動之振幅，使其撞擊電極板而失去電荷。當訊號發射極上的振盪電場頻率和離子阱內的某一特定質荷比離子的迴旋頻率相同時，此離子即會由振盪電場吸收能量 (此即共振現象)［(4-13) 式］。

$$E_\omega = \frac{q^2 E_0{}^2 t^2}{8m} \tag{4-13}$$

使其在 XY 平面上的迴旋半徑增大［(4-14) 式］[7]。

$$r_\omega \approx \frac{qE_0 t}{2m\omega_c} = \frac{E_0 t}{2B} = \frac{V_0 t}{2aB} \tag{4-14}$$

在 (4-12) 式及 (4-13) 式中 t 是共振離子受到強度為 $E_0 = V_0/a$ 之共振電場作用之時間，而 V_0是施加於發射極上之訊號電壓，a 為平行的發射電極間之距離。若是 E_0之頻率不在共振吸收峰的中央(ω_0)，則 (4-14) 式可以用通式 (4-15) 式來代替[18]。

$$r_\omega \approx \left| \frac{E}{B} \frac{\sin[(\omega - \omega_0)\tau/2]}{\omega - \omega_0} \right| \tag{4-15}$$

當 $r_\omega \approx a/2$ 時，共振離子就會因撞擊電極而消失。

同樣的，當阱電極間有一頻率為 ω_T 之振盪電場存在時，該離子在 Z 軸方向上的振幅和能量即逐漸增加，最後亦可達到選擇性離子排除之目的。在這兩種方法中，激發迴旋運動的質量選擇性較好，但由於質量輕的粒子，例如電子及 GC / MS 中生成的大量 He^+，在高磁場下的迴旋頻率［(4-2) 式］已超出一般 FT-ICR 所使用頻率合成器之極限，而 ω_T 只有 ω_C 之 10%至＜1%[17] (視離子阱之幾何形狀而定)，因此在這種情形下激發阱振盪運動便成爲較有利的方式。此外，阱振盪運動之激發也可由發射極上施以 $2\omega_T$ 之振盪電場而達成。[30]

(2) 以雙共振離子激發 (double resonance ion excitation) 增加特定離子之動能，以便研究該離子的高能量碰撞反應。離子在均勻磁場中之動能爲

$$E_k = \frac{(qBr)^2}{2m} \tag{4-16}$$

若 $B = 5$ tesla，$q = 1.6 \times 10^{-19}$ C，$r = 0.0254$ m，$m = 100$ amu，則該離子具有 7770 eV 之動能。因此，分析質譜術中十分重要的利用碰撞誘發解離 (collision-induced dissociation) 反應來研究離子的結構，可以在 ICR 離子阱中的小空間內輕易做到[33]。

4. 離子反應

可分爲單分子裂解反應及雙分子低能量反應兩大類。間穩離子 (metastable ion) 裂解反應通常發生在離子生成後的數微秒之內，而 FT-ICR 的時間特性大約是在數百微秒至數毫秒以上，因此 FT-ICR 只能看到暫穩離子裂解的結果，而無法看到其過程。至於安定的分子離子在 ICR 實驗中常可用光激發或粒子碰撞 (過程是雙分子反應) 的方式賦予其裂解所需要之能量。在離子－分子間的自發性 (spontaneous) 反應方面，我們只要在母離子之貯存期間加入 10^{-5}～10^{-8} torr 的反應氣體就可以在一段反應時間後偵測出產物離子的生成。由於 $(MS)^n$ 之能力，使得 ICR 成爲研究低能量離子－分子自發性反應最方便的工具。

5. 離子偵測

在一至數次反覆離子激發及反應的步驟以達成 $(MS)^n$ 之目的後，就可以記錄質譜圖。以下我們逐一介紹和離子偵測有關的物理現象及影響質譜圖的因素。

(1) 映像電流 (Image Current)

ICR 的離子偵測是非破壞性的 —— 在完成偵測後，離子的化學組成仍然和偵測之前相同，因爲 ICR 偵測的是離子作迴旋運動時所造成的電極感應現象，

而非藉著離子碰撞二次電子放大器之表面而達成。這種感應所造成的電流即是映像電流，如圖 4.5 所示，當陽離子在兩電極間由下向上運動時會有一感應電流 I 由上向下流過阻抗 Z。當有 N 個帶有電荷 q 的離子以相同的速度 V 移動時，感應生成的映像電流強度為

$$I = \frac{NqV}{a} \tag{4-17}$$

當圖 4.5 中加上一垂直於 **V** 的磁場而使得離子做迴旋運動時，映像電流也就以頻率 ω_c 振盪，而

$$I = \frac{Nq^2Br}{ma} \tag{4-18}$$

例如，當 $N = 1000$，$q = 1.6 \times 10^{-19}$ C，$B = 5$ tesla，$a = 0.0254$ m，$m = 100$ amu，$r = 0.005$ m［相當於 $E_k = 302$ eV，(4-16) 式］時 $I = 1.5 \times 10^{-10}$A，這種電流以今日的電子技術可以輕易地做測量。

(2) 同相位角 (Phase-Coherent) 迴旋運動

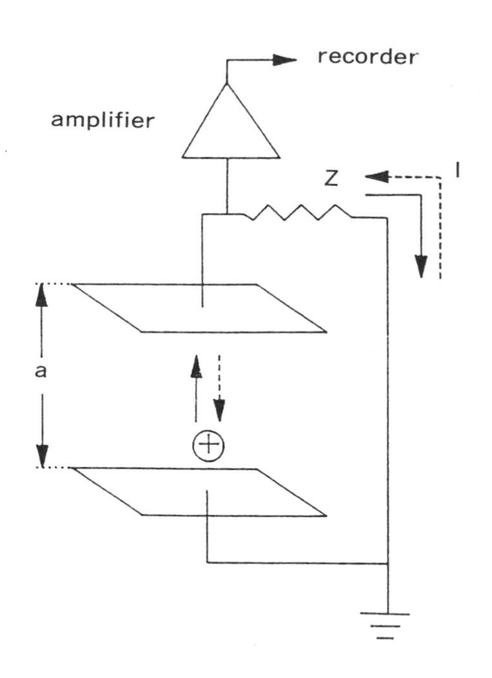

圖4.5

離子映像電流示意圖。

相同荷質比的離子在 ICR 中雖然有固定的迴旋頻率，但是在一般情形下它們的相位角卻是漫無一致的 (圖 4.6)，因此無法偵測到映像電流的產生。爲了要誘發映像電流的產生，我們可以在發射電極間施加共振頻率之振盪電場，迫使共振離子以振盪電場相同的相位角做迴旋運動。在共振的情形下離子會從振盪電場獲得能量［(4-13) 式～(4-16) 式］，而由 (4-18) 式我們知道激發離子迴旋運動除了可以誘發映像電流的生成之外，還可以增加偵測的靈敏度，但是若激發過度則訊號反因雙共振離子排除而變弱。

⑶ 寬頻離子激發

FT-ICR 和傳統 ICR 的基本差異是：前者同時激發我們所欲觀測的質量範圍內所有離子的迴旋運動，並且同時記錄整個質譜。FT-ICR 在偵測離子之前先將所有欲觀測的離子加速到相同的迴旋半徑有兩個好處：一、有如 NMR 實驗中旋轉樣本般可以使離子避免把在逐漸加速的過程中所感受到的磁場不均勻度表現在映像電流的振盪頻率中，二、消除離子在不同的迴旋半徑下因不同磁子運動頻率所造成的些微頻率差異［(4-19) 式］。這兩點一般相信便是造成 FT-ICR 比起傳統式 ICR 有較好的質量解析度的重要因素。

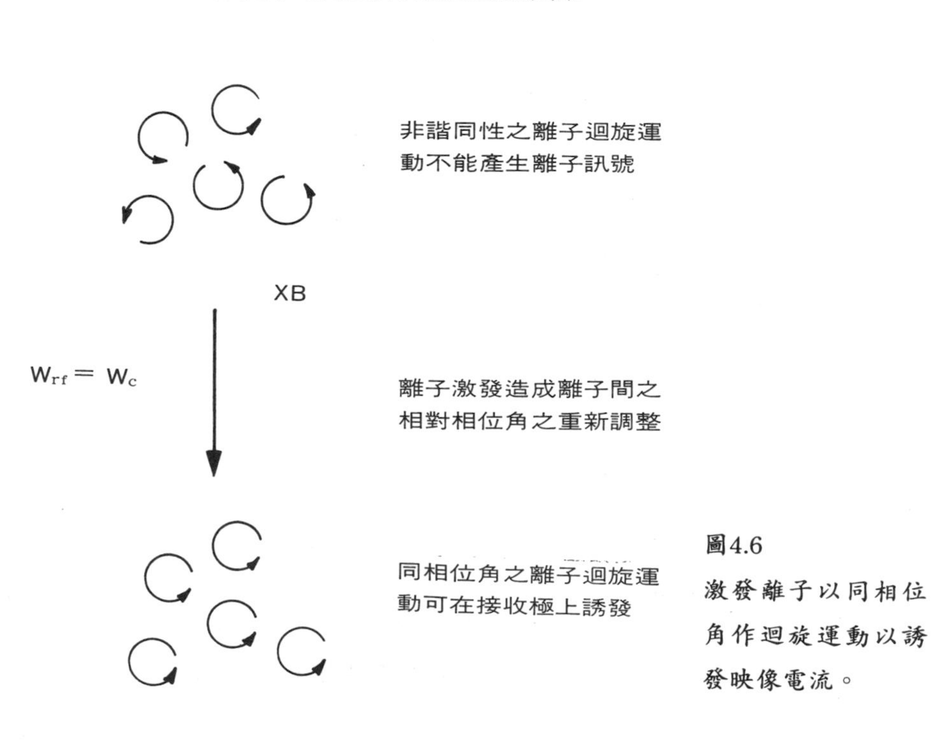

圖4.6
激發離子以同相位角作迴旋運動以誘發映像電流。

$$\omega \cong \omega_c - \omega_m \tag{4-19}$$

現今主要的寬頻離子激發方式有下列三種：

① 頻率掃描激發 (Frequency Sweep 或 Frequency Chirp Excitation)[7]

這種激發方式的優點是簡單，但是缺點是它對不同荷質比的離子所施加的電場強度有 10～25%的變化 (圖 4.7a)，從而造成不同程度的離子激發，致使離子數量在定量時會發生誤差。此外，受激發的質量 (頻率) 界線不十分明確，因此必須格外留意是否有鄰近質量的離子被意外地激發。在操作上使用者指定質譜之質量範圍及頻率掃描的階數 N (number of steps) 後，電腦將質量之上下限換算成工作環境 (B， V_T) 下之頻率上下限 ν_U 及 ν_L，由 ν_L (或 ν_U) 開始每隔一固定的時間 Δt 由頻率合成器施放出一新的頻率 $\nu_L + \frac{\nu_U - \nu_L}{N} \cdot I \ (I = 0,1,2,\cdots N)$。一般來說，最適當的頻寬及階數是能使得每一階的頻差 ($\frac{\nu_U - \nu_L}{N}$) 約為 400 Hz，且整個掃描激發的時間在 0.1～2 毫秒。

② 儲存頻率波形逆傅立葉轉換 (Stored Waveform Inverse Fourier Transform， SWIFT) 寬頻離子激發[35,36]

操作者可隨需要指定在頻域 (frequency domain) 上希望使用的電場輸出形式，電腦在將此頻域波形作適當的相位調整後[36]，將之作逆傅立葉轉換及把所得到的時域波形再作簡單的修飾［對中點的反射 (midpoint-reflect)[36]及“apodization”］就得到最終的施加於發射極間的激發電場時域 (time domain) 波形。這種方法的好處是頻 (質) 域的激發電場強度在指定的範圍內十分均勻 (圖 4.7b)，且界線非常明確，因此在激發頻帶外圍質量的離子不會被激發，而在指定激發質量範圍內的離子都會受到相同程度的激發，而使得離子數量的比較更為準確。

③ 脈波 (Impulse) 激發[37,38,39]

在發射電極間施以一強而短暫的電場，使得離子阱內所有的離子都由加速電場得到相同的動量 (帶有 nq 電荷之離子則得到 n 倍之動量)，當此電場消失後，所有的離子以相同的起始相位角各自依其迴旋頻率作週期運動。這種離子激發方法要求脈波持續的時間遠短於所有要激發離子之迴旋運動週期，且其電場對離子施加之作用力要大於磁場對離子之作用力。所有受脈波激發之離子都有相同的迴

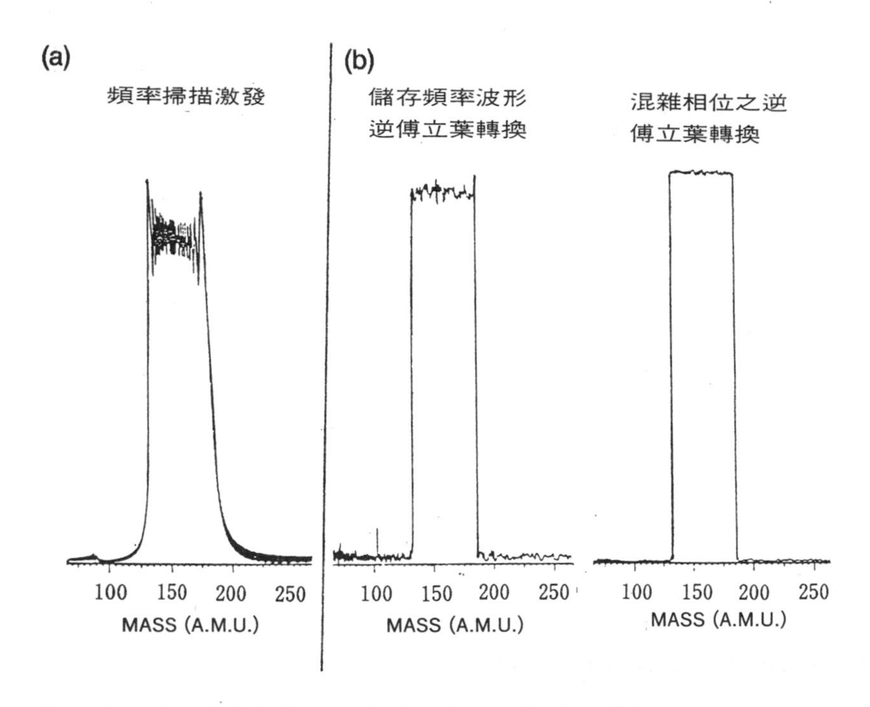

圖4.7 施加於訊號發射極上的電場強度和頻率間之關係。

(a)頻率掃描激發，(b)儲存頻率波形逆傅立葉轉換。節錄自文獻 (35) 圖 7 。

旋半徑，因而偵測的靈敏度不因質量不同而異。這種激發離子迴旋運動的方式和前述的兩種方式有很大的差異 —— 脈波激發是沒有選擇性的把所有帶電質點在瞬間同時加速，由於它所賦予離子的單純相位關係，使得它具有潛能被用在擷取較高解析度的吸收光譜 (詳見以下「數據採集」一節之討論)。

(4) 數據採集 (Data Acquisition)

當相同質荷比的所有離子作同步的迴旋運動時，接收極上就會產生強度和離子數目成正比的相同頻率的映象電流。一如 FT-NMR 的自由感應衰減 (free induction decay) 現象一樣，隨著時間的增加，各離子間相對的相位差因不均勻的電磁作用力或碰撞而逐漸加大的同時，映像電流的強度 (振幅) 則逐漸衰減。若在離子阱內同時有數種不同質荷比的離子各自作其同步的迴旋運動，則感應的映像電流隨時間變化的關係，可在數學上分解成這些同步振盪離子所感應生成的數種映像電流時間函數之和，這便是 FT-ICR 由時域訊號經過傅立葉轉換而得到強度和各種離子的數目成正比的頻域質譜的原理。

在操作上，原始偵測到的時域訊號，$f(t)$，經由不同的傅立葉轉換可以得到三種不同特性的頻域函數 $f(\omega)$[3]：吸收光譜 (absorption spectrum)

$$A(\omega) = \frac{1}{\pi}\int_{-\infty}^{\infty} f(t)\cos\omega t\ dt \tag{4-20}$$

發散光譜 (dispersion spectrum)

$$D(\omega) = \frac{1}{\pi}\int_{-\infty}^{\infty} f(t)\sin\omega t\ dt \tag{4-21}$$

及絕對值光譜 (absolute-value spectrum，亦稱爲 magnitude spectrum)

$$M(\omega) = [A(\omega)^2 + D(\omega)^2]^{1/2} \tag{4-22}$$

其中以吸收光譜的解析度最高，但由於在正弦轉換中對各成份振盪函數之相位角要求，只有在能夠用嘗試錯誤 (trial and error) 的方式求出正確的線性組合而得到正確的吸收光譜的狹窄頻率 (或質量) 範圍應用之外，吸收光譜在一般的寬頻應用中目前尚未有實例[40]。絕對值光譜則雖然解析度比吸收光譜差$\sqrt{3}$～2 倍，但是既沒有需要修正相位角的問題存在，也有較好的訊號對雜訊比 (signal to noise ratio)，因此在目前的 FT-ICR 應用中已成了標準的表示質譜方法。

① 例行的寬頻帶 (Broad Band) 數據處理

一般例行性的質譜工作要求重點是在快速的前題下儘可能的多得到能夠提供樣本結構的訊息，因此第一步工作總是不十分計較解析度與精確度，而求得到廣大質量範圍內有關樣本結構的所有譜線。在 FT-ICR 中，我們使用(3)所討論的寬頻帶離子激發方式使離子作同步的迴旋運動，然後記錄含有各離子頻率之映像電流隨時間之變化函數 $f(t)$，將它作傅立葉轉換而得到 $f(t)$中的各頻率成份 ω_i 及該頻率的訊號強度 I_i，如此便可在數秒鐘之內得到我們所要的質譜。

目前使用在作傅立葉轉換運算的矩陣處理器 (array processor) 能夠處理的數據記憶容量大約在 10^5 數據點左右，若以 5 tesla 之磁場記錄涵蓋 30 ～ 300 amu 之質譜，其頻率範圍在 260 KHz～2.6 MHz 。爲了要眞實地記錄一個波形，數位化採樣率 (sampling rate) 至少要 2 倍於該波形之頻率。因此在 5.2 MHz 的取樣率下，10^5數據點的記憶容量大約相當於 20 毫秒的記錄時間，因爲質量解析度和實驗的條件有如 (4-23) 式的關係存在。

$$\frac{m}{\Delta m} \propto \frac{qBt}{m} \tag{4-23}$$

其中 t 就是記錄 $f(t)$的時間長度，我們可以瞭解一個寬頻帶的質譜並不能提供最好的解析度。

② 高解析度窄頻帶 (Narrow Band 也稱作 Heterodyne) 數據處理

爲了用有限的記憶容量對 $f(t)$作長時間的記錄，我們可以對較小的頻率偵測範圍利用波形混合的方式降低有效的頻率值。在作法上，我們把觀測頻率範圍爲 $\omega + \Delta\omega$ 之映像電流訊號和一固定頻率 ω'的參考訊號經訊號混合器處理後，可得到二個新頻率範圍的訊號 $\omega + \Delta\omega \pm \omega'$。其中 $\omega + \Delta\omega - \omega'$的訊號頻率比離子迴旋頻率低了 ω'，因而可以用較 $2(\omega + \Delta\omega)_{max}$小了 $2\omega'$的採樣率來將離子訊號記錄下來，從而得到較好的解析度。例如在參考文獻(2)中，H_2O^+之解析度達到＞ 10^8就是用這種數據處理的方式記錄 $f(t)$達 51 秒之久。

③ 影響解析度的其他因素

雖然在原則上 $f(t)$的記錄時間愈長便能有愈好的解析度，但是這必須是在訊號自由感應衰減到只剩下背景的電子雜訊前才能有助於提高解析度，因此，延長訊號衰減的時間便成爲獲得高解析度質譜的第一要務。離子迴旋運動的相位差異 (dephasing) 是造成訊號衰減的主要原因，而離子和殘存背景氣體分子的碰撞、離子間的碰撞、磁場及電場的不均勻性等等又是造成離子相位差異的主要因素。縱使在 10^{-10} torr 的超高眞空環境中，每毫升中的殘餘氣體分子數約爲 3×10^6，而每一個離子平均每 300 秒會和中性氣體分子發生一次碰撞，而改變其原有的迴旋運動相位角。離子和中性分子碰撞的另一個可能結果是發生反應而生成新的離子。因此之故，FT-ICR 對眞空度的要求十分嚴苛，一般需要≧ 10^5解析度的工作必須在≦ 10^{-8} torr 以下進行數據採集。其次，若離子阱內的離子數量過大，則除了整體性的空間電荷效應會破壞四極電場原有的均勻性和強度而直接影響到離子的迴旋運動之外，離子間的靜電作用力同樣的會破壞它們相位的一致性而縮短訊號衰減的時間。爲了減少離子間靜電作用力所造成的不良影響，除了減少最初產生的離子數量外，還可以使用雙共振離子排除，把不在計劃偵測質量範圍內的離子掃除後再作數據採集。最後剩下的影響因素如磁場和電場的均勻度等在儀器的設計和製造過程中就已經大致定型，只要在實驗的環境中避免外界的電磁場干擾 —— 例如馬達、磁性金屬、高電壓設備等等即可。

三、外置離子源之應用

由於 FT-ICR 對於高真空度的嚴格要求，需要較高工作壓力的游離技術就有賴於安置於遠離離子阱的位置才能和 ICR 一併工作。這些特殊的應用包括氣相層析－質譜 (GC-MS)、液相層析－質譜 (LC-MS)、液態介質二次離子質譜 (liquid SIMS)、快速原子撞擊質譜 (FAB-MS)、熱灑 (thermospray) 及電灑 (electrospray) 式離子源等等。這些游離技術的本身我們不作各別的討論，只就如何將它們生成的離子引入離子阱內作最後的分析工作作一簡要的說明。

㈠ 雙離子阱室 (Dual Cell) 併列式[42,43,44]

這是最簡單的一種方式，原始設計的目的是做 GC-MS 的應用，其基本的構造是將兩個離子阱併列在磁場內，但卻安置在兩個幾乎獨立的真空腔中，它們共用一片中央鑽有一小孔 (直徑約 0.5 mm) 以供離子通過的阱電極，如圖 4.8 所示。兩個離子阱間可以藉各別的真空抽氣系統維持約 10^3倍的壓力差，在高壓的一側 (10^{-5}～10^{-6} torr) 有一 EI 游離裝置以供產生離子[52]，離子因受磁場的限制以小半徑 (<< 0.5 mm) 作迴旋運動，當中央阱電極的電位降低時離子便可沿著磁力線穿過小孔而進入超高真空度 (10^{-8}～10^{-9} torr) 的偵測離子阱。在將中央阱電

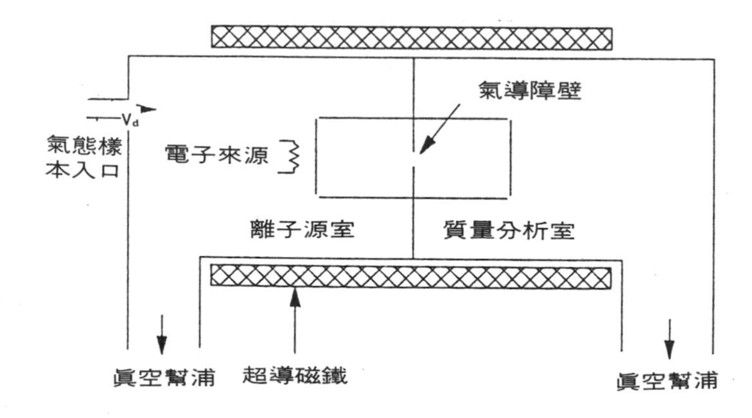

圖4.8 併列雙離子阱室質譜儀之示意圖。

極的電位恢復至應有的阱電位 V_T後，兩個離子阱又再度成爲獨立的個體，而偵測端離子阱的壓力環境已適合超高解析度質譜之測定。

㈡ 四極矩離子導管 (Quadrupole Ion Guide) 自低磁場離子源引入離子式[41,45,46]

離子由低磁場區域沿超導磁鐵之軸線方向進入高磁場區域時，會因爲磁矩 (magnetic moment) 恆定的物理原理而將 Z 軸方向上的線性運動能量轉換爲 XY 平面上的迴旋運動，最終可導致離子的完全反射 —— 此即所謂的磁鏡 (magnetic mirror) 效應[47]，除非離子在引入的過程中能時時保持和磁力線平行。由於超導磁鐵線圈爲軸狀對稱，只要將離子束聚焦後，沿著磁場的對稱軸引入便可避免磁鏡效應。聚焦離子束的方法之一便是使用離子導管，如圖 4.9 所示。圖 4.10 是使用此種儀器所記錄的碘化銫聚合離子在 5,000～25,000 amu 範圍間的質譜。

㈢ 靜電離子聚焦鏡 (Electrostatic Ion Optics) 引入離子束式[47,48,49]

利用簡單的靜電離子聚焦鏡將加速至 500～2000 eV 動能的離子束沿磁場軸向聚焦，待離子進入高磁場區後再將之減速以便離子阱之儲存。

工作原理

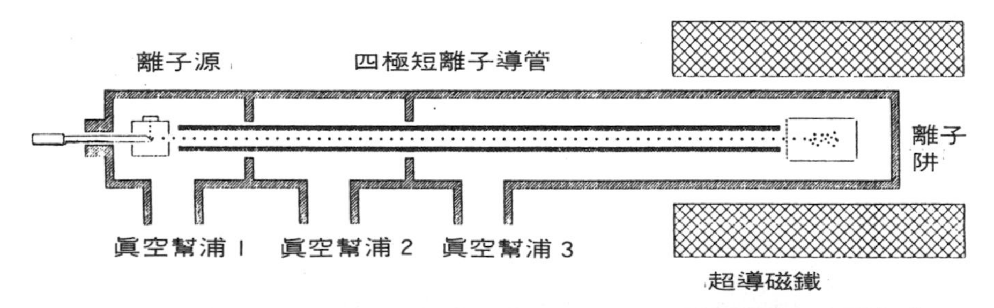

離子在高壓的離子源內經由電子撞擊游離、快速原子撞擊法或雷射光游離而產生後，藉由四極矩離子導管傳送入離子阱，由傅立葉轉換質譜儀來做高解析度之質量分析。離子導管之操作只需調整無線電頻訊號之振幅及頻率。

圖4.9 利用四極矩離子導管自外置式離子源引入離子之儀器示意圖。(此圖由 Ion Spec 公司提供)。

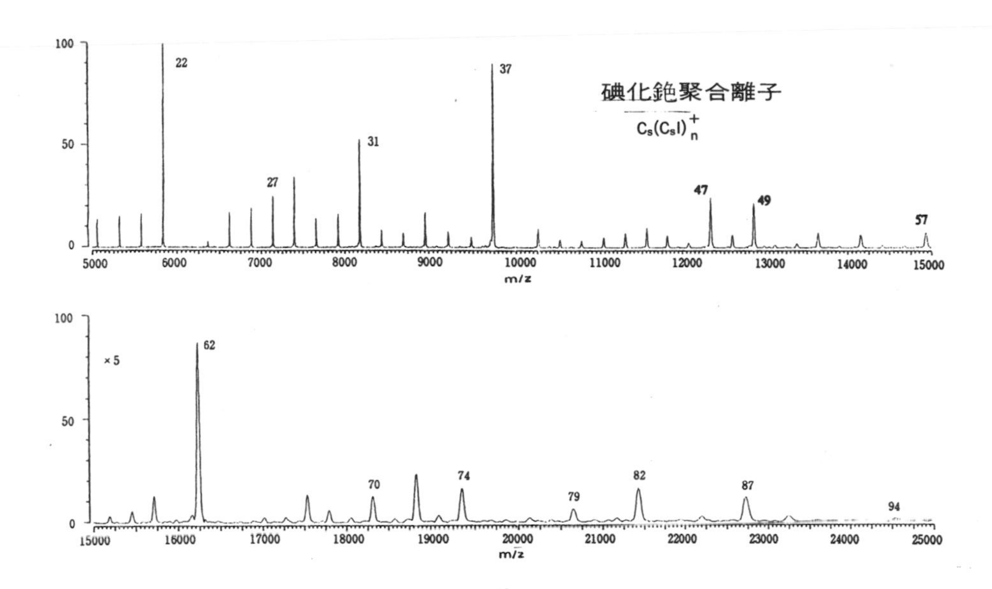

圖4.10 使用圖 4.9 的離子導管引入離子及 FT-ICR 記錄得到的碘化銫聚合離子質譜 (此圖由 Ion Spec 公司提供)。

四、中央研究院原子與分子科學研究所 FT-ICR 簡介

我們的 FT-ICR 除了 5 tesla 的超導磁鐵向美國 Cryomagnetics Inc.定做及數據系統由美國 Ion Spec Corp. 製造外，剩餘的部份 —— 離子源、離子阱室及眞空腔都是爲了能適合多種不同的使用目的而設計。爲了能使用大氣壓力的電灑式離子源，眞空腔的主體是由三個微差抽氣的眞空腔串聯而成，各級間的壓力差可達 10^2～10^4倍。電灑式離子源之本體另有一魯式 (Roots) 幫浦作初級的微差抽氣，以使得該離子源能夠直接裝置在主眞空腔上使用。此外，當我們使用脈衝式高壓離子源時，我們可用飛行時間質譜作篩選後，把特定的離子群注入離子阱。在離子激發上，我們除了 FT-ICR 本身可以提供雙共振離子加速－碰撞誘發裂解外，還能運用多種不同的光源甚至電子束來激發離子阱內的離子。

五、結論

傅立葉轉換離子迴旋共振質譜儀的超高解析能力、精確度和使用上的靈活度

已受到質譜界的重視，然而它也不全然是一部無缺點的設備。除了在本篇諸節中所零星提到的一些缺點外，容易被使用者忽略掉的問題是在作寬頻帶離子激發時，離子的阱振盪可被激發迴旋運動所施加的振盪電場激發，甚至於造成意外的離子排除而導致質譜失眞[18,30,50,51]。然而只需要把傳統的離子阱稍事修改便可避免此一困境[17,24]。

綜合本文的討論，FT-ICR 常被檢討的缺點大致都是造成 ppm 程度誤差的小問題，而令人畏懼接受它的原因則可能是源於它複雜的力場無法用確實的數學方法來描述其中離子運動的情形。依據近年來累積的比較結果，FT-ICR 堪被譽爲今日最能滿足多種使用目的的單一質譜儀，它特有的優點仍在不斷精進中，而它的缺點也不斷地被瞭解和修正，在今後質譜術逐漸偏向高分子量、高解析度和高精確度的訴求重點下，FT-ICR 的價值必會日益受到質譜界的認同。

參考文獻

1. H. Sommer, H. A. Thomas and J. A. Hipple, "The measurement of e / m by cyclotron resonance", Phys. Rev. vol.82, p.697 (1951).
2. M. Allemann, Hp. Kellerhals and K. P. Wanczek, "High magnetic field Fourier transform ion cyclotron resonance spectroscopy", Int. J. Mass Spectrom. Ion Phys., vol.46, p.139 (1983).
3. M. B. Comisarow and A. G. Marshall, "Theory of Fourier transform ion cyclotron resonance mass spectroscopy, I. Fundamental equations and low-pressure line shape", J. Chem. Phys., vol.64, p.110 (1976).
4. M. B. Comisarow, "Signal modeling for ion cyclotron resonance", J. Chem. Phys., vol.69, p.4097 (1978).
5. A. G. Marshall, "Convolution Fourier transform ion cyclotron resonance spectroscopy", Chem. Phys. Lett, vol.63, p.515 (1979).
6. A. G. Marshall, "Theoretical signal-to-noise ratio and mass resolution in Fourier transform ion cyclotron resonance mass spectrometry", Anal. Chem.,vol.51, p.1710 (1979).
7. A. G. Marshall and D. C. Roe, "Theory of Fourier transform ion cyclo-

tron resonance mass spectrometry: response to frequency-sweep excitation", J. Chem. Phys., vol.73, p.1581 (1980).
8. A. G. Marshall, M. B. Comisarow and G. Parisod, "Relaxation and spectral line shape in Fourier transform ion cyclotron resonance spectroscopy", J. Chem. Phys., vol.71, p.4434 (1979).
9. A. G. Marshall, T.-C. L. Wang and T. L. Ricca, "Ion cyclotron resonance excitation / deexcitation: a basic for stochastic Fourier transform ion cyclotron mass spectrometry", Chem. Phys. Lett., vol.105, p. 233 (1984).
10. M. L. Gross and D. L. Rempel, "Fourier transform mass spectrometry", Science, vol.226, p.261 (1984).
11. K. P. Wanczek, "Ion cyclotron resonance spectrometry – a review", Int. J. Mass Spectrometry Ion Processes, vol.60, p.11 (1984).
12. A. G. Marshall, "Fourier transform ion cyclotron resonance mass spectrometry", Acc. Chem. Res., vol.18, p.316 (1985).
13. M. V. Buchanan (Ed.), "Fourier transform mass spectrometry, evolution,innovation and applications", ACS symposium series 359, American Chemical Society, Washington, D.C. (1987).
14. 陳志鴻　FTMS的原理簡介　化學　48(1)　pp.63～80 (1990).
15. R. T. McIver, Jr. "A trapped ion analyzer cell for ion cyclotron resonance spectroscopy", Rev. Sci. Instrum., vol.41, p.555 (1970).
16. M. B. Comisarow, "Cubic trapped-ion cell for ion cyclotron resonance", Int. J. Mass Spectrom. Ion Phys., vol.37, p.251 (1981).
17. R. L. Hunter, M. G. Sherman, R. T. McIver, Jr., "An elongated trapped-ion cell for ion cyclotron resonance mass spectrometry with a superconducting magnet", Int. J. Mass Spectrom. Ion Phys. vol.50, p.259 (1983).
18. P. Kofel, M. Allemann, Hp. Kellerhals, K. P. Wanczek, "Coupling of axial and radial motions in ICR cells during excitation", Int. J. Mass Spectrom. Ion Processes, vol.74, p.1 (1986).

19. D. L. Rempel, E. B. Ledford, Jr., S. K. Huang and M. L. Gross, "Parametric mode operation of a hyperbolic Penning trap for Fourier transform mass spectrometry", Anal. Chem., vol.59, p.2527 (1987).
20. R. S. Van Dyck, Jr and P. B. Schwinberg, "Preliminary proton / electron mass ratio using a compensated quadring Penning trap", Phys. Rev. Lett, vol.47, p.395(1981).
21. E. N. Nikolaev, M. V. Gorshkov, "Dynamics of ion motion in an elongated cylindrical cell of an ICR spectrometer and the shape of the signal registered", Int. J. Mass Spectrom. Ion Processes, vol.64, p.115 (1985).
22. T. E. Sharp, J. R. Eyler and E. Li, "Trapped-ion motion in ion cyclotron resonance spectroscopy", Int J. Mass Spectrom Ion Phys., vol.9, p.421 (1972).
23. R. C. Dunbar, J. H. Chen and J. D. Hays, "Magnetron motion of ions in the cubical ion cell", Int. J. Mass Spectrom, Ion Processes, vol.57, p.39 (1984).
24. M. Wang and A. G. Marshall, "A "screened" electrostatic ion trap for enhanced mass resolution, mass accuracy, reproducibility, and upper mass limit in Fourier transform ion cyclotron resonance mass spectrometry", Anal. Chem., vol.61, p.1288 (1989).
25. T. J. Francl, E. K. Fukuda and R. T. McIver, Jr., "A diffusion model for nonreactive ion loss in pulsed ion cyclotron resonance experiments", Int. J. Mass Spectrom. Ion Phys., vol.50, p.151 (1983).
26. I. J. Amster, D. P. Land, J. C. Hemminger, R. T. McIver, Jr., "Chemical ionization of laser-desorbed neutrals in a Fourier transform mass spectrometer", Anal. Chem., vol.61, p.184 (1989).
27. M. G. Sherman, J. R. Kingsley, J. C. Hemminger and R. T. McIver, Jr., "Surface analysis by laser desorption of neutral molecules with detection by Fourier-transform mass spectrometry", Anal. Chem. Acta, vol. 178, p.79 (1985).

28. T. J. Carlin, B. S. Freiser, "Pulsed valve addition of collision and reagent gases in Fourier transform mass spectrometry", Anal. Chem., vol.55, p.571 (1983).
29. F. W. McLafferty, I. J. Amster, "Tandem Fourier-transform mass spectrometry", Int J. Mass Spectrom. Ion Processes vol.72, p.85 (1986).
30. M. Allemann, P. Kofel, Hp. Kellerhals, K. P. Wanczek, "Ejection of low-mass charged particles in high magnetic field ICR spectrometers", Int. J. Mass Spectrom Ion Processes, vol.75, p.47 (1987).
31. R. L. Hunter, R. T. McIver, Jr., "Mechanism of low-pressure chemical ionization mass spectrometry", Anal. Chem., vol.51, p.699 (1979).
32. R. T. McIver, Jr., R. L. Hunter, E. B. Ledford, Jr., M. J. Locke, and T. J. Francl, "A capacitance bridge circuit for broadband detection of ion cyclotron resonance signals", Int. J. Mass Spectrom. Ion Phys., vol.39, p.65 (1981).
33. R. B. Cody, R. C. Burnier and B. S. Freiser, "Collision-induced dissociation with Fourier transform mass spectrometry", Anal. Chem., vol.54, p. 96 (1982).
34. R. T. McIver, Jr. E. B. Ledford, Jr. and R. L. Hunter, "Theory for broadband detection of ion cyclotron resonance signals", J. Chem. Phys., vol.72, p.2535(1980).
35. A. G. Marshall, T-C. Lin Wang, and T. L. Ricca, "Tailored excitation for Fourier transform ion cyclotron resonance mass spectrometry", J. Am. Chem. Soc.,vol.107, p.7893 (1985).
36. L. Cheng, T-C. Lin Wang, T. L. Ricca, and A. G. Marshall, "Phase-modulated stored waveform inverse Fourier transform excitation for trapped ion mass spectrometry", Anal. Chem., vol.59, p.449 (1987).
37. R. T. McIver, Jr., R. L. Hunter, and G. Baykat, "Impulse excitation for Fourier transform mass spectrometry", Anal. Chem., vol.61, p.489 (1989).
38. R. T. McIver, Jr., R. L. Hunter, and G. Baykut, "Impulse excitation

amplifier for Fourier transform mass spectrometry", Rev. Sci. Instrum., vol.60, p.400 (1989).
39. 筆者以其施加之波形甚似"凸"字，而以此暫時譯之。
40. M. B. Comisarow, A. G. Marshall, "Select phase ion cyclotron resonance spectroscopy", Can. J. Chem., vol.52, p.1997 (1974).
41. C. B. Lebrilla, I. J. Amster and R. T. McIver, Jr., "External ion source FTMS instrument for analysis of high mass ions", Int. J. Mass Spectrom. Ion Processes, vol.87, p.R7 (1989).
42. J. Honovich, S. P. Markey, "Characterization of ion trapping motion in the dual cell ion cyclotron resonance spectrometer: experimental and theoretical studies", Int. J. Mass Spectrom. Ion Processes, vol.98, p.51 (1990).
43. P. Kofel, M. Allemann, and Hp. Kellerhals, "External trapped ion source for ion cyclotron resonance spectrometry", Int. J. Mass Spectrom. Ion Processes,vol.87, p.237 (1989).
44. C. Giancaspro, F. R. Verdun and J. -F. Muller, "An experimental study of ion motions in a double cell FT / ICR instrument", Int. J. Mass Spectrom. Ion Processes, vol.72, p.63 (1986).
45. D. F. Hunt, R. T. McIver, Jr., R. L. Hunter, and J. E. P. Syka, "Ionization and Mass analysis of nonvolatile compounds by particle bombardment tandem-quadrupole Fourier transform mass spectrometry", Anal. Chem., vol.57, p.765 (1985).
46. D. F. Hunt, J. Shabanowitz, J. R. Yates, III, R. T. McIver, Jr., R. L. Hunter, J. E. P. Syka and J. Amy, "Tandem quadrupole-Fourier transform mass spectrometry of oligopeptides", Anal. Chem., vol.57, p.2728 (1985).
47. J. M. Alford, P. E. Williams, D. J. Trevor and R. E. Smalley, "Metal cluster ion cyclotron resonance. Combining supersonic metal cluster beam technology with FT-ICR", Int. J. Mass Spectrom. Ion Processes, vol.72, p.33 (1986).

48. P. Kofel, T. B. McMahon, "A high pressure external ion source for Fourier transform ion cyclotron resonance spectrometry", Int. J. Mass Spectrom. Ion Processes, vol.98, p.1 (1990).
49. P. Kofel, M. Allemann, Hp. Kellerhals and K. P. Wanczek, "Time-of-flight ICR spectrometry", Int. J. Mass Spectrom Ion Processes, vol.72, p. 53 (1986).
50. W. J. van der Hart, W. J. van de Guchte, "Excitation of the Z-motion of ions in a cubic icr cell", Int. J. Mass Spectrom. Ion Processes, vol.82, p. 17(1988).
51. S. K. Huang, D. L. Rempel, and M. L. Gross, "Mass dependent Z-excitation of ions in cubic traps used in FTMS", Int. J. Mass Spectrom Ion Processes, vol.72, p.15 (1986).
52. 電子游離裝置亦可設於低壓 (10^{-8}～10^{-10} torr) 的一側，電子束經由陰極上的小孔射入高壓側產生離子。

第五章

低能量碰撞誘導解離之串聯質譜儀

李茂榮

摘　要

串聯質譜儀是將二個 (或更多) 質譜儀互相銜接，結合分離與鑑定特性於一體的分析儀器。本文主要簡述有關串聯質譜儀的性質及其發展過程，並説明其四種特殊掃描，即(1)母離子掃描，(2)子離子掃描，(3)中性丟失掃描，(4)選擇反應偵測掃描等之性質與功能。同時探討低能量碰撞誘導解離之原理，及介紹以低能量碰撞誘導解離之四極串聯質譜儀與離子阱質譜儀原理、儀器發展和應用。三段四極與離子阱質譜儀所用場力皆爲靜電場，但離子阱離子之產生與分離是於同一地方，因此其特性爲時間的串聯，而非空間的串聯。由於兩者皆以 RF 調整分析離子場力，爲線性掃描，易以電腦控制，分析速度快，因此適於環境科學、臨床醫學、情治化學等，日常性微量樣品之篩檢分析，三段四極質譜儀與離子阱質譜儀於各領域中之應用，及其優劣點之比較，均將作一系列介紹。

一、前言

串聯質譜儀 (tandem mass spectrometer, MS / MS)，是利用傳統的質譜學原理，將二個 (或更多) 質譜儀互相銜接在一起，所構成一種分析儀器，具有分離與鑑定結合於一體的特性。由於能提供多方面的質譜資訊，用以分析複雜混合物，雖然儀器的開發只是近一、二十年，但已成爲有機混合物直接分析及結構鑑定的最有利工具，特別是微量分析，串聯質譜儀已成爲不可或缺的分析利器。

串聯質譜儀由於包含兩個 (或更多) 質譜儀，其基本特性是樣品經離子源離子化後，經過第一個質譜儀 MS-I 分離，進入一個可以通入碰撞氣體 (collision gas) 的碰撞室 (collision chamber)，使離子產生斷裂，再利用第二個質譜儀 MS-II分析所產生的離子。因此串聯質譜儀 (MS / MS) 對於混合物分析的功能

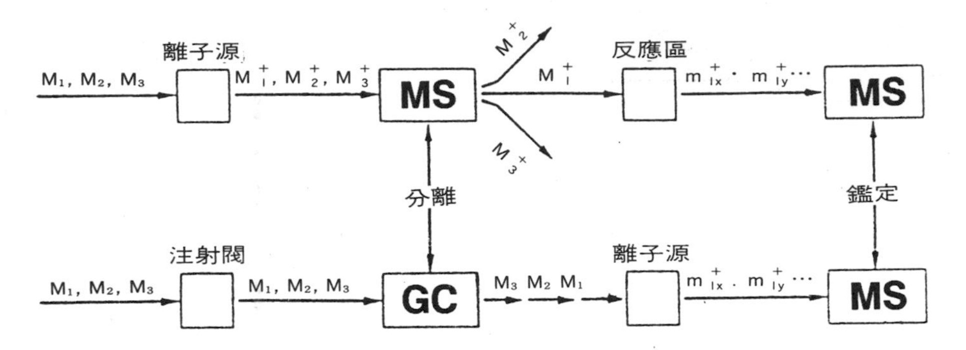

圖5.1 MS／MS 與 GC／MS 實驗比較[1]。

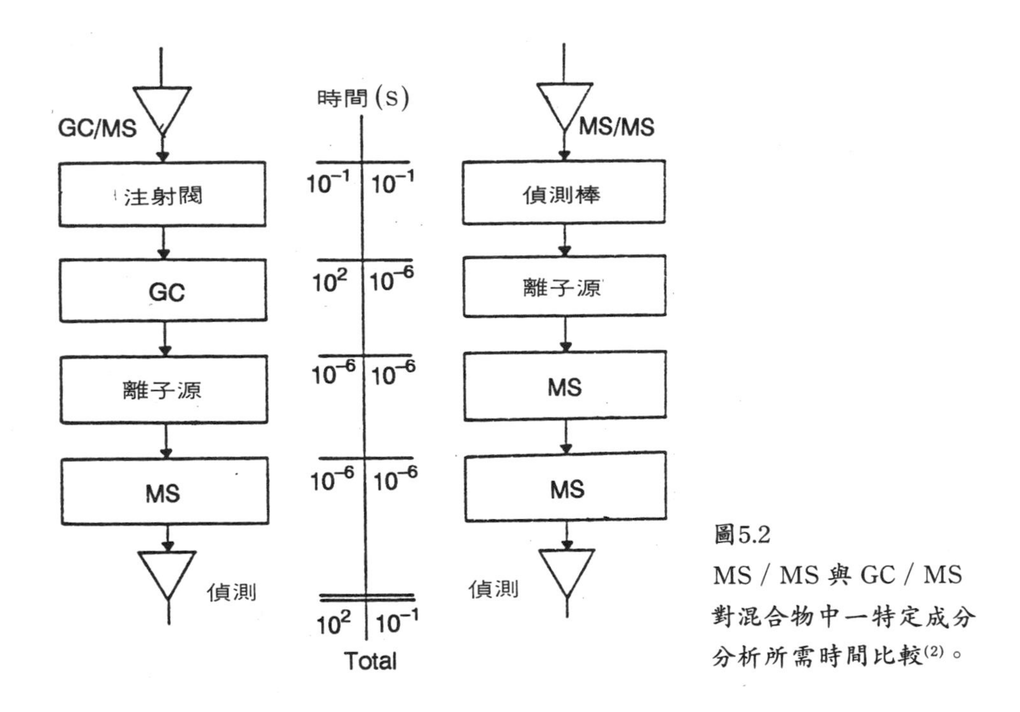

圖5.2
MS／MS 與 GC／MS 對混合物中一特定成分分析所需時間比較[2]。

，與氣相層析質譜儀 (GC／MS) 類似 (圖 5.1)[1]，只是串聯質譜儀分離鑑定是利用每一成分的分子量不同，而氣相層析質譜儀則利用每一成分的層析滯留時間 (retention time) 不同分離鑑定。

對於分析樣品所需的時間，主要差別在於串聯質譜儀內形成離子的飛行時間 (flight time) 與氣相層析儀的滯留時間比較 (圖 5.2)[2]。一般而言，利用氣相層析質譜儀分析最慢的步驟，在於其成分的滯留時間。而離子飛行時間，則是串聯質譜儀中最快的步驟。因此串聯質譜較適合於混合物樣品很多時，特定成分的偵測。若 MS / MS 再與 GC (或 LC) 結合形成 GC / MS / MS (或 LC / MS / MS)，則比單獨的 GC / MS 或 MS / MS 更具有高的選擇性 (selectivity)。

串聯質譜儀，由早期作為研究離子與分子間反應和離子結構的特殊工具[3]，進而應用到目前的混合物分析技術[2]。其間發展過程中，由於所用儀器及技巧不同，而有下列一系列名稱，如 MS / MS，MIKES (mass-analyzed ion kinetic energy spectrometry)，Collision-Induced Spectrometry, Collisional-activation Spectrometry 和 Triple Quadrupole Mass Spectrometry 等，目前以使用 MS / MS 較為普遍，主要是強調其特性與 GC / MS 和 LC / MS 類似。

二、串聯質譜儀的發展歷史

MS / MS 的觀念可追溯到 1913 年，J. J. Thomson 發現可用帶正電的離子於磁場中產生不同的拋物線而分離時，即已發現帶電的離子在進入磁場前，可能與儀器中的氣體發生碰撞產生電荷或質量的變化時，將會形成第二級質譜[4] (secondary spectrum)，即得到目前通稱的間穩進子 (metastable ions)，其出現在正常的質譜圖上，造成圖譜解釋的困擾，因此從 Thomson 以後質譜儀改良，總是提高儀器眞空度，以減少此種斷裂離子產生。一直到 1945 年 Hipple 和 Condon 觀察並由質譜中所得的間穩離子解釋離子斷裂途徑，MS / MS 的技術才慢慢地被開發出來。在 1960 年代早期的 MS / MS 探討均是利用間穩離子的資料來鑑定質譜中離子的斷裂途徑和特殊單分子反應 (unimolecular reactions) 的特性。這個時期以後，儀器的發展分為兩部份，一是在扇形質譜儀器 (即含有磁場或電場) 介入加速電壓掃描 (accelerating-voltage scan) 或在飛行時間 (Time- Of -Flight, TOF) 質量分析的儀器上加阻繞柵 (retarding grid) 和漂移空間 (drift space)，以分離間穩離子和穩定離子 (stable ions)[1]，另一方面發展則是通入碰撞氣體進入質譜儀的某一部份以增加間穩離子的量和強度。這種利用碰撞氣體將能量轉移至多原子離子 (polyatomic ion)，使其產生裂解成較小離子的方式，即所謂碰撞活化解離 (Collision-Activated Dissociation, CAD)，或有人稱爲碰撞誘導解離 (Collision-Induced Dissociation, CID)，早期 CAD 技術大都在探討物理現象解釋方面，一直到 1973 年，Cook[5]等人所著的 “metastable ions” 一書出版以後，MS / MS 才又進入了另一單元，即將 MS / MS 的應用，由利用間穩離子進行有機物理的探討，擴充至分析化學上的應用，亦即近二十年來，MS / MS 的應用已發展至同分異構離子的結構鑑定和複雜混合物的分析[1,2]。加上電腦資料處理系統的應用，以及不同類型的串聯質譜儀的開發，使得 MS / MS 的應用範圍，從基本研究，即探討離子結構，反應機構和熱化學方面擴充至各種領域。

三、串聯質譜儀之功能

由於 MS / MS 是由二個以上 MS 所串聯而成，因此若只掃描一個 MS ，而其它 MS 的場力保持固定，則可得到與一般單一 MS 所提供二度空間 (離子和強度) 之質譜資料相同外，尚可經由其特殊掃描實驗，得到三度空間 (母離子，子離子和強度) (圖 5.3) 圖譜[6]，除了各種離子強度外，尚可提供離子與離子間相關資料，因此串聯質譜儀除了可進行一般質譜分析外，並可進行下列四種特殊圖譜掃描方式 (圖 5.4)。

(一) 子離子掃描 (Daughter Ion Scan)

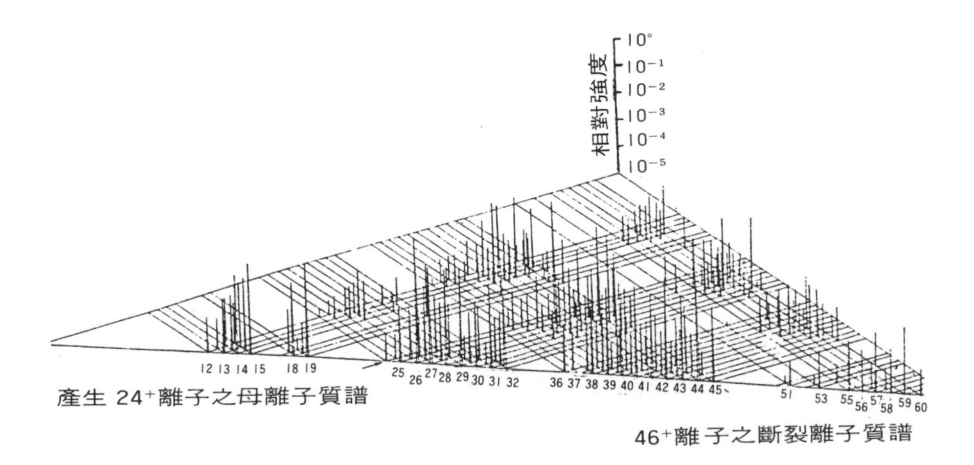

圖5.3 MS / MS 分析異丙醇所得三度空間斷裂圖譜[6]。

於 MS-I 質譜中，選擇一能代表分析物的特定離子，經過離子斷裂區，利用碰撞氣體碰撞，使該特定離子，產生碰撞活化解離 (CAD) 而繼續斷裂，然後在 MS-II 掃描所有斷裂離子。利用子離子圖譜可以鑑定某一特定化合物的結構。

(二) 母離子掃描 (Parent Ion Scan)

經過碰撞氣體產生離子斷裂後，於 MS-II 選擇一特定子離子，掃描 MS-I 能產生此一特定子離子之所有離子。利用母離子圖譜，可以篩檢能產生相同次結構 (sub-structure) 離子的同一類化合物。如在正離子化學離子化法 (positive chemical ionization) 中，大部份酚酸酯之 $(M+1)^+$ 離子，斷裂皆可得特殊之子離子 149^+ [7]，因此掃描樣品中能產生 149^+ 離子的母離子質譜，即可篩測樣品中酚酸酯的種類。

(三) 中性丟失掃描 (Neutral Loss Scan)

MS-I 與 MS-II 以差異一個固定質量數同步掃描，所得中性丟失圖譜包含所有母離子，產生一特定的中性斷裂所形成之子離子。利用此特性，可在複雜混合物中尋找具有相同官能基。如含氯的有機分子離子，在斷裂時，往往斷裂 Cl 或

	離子源 El/ Cl+or-ions	質譜儀-I	解離室	質譜儀-II	質譜圖
子離子掃描 (Daughter Experiment)	ABC^+, DEF^+ →	mass ABC^+ only →	AB^+,BC^+ ABC^+ →	scan all masses	BC^+ ABC^+ AB
母離子掃描 (Parent Experiment)	ABC^+DEC^+ →	scan all masses →	AB^+, DE^+,C^+ etc. →	mass C only	ABC^+ DEC^+ MS-I m/z
中性丟失掃描 (Neutral Loss)	ABC^+, DBF^+ →	scan all masses →	AC^+, DF^+,AB^+ etc.	B(neutral loss) MS-II scan minus B	DF^+ AC^+ Ms-II m/z
選擇反應偵測 (SRM)	ABC^+ DEF^+ →	mass ABC^+ only →	AB^+, BC^+ ABC^+ →	mass BC only	BC^+ BC^+ MS-II m/z

圖5.4 MS / MS 實驗之四種特殊掃描。

HCl ，因此在中性丟失掃描時，掃描丟失 35 或 36 ，將可偵測混合物中含氯的有機物。

母離子圖譜與中性丟失圖譜能夠快速篩測混合物中化合物的種類。但要確定其結構，則必須進行每一母離子之子離子圖譜。以上三種掃描方式，均具有相當高的選擇性，但對於微量測試，則其靈敏度尚不足以分析，因此必須進行下列專爲微量測試掃描。

(四) 選擇反應偵測 (Selected Reaction Monitoring, SRM)

即對分析物，在 MS-II 質譜儀只偵測於 MS-I 特定母離子所產生強度最大之子離子，將增加所偵測離子之訊號雜訊比 (signal-to-noise ratio)，而提高了靈敏度和選擇性，適於微量偵測。與在 GC / MS 分析爲增加偵測靈敏度，而用選擇離子偵測 (Selected Ion Monitoring, SIM) 特性類似。

四、離子活化 (Ion Activation) 方法

於 MS / MS 實驗， MS-I 選擇母離子後，即可經由離子活化步驟，使離子繼續斷裂產生子離子。表 5.1 所列即爲一些產生正離子之離子活化方法。近幾年的實際應用證明，碰撞活化解離 (CAD)，是 MS / MS 最常用於研究離子結構的方法。其方式即利用中性碰撞氣體 (如 N_2) 對離子進行碰撞活化解離：

表 5.1 MS / MS 中離子活化步驟。

方法	反應
單分子分解、間穩離子 (unimolecular 、 metastable)	$m_1^+ \longrightarrow m_2^+ + m_3$
碰撞活化分解 (collisionally activated dissociation, CAD)	$m_1^+ \xrightarrow{N} m_2^+ + m_3$
光子活化分解 (photodissociation)	$m_1^+ \xrightarrow{hv} m_2^+ + m_3$
電子激發分解 (electron excitation)	$m_1^+ \xrightarrow{e^-} m_2^+ + m_3$
電荷剝奪反應 (charge stripping)	$m_1^+ \xrightarrow{N} m_1^{2+} + e^-$
電荷反向反應 (charge inversion)	$m_1^- \xrightarrow{N} m_1^+ + 2e^-$
電荷交換反應 (charge exchange)	$m_1^+ \xrightarrow{N} m_1 + N^+$
離子/分子結合反應 (associative ion / molecule reactions)	$m_1^+ \xrightarrow{N} m_1N^+$

註： N 爲碰撞氣體如 N_2, Ar 等。

$$AB^+ \xrightarrow{N_2} (AB^+)^* \longrightarrow A^+ + B$$

因所用分析離子的質譜儀不同，對離子動能需求不一樣，因此碰撞活化的能量範圍也不一樣，在扇形 (sector) 儀器所用高能量 (> 1 KeV) 的碰撞包含二個步驟，先電子激發 (electronic excitation) 後，再經過單分子衰變 (unimolecular decay)，因此產生較小動量轉移和小的散射角度 (scattering angles)，對已產生的離子其散射角是能量轉移的函數，可以用角分辨質譜 (angle-resolved mass spectrometry) 來測定。另外高能量碰撞時，還可研究電荷剝奪反應 (charge stripping reaction)、電荷反向反應 (charge inversion reaction) 和電荷交換反應 (charge exchange reaction)。

與高能量碰撞相反的是於四極矩 (quadrupole)、離子阱質譜儀 (Ion Trap Mass Spectrometer, ITMS)、混成式質譜儀 (hybrid mass spectrometer) 和離子迴旋共振光譜儀 (ion cyclotron resonance spectrometer) 中通常以低能量 (0～100 eV) 碰撞，這種撞球 (billiard ball) 式碰撞，所產生振動激發是由於動量轉移所致，所以在低能量碰撞活化分解，主要動量轉移和散射角度大爲其特性，其分解機構包含兩個步驟，振動激發後產生單分子解離。然而在非常低的能量碰撞時，離子分子結合的碰撞混合物，則爲其主要產物。本文主要介紹利用低能量碰撞誘導解離之串聯質譜儀，即三段四極質譜儀 (Triple Quadrupole Mass Spectrometer, TQMS) 和離子阱質譜儀之原理與應用。

在碰撞過程中，爲有效控制能量的轉移，須考慮兩項因素，一爲離子的有效動能，是由碰撞氣體的種類和相對於離子源的電壓所控制，另外碰撞氣體在碰撞室中的壓力則影響離子碰撞的平均數。

五、三段四極質譜儀 (Triple Quadrupole Mass Spectrometer)

傳統的四極矩質譜儀，主要是四根圓棒所組成的電極，以四方形之對角線排列而成 (如圖 5.5)[8]將直流電壓 (DC voltage) 及射頻電壓 (Radio Frequency voltage, RF) 通入每一對電極，只是 Y 軸對電極所加直流電壓爲負電，而 X 軸對的直流電壓爲正電，且射頻電壓與 Y 軸相差相位 180 度，這些直流電壓與射頻電壓所造成之電位 (potential)，可以由 (5-1) 式表示[9]

$$\phi = (V_{dc} + V_{rf}\cos\omega t)\frac{(x^2 - y^2)}{r_0^{\,2}} \tag{5-1}$$

其中　V_{dc}：直流電壓

　　　V_{rf}：射頻電壓

　　　$\omega = 2\pi f$　　f 爲射頻頻率

　　　t：時間

　　　r_0：兩成對電極距離的一半

使離子產生一定規則之運動。而這些運動於 X, Y, Z 軸的加速度，可以 (5-2) 式表示。

$$a_x = -\frac{z}{m}\frac{\partial\phi}{\partial x} = \frac{z}{m}(V_{dc} + V_{rf}\cos\omega t)\frac{2x}{r_0^{\,2}}$$

$$a_y = -\frac{z}{m}\frac{\partial\phi}{\partial y} = \frac{z}{m}(V_{dc} + V_{rf}\cos\omega t)\frac{2y}{r_0^{\,2}}$$

$$a_z = -\frac{z}{m}\frac{\partial\phi}{\partial z} = 0 \tag{5-2}$$

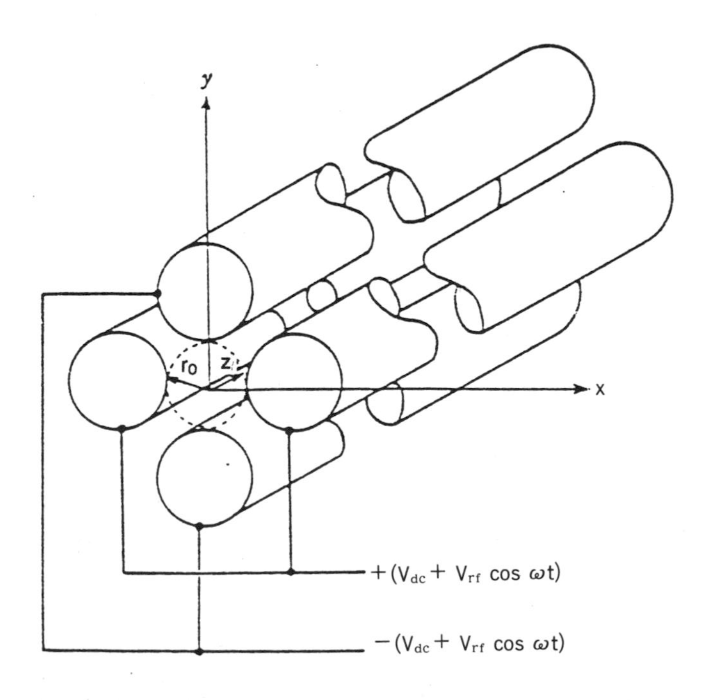

圖5.5
四極矩質量分析器之結構圖[8]。

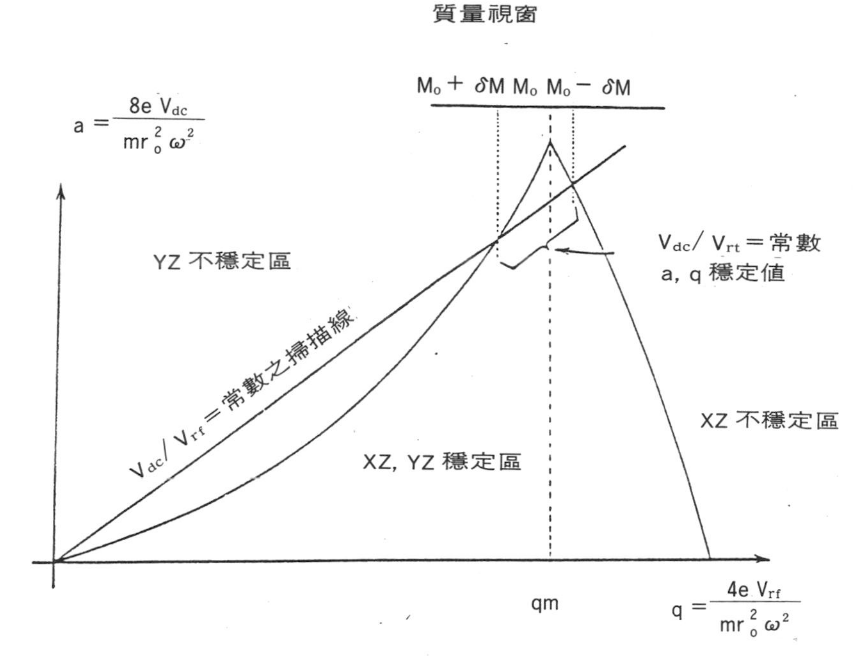

圖5.6 四極矩質量分析器之離子安定圖[8]。

$a_z = 0$ 表示離子在 Z 軸的運動只受到於離子源時所得到能量的影響，而不受四極矩內電位的影響。因此離子在場內運動是由 m/z ， V_{dc}, V_{rf} ， ω ， r_0和在 X, Y 軸的位置來決定。一定的 V_{dc}與 V_{rf}電壓下，只有一定值之 m/z 能順利通過四極矩而到達檢出器，其餘 m/z 值之離子將由於不穩定之運動路徑碰撞到電極面，其電荷被中和，經由眞空系統排掉。因此藉著改變 V_{dc}及 V_{rf}的方式掃描，能使一系列不同 m/z 值的離子在不同之時間通過四極矩而到達偵檢器，完成質量分析掃描，其離子穩定度與 V_{dc}, V_{rf}之關係如圖 5.6 所示[8]。

四極質譜儀，不管所用電極棒的形狀和大小，其主要的構造是一種靜電場裝置。具有很低的電感 (inductance) 和電容 (capacitance) 特性，因此其掃描速度很快，亦即 dc 電壓和 rf 的波幅 (amplitude) 可以很快的改變，由最低值到最高值的變化值在幾個微秒 (milliseconds) 內可以完成。因此適於快速掃描和選擇離子偵測。加上電極的極性容易改變，因此可同時進行正、負離子的偵測。

於四極質譜儀中，離子只要具有相當低的動能，大約在 2～20 eV 左右，即可獲得良好分離解析度，因此利用多個四極矩 (一般爲三個) 所形成的串聯質譜儀含有多項特徵。於相當低的碰撞能量下，可達到有效地碰撞誘導解離，尤其利用一個四極矩當做碰撞室，並且在碰撞過程中，只通入 rf 以聚集散射的離子，可達到很高 (約 80%以上) 的碰撞誘導解離效率。而一般扇形式 (sectors) 串聯質譜儀，其碰撞誘導解離效率最高大約在 10%左右。傳統四極質譜儀的所有特性，在串聯質譜儀中亦是相當重要，如體積小，操作簡單、價格低廉、快速掃描，易以電腦控制，由於所用加速電壓只有幾個 eV ，因此可容忍較差的眞空度，特別適於化學離子化之實驗。

早期四極串聯質譜儀是用來研究分子與離子間反應 (ion / molecule reactions)。 1972 年 Lampe[10]等人加一個無場力 (field-free) 的碰撞室 (collision cell) 於兩個自製的四極矩之間，可以測得質量爲 200 之離子，並且第二個四極矩可與碰撞室成直角裝置，以偵測散射角爲 90°的離子。 Iden 等人亦用相似的裝置，研究分子離子反應產物的分佈角度。

利用只通入射頻的四極矩，置於兩個四極矩質量分析器之間，以進行離子斷裂，是由 Mc Gilvery 、 Morrison 和 Vestal[2-3]等人於 1970 年代最早提出這種構想，他們利用這種三段四極 (triple quadrupole) 儀器進行離子之光活化解離 (photodissociation)。在中間的四極矩，其間壓力低至 10^{-8} torr 時，由碰撞活化解離所得離子，超過由光活化解離所得，因此早期三段四極矩被認爲是研究離子與光子間反應的最好工具。但由於離子碰撞活化解離所形成的離子造成干擾現象，因此尙未應用於分析化學上，一直到 1975 年 Yost 和 Enke 應用電腦控制三段四極矩，發展出利用碰撞活化解離技術於混合物分析，隨即證明能應用於化合物分子結構之鑑定[13-14]。此時三段四極質譜儀又邁入另一新里程，而各實驗室也積極進行其儀器開發和應用[15-16]。

過去幾年，有三家公司 (Finnigan MAT 、 Sciex 和 Extranuclear Laboratories)[17-19] 致力於三段四極串聯質譜儀的設計與開發，由於其價格較一般扇形串聯質譜儀便宜，且易於由電腦系統控制操作，因此其市場佔有率有越來越高的趨勢。目前銷售最多的是美國 Finnigan-MAT 公司，台灣已購置之三段四極質譜儀 (台大化學系與新竹食品科學研究所) 亦爲此廠牌。三段四極質譜儀基本結構如圖所示 (圖 5.7)[17]。 Finnigan 儀器最大特點即在於其自動控制和資料處理的電腦程式系統，可進行串聯質譜儀各種功能之自動操作和各種數據之處理與顯示。Sciex 公司之三段四極系統則有許多特點，如接有大氣壓化學離子化 (Atmospheric Pressure Chemical Ionization, API)，適用於進行空氣樣品直接分析。三個四極矩是直接相連而成，中間無如 Finnigan (圖 5.7) 有聚焦墊片 (lens)，碰撞氣體是以噴射 (jet) 方式直接導入中間爲碰撞室之四極矩。Extranuclear Laboratories 則發展兩種系統三段四極質譜儀，一種是以中間四極矩爲碰撞室，另一種則是以具有滲透介電質 (leaky dielectric) 之紅鋁鐵質陶瓷 (ferrite ceramic) 所製的圓柱管連接第一個和第二個四極矩內部，利用這種具有電阻性材質，調整四極矩內 dc 電場，所得結果與一般三段四極質譜儀中只接 rf 的四極矩一樣。

四極串聯質譜儀最大的優點，即碰撞活化解離效率高，掃描速度快，母離子質譜與子離子質譜皆可得單一質量 (unit mass) 解析度，易用電腦控制及比一般扇形串聯質譜儀價廉。由於具有高的碰撞活化效率和離子傳送率 (transmission)，可提供微量分析所需之靈敏度，已證明三段四極質譜儀對於某些化合物，可偵測至一兆分之一克 (picogram, 10^{-12}g)[20] 甚至一千兆分之一克 (femtogram, 10^{-15}g)。單一質量解析度的特性，增加對於混合物分析的選擇性。而掃描速度

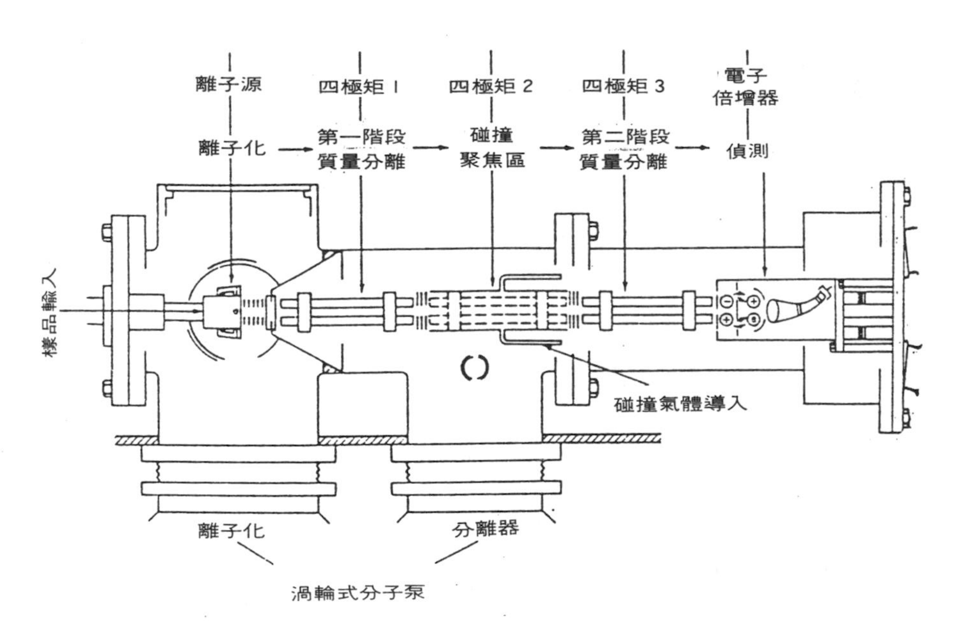

圖5.7 Finnigan-MAT 三級四極矩質譜儀基本結構圖[17]。

快，解決了串聯質譜儀對於氣相層析儀所析出波峰偵測之困難，且由於能迅速改變偵測之質量，可以進行高達 50 種以上不同質量離子之選擇反應偵測。而四極矩具有線性掃描特性，串聯質譜儀中，每一個四極矩均能獨立掃描而不受其它四極矩影響，因此易於進行一般質譜測試，及串聯質譜法中各種特殊掃描。雖然四極串聯質譜儀價格不低於大家所熟悉的 GC / MS ，但對於臨床及環境科學等複雜混合物的經常性分析工作，已開創了另一新紀元。事實上，四極矩所組成之 MS / MS 由於其應用性廣，分析速度快，已成 GC / MS 互補儀器，目前利用四極矩 GC / MS / MS 已被廣泛地應用於各種領域中經常性篩檢分析。

四極串聯質譜儀最大缺點，即分析質量的限制，目前最高可達 4000 amu 左右。在高質量的傳送效率低於具有相當解析度的扇形儀器，而且由於其爲單一質量解析度，第一個四極矩無法分辨混合物中同質異構物離子 (isobaric ions)。另外在高能量碰撞活化解離所進行電荷反向和電荷剝奪反應及動能釋放偵測，一般四極串聯質譜儀無法進行。相反地，四極串聯質譜儀適於進行離子結合研究及提供更多低碰撞能量解析方面數據，對於正離子與負離子可同時進行串聯質譜法之各種特殊掃描。

六、離子阱質譜儀 (Ion Trap Mass Spectrometer, ITMS)

四極質譜儀中，化合物於離子源產生離子後，經由推送電極 (repellar)，加速電極等使離子沿 Z 軸方向加速進入四極矩，由前所述離子於四極矩中所受場力的方向只有 X 、 Y 軸，因此整個質量分析過程只是一個二度空間 (即 XY 平面)，離子在 Z 軸方向，並沒有場力的作用，亦即無質量分析的效用。如果在 Z 軸再加上一個質量分析過程，則整個空間就形成了一個阱 (trap)，在這個空間中之離子，在某一定之直流電壓和射頻電壓控制下，離子將會被限定在這個空間中運動，而不會溢出，這種方式形成了一個三度空間之四極矩稱之爲四極矩離子阱 (quadrupole ion trap 或 quadrupole ion store; quistor) (圖 5.8)。離子捕捉技術一般分爲主動 (active) 和被動 (passive)，用以捕捉離子的場力若與時間有關則爲主動型，反之則爲被動型，四極矩離子阱屬於主動型捕捉技術。於 1953 年 Paul 最早提出，因此又稱 Paul 捕捉技術 (Paul trap)，其基本構造爲擬雙曲線型 (hyperboloid) 的一個環狀電極 (ring electrode) 和兩個端蓋 (end cap) 電極所形成的一個捕捉室。電子可以從環狀電極或端蓋電極中的一個小洞射入捕捉室。在環狀電極上加上 dc 及 rf 之電位 (potentials)，即形成［ $U + V\cos\omega t$ ］的電壓，其中 U 是 dc 電壓，rf 電壓之波幅爲 V ，射頻頻率爲 ω 。因所形成電位可以由 (5-3) 式表示[22]：

$$\phi = \frac{1}{2}(V - \cos\omega t)\left(\frac{X^2 - Y^2 - Z^2}{r_o^{\,2}}\right) \tag{5-3}$$

其中 r_o爲環狀電極之內半徑。

一個質量爲m，電荷爲z之離子，其運動方式可經由牛頓之運動定律 ($F = ma$)，與上述之電位推導出三個線性，二次元的微分方程，分別代表離子在 X 、 Y 、 Z 三個方向之運動。

$$\ddot{x} + \left(\frac{z}{m\,r_o^{\,2}}\right)(U - V\cos\omega t)\,x = 0$$

$$\ddot{y} - \left(\frac{z}{m\,r_o^{\,2}}\right)(U - V\cos\omega t)\,y = 0$$

$$\ddot{z} - \left(\frac{2z}{m\,r_o^{\,2}}\right)(U - V\cos\omega t)\,z = 0 \tag{5-4}$$

這三個微分方程式類似著名的 Mathieu equation

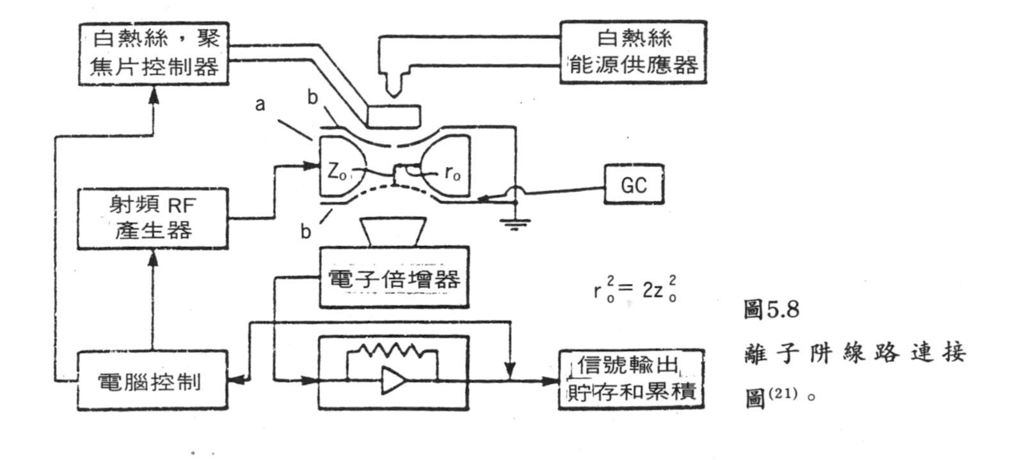

圖5.8 離子阱線路連接圖[21]。

$$\frac{d^2u}{d\,\xi^2} + (a_u - 2q_u \cos 2\xi)\,u = 0$$

其中 u 代表 x 、 y

$$a_u = a_x = -a_y = \frac{4\,z\,U}{m\,\omega^2 r_0{}^2}$$

$$a_z = \frac{-8\,z\,U}{m\,\omega^2 r_0{}^2}$$

$$q_z = \frac{4\,z\,V}{m\,\omega^2 r_0{}^2}$$

$$\xi = \frac{\omega t}{2}$$

由 (5-4) 式所述，離子的運動爲離子 m/z 值、所用電壓和阱的大小 (r_0) 之函數，且與時間有關，表示離子在某一個時間內移向環帶電極的一邊，另一時間則向阱內移動。當這些變數於一定數值，可以找出如圖 (圖 5.9)[26] 之安定圖，而安定區是指安定圖中之一部份，當某一段時間內一定之 a_z 及 q_z 值時，離子之運動路徑之三個組成 (x,y,z) 爲定值，即 X,Y 平面徑向成份 (radial component) 組成之安定圖與 Z 軸部份軸向成分 (axial component) 之安定圖重合區域。因此若選擇適當的電壓振幅和頻率，則離子將被限制在此電場內，繞著電場中心以安定之軌道運動。如此離子可以說是被捕捉在阱內，若這些變數所構成之離子運動軌道在安定圖上之安定區外，離子於電場中之軌道爲不安定，終將偏離電場中心而溢出阱外。

早期四極矩離子阱用爲捕捉離子的裝置，以研究離子與分子反應[24]或用作離子源。並且可進行一般四極質譜儀之質量分析，而其方式則有三種；(1)共振檢出式：在兩端蓋電極通入一小的頻率 ω 電壓，若與離子阱中離子於 Z 方向運動基本頻率 ω_z 相當，則將產生共振現象，離子將於端蓋電極上放電而產生電流，由此可偵測出離子，利用此方式進行質量分析，通常是當所加之頻率 ω 固定，而改變離子阱所用 rf 與 dc 電壓，使不同質量離子依序地達到共振頻率，其軌道變爲不安定而溢出，由偵測器檢出。(2)選擇儲存式：此方式是選擇適當 dc 與 rf 電壓，使得只有很窄範圍之 m/z 值離子可以捕捉而儲存，最理想狀態是一次只選擇一個 m/z 值離子來捕捉，然後以脈衝方式噴出至偵測器。因此必須於兩端蓋之間加一個脈衝電壓 (pulse voltage)，使離子自端蓋一端之小孔噴出而偵測。由於每一次進行，只能針對一個離子捕捉、噴出，因此 dc 及 rf 之掃描必

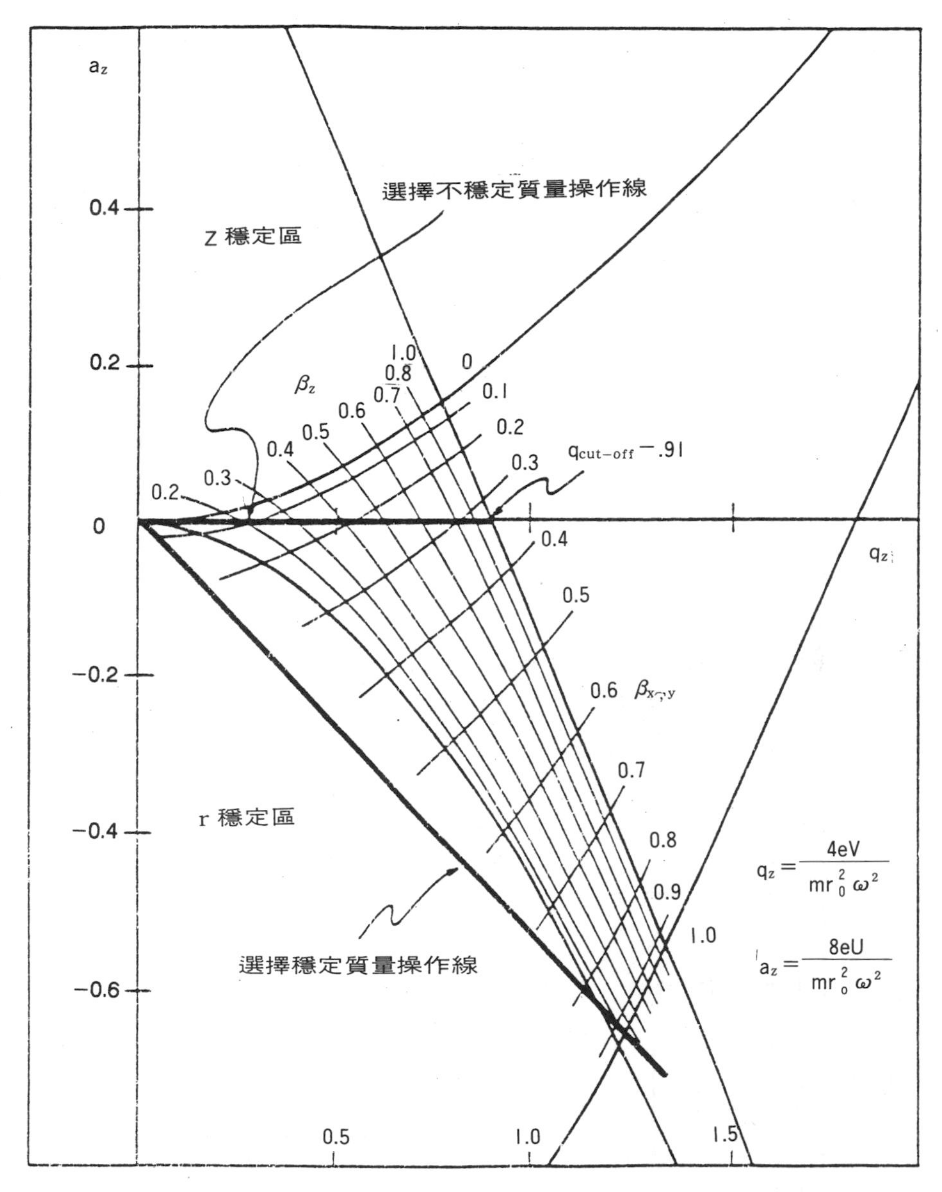

圖5.9 離子阱之離子安定圖[26]。

須很慢。(3)選擇不定式：此種方式的離子可以由外面產生再導入，或者直接在阱內離子化而產生。離子阱環狀電極則通入 dc 與 rf 電壓，將所需要之 m/z 範圍離子均被捕捉於阱內，經過一段時間後，改變 dc 、 rf 電壓或 rf 頻率，使不同 m/z 值之離子，依序變成不安定，不安定離子將穿過端蓋電極小孔而到偵測器。這些被偵出之離子電流訊號，其強度以時間爲函數，相當於阱內離子質譜，這種偵測離子方式於 1980 年由 Finnigan 公司開發完成，目前已有商業產品，如作爲氣相層析儀偵測器的離子阱偵測器 (Ion Trap Detector, ITD)，和離子阱質譜儀 (Ion Trap Mass Spectrometer)。因阱內中心的電場不均勻，通入約 1 millitorr 的氦氣當作緩衝氣體 (buffer gas)，以阻撓 (damp) 離子之運動，使離子儘量於阱內中心振盪，以增加此種偵測方式之解析度和靈敏度。

離子阱質譜儀由 Finnigan 公司開發研究以來，目前可進行電子撞擊 (Electron Impact, EI)、化學離子化 (Chemical Ionization, CI) 及串聯質譜法 (MS / MS) 之各項研究，包括碰撞誘導解離 (CID)，光活化解離 (PD)，由於可控制捕捉離子的時間，適於進行離子物理性質，即離子動力學、熱化學和離子與分子反應機構的研究及解決分析化學上之特殊問題，加上其所形成的質譜爲時間領域 (time domain)，非如一般質譜儀所得的與空間有關之質譜，因此在分析化學上

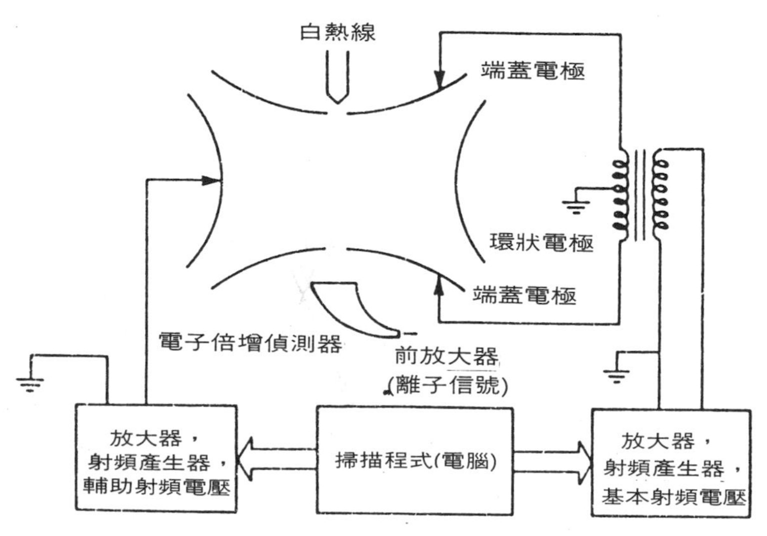

圖5.10 離子阱質譜儀之線路連接圖[17]。

開創一新的應用。其電路連接圖 (圖 5.10) 與離子阱偵測器 (圖 5.8) 差別，最主要是多了一個輔助交流電壓，以進行串聯質譜儀之特殊掃描。

離子阱質譜儀採用選擇不安定質量離子偵測，因此升高 rf 電壓至一適當程度，所有小於選定 m/z 值之離子，將被排出阱外，如果環狀電壓隨著降低，則低於 m/z 值離子可以貯存在阱內，因此從母離子 (parent ions) 形成的斷裂離子將被捕捉。進行碰撞誘導解離是在阱上二個端蓋電極之間，即於環狀電極，加上一個能與所選定母離子於 Z 軸方向運動之基本頻率產生相同頻率小的 AC 電壓，通常爲 0.1 到 5 V 左右。與 AC 電壓產生共振的離子，將被加速到較大軌道而得到動能，並與緩衝氣體氦氣碰撞解離 (圖 5.11)[25]。因此能量的移轉，取決於環狀電極的 rf 電壓、端蓋電極 AC 電壓和活化時間，而解離效率則與活化過程有關，但比其它串聯質譜的效率爲高，可達 30～100%。

離子阱質譜儀亦可執行多重串聯質譜研究，即進行多重孤離/解離 (isolation / dissociation) 步驟，一般稱爲 MS^n 掃描，離子阱質譜儀可達到 MS^6，其

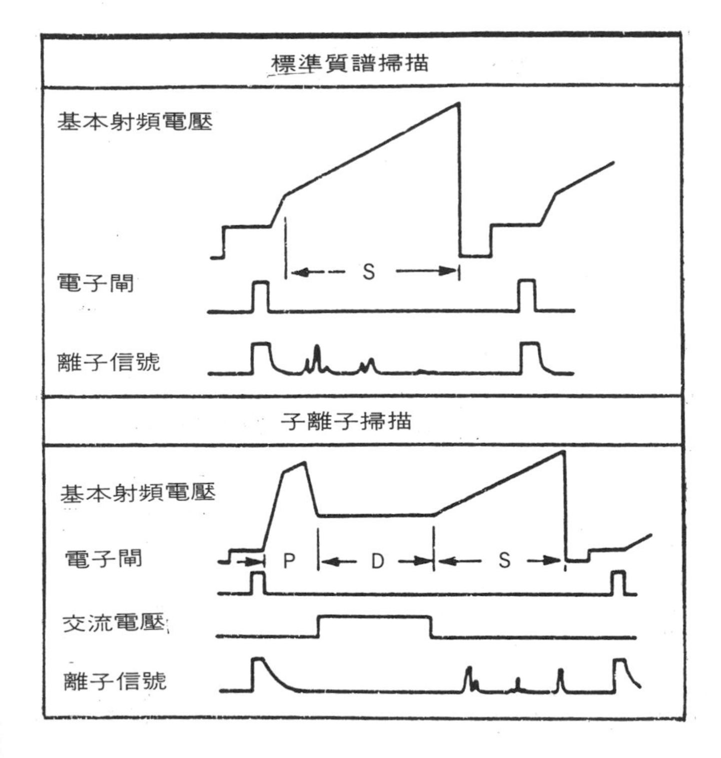

圖5.11
利用離子阱掃描所得一般質譜及子離子質譜[25]。

P ：選擇母離子
D ：產生子離子
S ：掃描子離子

於進行 EI / MS / MS / MS 掃描，RF 、DC 和輔助 AC 電壓變化如圖 5.12[26]。由於序列子離子掃描所得之孫代離子 (granddaughter ion)，其相對強度約爲電子撞擊所得相同離子的萬分之一，因此一般串聯質譜儀不易偵測。

離子阱質譜儀的優點爲(1)簡單，即於同一設備內進行離子化和質量分析。(2)化學離子化所需反應氣體的壓力爲 10^{-5} torr ，而一般質譜儀系統則需 1 torr ，因此簡單的眞空系統即可。(3)分析適應性高，即反應氣體存在下，可得到電子撞擊質譜或化學離子化質譜。但離子阱質譜儀，唯一缺點是無法進行串聯質譜儀中兩個主要特殊掃描，母離子和中性丟失掃描。

七、低能量碰撞誘導解離

串聯質譜儀中，碰撞誘導解離 (CID) 能量的 “高”、“低” 通常是指實驗時所用碰撞氣體能量，事實上討論碰撞誘導解離程序時，質量中心能量 (center of mass energy) 的觀念是非常重要。若碰撞解離過程爲能量與動量不滅的彈性碰撞，則只有部份實驗室所用能量用以激發離子，亦即如 (5-5) 式所述質量中心能量 E_{cm}[2]

$$E_{cm} = E_{lab}\ m_g/(m_p + m_g) \tag{5-5}$$

其中 E_{lab} ：碰撞氣體的能量

m_g ：碰撞氣體質量

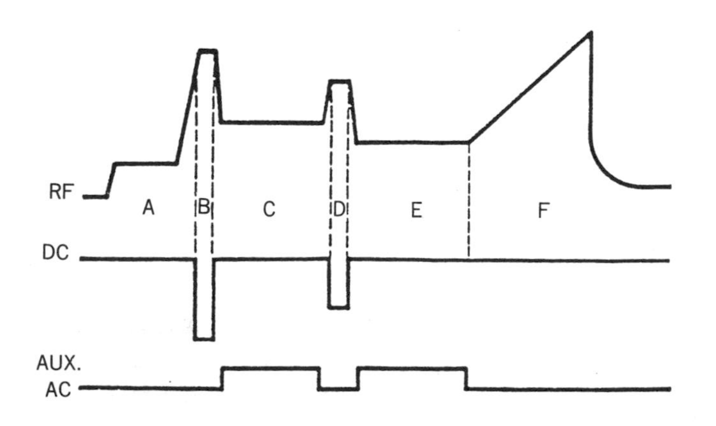

圖5.12 離子阱系列子離子掃描 (MS / MS / MS)[26]。
A ：離子化
B ：母離子分離
C ：離子解離
D ：子離子分離
E ：離子解離
F ：孫代離子分析

m_p　：母離子質量

因此碰撞氣體的種類與母離子質量對碰撞過程影響很大，雖然如此在三段四極串聯質譜儀中通常所用能量 (E_{lab} = 10～100 eV)，其碰撞程序與在扇形串聯質譜儀不同。產生 90%以上的碎裂離子，表示其碰撞誘導解離的截面 (cross section) 相當大，可達到 10～100 Å[2]，而在幾 KeV 高能量碰撞的只有 1 Å[2]左右。在這種低能量的碰撞過程中，大部份質量中心能量很容易轉變爲離子的內能，特別是接近解離臨界值 (threshold) 時，則將產生大的散射角度。同時由於收集子離子的效率 (efficiency) 不一樣，亦將有些不同，在四極矩結構儀器中，以 rf 限制離子經由大範圍的角度散射。有時可達到百分之百的效果，因此三段四極串聯質譜儀可用來研究離子的所有碰撞截面，及以離子束爲研究的補充資料，且由大的截面研究可用以探討子離子能量分佈，而扇形儀器只能收集散射角小的子離子。

八、三段四極及離子阱質譜儀之應用

四極串聯質譜儀，由於具有線性快速掃描和單位質量解析的特性，非常適合於複雜混合物中微量成份之分析，如環保樣品、臨床，情治等複雜樣品之鑑定。Yost[27]曾利用此串聯質譜儀，以 PCI-MS / MS 技術直接偵測比賽動物的血清和尿液中所使用之禁藥，在 5 分鐘內，1 μL 的樣品可同時偵測 50 種藥物和其新陳代謝產物，且偵測極限可達百萬分之一濃度 (ppm, ng / μL)。若將血清以溶劑經簡單萃取步驟，則其偵測極限值將降至一兆分之一濃度 (ppb, pg / μL)。並由於其具有選擇性高的特性，對於同質異構物 (相同分子量) 可利用其母離子，產生不同子離子鑑別。利用甲烷正離子化學離子化法及選擇反應偵測方式，進行 1 μL 馬的血清萃取液中禁藥之偵測[28]。由圖 5.13 所示可鑑別分子量均爲 180 amu 的三種異構物 theophylline、Theobromine 和 Propylparaben。Yost[28-29]等人亦曾利用短的 GC 塡充管柱 (50 公分長) 連接於四極串聯質譜儀，進行人體血清和尿液中六氯苯 (hexachlorobenzene, HCB) 和 2,4,5-三氯酚 (2,4,5-trichlorophenol, TCP) 測試，其偵測極值 HCB 爲 50 fg，TCP 爲 250 fg，比用 GC / HRMS 好 4 到 80 倍。且因 TCP 和 HCB 於 GC / MS / MS 之滯留時間只有 10 和 20 秒，所以注射六個血清萃取液樣品、六個標準品、六個尿液萃

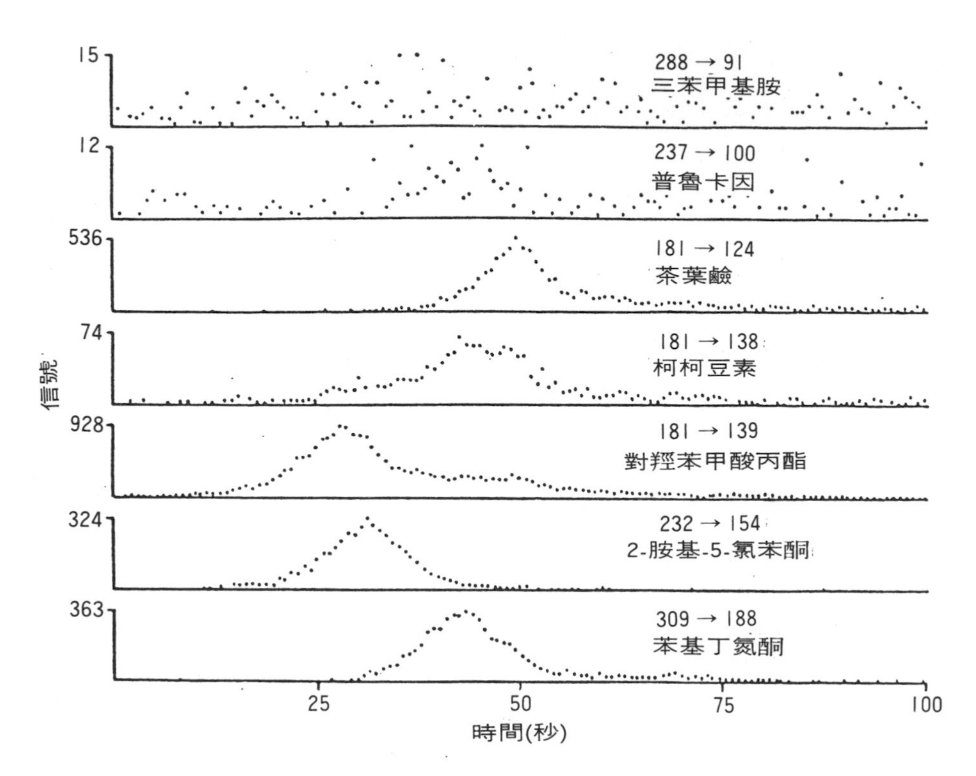

圖5.13 利用固體偵測棒進行 1 μL 馬之血漿萃取液中禁藥之偵測 PCI-(CH^4)-SRM 可偵測出 theophyline, theobromine, propylparaben, 2-amino-5-chlorobenzophenone, phenylbutazone[28]。

取樣品及空白試驗，每個樣品注射三次，總共分析時間約 36 分鐘，因此每小時內可進行 100 次分析，達到快速分析之需求，適於日常一般性樣品之檢測。對於部分硝基酯化合物[30]曾利用四極串聯質譜儀進行定量測試，其溶液經二公尺色層儀管柱分離後，經 MS / MS 定量分析，於三分鐘內即完成測定，可達到快速分析的目的，其偵測極限值均可達 ng 以下。

由於四極串聯質譜儀所用能量爲低能量，於碰撞誘導解離時，易形成加成離子 (adduct ions)，可利用此特性，區別產生相同斷裂離子之同分異構物，如 1-戊稀-3-炔基 (1-penten-3-nye) 和環戊間二烯 (cyclopentadiene) 兩個異構離子 $(C_5H_6)^+$，以氮氣 (N_2) 爲碰撞氣體時，其子離子相似無法區別，若碰撞氣體爲異

丁烷 (isobutane) 時，1-戊烯-3-炔基離子形成一系列加成離子 (圖 5.14)(31)，因此易與無法形成加成離子的環戊間二烯區別。Drochon(32) 利用氨氣爲反應氣體，在化學吸附離子化條件下，以四極串聯質譜儀，決定 Leucine enkephaline 和 gramidicin D 之胺基酸排列順序。Enke(33)等人則利用三段四極質譜中間之四極矩捕捉離子，進行一系列離子與分子反應之研究。

離子阱質譜儀，由於其離子產生與分離均在同一地方，因此其碰撞誘導解離效率可高達 100%，其功能與應用目前正開發中，Cook(23)等人曾利用 ITMS 探討丁基苯 (*n*-butylbenzene) 及硝基苯 (nitrobenzene) 等分子離子之碰撞誘導解離效率，Hoekman(26)則利用 ITMS 進行全氟三丁胺 (perfluorotributylamine)

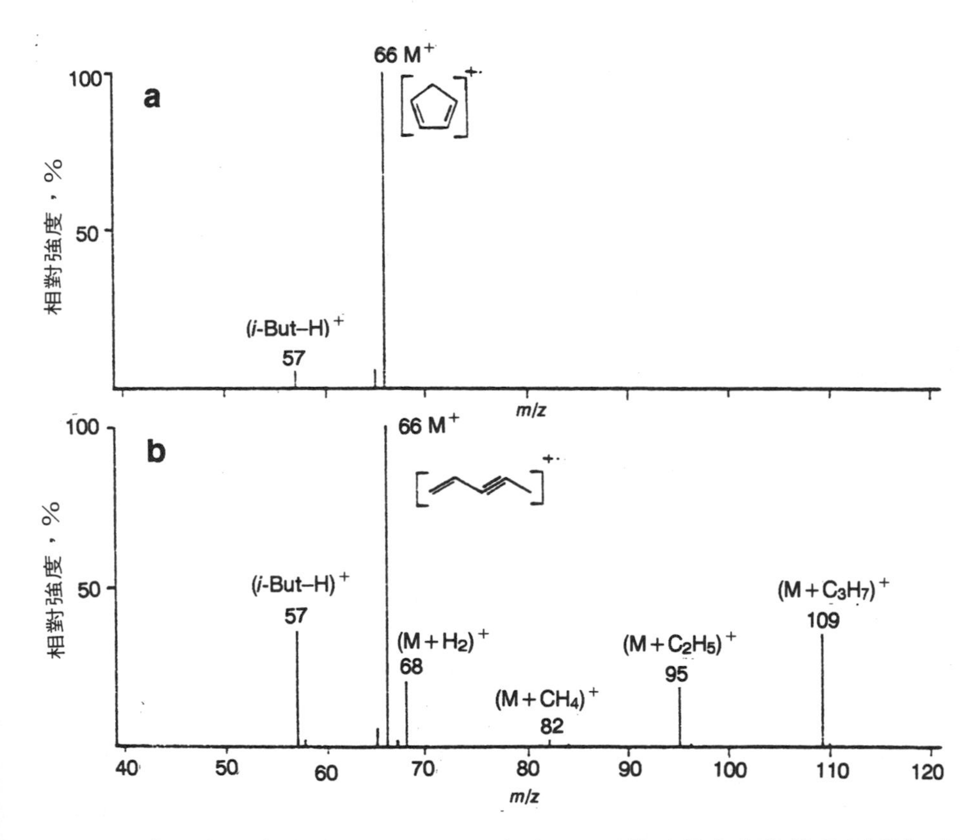

圖5.14 比較兩個同分異構離子 $(C_5H_6)^+$ 與異丁烷碰撞所得子代質譜圖 (a)環戊間烯離子 (b) 1-戊烯-3-炔基離子(31)。

$C_{13}C_8F_{20}N$，m/z 503 EI / MS / MS / MS 測試，所得序列孫代離子 (grand-daughter ion) m/z 69，其強度約為一般電子撞擊質譜所得 1 / 10000。Yost[34]等人曾進行四極串聯質譜儀 (TQMS) 與離子阱質譜儀 (ITMS) 在 MS / MS 中子離子質譜、碰撞誘導解離效率、偵測極限及以甲烷為反應氣體之正離子化學離子化對兩個烷基磷酸鹽 (alkylphosphonates) 測試範圍 (dynamic range) 比較。雖然兩種儀器上子離子的產生受到很多因素影響，但調整儀器至最適當條件時，ITMS 和 TQMS 產生相似強度之子離子。而 ITMS 對於質量的選擇、離子的斷裂、收集及子離子傳輸至偵測器之效率均比 TQMS 大，對於雙異丙基甲基磷酸鹽 (diisopropyl methylphosphonate) 之標準樣品，經由毛細管柱氣相層析，以 PCI-MS / MS 分析，於 ITMS 和 TQMS 可得全子離子質譜 (full daughter spectrum) 的最低濃度可分別至 15 pg 和 1.5 ng。對於偵測極限值測試，兩者皆可達到 5 pg。但 ITMS 是用全子離子質譜，而 TQMS 是用選擇母離子產生相對強度最大之子離子偵測，即選擇反應偵測反式。Cooks[25]等人則對醋酸戊脂 (amyl acetate)、氯苯 (chlorobenzene) 等溶液比較 TQMS 與 ITMS 測試，由結果顯示，都可測至 ppb 範圍，但 ITMS 可測至較低之 ppb 濃度。

九、結論

使用低能量碰撞誘導解離之四極串聯質譜儀及離子阱質譜儀，由於具有較高的離子碰撞誘導解離效率，且只以 rf 調整場力，較易控制，分析速度快，適於環境科學、臨床醫學、情治化學等日常性微量樣品之篩檢分析。由於所用碰撞誘導解離之能量只有幾個 eV，因此常被用以探討離子與分子間反應，但對所選擇質量離子之化學性質研究，是經由其與碰撞氣體的化學結合 (chemical association) 作用，而非如一般扇形串聯質譜儀所探討的解離化學 (dissociation chemistry)。而離子阱質譜儀最大優點即其碰撞誘導解離效率 (通常為 80～90%) 比四極串聯質譜儀還高，因此進行 MS / MS 實驗的效率約 14 倍大於四極串聯質譜儀。於定量測試方面，離子阱質譜儀偵測極限將比四極串聯質譜儀低 100 倍，因此離子阱質譜儀可以說是目前 MS / MS 儀器中靈敏度最高，最適於選擇性微量成分之偵測，並且離子阱質譜儀其原理是基於時間的串聯 (tandem-in-time)，而非如一般串聯質譜儀基於空間的串聯 (tandem-in-space)，因此可進行 MS^n 一系列的研究。唯一缺點即無法進行母離子及中性丟失掃描，目前許多實驗室均在積極開發其功能和應用。

參考文獻

1. K. L. Busch, G. L. Glish and S. A. Mcluckey, Mass Spectrometry / Mass Spectrometry: Techniques and Applications of Tandem Mass Spectrometry, VCH Publishers, Inc.(1988).
2. F. W. Mclafferty, Ed. Tandem Mass Spectrometry, J. Wiley & Sans, New York (1983).
3. T. L. Franklin, Ed. Ion Molecule Reactions, Plenum, New York (1972).
4. J. J. Thomson, Rays of Positive Electricity and Their Applications to Chemical Analysis, Langmans : London (1913).
5. R. G. Cooks, J. H. Beynom, R. M. Capriili, G. R. Lester, Metastable Ion, Elserier Scientific Publishing Company, Amsterdam (1973).
6. R. A. Yost and C. G. Enke, "An added dimension for structure elucidation through triple quadrupole mass spectrometry", Amer. Lab., 13 (6), pp.88-95 (1981).
7. D. F. Hunt, J. Shabanowitz, T. M. Harvey, M. L. Coates, "Analysis of organic in the environment by functional group using a triple quadrupole mass spectrometer ", J. Chromatogr. 271,pp.93-105 (1983).
8. G. M. Message, Practical Aspects of Gas Chromatography / Mass Spectrometry, John Wiley & Sons, Inc. (1984).
9. Finnigan 4000 GC / MS Systems Operation Manual, Finnigan Instruments.
10. T. Y. Yu, M. H. Cheng, V. Kempter, F. W. Lampe, "Ionic reactions in monosilanne some radiation chemistry implications", J. Phys. Chem. Vol.76, pp.3321-3330 (1972).
11. M. L. Vestal, J. H. Futrell, "Photodissociation of CH_3Cl^+ and CH_3Br^+ in

a tandem quadrupole mass spectrometer", Chem. Phys. Lett. 28 pp.559-561 (1974).

12. D. CMcGilvery, J. D. Morrision, "A Mass spectrometer for the study of laser-induced photodissociation of ions", Int. J. Mass Spectrum. Ion Phys. 28, pp.81-92(1978).
13. R. A. Yost, C. G. Enke, "Selected ion fragmentation with a tandem quadrupole mass spectrometer", J. Amer. Chem. Soc. 100, pp.2274-2275 (1978).
14. R. A. Yost, C. G. Enke, D. C. McGilvery, D. Simith, J. D. Morrision, "High efficiency collision-induced dissociation in an RF-only quadrupole ", Int.J. Mass Spectrom. Ion phys., 30, pp.127-136 (1979).
15. D. F. Hunt, J. Shabanowitz, A. B. Giordani, "Collision activated decompositions of negative ions in mixture analysis with a triple quadrupole mass spectrometer", Anal. Chem. Vol.52, pp.386-390 (1980).
16. D. ZaKett, R. G. Cooks, W. J. Fies, "A double quadrupole for Mass Spectrometry / Mass Spectrometry" Anal. Chem. Acta vol. 119, pp.129-135 (1980).
17. Finnigan-MAT, San Jose, CA.
18. Sciex, Inc. Thornhill, Ontario, Canada.
19. Entranuclear Laboratories, Inc., Pittsburgh, PA.
20. R. A. Yost, J. V. Johnson, K. F. Faull, "Tandem mass spectrometry for the trace determination of tryptolines in crude brain Extracts", Anal. Chem. vol.56, pp.1655-1661 (1984).
21. G. C. Stafford, Jr., P. E. Kelley, J. E. P. Syka, W. E. Reyndds, J. F. J. Todd., "Recent improvements in and analytical applications of advanced ion trap technology", Int. J. Mass Spectrom. Ion phys., 60, pp. 85-98 (1984).
22. P. H. Dawson, Ed., Quadrupole Mass Spectrometry and its Applications, Elsevier Scientific Publishing Company (1976).
23. J. N. Louris, R. G. Cooks, J. E. P. Syka, P. E. Kelley, Jr. G. C. Stafford,

J. F. J. Todd, "Instrumentation, applications, and energy deposition in quadrupole ion-trap tandem mass spectrometry", Anal. Chem. 59, pp. 1677-1685 (1987).

24. R. Bonner, G. Lawson, J. Todd, R. March, "Ion storage mass spectrometry:applications in the study of ionic processes and chemical ionization reactions", Adv. Mass Spectrum. 6, p.377 (1974).
25. J. S. Brodbelt, R. G. Cooks, "Ion trap tandem mass spectrometry", Spectra, Finnigan-MAT Corp. V11, N2, pp.30-39 (1988).
26. M. Weber-Grabau, P. E. Kelley, J. E. P. Syka, S. C. Bradshaw, J. S. Brodbelt, "Improved ion trap performance with new CI and MS / MS scan functions", Technical Report N.608, pp.5-10, Finnigan-MAT Corp.
27. H. O. Brotherton, R. A. Yost, "Rapid screening and confirmation for drugs and metabolites in racing animals by tandem mass spectrometry", Am. J. Vet. Res.,45, pp.2436-2440 (1984).
28. J. V. Johnson, R. A. Yost, "Tandem mass spectrometry for trace analysis", Anal. Chem. 57, pp.759A-768A (1985).
29. R. A. Yost, D. D. Fetterolf, J. R. Harvan, D. T. Harvan, A. F. Weston, P. A. Skotnicki, N. M. Simon, "Comparision of mass spectrometric methods for trace level screening of hexachlorobenzene and trichlorophenol in human blood serum and urine", Anal. Chem. 56, pp.223-2228 (1984).
30. 李茂榮、方俊民等　硝基酯之串聯質譜分析　尚未發表.
31. R. A. Yost, D. D. Fetterolf, "Tandem mass spectrometry(MS / MS) instrumentation", Mass Spectrometry Reviews, 2, pp.1-45 (1983).
32. B. Drochon, "Amino acid sequence determination of peptides by tandem mass spectrometry", Spectra, A Finnigan MAT Publication, V11, N1, pp.31-37 (1987).
33. G. G. Dolnikowski, M. J. Kristo, C. G. Enke, J. T. Watson, "Ion-trapping technique for ion / molecule reaction studies in the center quadrupole of a triple quadrupole mass spectrometer", Int. J. Mass Spectrom. Ion

Phys., 82, pp.1-15 (1988).

34. J. V. Johnsom, R. A. Yost, P. E. Kelley, D. C. Bradford, "Tandem-in-space and tandem-in-time mass spectrometry: triple quadrupoles and quadrupole ion traps", Anal. Chem. 62, pp.2162-2172 (1990).

第六章

磁場式質譜儀之質譜/質譜分析法(高能碰撞引致裂解)

何國榮

摘　要

質譜/質譜儀乃一高功能之分析儀器。對複雜之樣品而言，它具有和氣或液相層析/質譜儀非常類似的分離/鑑定之功能。對高純度樣品，則其分離/鑑定之功能可以提供更爲完整的分子構造資料。

雙聚焦質譜儀除了可以用來獲得高解析度質譜外，它也可以執行類似於串聯質譜儀的質譜/質譜分析工作。三種最常被使用的聯結掃描質譜/質譜分析法——B/E、B^2/E 和 MIKES 各有其優點和缺點。

若使用碰撞之方法來使母離子裂解，質譜/質譜儀可根據母離子之動能而分成高能碰撞和低能碰撞兩類。高能之扇形質譜/質譜儀可以分析分子量較高之分子，分子裂解之途徑也和低能碰撞不盡相同。

質譜/質譜儀是將兩個質譜前後串聯在一起的分析儀器。這種分析儀器的主要操作方式有三種 (如圖 6.1)，第一種是將一母離子選出來，然後再分析此母離子所產生的所有子離子，這種方法所得之質譜稱爲子離子質譜 (daughter ion mass spectrum)，它是最常被使用的質譜/質譜分析方法。第二種質譜/質譜分析法是找尋能產生某一特定子離子的所有母離子，這種質譜稱爲母離子質譜 (parent ion mass spectrum)。第三種質譜/質譜分析方法是找尋因裂解而丟掉某一特定中性分子 (N) 的所有母子檔離子，這種質譜稱爲中性丟失質譜 (neutral loss scan)。

質譜/質譜儀的主要功能有(1)混合物之分析，(2)質譜中離子間關係之鑑定，(3)軟離子化分析物之構造鑑定。由一複雜的樣品中分析分析物，可算是質譜/質譜儀最爲人所知的功能，這個功能和傳統的氣相層析/質譜儀十分相似。氣相層

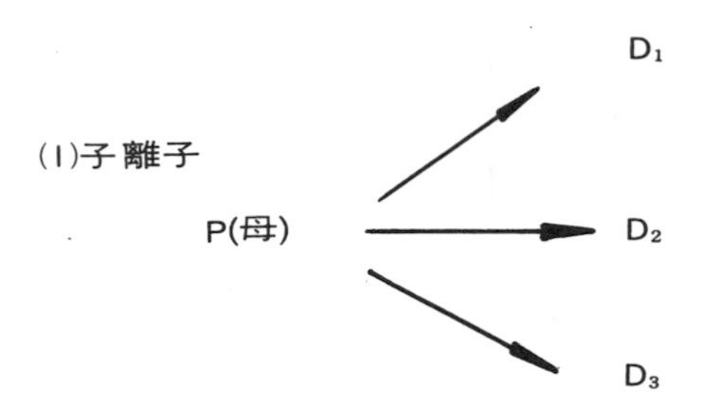

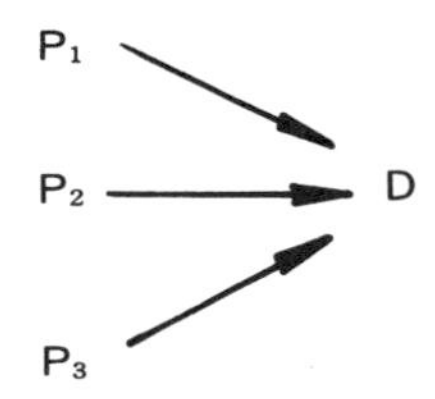

(3)中性丟失

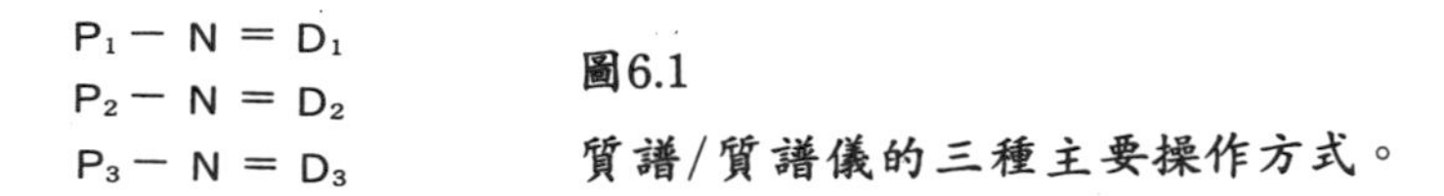

圖6.1
質譜/質譜儀的三種主要操作方式。

析/質譜儀中，氣相層析儀擔任分離的工作，將分離好的化合物由界面裝置直接送入質譜儀中，而質譜儀所擔任的則是鑑定的工作。在質譜/質譜儀中，第一個質譜儀也是擔任分離的工作，通常第一個質譜儀只容許分析物之分子離子通過，通過的分子離子被裂解後 (主要經由碰撞的方法)，再經由第二個質譜儀來分析裂解後所產生的裂解離子，因此第二個質譜儀擔任的是鑑定的工作。

推斷分子離子和裂解離子以及各裂解離子間的從屬關係是質譜/質譜儀的第二種主要功能。這種源於間穩離子 (metastable ion) 研究而發展出來的技術也是質譜/質譜最早爲人所知的一種功能。

對於許多極性較高或分子量較大的化合物，通常我們必須使用如快速原子撞擊法、電灑法、熱灑法等所謂"軟離子化法"來分析這些樣品。這些樣品之軟離子化法質譜最常見的特徵之一，就是看到很強的能提供分析物分子量的分子離子

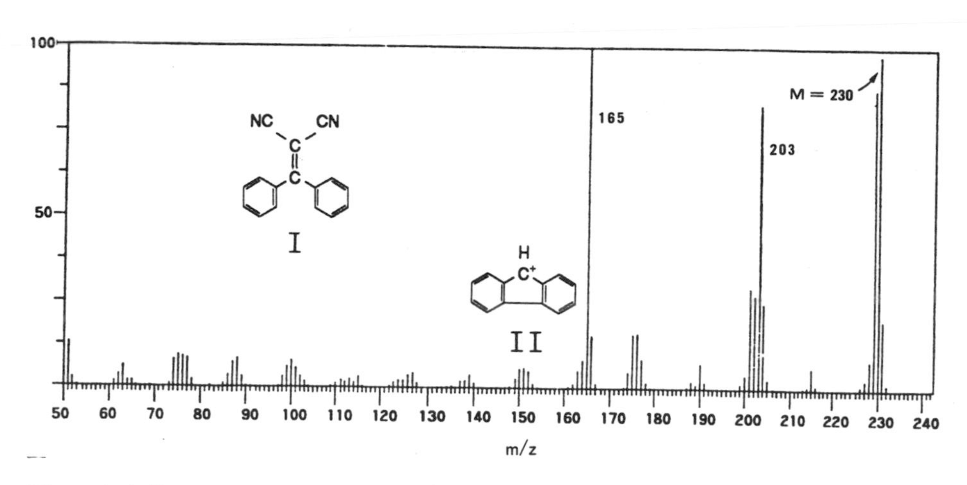

圖6.2 化合物 I 之電子撞擊質譜[1]。

。可是對於能提供細微構造訊息的裂解離子，其強度經常都很低或者根本無法觀測到。這些化合物細微構造之分析是質譜/質譜第三種主要的功能。例如使用熱灑法 (thermospray) 時，最常見的現象之一就是只看到分子離子，因此爲了要知道分析物的構造，熱灑法通常必須和質譜/質譜儀共同使用以達到分析的要求。近年來質譜/質譜在這一方面的功能有越來越受到重視的趨勢。

質譜/質譜儀還有一些較爲次要的功能。例如筆者曾使用質譜/質譜儀研究化合物 I 電子撞擊法質譜中 m/z 165 裂解離子之構造 (圖 6.2)[1]。化合物 I 之分子量是 230，若是裂解 $(CN)_2C$ 則所生成離子之 m/z 值應爲 166 而不是 m/z 165。我們建議 m/z 165 離子乃是經由重組 (rearrangement) 裂解而形成如構造 II 之離子。爲了證實 m/z 165 離子之構造爲 II，我們選擇了幾個十分容易生成構造 II 離子之化合物 (如構造 III 等)，將這些化合物之 m/z 165 離子和化合物 I 之 m/z 165 離子之子離子質譜對照 (圖 6.3)，兩者之間相似的程度給先前的假設十分強而有力的支持。

目前能夠被用來作質譜/質譜實驗的儀器種類十分的多，扇形質譜 (sector type)、三段四極質譜 (triple quadrupole)、傅立葉轉換質譜 (Fourier transform)、飛行時間質譜 (time of flight)及離子阱質譜 (ion trap) 等質譜儀都曾被使用於質譜/質譜之研究。此外，將兩種不同類型的質譜儀混合在一起 (例如扇形＋四極、扇形＋飛行、傅立葉＋四極等等) 作質譜/質譜分析的所謂混合質譜/

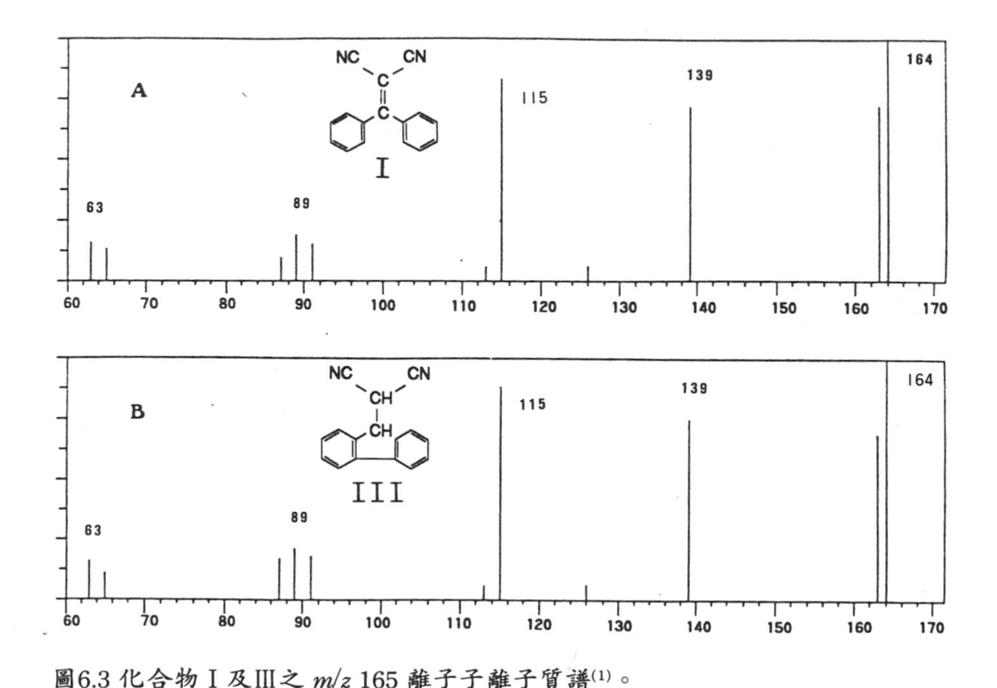

圖6.3 化合物 I 及III之 m/z 165 離子子離子質譜[1]。

質譜儀之種類也日益增多。了解每一種質譜/質譜儀的功能及其優缺點常是研究者及儀器採購者所須面對的一個主要課題。

現今之質譜/質譜分析實驗中多是以碰撞的方法來導致母離子的裂解，因此最常被用來區分質譜/質譜儀的方法就是以碰撞時母離子所攜帶之移動動能爲基準。由於磁場式質譜儀之加速電壓多在三千伏特至壹萬伏特之間，而四極式質譜儀之加速電壓則多小於四佰伏特，因此習慣上我們將前者歸屬於高能碰撞質譜/質譜儀，後者則歸屬於低能碰撞質譜/質譜儀。本章著重於高能碰撞扇形質譜/質譜儀之探討。

雖然今日之質譜/質譜儀被通稱爲串聯式質譜儀，但是它卻是由研究單一磁場式質譜儀中的"間穩離子" (metastable ion) 發展而來的[2]。間穩離子是指那些離開離子化室後才產生裂解現象的離子之統稱，這些離子中若是在磁場前之無場區 (field free region) 產生裂解，則它們能夠被觀測到。這些間穩離子所產生的子離子 (m_d)，其動量 (momentum) 和相同質量但是在離子化室中生成的 m_d 離子並不相同，因此它們在質譜上的質量並不是 m_d，而是在 $m^* = m_d^2/m_p$ 的

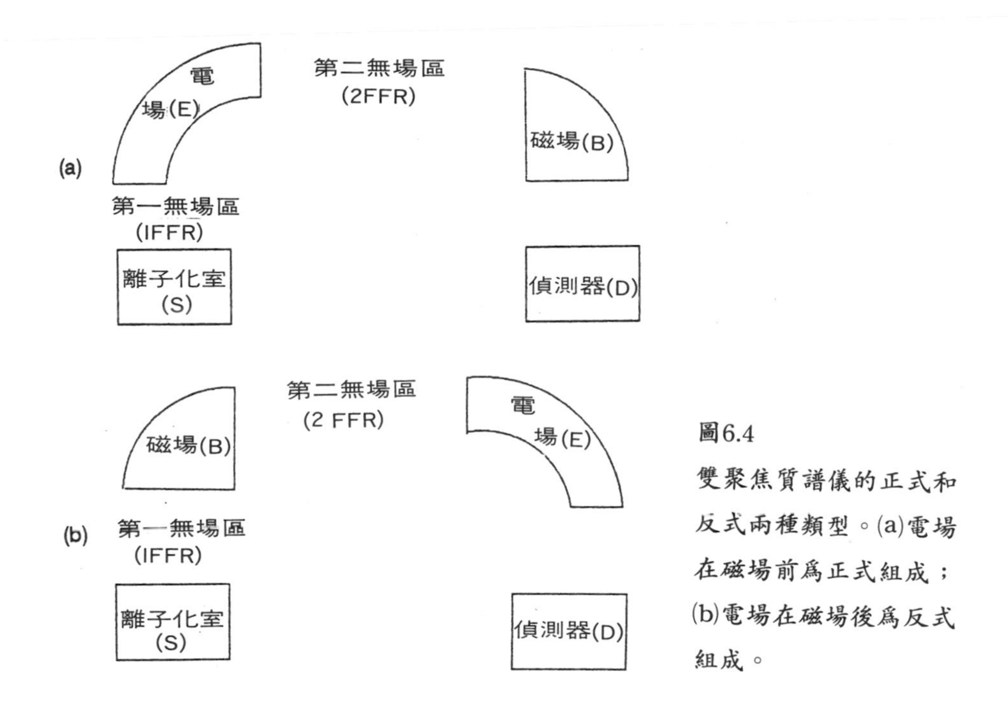

圖6.4
雙聚焦質譜儀的正式和反式兩種類型。(a)電場在磁場前爲正式組成；(b)電場在磁場後爲反式組成。

位置 (說明於後) (註：m_d：子離子，m_p：母離子)。這些間穩離子所產生的離子峰能夠提供質譜中各個離子峰之間的相互關係，因此常被用來輔助化合物構造之鑑定。

由單一磁場質譜儀所觀測到的間穩離子有四個主要的缺點。(1) 對於一個間穩離子峰 m^*，可能會有超過一對的 m_p，m_d離子，其 $m_d{}^2/m_p$值和 m^*相同。(2) 動能之釋放 (kinetic energy release) 使得 m^*的解析度都很差。(3) m^*峰可能會和其他之正常離子峰相重合。(4) m^*離子峰的強度都十分低。

克服上述缺點(1)至(3)的方法之一，就是不使用磁場式質譜儀而改用三級四極質譜儀或傅立葉轉換質譜儀。低強度的缺點 (即缺點 4) 則可用碰撞誘導解離 (collision-induced dissociation) 或者光活化解離 (photodissociation) 等方法來增加子離子的數目。

雙聚焦質譜儀主要是爲了增加單一磁場式質譜儀的解析度而發展出來的，它除了能提供準確質量 (exact mass) 以利各離子分子式之判定 (如 m/z = 28.00615 是 N_2，不是 CO)外，近年來這類型儀器也常被使用於質譜/質譜之分析。

雙聚焦質譜儀可分成正式和反式兩種類型。電場在磁場前 (EB) 的是正式組成 (圖 6.4a)，電場在磁場後 (BE) 的是反式組成 (圖 6.4b)。正常的操作法 (normal operation) 是保持電場的強度為一定值，使得具有 e 乘以 V (V 為一定值之加速電壓) 能量的離子能通過它，磁場則採掃描的方式使不同質量之離子在不同之磁場強度下通過磁場。對於正式組成之雙聚焦質譜儀而言，若是間穩離子在電場前之無場區 (圖 6.4a ，無場區 1) 裂解成子離子。基於動能守恆之定理，母離子之動能分散於子離子和中性分子上，因此這些子離子之動能必小於母離子之動能而無法通過電場，因而無法被偵測。若是間穩離子裂解於磁場前之第二無場區，其結果和單一磁場的結果是完全相同的，子離子出現於 $m^* = m_d^2/m_p$ 之位置。

1964 年 Barber 等人使用了一種不同於正常操作 (unconventional operation) 的方法而首度使用正式雙聚焦質譜儀觀測到在第一無場區裂解之母離子質譜[3]。這種一般被稱為加速電壓掃描 (accelerating voltage scan) 的方法是將 B 和 E 保持定值，而只改變加速電壓之電壓 (說明於後) 以得到母離子質譜。繼 Barber 之後，Beynon 等人在 1971 年首度提出了使用反式質譜儀研究間穩離子之方法[4] (此為反式質譜儀發展的主要理由之一)。反式質譜儀之電場在磁場之後，因此在正常之操作情形下，由於子離子之動能小於母離子，因此不論是第一或第二無場區裂解之間穩離子，其子離子皆無法通過電場而被偵測到。Beynon 發現如果固定磁場之強度只容許某一固定質量之母離子通過，若是此離子在第二無場區裂解，則其產生的所有子離子可經由掃描電場而被偵測到，這種方法也就是著名的 MIKES (Mass-Analysed lon Kinetic Energy Spectroscopy)。

使用雙聚焦質譜儀作質譜/質譜之研究因碰撞引致裂解 (CID) 法能大為增加子離子生成之途徑和其強度 (intensity)[5,6] 而在 70 年之中後期有了大幅度的進展[7-12]。這些新發展的方法中許多是需要將三個變數 (加速電壓、電場強度、磁場強度) 中的兩個變數作同步掃描，因此這些方法被通稱為聯結掃描 (linked scan)。表 6.1 列出了雙聚焦 (正和反) 質譜儀能夠執行的各種質譜/質譜分析法。

雙聚焦質譜儀中離子之運動情形多可由下列三個公式推導而得：

(1) 離子的動能是 eV (V 為加速電壓)。

$$eV = \frac{1}{2}mv^2 \tag{6-1}$$

表6.1 雙扇形質譜之質譜/質譜掃描法。

掃 描	定 值	質譜儀型式	裂解區	俗 稱
B	E, V	正	2 FFR	子離子
V	B, E	正，反	1 FFR	母離子 V Scan
E, V	$B, \frac{E^2}{V}$	正	1 FFR	子離子
B, E	$V, \frac{B}{E}$	正，反	1 FFR	子離子 Linked Scan
B, E	$V, \frac{B^2}{E}$	正，反	1 FFR	母離子 Linked Scan
B, E	$V, \frac{B^2(1-E)}{E^2}$	正，反	1 FFR	中性丟失 Linked Scan
E	V, B	反	2 FFR	子離子 MIKES
B, E	V, B^2E	反	2 FFR	母離子 Linked Scan
B, E	$V, B^2(1-\frac{r_e E}{2V})$	反	2 FFR	中性丟失 Linked Scan

(2) 離子受電場之作用力和離心力相等。

$$eE = \frac{mv^2}{r_e} \quad (E \text{ 為電場強度，} r_e \text{ 為電場之半徑})$$

$$E = \frac{mv^2}{er_e} \tag{6-2}$$

∴電場是一能量過濾器

(3) 離子受磁場之作用力和離心力相等。

$$Bev = \frac{mv^2}{r_B} \quad (B \text{ 為磁場強度，} r_B \text{ 為磁場之半徑})$$

$$B = \frac{mv}{er_B} \tag{6-3}$$

∴磁場是一動量過濾器

一、正常操作 (Normal Operation)

正常操作情形下，磁場前之無場區間穩離子 (適用於單一磁場式質譜儀和正式雙聚焦質譜儀之第二無場區) 裂解後之子離子和母離子有相同之速度 v_p，但是其質量 $m_d < m_p$，所以子離子之動量是 $m_d v_p$。因爲 $m_d v_p \neq m_p v_p$，所以能讓子離子通過之磁場強度 B^*和 B_p必然不同。

$$B^* = \frac{m^* v^*}{e r_B} \quad \rightarrow \quad B^* e r_B = m^* v^* = m_d v_P$$

$$m^* \left(\frac{2eV}{m^*}\right)^{1/2} = m_d \left(\frac{2eV}{m_p}\right)^{1/2}$$

$$m^{*2} \frac{2eV}{m^*} = m_d^{\ 2} \frac{2eV}{m_p}$$

$$\therefore m^* = \frac{m_d^{\ 2}}{m_p} \tag{6-4}$$

由 (6-4) 式可知子離子所能通過的磁場既不是 B_p也不是 B_d而是 B^*。若是質譜中原本就有 m^*質量的離子，則此離子會和由間穩離子 m_p所產生的子離子 m_d出現於相同的位置。

非正常操作法中只需要改變一個參數即可用來研究間穩離子的操作方法有二。一爲正式組合中第一無場區裂解之母離子掃描 (V scan)，一爲反式組合中第二無場區之子離子掃描 (MIKES)。

二、加速電壓掃描 (V Scan)

在第一無場區產生之子離子之所以無法通過電場是因其動能較其母離子小之緣故。

$$母離子動能 = eV_p$$

$$子離子動能 = \frac{m_d}{m_p} eV_p$$

$$\frac{m_d}{m_p} eV_p < eV_p$$

若是加速電壓之強度由 V_p增加到 V_d而使得 $(m_d / m_p)\, eV_d = eV_p$，則子離子也可以通過 E_p的電場。

$$\frac{m_d}{m_p} = \frac{V_p}{V_d}$$

這種將加速電壓由低往高的掃描方法可以觀測到能夠產生同一 m_d離子的所有母離子。此方法的主要限制是加速電壓的改變所造成聚焦的改變直接的影響了離子間的相對強度。

三、電場掃描 (MIKES)

在反式組合的第二無場區裂解之間穩離子，其子離子之動能 $(m_d v_p^2)/2$ 小於母離子 $(m_p v_p^2)/2$，因此無法通過 E_p之電場 $(E_p = m_p v_p^2/er_e)$。若是將電場之強度由 E_p降到 E_d，則可讓 m_d通過。

$$E_d = \frac{m_d v_p^2}{er_e}$$

$$E_p = \frac{m_p v_p^2}{er_e}$$

$$\therefore \frac{E_d}{E_p} = \frac{m_d}{m_p} \tag{6-5}$$

由 (6-5) 式可知只要線性的降低電場強度 (E scan)，就可以偵測到某一母離子所產生之所有子離子。這個方法操作起來十分容易，但是它因動能釋放 (kinetic energy release) 所造成的低解析度特性常使得子離子質量的判定不夠準確。

改變三個參數 (電場、磁場、加速電壓) 中兩個參數的質譜/質譜掃描方法有六種。這其中第一無場區裂解之 B/E 、 B^2/E 和 $B^2(1-E)/E^2$ 最常被使用。V/E^2 掃描加速電壓所造成的聚焦問題相當程度的限制了它的普及化。本章只討論較爲常用的 B/E 、 B^2/E 、 $B^2(1-E)/E^2$和 B^2E 掃描法。

四、磁場/電場 聯結掃描 (B/E Linked Scan)

這個方法可以分析正式或反式組合第一無場區產生的子離子。若間穩離子在第一無場區裂解，其速度和母離子相同。由 (6-5) 式可知若子離子要通過電場，電場強度需要降到 E_d 之值。對於磁場而言，由 (6-3) 式

$$B_p = \frac{m_p v_p}{e r_B}$$

$$B_d = \frac{m_d v_p}{e r_B}$$

$$\frac{B_p}{B_d} = \frac{\frac{m_p v_p}{e r_B}}{\frac{m_d v_p}{e r_B}} = \frac{m_p}{m_d} \tag{6-6}$$

將 (6-5)式 和 (6-6)式 合併

$$\frac{B_p}{B_d} = \frac{E_p}{E_d}$$

$$\frac{B}{E} = 定值$$

所以，若同時掃描電場和磁場而且以 $B/E \doteq$ 定值掃描， m_p所產生的所有子離子皆可以通過電場和磁場而到達偵測器。近年來本方法已取代了早期的 V/E^2 的方法，而成爲最常使用的磁場式質譜/質譜分析法。

五、磁場平方/電場聯結掃描 (B²/E Linked Scan)

這個方法可用來分析第一無場區裂解的母離子。假設某一子離子 m_d可由兩個不同的母離子 m_{p1}和 m_{p2}所產生的，能讓 m_d離子通過之電場強度和磁場強度分別爲

$$E_{d1} = \frac{m_d v_{p1}^2}{e r_e}，E_{d2} = \frac{m_d v_{p2}^2}{e r_e}$$

$$B_{d1} = \frac{m_d v_{p1}}{e r_B}，B_{d2} = \frac{m_d v_{p2}}{e r_e}$$

由這些式子可以看出不同母離子所產生的子離子速度並不相同，因此掃描的條件就是需要去除速度的這一項變數而同時仍能保有 m_d變數。

$$B_d{}^2 = \frac{m_d^2 v_p^2}{e^2 r_B{}^2}$$

$$E_d = \frac{m_d v_p^2}{e r_e}$$

$$\frac{B_d^2}{E_d} = \frac{m_d r_e}{r_B^2 e} \tag{6-7}$$

由 (6-7) 式可知 B^2/E 可以消去速度變數而且保有 m_d變數。若 m_d一旦選定，則 B^2/E 成爲一定值，所以以 B^2/E 的方式同步的掃描電場和磁場，可以測得生成某一子離子的所有母離子。

六、第一無場區之中性丟失掃描 $[\frac{B^2(1-E')}{E'^2}$ Scan$]$

子離子 m_d具有母離子之速度，由 (6-3) 式

$$m_d v_p = B e r_B = m^* v^* \quad (m^* \text{爲 apparent mass})$$

$$\because\ v^* = \left(\frac{2eV}{m^*}\right)^{1/2}$$

$$\therefore\ m^* \left(\frac{2eV}{m^*}\right)^{1/2} = B e r_B$$

$$m^* = \frac{B^2 e r_B^2}{2V}$$

由 (6-4) 式

$$m^* = \frac{m_d^2}{m_p}$$

$$\therefore\ \frac{m_d^2}{m_p} = \frac{B^2 e r_B^2}{2V}$$

由 (6-5) 式

$$\frac{E_d}{E_p} = \frac{m_d}{m_p} = E' \quad \left(\frac{E_d}{E_p}\ \text{定爲}\ E'\right)$$

$$m_d = m_p E'$$

$$m_p - m_n = m_p E' \quad (m_p^+ \rightarrow m_d^+ + m_n)$$

$$\therefore\ m_p = \frac{m_n}{1 - E'}$$

將 $m_d = m_pE'$，$m_p = \dfrac{m_n}{1 - E'}$ 代入 $\dfrac{m_d^2}{m_p} = \dfrac{B^2 e r_B^2}{2V}$

$$m_n\left(\frac{E'^2}{1 - E'}\right) = \frac{B^2 e r_B^2}{2V}$$

$$\frac{B^2(1 - E')}{E'^2} = \frac{m_n\,2V}{e r_B^2}$$

$\because$ V 和 r_B 爲定值，所以只要 m_n 選定，則 $B^2(1 - E')/E'^2$ 爲一定值。

七、第二無場區之母離子掃描 (B^2E Scan)

第二無場區最著名的掃描法是 MIKES 子離子掃描法。近年來因第二無場區之母離子掃描較第一無場區之母離子掃描有較高之解析度而逐漸受到重視。

母離子越大其速度 (v_p) 越小 (因爲 eV 是定值$=\frac{1}{2}m_pv_p^2$)，所以對不同母離子所形成之同一質量子離子 m_d 而言，母離子越大子離子之動能 ($\frac{1}{2}m_dv_p^2$) 越小。如果磁場由低往高掃描，因爲所通過之母離子質量越來越高，其所形成之子離子動能也越來越低，所以電場必須由高往低掃描。磁場和電場往不同的方向掃描是此一方法的特色。

假設 m_d 子離子是由 m_{p1} 和 m_{p2} 兩不同母離子所形成，則對 m_{p1}、m_d 而言其：

$$B_1 = \frac{m_{p1}v_{p1}}{e r_B} \qquad E_1 = \frac{m_d v_{p1}^2}{e r_e}$$

對 m_{p2}、m_d 而言其

$$B_2 = \frac{m_{p2}v_{p2}}{e r_B} \qquad E_2 = \frac{m_d v_{p2}^2}{e r_e}$$

由這四個式子可發現

$$B_1^2E_1 = B_2^2E_2 = m_d \frac{V^2}{e r_B^2 r_e}$$

由於 V, e, r_B 和 r_e 皆爲定值，所以僅和 m_d 有關。一旦 m_d 決定，則 B^2E 值即爲定值。

以 Cesium Iodide (CsI) 爲分析物。圖 6.5 至圖 6.10 是 $(CsI)_n$ 在第一和第二無場區裂解之子、母和中性丟失掃描的質譜圖，由這些質譜圖可以大略的看出各種掃描方法解析度之差異。若僅考量子離子的解析度，第一無場區之子離子掃描 (B / E Scan) 優於第二無場區之子離子掃描 (E Scan)，反之，第二無場區之母離子掃描 (B^2E Scan) 優於第一無場區之母離子掃描 (B^2/E Scan)。中性丟失掃描則第一無場區之解析度較第二無場區略高。

八、各種掃描法之解析度

使用單一扇形質譜儀或雙聚焦質譜儀於質譜/質譜之分析的主要缺點之一就是許多的方法所得質譜的解析度很差 (參見表 6.2)。要了解這些方法的優缺點就必須瞭解內能釋放 (internal energy release) 所造成的影響。當母離子裂解時，部份的內能轉換成裂解離子的移動動能 (translational energy)，這種現象可以影響裂解離子在三度空間中各個方向的移動動能。移動動能的改變使得裂解離子的偵測和解析度都受到相當的影響。本章著重於解析度的探討，裂解離子的偵測和儀器的設計較有關聯，在此不作討論。

內能釋放使得子離子的速度和母離子不完全一樣，而是有一個 $v_p \pm \Delta v$ 的範圍。這使得能讓 m_d 離子通過之磁場強度不再是一單一定值 (6-2 式) 而是某一範圍之磁場，所以解析度通常都很差。這是正常操作法，加速電壓掃描法 (V scan) 和電場掃描法 (MIKES) 解析度差的主要原因。

磁場/電場聯結掃描 (B/E linked scan) 的子離子解析度較 MIKES 好許多，主要原因是爲

$$\frac{B}{E} = \frac{\dfrac{m_d v_p}{e r_B}}{\dfrac{m_d v_p^2}{e r_e}} = \frac{r_e}{r_B v_p} = \frac{1}{v_p} k$$

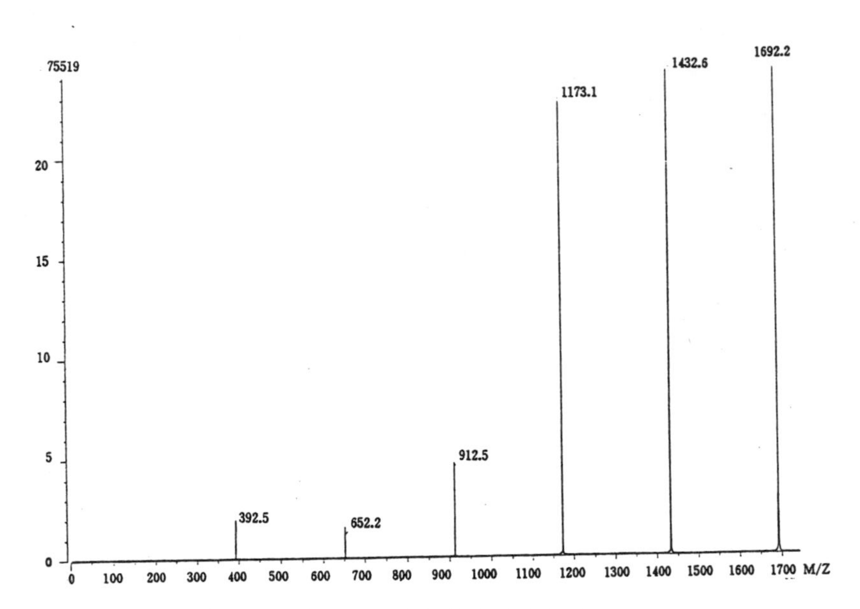

圖6.5 第一無場區之 m/z 1692 子離子 (B/E) 圖譜。

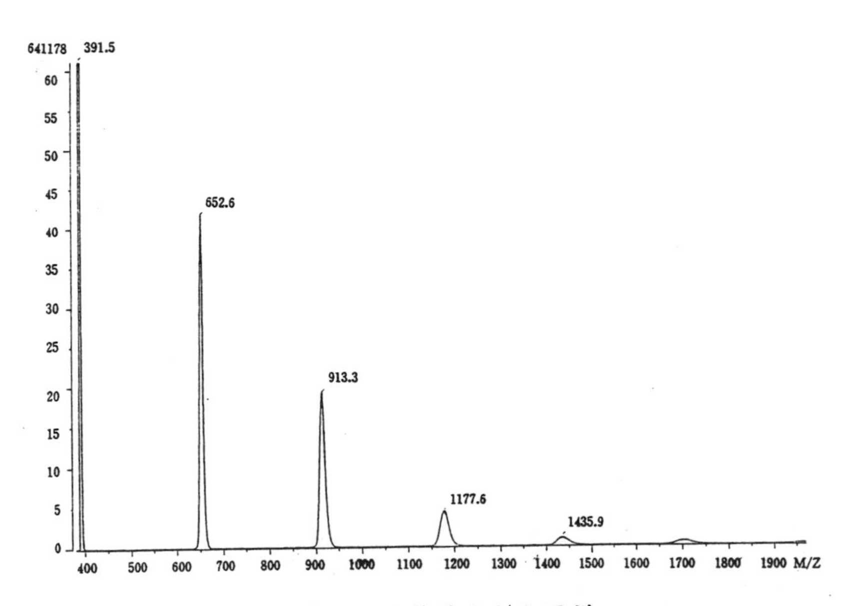

圖6.6 第一無場區之 m/z 392 母離子 (B^2/E) 圖譜。

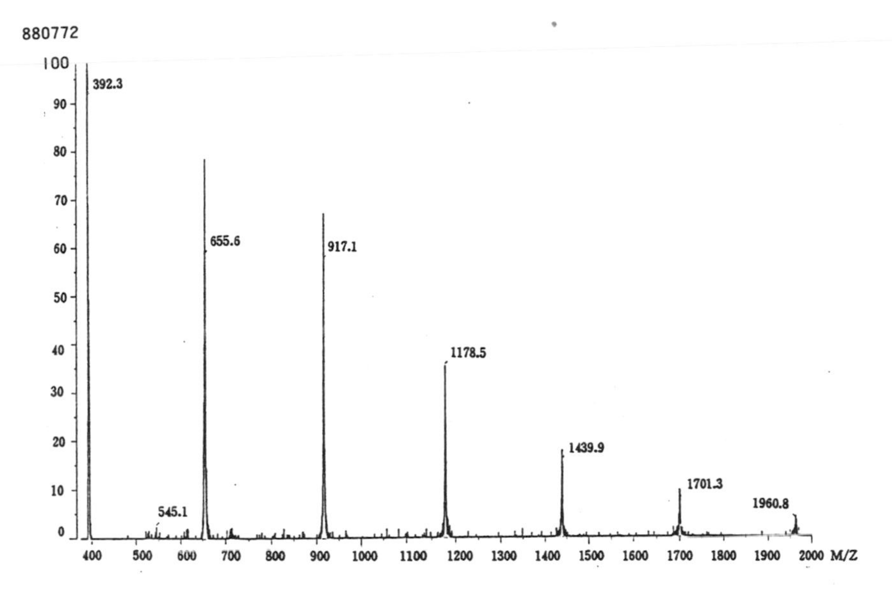

圖6.7 第一無場區之 260 amu 中性丟失圖譜。

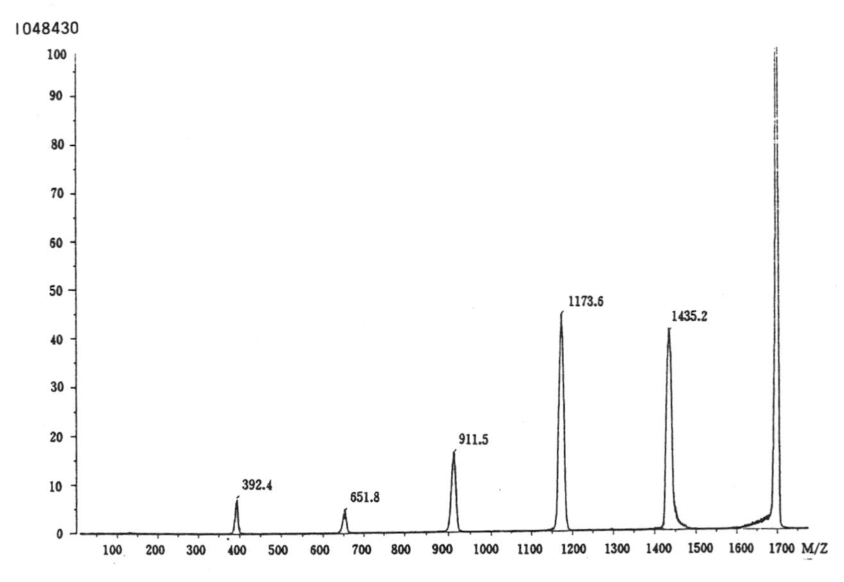

圖6.8 第二無場區之 *m/z* 1692 子離子(E)圖譜。

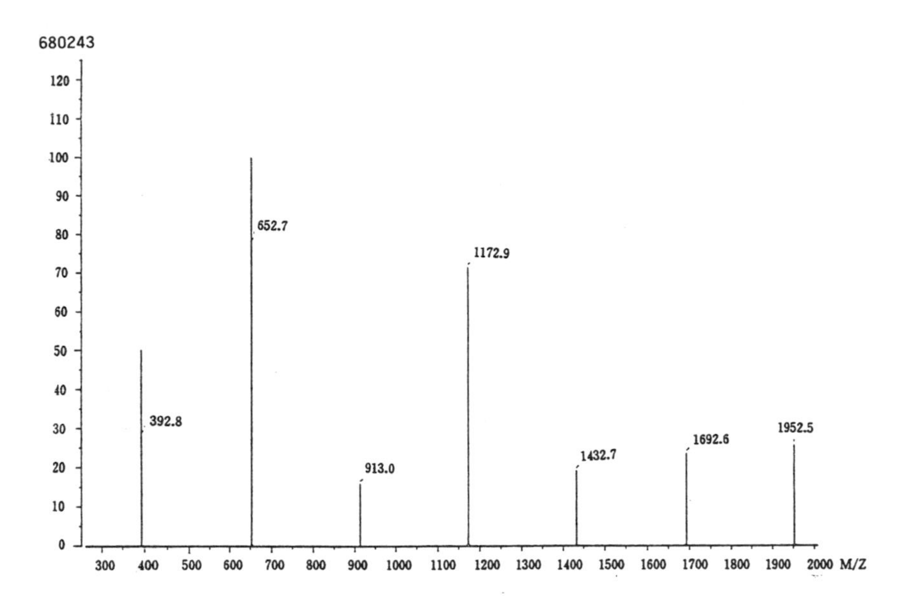

圖6.9 第二無場區之 *m/z* 392 母離子 (B^2E) 圖譜。

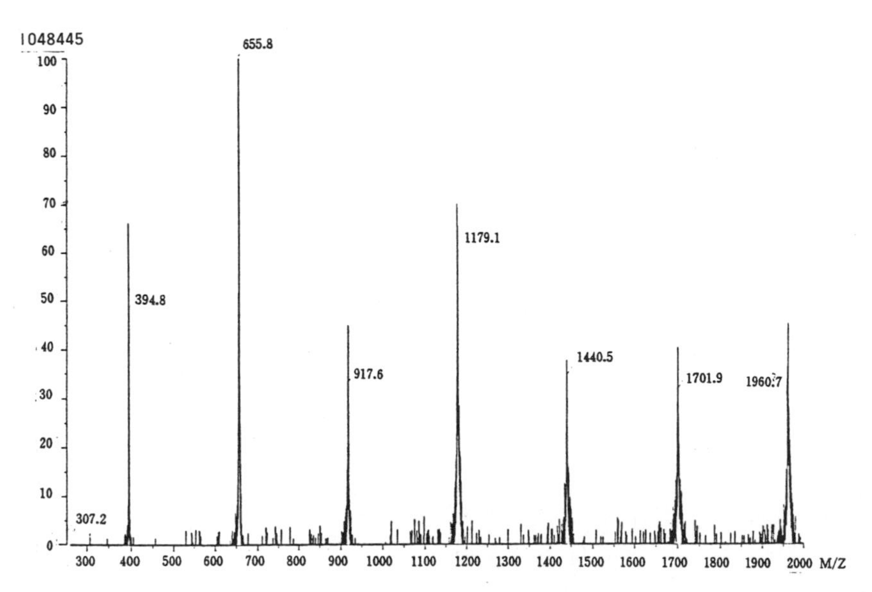

圖6.10第二無場區 260 amu 之中性丟失圖譜。

表6.2 雙扇形質譜儀探討母/子離子和中性丟失掃描之解析度。

掃描法		功能	解析度
B / E	第一無場區	子離子	優
B^2/ E	第一無場區	母離子	差
$B^2(1-E')/E'^2$	第一無場區	中性丟失	優
E	第二無場區	子離子	差
B^2E	第二無場區	母離子	優
$B^2(1-r_e E/2V)$	第二無場區	中性丟失	尚　可

而對具有 $v_p \pm \Delta v$ 動能之子離子其

$$\frac{B}{E}=\frac{m_d v_p \pm \dfrac{\Delta v}{er_B}}{\dfrac{m_d\,(v_p \pm \Delta v)^2}{er_e}}=\frac{1}{v_p \pm \Delta v}\,k$$

所以和母離子速度有較大差距之子離子無法被偵測到。

B/E 掃描之解析度還不錯，但是其對母離子之選擇性就較差，這是因爲一些和母離子質量非常接近的離子 ($m_p'=m_p \pm \Delta m$) 也可能會裂解成子離子 m_d'，m_d'的速度 (v_p') 和 m_d之速度 (v_p) 雖然十分接近 ($v_p \sim v_p'$)，但並不完全相同 (因其母離子之質量不同，所以速度也不同)，但內能釋放的效應可能會使得兩種子離子 (m_d，m_d') 的速度 ($v_p \pm \Delta v$，$v_p' \pm \Delta v'$) 有重合之處，這會使得不同質量 (但十分接近) 母離子的子離子出現於同一子質譜上。

B/E 掃描低母離子選擇性和高子離子解析度之特性和 MIKES (E scan) 正好相反，MIKES 中磁場可以十分有效的選擇單一質量之母離子，所以母離子選擇性還不錯，可是其子離子質譜解析度卻由於內能釋放之效應而變得十分差。由於 MIKES 和 B / E 聯結掃描皆可使用於反式質譜儀，因此使用反式質譜儀於 MS / MS 分析時，兩種方法之選擇常是決定於：(1)母離子附近是否有高強度之離子，及(2)子離子是否需要高的解析度才能判定其質量兩項因素。

B^2/ E 的母質譜分析，由於 $B^2 \propto v^2$，$E \propto v^2$，所以 $v \pm \Delta v$ 的效應可以

被保留下來，這也使得 B^2/E 母離子質譜解析度十分的差。

聯結掃描之另一項困擾就是“假”離子 (artifact peaks) 之離子峰，這些“假”離子峰可能來自於：(1)加速區之裂解，(2)電場內之裂解，(3)第一和第二無場區之連續裂解等。由於“假”離子峰通常強度都很低，而且不是整數的質量，所以判定上一般並不十分困難。

除了“假”離子的干擾外，低母離子選擇性所生成的“眞”離子和快速原子撞擊法中介質 (matrix) 所生成的“眞”介質離子也都可能造成 MS / MS 質譜解釋的困難。

九、串聯式質譜儀 (Tandem Mass Spectrometry)

克服低解析度和“假”離子的方法就是使用眞正的所謂“串聯式質譜儀”。串聯式質譜儀可以看作是將兩個質譜儀接合在一起的儀器。如依此定義，雙聚焦質譜儀並不能算是眞正的串聯式質譜儀，(因電場只是一能量過濾器) 只是它可以被用來作質譜/質譜的分析工作。最先出現的扇形串聯質譜儀乃是 EBE 的組合[13]，這種儀器的最大功能是非常高的母離子選擇性 (裂解於 B 和 E 之間)，但是子離子質譜解析度仍和 MIKES 相同。爲了要同時獲得高解析度的母和子質譜，四扇形質譜儀 (兩個雙聚焦質譜儀接在一起) 成了最好的選擇。此類型儀器最早造於 60 年代，用於離子和分子反應之研究[14]，近年來則有許多廠商提供商業化之產品。這類產品不論是 EBEB 組成 (Jeol，Kratos)、BEBE 組成 (Jeol) 或 BEEB 組成 (VG) 都具有高解析母選擇和高解析子質譜之特性。它最大的缺點在於其價格，一部能從事於生化大分子分析之四扇形儀器，其價格常是超過佰萬美元的。

得到較高解析度的另外一個方法就是使用四極質譜儀之串聯式質譜儀 (三段四極)，這類型儀器之價格通常較雙扇形儀器便宜一些。目前市場上還是有許多人對於購買雙聚焦甚至四扇形質譜儀有較高的興趣。這些研究者願意花相同或者是更多的錢去買這類型儀器，除了(1)高解析度有利混合物之分析，(2)準確質量之測定，(3)高質量範圍，及(4)較好的高質量傳送效率外，它的另一個原因是磁場式質譜/質譜能夠產生一些 (經由碰撞) 三段四極質譜儀無法觀測到的子離子[15–17]，而且越來越多的報告證實，對於質量超過 800 或 1000 amu 的母離子，磁場式優於三段四極式[18]。

近年來也有許多的質譜/質譜儀是由兩種不同類型儀器所組成的所謂混合 (hybrid) 式質譜/質譜儀。它的種類十分多[18,19]，現今之商業化產品多是將扇形 (高能) 和四極式 (低能) 組合在一起的儀器。兩種商業產品之組合分別是 BEQQ (VG, Finnigan) 和 EBQQ (VG)。這種儀器的最大特色是可以從事於高能和低能兩種不同能量之實驗。BEQQ 較 EBQQ 優之點在於可以從事於 MIKES (*E* scan) 的實驗，而且若(1)掃描 E 時同時掃描 Q (E − Q linked)[21]、或(2)掃描 E 時快速的掃描 Q (E − Q unlinked) 也可以得到高解析之子離子質譜[22]。除了 B/E，E − Q 外此類儀器之另一種高能碰撞法是用 BE (或 EB) 選母離子，高能碰撞後所產生之裂解離子再減速使其能被 QQ 分析[23]。這和先減速再碰撞之低能碰撞法剛好相反[24]。

十、高低能碰撞之差異

質譜/質譜之發展的最重要原動力之一就是碰撞引致裂解法的發展 (和中性分子或和表面碰撞)，這個方法增加了母離子裂解的途徑同時也增加了子離子的強度。這兩個因素大幅度地提高了質譜/質譜分析的功能也降低了子離子偵測的困擾。碰撞引致裂解法 (CID) 是使含有較高移動動能之母離子和中性小分子在碰撞室 (collision cell) 產生碰撞。碰撞的結果使得母離子之部份移動動能被轉換成內能，而內能之昇高導致了母離子的裂解。當一離子 m_p^+ 和中性分子 N 相碰撞時，由動能轉換成的內能是碰撞前和碰撞後碰撞體 ($m_p + N$) 的相對動能之差。

$$\frac{1}{2}\left(\frac{m_p N}{m_p + N}\right)v_i^2 - \frac{1}{2}\left(\frac{m_p N}{m_p + N}\right)v_f^2 = q$$

$v_i = m_p$對 N 碰撞前相對速度，

$v_f = m_p$對 N 碰撞後相對速度，

$q =$ 轉換成內能的量

如果碰撞後，兩個粒子並沒有分開，亦即 $v_f = 0$，則

$$\frac{1}{2}\left(\frac{m_p N}{m_p + N}\right) v_i^2 = q = E_{cM} \qquad \text{(CM：質心)}$$

$$\because E_{Lab} = \frac{1}{2} m_p v_i^2$$

$$\therefore \left(\frac{N}{m_p + N}\right) E_{Lab} = E_{cM} \tag{6-8}$$

由 (6-8) 式可知，E_{cM}代表能夠轉換成內能的上限。一般之磁場式儀器，其母離子之 $E_{Lab} \geqq 8$ KeV ，而四極式儀器則 $E_{Lab} \leqq 200$ eV 。爲了使四極式儀器也能有效的將動能轉換成內能，其中性分子 N 通常都使用較重之惰性分子 (如 Ar)，反之磁場式則是使用如 He 等較小的分子。但是即使是使用 Ar ，對於分子量 1000 之離子在三段四極質譜儀中，其內能轉換的上限 —— 7.7 eV ($200 \times \frac{40}{1000+40} = 7.7$ eV) 仍是遠小於在磁場式儀器中的 32 eV ($8000 \times \frac{4}{1000+4} = 32$ eV)。由 (6-8) 式也可以看出，母離子之質量越高，越不易轉換足夠之內能以使母離子裂解，這對於低能之質譜/質譜儀尤其嚴重。

低能 CID 和高能 CID 之間的優缺點至今仍是不十分清楚，除了最高內能轉換之差異外，高能被認爲經由電子激發 (electronic excitation)，低能被認爲是振動激發 (vibrational excitation)[25]，目前沒有一個合適的模型能解釋所有的結果。一般而言，一些分子量較大之分子 (> 800 amu) 和一些需要高內能才能產生的裂解離子 (如 remote site fragmentation[16]，區分 leucine 和 isoleucine 的 W 離子[17]) 高能碰撞較爲有利。

低能碰撞也有許多的優點，就筆者所知它較爲人所知的優點包括：(1)操作簡單，(2)價位低而仍能有不錯的解析度，(3)碰撞及傳送效率較高。這些因素使得它十分適用於微量的小分子分析。 88 年 Fenn 等人提出了能產生多電荷離子的電灑法[26]。這個方法由於電荷數目的增加而使得低能低質量的三段四極質譜儀能夠分析分子量超過 6 萬之生物大分子。這些多電荷 (n) 分子使得母離子之動能增加爲單電荷離子之 n 倍 ($n \times$ eV)。這個效應給使用低能質譜/質譜儀分析大分子帶來了一個新的希望。

十一、結　論

質譜/質譜儀是質譜領域中近十年來最重要的發展之一，它的技術非常的多樣性，應用的領域也非常的廣。因此雖然它發展的歷史相當短，但是已有數百篇甚至超過千篇的研究報告被發表於各種會議和雜誌中。 McLafferty 和 Busch 兩位教授也於 1983 年和 1988 年分別出版了專門討論質譜/質譜的書籍[6,27]。本章僅就扇形質譜/質譜中較為重要的技術和其優缺點作一初淺之探討。因篇幅及筆者能力所限，許多問題如動能轉換造成之質量移動[28]、質譜/質譜/質譜/質譜及高低能碰撞反應機構等問題仍請參考原始文獻及專門之書籍。

參考文獻

1. C. B. Wang, G. R. Her, and J. T. Watson, Org. Mass Spectrom., vol.18, p.457 (1983).
2. R. G. Cooks, J. H. Beynon, R. M. Caprioli, and G. R. Lester, “Metastable ions”, sevier: Amsterdam (1973).
3. M. Barber and R. M. Elliot, 1964, In Proc. 12th. Ann. Conf. on Mass Spectrometry and Allied Topics, Montreal, American Society for Mass Spectrometry.
4. J. H. Beynon, R. M. Caprioli and T. Ast, Org. Mass Spectrom. vol.5, p. 229(1971).
5. F. W. Mclafferty, P. F. Bente, R. Kornfeld, S. C. Tsai and I. Howe, J. Am. Chem. Soc. vol.95, p.2120 (1973).
6. P. J. Todd and F. W. McLafferty, In Tandem Mass Spectrometry, Wiley, New York, p.149 (1983).
7. D. S. Millington and J. A. Smith, Org. Mass Spectrom. Ion Phys. vol.3, p.55 (1969).
8. R. K. Boyd and J. H. Beynon, Org. Mass Spectrom. vol.12, p.163 (1977).
9. W. F. Haddon, Org. Mass Spectrom. vol.15, p.539 (1980).
10. S. Evans and R. Graham, Adv. Mass Spectrom. vol.6, p.429 (1974).
11. R. K. Boyd, C. J. Porter and J. H. Beynon, Org. Mass Spectrom. vol.16, p.490 (1981).

12. D. Zakett, A. E. Schoen, R. W. Kondret and R. G. Cooks, J. Am. Chem. Soc. vol.101, p.6781 (1979)
13. A. Maquestiau, P. Meyrant and R. Flammang, Org. Mass Spectrom. vol.17, p.96 (1982).
14. J. H. Futrell and C. D. Miller, Rev. Sci. Instrum. vol.37, p.1521 (1966).
15. S. J. Gaskell, C. Guenat. D. J. Harvan. D. S. Millington and D. A. Maltby, In Advances in Mass Spectrometry, Wiley, Chichester, p.1447 (1985).
16. N. J. Jensen, K. B. Tomer and M. I. Gross, J. Am. Chem. Soc. vol.107, p. 1863 (1985).
17. R. S. Johnston, S. A. Martin, K. Biemann, J. T. Stults and J. T. Watson, Anal. Chem. vol.59, p.2621 (1987).
18. A. J. Alexander, P. Thibault, R. K. Boyd, J. M. Curtis and K. L. Rinehart, Int. J. of Mass Spectrom and Ion Proc. vol.98, p.107 (1990).
19. J. D. Pinkston, M. Rabb, J.T. Watson and Allision, J. Rev. Sci. Instrum. vol.57, p.583 (1986).
20. J. T. Stults, C. G. Enke and J. F. Holland, Anal. Chem. vol.55, p.1323 (1983).
21. J. N. Louris, L. G. Wright, R. G. Cooks and A. E. Schoen, Anal. Chem. vol.57, p.2918 (1985).
22. R. Guevremont, Rapid Commun. Mass Spectrom. vol.1, p.19 (1987).
23. Finnigan MAT GmbH, U.K. patent Application GB2129607A, (1983).
24. A. E. Schoen, J. W. Amy, J. D. Ciupek, R. G. Cooks, P. Dobberstein and G. Jung, Int. J. Mass Spectrom. Ion Proc. vol.65, p.125 (1985).
25. J. Bordas-Nagy and K. R. Jennings, Int. J. Mass Spectrom. Ion Proc, vol.100, p.105 (1990).
26. C. K. Meng, M. Mann, J. B. Fenn, I. Phys. D. Atoms, Molecules and Clusters.,, vol.10, p.361 (1988).
27. K. L. Busch, G. L. Glish and S. A. McLuckey, Mass Spectrometry / Mass Spectrometry: Techniques and Application, VCH Publishers, New York, (1988).

28. G. M. Neuman and P. J. Derrick, Org. Mass Spectrom. vol.19, p.165 (1984).

第七章

氣相層析質譜術在環境分析上之應用

王　碧

摘　要

氣相層析質譜儀為分析環境中有機污染物最重要的儀器之一。本文對環境分析最常應用到之氣相層析質譜術之原理及儀器作概要之介紹，並將環境樣品之製備依基質之不同，分為水質、空氣及固體樣品三大類說明，在樣品分析方面，針對揮發性有機化合物、多環芳香烴化合物、多氯聯苯及戴奧辛等四大類化合物，作儀器分析之介紹。

一、前言

傳統上環境分析的項目，常側重於以綜合性之污染參數 (collective parameter)，來表示環境品質或污染程度。以水中之有機污染為例，生化需氧量、化學需氧量、油脂、氨氮等為經常性之檢驗項目，然而這些指標並不足以代表水質之特性，亦無法用以完整地評估水質對環境或生物之影響，欲達到上述之目的，必須了解其中存在之個別物質，故化學物種之鑑定及分析，在環境分析之領域內日益重要。環境中之有機物質種類很多，殘存量極低，有些化合物之毒性又高，在選擇分析方法上必須考慮的問題有三：㈠達到有意義之偵測極限；㈡樣品之萃取與淨化，必須有選擇性地將待測物從複雜之基質中分離出來，同時將干擾物質除去；㈢化合物的分離與確認，理化性質近似的化合物，毒性差異卻可能很大，故必須正確地鑑定某一種化合物，分析上才有意義，但在分離與確認過程中，卻因為理化性質之相近而造成困難。使用氣相層析儀及配以各種檢知器，如火焰離子化檢知器、電子捕捉檢知器等，藉著不同極性層析管及具特異性之檢知器來達到分離及確認的目的。

美國環境保護署於 1970 年初期開始使用氣相層析質譜儀 (gas chromatograph / mass spectrometer) 執行環境中有機物質之分析[1]，並訂定水中揮發性有機物質 (volatile organic chemicals)，水中半揮發性有機物質 (semi-volatile organic chemicals) 以及水中戴奧辛之檢驗方法，於 70 年代底，歐洲各國亦相繼使用氣相層析質譜儀分析環境中之有機物，質譜儀於是逐漸取代氣相層析儀之其他檢知器而成為有機分析最重要的儀器之一。待測物之確認除了層析之滯留時間外，質譜之查詢或詮釋提供更直接確切的資料。

二、氣相層析質譜術原理及儀器

圖 7.1 所示為氣相層析質譜儀之基本組成圖，包括氣相層析儀、界面、質譜儀、中央處理機及週邊設備等。樣品溶於適當的溶劑，注入氣相層析儀，複雜的成份經由層析管的分離後進入質譜儀檢測。由於質譜儀係處於眞空狀態 (10^{-5}～10^{-6} torr) 操作，氣相層析儀的載行氣體無法全部進入質譜儀，故在氣相層析儀與質譜儀間必須有一界面，以分離移去部份載行氣體。待測物進入質譜儀後，在

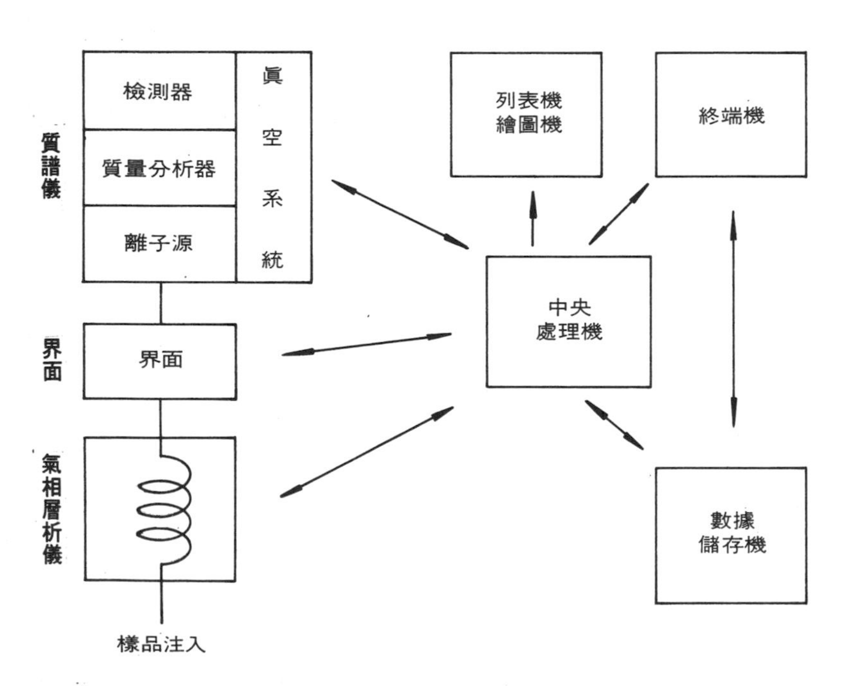

圖7.1 氣相層析質譜儀組成圖。

離子源 (ion source) 被高能量之電子或帶電荷之分子撞擊，生成分子離子 (parent ion)、加成離子 (addition ion) 或分子離子再行分裂成子離子 (daughter ion)，所有生成之離子經過質量分析器，依其不同之質量/電荷比 m/z 而被分離，最後到達檢測器被測得。紀錄一化合物在不同 m/z 離子之強度，即爲該化合物之質譜 (mass spectrum)，質譜爲一化合物之特性，由質譜之判讀常可以鑑定該化合物。有關氣相層析儀、質譜儀之控制、分析方法建立、數據取得及處理、結果顯示及報告列印等，通常都可由電腦系統來運作，電腦系統包括中央處理機、數據儲存機及終端機等。

㈠氣相層析儀

氣相層析儀是分析揮發性或半揮發性有機化合物之最適當儀器。將待測成份直接注入層析管柱或注入注射部經加熱揮發進入層析管柱後，管柱以恆溫加熱或以程式控制加熱，則各成份依其熱力學性質 (化合物在層析溫度之蒸氣壓及對固定相之選擇性) 之不同而在固定相及移動相 (即載行氣體) 中有不同之分佈，載行氣體攜帶化合物之蒸氣通過層析管，並依其蒸氣壓之不同及對固定相之選擇性不同而得以分離不同之成份。層析管柱爲氣相層析之重要部份，充填式層析管爲將液相塗佈於固體支持物上，毛細層析管則爲將液相直接佈著於毛細管壁；近年來由於毛細層析管之高解析度、靈敏度，能一次分離低濃度令成份複雜的樣品，而被廣泛應用於環境樣品之分析。

㈡氣相層析儀與質譜儀之界面 (Interface)

使用充填式層析管柱時，載行氣體之流速約爲 30 mL /分，若此等流速之氣體接入處於高眞空之質譜儀，質譜儀之抽氣唧筒將不能承受而無法繼續維持高度眞空，故必須有一界面以分離載行氣體，常見之界面有[2]：1.噴射式分離器 (jet separator)；2.薄膜分離器 (membrane separator)；3.Watson-Bieman 洩流 (effusion) 分離器。

噴射式分離器如圖 7.2 所示，由氣相層析儀分離管柱流出之氣體，以近乎超音波的流速衝出噴射口，待測化合物之分子量較大，具有較高之動量，而得以直線前進進入對面之另一噴射口，而載行氣體氦，因爲動量小而呈圓筒形之氣流向外擴散，於是大部份之氦氣無法進入第二個噴射口，而被眞空唧筒抽去。

薄膜式分離器如圖 7.3 所示，由層析儀分離管柱流出之氣體，進入一室中，室中以一極薄之矽薄膜分離，薄膜厚度通常爲 0.025 mm ，由一金屬網或細孔玻

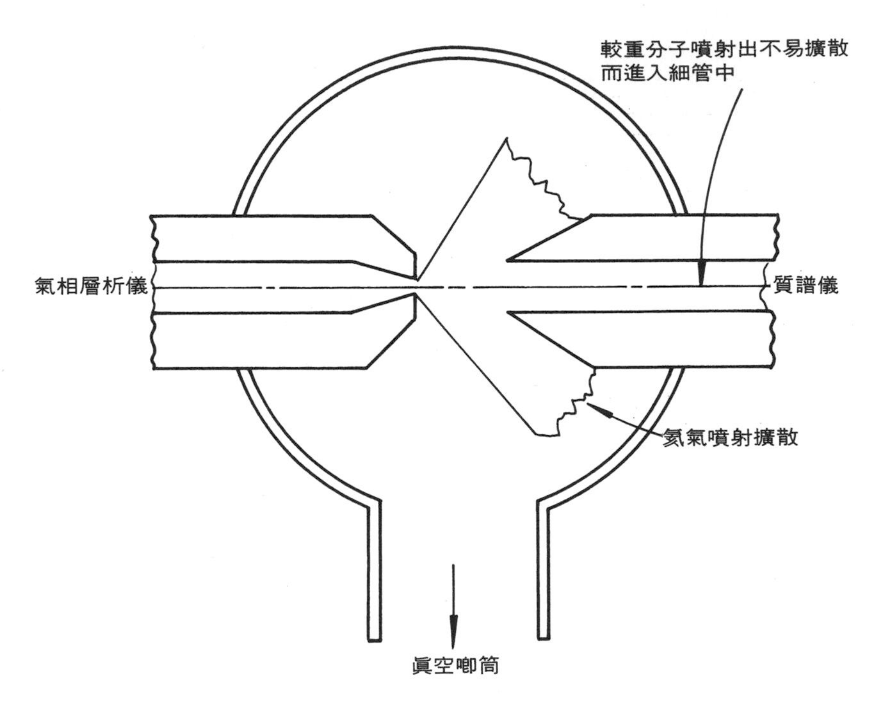

圖7.2 噴射式分離器(2)。

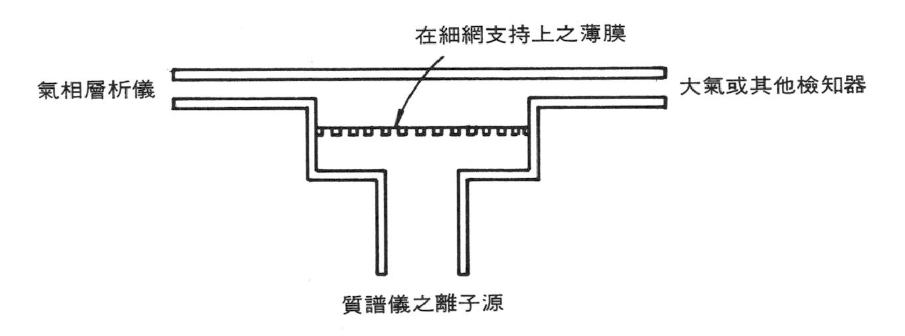

圖7.3 薄膜式分離器(2)。

璃幕支持，以免因壓力差而破裂。待測化合物可溶於薄膜，氦氣不太溶於薄膜，故不易進入質譜儀，樣品進入質譜儀之量隨化合物而異，最高可達 60%。

Watson-Bieman 洩流 (effusion) 分離器如圖 7.4 所示，包括一極細孔隙之玻璃管，由層析儀分離管柱流出之氣體，進入分離器，載行氣體即由玻璃管之孔

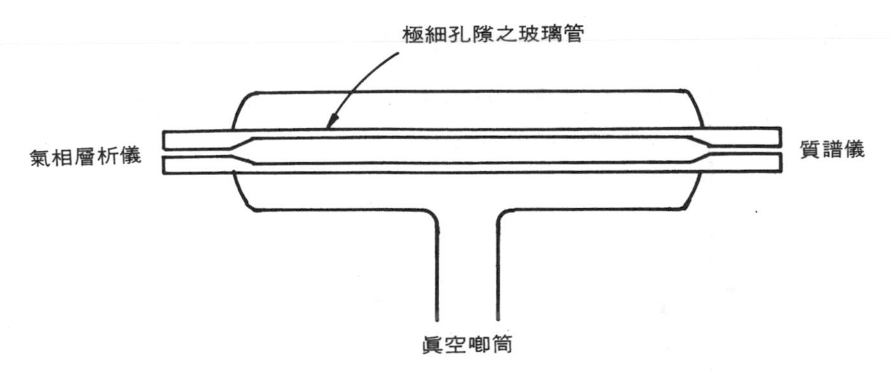

圖7.4 Watson-Bieman effusion 分離器[2]。

隙逸散並被眞空唧筒抽去，剩下既經濃縮之氣體進入質譜儀。

使用毛細層析管，可將層析管直接與質譜儀之離子源相連，此種直接界面之優點在於所有管柱出來的物質都直接到達離子源，沒有任何無益的體積 (dead volume) 流失，不致使尖峰變寬，其缺點爲層析出口爲眞空，導致解析度受到眞空的影響，且在置換層析管時，質譜儀需洩放眞空，爲克服上述之困難，可使用開放分離式 (open-split) 之界面如圖 7.5[2]：毛細管的末端揷入界面連接處，流出之氣體導入另一轉移管 (矽融合毛細管或白金管)，再進入質譜儀。層析管末端爲常壓，故眞空系統不再影響層析之分離效果，在置換層析管時，不需要洩放眞空

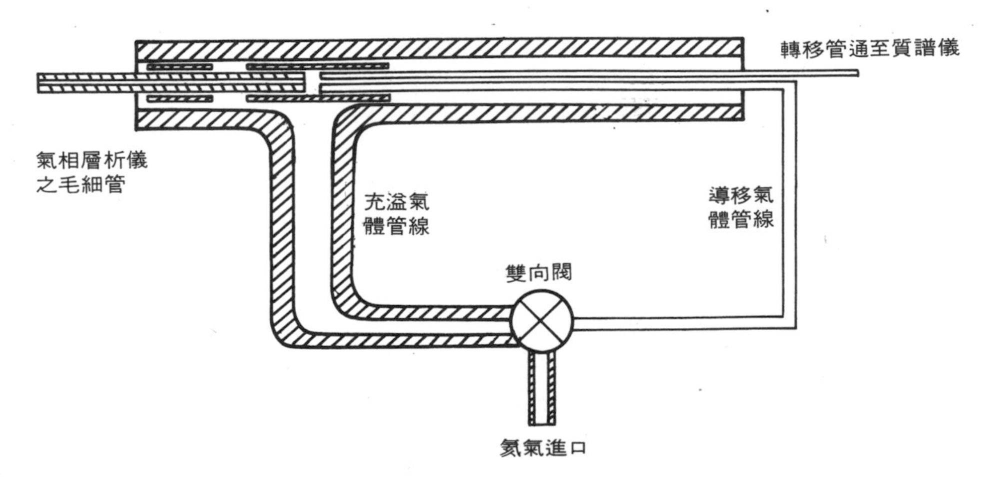

圖7.5 開放分離式界面[2]。

，由於分離器中以氣體吹送，可維持一定之氣體流速進入質譜儀，並可將高濃度之成份分離去一部份。

㈢質譜儀

1. 離子源 (Ion Source)

在環境分析上，最常用到離子源有二：電子撞擊式離子源 (electron impact ion source) 及化學離子化離子源 (chemical ionization ion source)。電子撞擊式離子源係由加熱之金屬絲釋放出電子，電子在高壓加速下進入離子化室 (ionization chamber)，以高能量撞擊進入室中之分子，使分子進入激發狀態失去電子，形成分子離子，分子離子常依然處於高能量狀態，再分裂生成子離子，分裂的模式依分子的結構而異，故每一化合物有其特定之質譜，可用以判定化合物之結構。下式爲離子化及分裂之途徑：

$$ABC + e^- \longrightarrow ABC^+ + 2e^-$$

$$\begin{aligned} ABC^+ \longrightarrow\ & AB^+ + C\cdot \\ & BC^+ + A\cdot \\ & A^+ + BC\cdot \\ & C^+ + AB\cdot \end{aligned}$$

在電子撞擊式離子化過程中，由於受撞擊之分子得到高能量，常易碎裂而使得分子離子之強度過低，甚或完全看不見，而失去了判定化合物分子量之資料。使用化學離子化離子源時[3]，係將反應氣體 (reagent gas) 通入離子源，反應氣體之壓力通常爲 1 torr ，其分壓遠較待測之氣體化合物爲高，因此金屬絲釋放出之電子大多撞擊到反應氣體，生成離子，離子再與反應氣體分子互相碰撞，生成反應氣體電漿，進入離子源的待測分子被圍繞在電漿中，經由化學反應得到質子或其他帶電體而離子化，生成的離子未具高能量而不易繼續分裂，遂能提供待測化合物之分子量資料。甲烷爲一常見之反應氣體，甲烷經電子撞擊游離化主要生成之物質爲 CH_4^+、CH_3^+，CH_4^+ 或 CH_3^+ 經與其他之甲烷分子碰撞生成 CH_5^+或 $C_2H_5^+$，CH_5^+ 或 $C_2H_5^+$ 與樣品分子碰撞，即易將質子轉移至樣品分子，甚至整個離子均與樣品分子結合，生成 $(M + 1)^+$或 $(M + 29)^+$之離子，由於生成之離子較電子撞擊離子化生成之分子離子穩定，故通常不再引起化學鏈之斷裂生成子離子，所得之質譜較爲單純，而能提供分子量的資料。化學反應離子化生成之離子進一步分裂之程度由反應氣體之性質而定，表 7.1 爲數種常用反應氣體化學

表7.1 化學離子化過程中離子生成之反應[3]。

甲烷 (CH_4)	$CH_4 + e^- \rightarrow CH_4{\cdot}^+ + 2e^-$ $CH_4{\cdot}^+ \rightarrow CH_3^+ + H{\cdot}$ $CH_4{\cdot}^+ + CH_4 \rightarrow CH_5^+ + CH_3{\cdot}$ $CH_3^+ + CH_4 \rightarrow C_2H_5^+ + H_2$ $CH_5^+ + S \rightarrow SH^+ + CH_4$ $C_2H_5^+ + S \rightarrow SH^+ + C_2H_4$ $C_2H_5^+ + S \rightarrow SC_2H_5^+$ $C_2H_5^+ + A\text{-}X \rightarrow A^+ + C_2H_5X$ (X ＝ H、F、Cl、Br 等)
異丁烷 ($i\text{-}C_4H_{10}$)	$i\text{-}C_4H_{10} + e^- \rightarrow i\text{-}C_4H_{10}{\cdot}^+ + 2e^-$ $i\text{-}C_4H_{10}{\cdot}^+ \rightarrow i\text{-}C_4H_9^+ + H{\cdot}$ $i\text{-}C_4H_9^+ + S \rightarrow SH^+ + C_4H_8$ $i\text{-}C_4H_9^+ + S \rightarrow S - C_4H_9^+$ $i\text{-}C_4H_9^+ + RCl \rightarrow R^+ + i\text{-}C_4H_9Cl$
氨－碳氫化合物 (1 ： 10)	$RH + e^- \rightarrow RH{\cdot}^+ + 2e^-$ $RH{\cdot}^+ + NH_3 \rightarrow NH_4^+ + R{\cdot}$ $NH_4^+ + S \rightarrow SH^+ + NH_3$ $NH_4^+ + S \rightarrow S{\cdot\cdot}NH_4^+$

S：樣品分子

離子化過程中離子生成之反應[3]。

對於陰電性高之分子，進入化學離子化離子室中，可生成負離子，此即為負離子化學離子化 (negative ion chemical ionization)。生成負離子之方式有五種[3,4]：(1)以分子捕捉高能量之電子生成激發狀態之負離子，再與中性分子撞擊，將能量釋放而形成穩定之分子離子；(2)分子捕捉電子後，化學鏈斷裂生成子離子及中性物質；(3)分子與離子結合生成加成分子離子；(4)負離子與分子反應，交換原子；(5)分子與離子反應，失去質子。以下各式為離子源含有氧氣及有機氯化合物之負離子化學離子化過程：

$$M + e^- \longrightarrow M^{*-} \xrightarrow{N} [M]^- \quad (7\text{-}1)$$

$$MX + e^- \longrightarrow M^- + X{\cdot} \quad (7\text{-}2)$$

$$M + Cl^- \longrightarrow MCl^- \quad (7\text{-}3)$$

$$RCl^- + O_2 \longrightarrow RO^- + ClO\cdot \quad (7\text{-}4)$$

$$RH + Cl^- \longrightarrow R^- + HCl \quad (7\text{-}5)$$

化合物在負離子化學離子化過程中之主要離子化途徑，隨化合物之性質及使用之反應氣體而異，一般說來，所生成之質譜，均相當簡單，對於分子量之判定極有助益。

2.質量分析器 (Mass Analyzer)

四極棒 (quadrupole) 爲例行性環境分析上最常使用之質量分析器，其構造如圖 7.6[5]：由四根圓柱 (或圓柱內面呈抛物線面) 在空間作對稱之配置，四根極棒均施以直流電壓 V_{dc}及射頻交流電壓 $V_{rf}\cos\omega t$ ，相對之極棒連接於電場之同極，故在 X 方向極棒之電壓爲 $V_x = +(V_{dc} + V_{rf}\cos\omega t)$，在 Y 方向極棒之電壓爲 $V_y = -(V_{dc} + V_{rf}\cos\omega t)$，進入四極棒電場中之離子以振動之軌跡前進，在不同之 V_{dc}、V_{rf}及 ω 時，不同 m/z 之離子遵循不同之振動軌跡，呈穩定

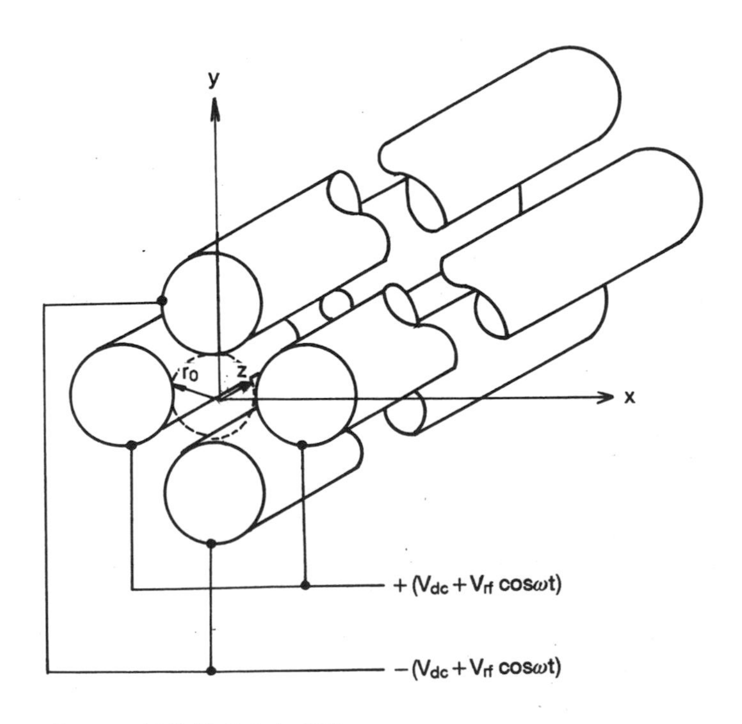

圖7.6 四極棒質量分析器[5]。

振動之離子即可通過四極棒而到達偵測器被測到，其他之離子則撞擊上四極棒而被吸附。在實際操作時，通常 ω 不變，V_{dc}及 V_{rf} 以固定之比例 V_{dc}/V_{rf} 同時改變作掃描，而使不同 m/z 之離子被偵測到。四極棒質量分析器之特色爲電壓改變速度很快，因此掃描速度也很快；其缺點爲解析度 (resolution) 低，質量範圍較小 (< 1000)，且在高質量範圍之敏感度降低。但因近年來毛細層析管之應用，使層析分離部份得到高解析度，相對於質譜之解析度有時即不需要作那麼高的要求，質量範圍小於 1000 ，對於環境污染物之分析通常不致產生困難。反之由於高掃描速度，在偵測時若使用選擇離子偵測法 (selective ion monitoring)， V_{dc}及 V_{rf}可在特定數值作迅速改變，去監測特定之離子，而使得偵測靈敏度增加。

㈣數據處理系統

應用於環境分析之數據處理系統，爲讀取、分析大量的數據，通常有二大特色：1.具有同時多項工作 (multitasking) 的功能，即在讀取數據時，可同時作數據分析或數據輸入等工作；2.具有質譜圖庫查詢 (library search) 的功能，常使用之質譜圖庫查詢系統爲 PBM (Probability Base Match) 系統及 STIRS (Self-Training Interpretive and Retrieval System) 系統。PBM 系統之質譜圖庫包括 NBS 圖庫及 Wiley 圖庫的 70000 張以上之質譜，每一質譜有濃縮及完整之質譜，查詢時係使用圖庫之濃縮質譜作逆相查詢，亦即將參考圖譜用來與未知圖譜比對，由於具有獨特性 (uniqueness) 之 m/z 之尖峰及高含量之尖峰爲較不可能出現之尖峰，故選擇這些特別的尖峰來作比對，視其是否包含在未知圖譜內，並由比對的結果，找出最可能的化合物及其可靠度值(reliability value)，通常列印出最可能的 20 個化合物之名稱及其質譜以供參考及判別化合物。當 PBM 系統無法提供適當的圖庫查詢功能時，可使用 STIRS ，STIRS 係將未知圖譜拿來與參考圖譜比對，可由未知質譜中判讀出化合物之官能基，以協助質譜之詮釋，同時由同位素之含量比例，推測出可能之分子量及其相對可信度值。

三、樣品製備

茲將樣品製備方法分爲水質、空氣、固體樣品等三大類，分述如下：

㈠水質

水中污染物分析之前處理過程爲將待測物質從水中萃取出來，並與複雜的基質分離，在分離過程中，亦同時達到濃縮的目的；前處理的方法隨待測物質之理化性質而異。美國環境保護總署在「Methods for Organic Chemical Analysis of Municipal and Industrial Wastewater」一書中[6]，即將水中的優先污染物(priority pollutants)，依據化合物在水中之溶解度及揮發性之不同，分爲揮發性化合物及半揮發性化合物兩大類，分別以吹洗捕集法 (purge and trap) 或液體液體萃取法 (liquid-liquid extraction)，將目標化合物從水中萃取出來，然後再以氣相層析質譜儀加以測定。此外，水中之污染物還有因溶解性太高或其他理化性質，無法以吹洗捕集法或液體液體萃取法達到合理的萃取作用，美國環境保護總署在另一完整的前處理方法 (master analytioal scheme) 中[7]，將水中污染物分爲三大類：吹洗類 (purgeables)、萃取類 (extractables) 及非萃取類 (in-tractables)。茲分別說明其樣品製備之方法如下：

1. 吹洗類：吹洗類爲在水中溶解度小於 2%，沸點低於 200°C之化合物。使用氣體通入水中，將其中之揮發性化合物吹出，吹出之化合物以固體吸附物吸著，然後將固體吸附物加熱脫附其上之化合物，釋出之化合物直接注入氣相層析質譜儀分析，或以液態氮冷卻，再迅速加熱注入高解析氣相層析質譜儀分析。圖 7.7 爲吹洗捕集裝置，包括吹洗裝置、捕集裝置；捕集裝置之吸附管內填充 3% OV-1、 Tenax 及矽膠。將水樣 5mL 以注射針筒注入吹洗管中，通入氦氣 400～500 mL ，流速爲 10～100 mL /分，吹洗出的化合物以吸附管柱吸著。將吸附管加熱至 180°C，並逆向通以氦氣 (20～60 mL /分) ，將脫附之化合物帶至氣相層析儀分析或以冷凝管冷凝，俟加熱完成脫附後，迅速上昇冷凝管之溫度 (上昇速度率大於 100°C/分)，由載行氣體將冷凝管中之化合物送入層析儀分析。

2. 萃取類：萃取類爲在水中溶解度低且具有低度至中度揮發性之化合物。使用分液漏斗以有機溶劑作批式萃取爲最常用之萃取方法，但對於振盪分液漏斗時會產生泡沫之樣品，以使用連續式溶劑萃取法爲宜。若待測物在水中之濃度極低，則可使用樹脂吸附法以採集大量樣品，達到高度濃縮的目的，常用之樹脂爲 XAD-4 。

溶劑萃取法，係先將水樣之 pH 調整至 11 ，然後以二氯甲烷萃取中性及鹼性之化合物，收集有機萃取液，再將水樣之 pH 調整至 2 ，以二氯甲烷萃取酸性化合物，收集之有機萃取液經過乾燥濃縮後，分別以氣相層析儀分析之。酸性濃縮液亦可以五氟溴甲苯 (pentafluorobenzyl bromide) 製備衍生物後再分析。樹脂吸附法，係將水樣之 pH 調整至 7，然後以每分鐘 10 mL 之流速通過 10 mL 之 Amberlite XAD-4，以使水樣中之中性及鹼性化合物吸附於樹脂上，並收集流出之水樣，然後以 40 mL 之乙醚等分四份沖出樹脂上之化合物；續將上述收集水樣之 pH 調整至 2，同樣流經一新充填之 Amberlite XAD-4 管柱，以乙酸乙酯爲沖洗液，收集沖洗液，沖洗液經乾燥濃縮後分析之。

3. 非萃取類：非萃取類爲在水中溶解度高，無法以吹洗或萃取的方法分離出來的化合物，可分爲五類：中性非萃取類、揮發性一級胺及二級胺、揮發性羧酸、非揮發性有機酸及鹵化羧酸。各類化合物從水中分離出來的方法皆不同，分述如下。

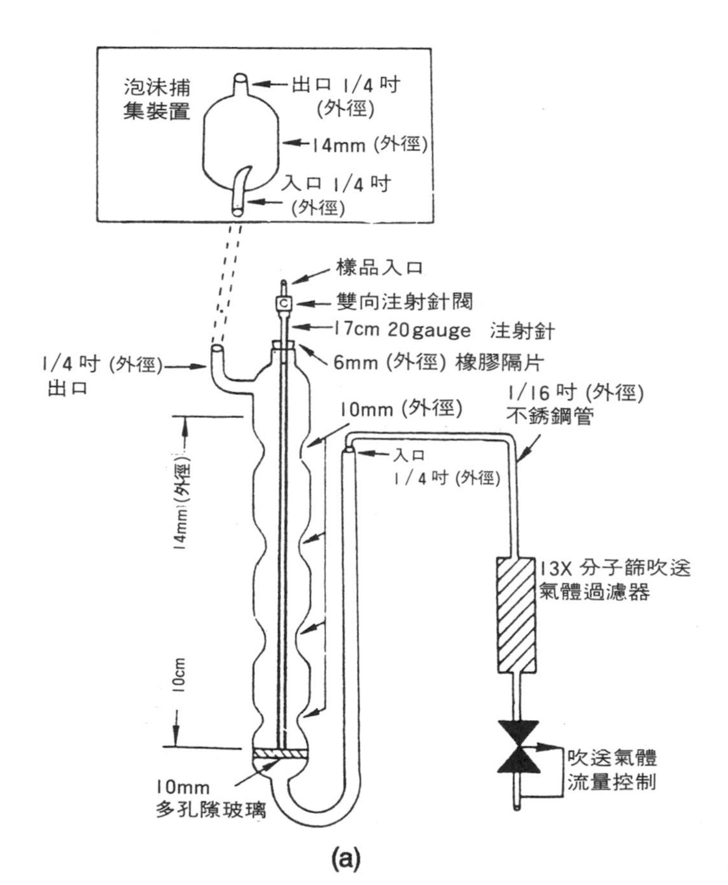

圖7.7
(a)吹氣裝置。

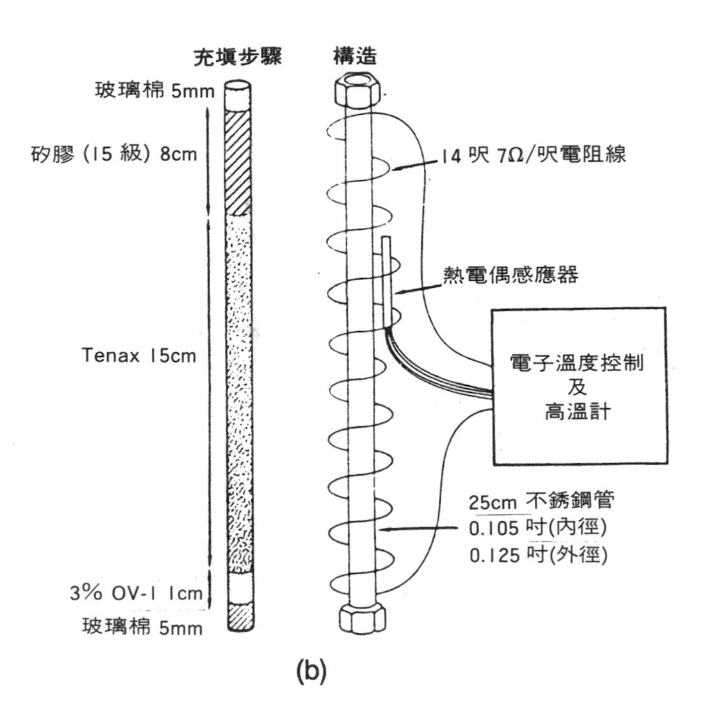

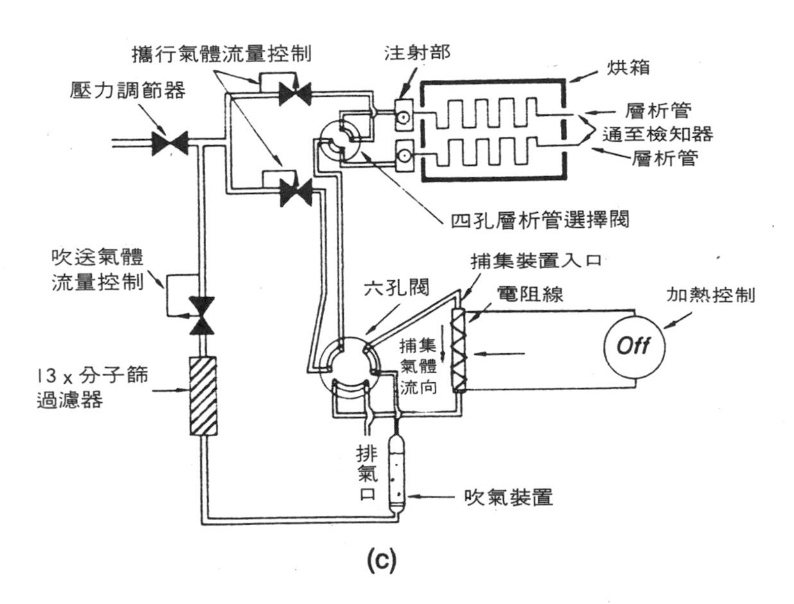

圖7.7 (b)捕集裝置, (c)吹氣捕集裝置 (吹氣階段)(6)。

⑴中性非萃取類：包括甲醇、乙醇、丙酮、氰甲烷、丁酮等揮發性高之水溶性化合物，通常以分餾的方法從水中分離。在 500 mL 水樣中，添加 100 g 氯化鈉，以 1 mL /分之速率蒸餾，收集 25 mL 餾出液於冷卻之容器內，濃縮倍數約爲 20 ；對於太稀之水樣，則餾出液需作二次蒸餾以濃縮之，餾出液直接注入層析儀分析。

⑵揮發性一級胺及二級胺：包括正丁胺、烯丙胺、己胺、十六胺、二丁基胺、二烯丙胺、二正丙胺、六氫吡啶等。將水樣通過 AG W-X8 (氫離子形式)，然後將吸附其上之化合物以氫氧化鉀/氰甲烷：水之溶液沖洗出，沖出之胺轉化成氯化氫鹽類，經乾燥後重新溶於水中，加入足量氫氧化鉀成爲 0.1N 溶液，以甲基第三丁基醚萃取胺類化合物，然後一級胺以五氟苯甲醛，二級胺以五氟溴甲苯製備衍生物後分析之。

⑶揮發性羧酸：將水樣鹼化後，通過 AG1-X8 (氯離子形式)，然後以硫酸氫鈉/氰甲烷：水沖洗，洗液收集後蒸餾之，收集餾出液得揮發性羧酸，將揮發性羧酸轉化成鹽類，乾燥後製備五氟溴甲苯之衍生物，分析之。

⑷非揮發性有機酸：包括苯磺酸、丙二酸、壬二酸、苯磷酸等。將水樣鹼化後，通過 AG1-X8 (氯離子形式) 陰離子交換樹脂，然後以鹽酸之甲醇溶液沖洗出有機酸，將溶劑移去後，以重氮甲烷製備甲基酯衍生物，衍生物以氣相層析質譜儀分析之。

⑸鹵化羧酸：包括三氯乙酸、 2 －氯丙酸等。將水樣酸化後，以甲基苯三丁基醚萃取，再以小量之緩衝液萃出，乾燥後以氯化氫之甲醇溶液製備爲甲基酯衍生物，衍生物以氣相層析儀分析之。

㈡空氣

空氣中之有機化合物或以氣體狀態存在，或附著於懸浮微粒或霧滴，其採樣及前處理方法分述如下：

1. 氣狀化合物：氣狀化合物爲在 25°C 時，其飽和蒸氣壓大於 10^{-1} mm 汞柱著。通常以不銹鋼瓶或充填固體吸附物之採樣管採樣。以不銹鋼瓶採集樣品時[8]，事先將鋼瓶抽眞空至壓力 0.05 mm 汞柱，於採氣時打開閥門，利用壓力差而使氣體進入瓶內，採樣時間可短至數十秒之隨機採樣，亦可以流量計控制流速作長時間 12～24 小時之採樣。若需採集長時間之大量樣品，亦可使用抽氣唧筒作加壓採樣，直至最終之鋼瓶氣體壓力爲 15～30 psig 。將一定體積之樣品通入以液態氮冷卻之濃縮管柱中 (管柱中通常充填玻璃綿或細玻璃珠，以加強捕集作用)，然後再將濃縮管柱迅速升溫 (在55秒內由－150°C上升至100°C)，使化合物氣化並由載行氣體送入氣相層析質譜儀分析。多孔隙的固體如Tenax GC[9,10,11]，Tenax TA[12]、活性碳[13]、XAD-2、碳分子篩等，常可作為有機化合物的吸附物，Tenax GC以其熱安定性、可吸附範圍廣泛的有機化合物以及其吸附能力不受水氣的影響等特質，最常被用於作空氣採樣的吸附物質，吸附於Tenax GC上之化合物再經熱脫附後分析之。充填1.5 g之Tenax GC於玻璃管或不銹鋼管中，連接抽氣唧筒，以每分鐘12～30 mL之流量採集空氣，可連續作12小時之採樣，理想之採樣體積為17～23升[10]。若祇需作短時間之採樣，可使用約100 mg之Tenax GC，作約2升之樣品採集[14]。將Tenax GC管柱加熱至250°C以脫附其上之化合物，脫附之化合物先以冷凝管濃縮 (冷凝管以液氮冷卻)，然後再將冷凝管急速加熱至200～250°C，使化合物氣化，並由載行氣體送入氣相層析質譜儀分析。

2. 微粒或霧滴狀污染物：微粒或霧滴狀污染物之採集，常使用玻璃纖維濾紙[15,16]，或填充PUF (polyurethan foam) 及其他粒狀吸附物如Chromosorb 102、Porapak R、XAD-2、Tenax GC、Florisil PR等之卡匣[17,18]，以抽氣唧筒作等速吸引，將空氣中之微粒或霧滴吸附於濾紙或卡匣上。濾紙或卡匣上之污染物可以索式萃取法萃取，亦有以超音波振盪萃取法萃取者；萃取時常用的溶劑諸如甲苯、苯、環己烷、二氯甲烷、甲醇等，使用超音波振盪萃取時，常使用混合溶劑。由於萃取液之成份複雜，常需經過前處理除去雜質，並作初步之分離，再以氣相層析質譜儀分析；常用之處理方法包括酸、鹼溶液分配法 (acid-base partition)[19]、管柱層析法[20,21,22]、薄膜層析法[23,24]、液相層析法等[25]。

㈢固體樣品

固體樣品包括土壤、污泥、固體廢棄物等，美國環境保護總署針對固體樣品中之有機污染物，發展出一完整的分析方法[26]，將固體樣品中之化合物分為揮發性及半揮發性兩大類，其前處理方法分述如下：

1. 揮發性化合物：使用吹洗捕集法，對於濃度低之樣品 (個別化合物之濃度＜1 mg / Kg)，取5 g樣品 (個別化合物濃度＜0.1 mg / Kg) 或1 g樣品 (個別化合物濃度為0.1～1 mg / Kg) 置於吹洗裝置中，加入5.0 mL之蒸餾水，立即將吹洗裝置與整套吹洗/捕集裝置連接 (吹洗捕集裝置與水樣相同)，將吹洗裝置加熱至 40°C± 1°C (鹵化揮發性化合物及芳香族揮發性化合物) 或 85°C± 2°C (非鹵化揮發性化合物及丙烯醛、丙烯腈、乙腈，吹洗捕集之步驟與水樣同，對於濃度高之樣品 (個別化合物之濃度大於 1 mg / Kg)，稱取 4 g 樣品 (乾重)，置入 20 mL 之試藥瓶中，迅速加入甲醇，將瓶蓋蓋上振盪 2 分鐘，然後取適量之甲醇萃取液，加入 5 mL 試劑水中，置入吹洗裝置中，如前述加熱吹洗捕集。

2. 半揮發性化合物：半揮發性化合物可以索氏萃取法或超音波振盪法萃取之。使用索氏萃取法時，將 10 g 樣品與 10 g 無水硫酸鈉混合均勻，置入圓筒濾紙中，然後以適量之溶劑萃取 16～24 小時，常用之溶劑爲甲苯/甲醇 (10 ： 1)、丙酮/正己烷 (1 ： 1)、或二氯甲烷，萃取液以無水硫酸鈉乾燥後濃縮。使用超音波振盪法萃取時，將樣品磨碎使其能通過 1 mm 之篩網，於低濃度樣品 (個別化合物濃度≦ 20 mg / Kg)，取 30 g 過篩之樣品，置入 400 mL 之燒杯中，加入萃取溶劑二氯甲烷/丙酮 (1 ： 1)，以超音波振盪 3 分鐘，濾去萃取液，重覆萃取三次。於高濃度樣品 (個別化合物濃度 ＞ 20 mg / Kg ，取 2 g 樣品，置入 20 mL 之試藥瓶，加入 2 g 無水硫酸鈉，混合均勻，再加入適當的溶劑，以超音波振盪 2 分鐘)，常用之溶劑爲正己烷 (非極性化合物) 及二氯甲烷，過濾後將濾液濃縮。濃縮之萃取液常以矽膠、氧化鋁、矽酸鎂等充塡之玻璃層析管淨化，並分離出待測化合物之部份。

四、樣品分析

樣品經過適當之前處理，即可進入氣相層析質譜儀分析。環境中之污染物種類極多，茲選擇揮發性有機化合物、多環芳香族碳氫化合物，多氯聯苯、戴奧辛等四類化合物之分析敍述如後。

㈠揮發性有機化合物 (Volatile Organic Compounds, VOC)

近十餘年來，揮發性有機化合物在環境中的污染，引起極大的關切與注意，最嚴重的爲經氯化消毒的飲用水中發現了致癌性的三鹵甲烷，如氯仿、四氯化碳、二氯溴甲烷、三溴甲烷等，以及工業上大量使用的溶劑如三氯乙烷、三氯乙烯等滲入地下水，此外大量有機化合物亦經由工廠、汽車等之排放而進入空氣中，這些揮發性有機化合物通常包括氟氯碳化合物、氯化甲烷、乙烷、丙烷、氯化烯、氯苯、甲苯、二甲苯等。

VOC 分析時常用之層析管為毛細層析管 OV-1、DB-5、DB-624 或充填式玻璃層析管 SP-1000 等，質譜儀之離子源為電子撞擊式，表 7.2 為 VOC 之電子撞擊式質譜之特性離子[26]。

表7.2 VOC 之電子撞擊式質譜之特性離子[6]。

化合物	主要離子	次要離子
氯甲烷	50	52
溴甲烷	94	96
氯乙烯	62	64
氯乙烷	64	66
二氯甲烷	84	49, 51, 86
三氯氟甲烷	101	103
1,1 －二氯乙烯	96	61, 98
1,1 －二氯乙烷	63	65, 83, 85, 98,100
反式－ 1,2 －二氯乙烯	96	61, 98
氯仿	83	85
1,2 －二氯乙烷	98	62, 64,100
1,1,1 －三氯乙烷	97	99,117,119
四氯化碳	117	119,121
溴二氯甲烷	127	83, 85,129
1,2 －二氯丙烷	112	63, 65,114
反－ 1,3 －二氯丙烯	75	77
三氯乙烯	130	95, 97,132
苯	78	
二溴氯甲烷	127	129,208,206
1,1,2 －三氯乙烷	97	83, 85, 99,132,134
順－ 1,3 －二氯丙烯	75	77
2 －氯乙基乙烯醚	106	63, 65
溴仿	173	171,175,250,252,254,256
1,1,2,2 －四氯乙烷	168	83, 85,131,133,166
四氯乙烯	164	129,131,166
甲苯	92	91
氯苯	112	114
乙基苯	106	91
1,3,－二氯苯	146	148,113
1,2 －二氯苯	146	148,113
1,4 －二氯苯	146	148,113

待測物質譜經詮釋或由質譜圖庫查詢而可判斷爲何種化合物，爲確認定性分析之結果，可再與標準品之質譜比對。美國環境保護總署對於定性分析之規定如下[26]：

1. 與樣品分析 12 小時內之標準品的層析圖及質譜需作爲比對之依據，樣品成份之相對滯留時間需與標準品之相對滯留時間之誤差在± 0.06 單位內；若由於樣品成份受到雜質之干擾，致相對滯留時間無法由總離子層析譜 (total ion chromatogram) 作正確之判斷，則應使用該分析成份之特性離子之萃取離子圖譜 (extracted ion current profile) 作相對滯留時間之判定。
2. 在標準品質譜中相對強度大於最大離子強度 10% 以上之離子必須存在於樣品質譜中。
3. 上述必須存在之離子，其強度與標準品質譜中該離子強度之誤差需在± 20% 以內，即在標準品中離子強度爲 50%者，在樣品中之離子強度應在 30%～70%。

若無標準品之質譜比較，僅由質譜圖庫查詢而作之定性判斷，除上述之 2.、3.兩點需符合外，尙需注意下述事項：

(1)參考質譜中存在之分子離子，必須存在於樣品質譜中。

(2)樣品質譜中存在的離子，若不存在於參考質譜中，需加以檢視是否爲背景雜質或同時流出之其他化合物。

W. E. Coleman 等[27]以吹送捕集法及氣相層析質譜儀分析飲用水源中之揮發性有機化合物，使用充塡式玻璃層析管 chromosorb 101，或 Tenax GC，偵測到氯甲烷、氯乙烷、氯乙烯、溴甲烷及苯、甲苯等化合物。I. H. Suffet 等[28]以氣相層析質譜儀分析自來水場中之飲用水，偵測到三鹵甲烷、氯乙烷、氯乙烯、甲苯、二甲苯等有機物。L. A. Wallace 等[29]以 Tenax 吸附管採集個人空氣樣品，室外空氣樣品以及呼吸空氣樣品，經熱脫附及冷凝濃縮後，以氣相層析質譜儀分析其中之揮發性有機化合物，發現個人空氣樣品中之濃度均較室外空氣樣品之濃度高，呼吸空氣樣品亦常較室外空氣樣品之濃度爲高，且與個人空氣樣品濃度之相關性較大，顯然很多活動造成之室內空氣污染爲此現象之主因。

㈡多環芳香烴化合物 (Polycyclic Aromatic Hydrocarbons, PAHs)

PAHs 爲一系列苯環聚合而成之化合物，常見之環數從 2 到 6 不等，他們在環境中之主要來源爲燃燒，無論是火山爆發、森林大火、加熱設施以及汽油燃燒，均會產生成份複雜之 PAHs ，其排放於空氣中，常附著於懸浮微粒上。以氣相層析質譜儀分析時，常用高解析度之毛細層析管，連接電子撞擊式離子源之質譜儀，層析管之液相爲 SE-30 、 SE-52 、 SE-54 、 OV-101 、 OV-1 、 DB-5 等，內徑 0.2～0.3 mm 。 Lee[30]使用 12 m × 0.29 mm (內徑) 之玻璃毛細管塗佈 0.34 μm 之 SE-52 ，分離了從二環至五環之 209 個多環芳香烴化合物；層析譜如圖 7.8 。

PAHs 之電子撞擊式質譜非常簡單[31]，其特色爲高強度的分子離子 M^+以及失去一至四個氫原子之子離子，〔$M-1$〕$^+$、〔$M-2$〕$^+$、〔$M-3$〕$^+$、〔$M-4$〕$^+$，其強度爲分子離子強度之 0～50%，由於^{13}C 同位素之天然存量〔$M+1$〕$^+$離子與 M^+離子之強度呈一定之比例，二價分子離子亦常見到，其含量約爲分子離子含量的 20%，斷裂 C_2H_2而生成之離子亦存在，但含量很低。下式爲 PAHs 之斷裂模式：

$$
\begin{array}{ccccccccc}
M^{++} & & (M-1)^{++} & & (M-2)^{++} & & (M-3)^{++} & & (M-4)^{++} \\
\uparrow -e & & \uparrow -e & & \uparrow -e & & \uparrow -e & & \uparrow -e \\
M^{+} & \xrightarrow{-H} & (M-1)^{+} & \xrightarrow{-H} & (M-2)^{+} & \xrightarrow{-H} & (M-3)^{+} & \xrightarrow{-H} & (M-4)^{+} \\
\downarrow -C_2H_2 & & \downarrow -C_2H_2 & & \downarrow -C_2H_2 & & \downarrow -C_2H_2 & & \downarrow -C_2H_2 \\
(M-26)^{+} & & (M-27)^{+} & & (M-28)^{+} & & (M-29)^{+} & & (M-30)^{+} \\
\downarrow -e & & \downarrow -e & & \downarrow -e & & \downarrow -e & & \downarrow -e \\
(M-26)^{++} & & (M-27)^{++} & & (M-28)^{++} & & (M-29)^{++} & & (M-30)^{++}
\end{array}
$$

圖 7.9 爲 Naphthalene 及 Picene 之電子撞擊質譜，可明顯地看到 M^+，$(M-1)^+$，$(M-2)^+$，$(M-4)^+$，$(M-26)^+$， M^{2+}等離子。由上式亦可知道，同分異構物之 PAHs 具有相同之質譜，見圖 7.10 ，故 PAHs 之分析需要高解析之層析管。

苯環上有烷基取代之 PAHs 之電子撞擊質譜[31]，出現斷裂烷基生成之 $(M-15)^+$、$(M-29)^+$等之離子，但對於苯環上有甲基取代之 PAHs ，$(M-15)^+$之離子強度或則很弱 (如式(7-6)) 或則很強 (如下式(7-7))。

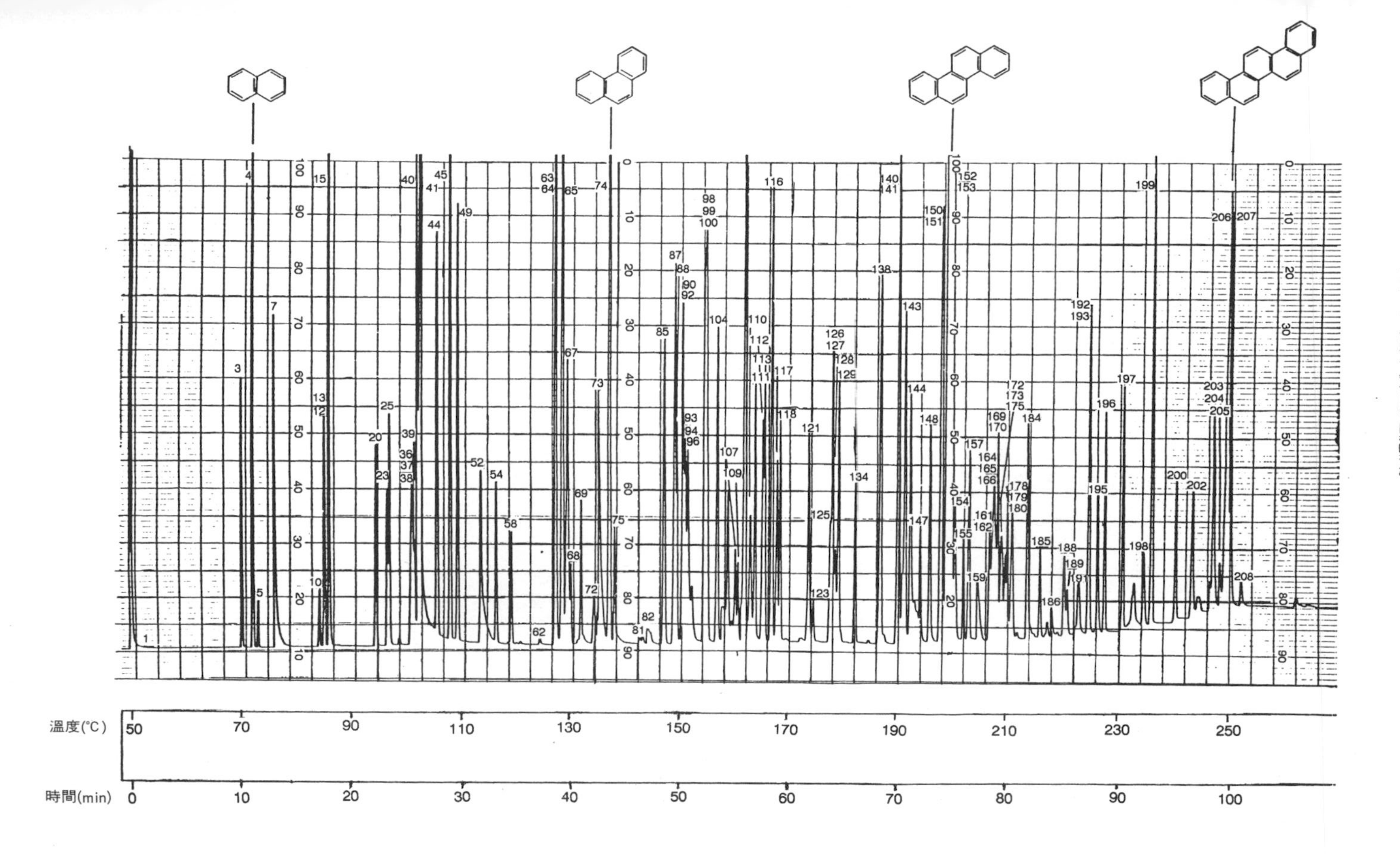

圖7.8 PAHs之毛細管層析圖譜。層析管爲 12 m × 0.29 mm (內徑) 之 SE-52 (0.34 μm 薄膜)，尖峰號碼見參考文獻 30。

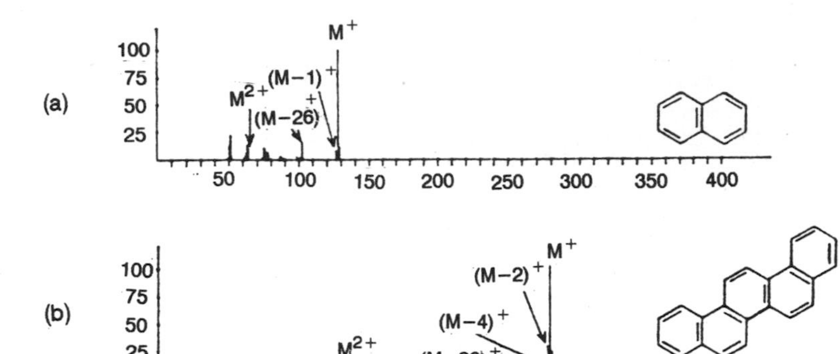

圖7.9 電子撞擊質譜 (a) Naphthalene (b) Picene[31]。

CH_3 -H

m/z 192 → *m/z* 191 (7-6)

CH_3 -CH_3

m/z 180 → *m/z* 165 (7-7)

苯環上之碳被氮、硫、氧等原子取代而成之雜環 PAHs 之質譜[31]，亦有強度極強之分子離子。苯環上有硝基取代之 PAHs 具有極強之〔M〕$^{+}$，〔M－NO_2〕$^{+}$離子，其他見到的離子爲〔M－NO〕$^{+}$、〔M－HNO_2〕$^{+}$、〔M－NO－CO〕$^{+}$ 等[31]。

PAHs 經質譜及滯留時間比對作定性分析後，可使用其主要特性離子之萃取離子圖譜之強度作定量分析。表 7.3 列出 PAHs 之定量離子及確認離子供參考[32]。

W. Karasek 等[33] 分析柴油車排放廢氣顆粒中之 PAHs，將樣品以二氯甲烷萃取後，以高性能液相層析分離並分批收集沖提液後，分批收集之沖提液再以氣相層析質譜儀分析，使用之層析管爲 SE-54 及 DB-5，鑑定出 76 種 PAHs。

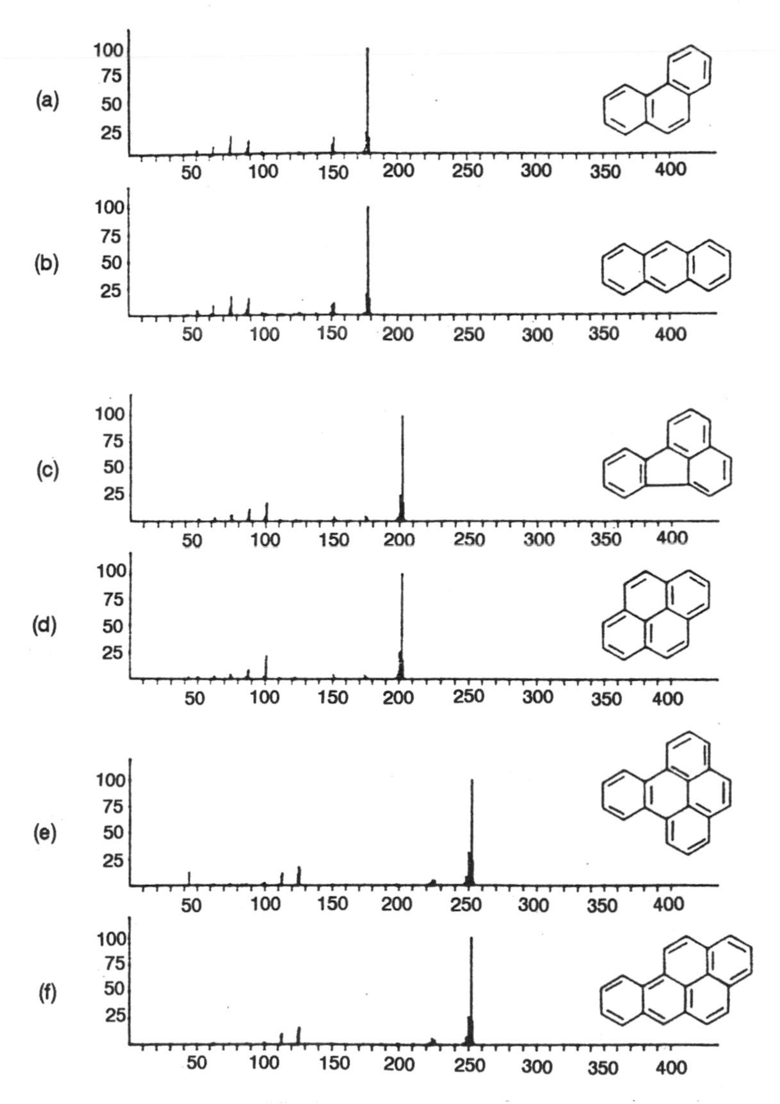

圖7.10 電子撞擊質譜 (a) Phenanthrene, (b) anthracene, (c) Fluoranthene, (d) Pyrene, (e) Benzo〔e〕pyrene, (f) Benzo〔a〕pyrene[31].

S. A. Wise[34] 等分析空氣中之微粒及落塵，使用高性能液相層析儀、氣相層析儀及氣相層析質譜儀，共分析了樣品中 180 種以上之 PAHs，其中 55 種 PAHs 得到了確定的鑑定。

㈢多氯聯苯 (Polychlorinated Biphenyls, PCBs)

表7.3 PAHs之電子撞擊式質譜之特性離子[32]。

化合物	定量離子	確認離子
Acenaphthene	154	153,152
Acenaphthene-d_{10} (I.S.)	164	162,160
Acenaphthylene	152	151,153
Anthracene	178	176,179
Benzo (a) anthracene	228	229,226
Benzo (b) fluoranthene	252	253,125
Benzo (k) fluoranthene	252	253,125
Benzo (g,h,i) perylene	276	138,277
Benzo (a) pyrene	252	253,125
Chrysene	228	226,229
Chrysene-d_{12} (I.S.)	240	120,236
Dibenz (a,h) anthracene	278	139,279
Fluoranthene	202	101,203
Fluorene	166	165,167
Indeno (1,2,3-cd) pyrene	276	138,227
2-Methyl naphthalene	142	141
Naphthalene	128	129,127
Naphthalene-d_8 (I.S.)	136	68
Perylene-d_{12} (I.S.)	264	260,265
Phenanthrene	178	179,176
Phenanthrene-d_{10} (I.S.)	188	94,80
Pyrene	202	200,203

PCBs 爲一種用途廣泛的商業產品，係由於聯苯環上之氫原子被氯原子取代所生成之各種異構物之混合物 (結構見圖 7.11)。由於氯原子在聯苯環上數目及位置的不同，PCBs 具有 209 種異構物 (參見表 7.4)。商用之 PCBs 系列產物均依其氯含量之不同而有不同之序號名稱，如 KC 系列之 PCBs 有 KC-200 、KC-300 、KC-400 、KC-500 、KC-600 、Aroclor 系列之 PCBs 有 Aroclor 1242 、Aroclor 1254 、Aroclor 1260 等。PCBs 以充填管柱之氣相層析儀/電子捕捉檢知器測定時，通常在層析譜上出現 20～30 個尖峰，每一種類型之 PCBs ，

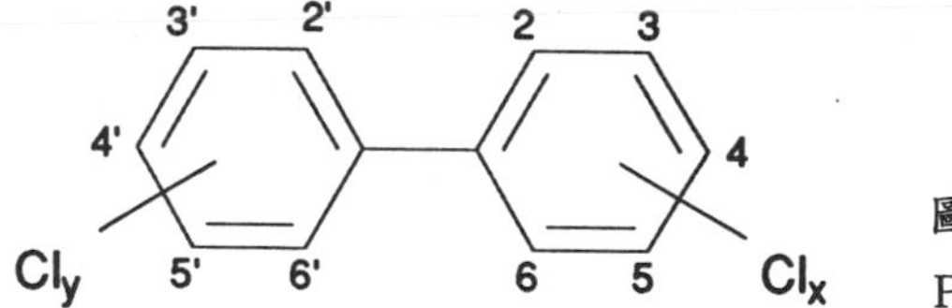

圖7.11
PCBs 之結構式。

其尖峰類型 (pattern)，包括尖峰之位置及相對強度，並不一樣。因此作 PCBs 分析時，首先比對樣品及 PCBs 標準品之尖峰類型是否一致，若一致則表示樣品中含有此類型之 PCBs，再以此類型 PCBs 之標準品定量之。此法應用於環境中 PCBs 之分析，遭遇的問題爲： PCBs 之各種異構物在環境中之溶解度、吸附度及分解度並不相同，一旦釋放到環境中後，就不再具備原有之組成，故樣品尖峰類型與標準品比對時，常有判定上之困難，且由層析譜上無法得到各種不同氯含量之異構物的濃度，故近年來高解析氣相層析質譜術被採用作 PCBs 之分析。

Michael D. Mullin[35] 等爲研究高解析氣相層析儀對於 PCBs 之分離，合成了所有之 209 種異構物，使用之層析管爲 50 m 長，內徑 0.2 mm，塗佈 SE-54 之矽融合毛細管，以八氯萘爲內部標準品，其中 187 種同分異構物均得以分離，僅 11 對不可分離。一般而言，各異構物之滯留時間，隨氯原子數目之增多而增

表7.4 PCBs 之同分異構物數目。

PCBs	同分異構物數目
一氯一	3
二氯一	12
三氯一	24
四氯一	42
五氯一	46
六氯一	42
七氯一	24
八氯一	12
九氯一	3
十氯一	1
總　和	209

加，相同氯原子之同分異構物在層析譜上緊緊相鄰出現，但滯留時間亦受分子結構之影響；相對於八氯萘的滯留時間，一氯聯苯為 0.1544 ～ 0.1975 ，二氯聯苯為 0.2245 ～ 0.3387 ，三氯聯苯為 0.3045 ～ 0.4858 ，四氯聯苯為 0.38 ～ 0.6149 ，五氯聯苯為 0.4757 ～ 0.7512，六氯聯苯為 0.5666 ～ 0.8625，七氯聯苯為 0.692 ～ 0.9142 。

PCBs 之電子撞擊式質譜之特色為[4]：(1)相當強度的$(M)^+$及$(M-70)^+$離子；(2)氯原子之同位素含量 (75.8%^{35}Cl 及 24.2%^{37}Cl) 使得含氯之分子離子及子離子叢均呈現同位素分佈之模式；(3)當三個鄰位之氫原子均被取代時，$(M-35)^+$離子較易生成。下式為 PCBs 之斷裂途徑：

$$C_{12}H_xCl_y \xrightarrow{e^-} C_{12}H_xCl_y^+ \xrightarrow{-Cl} C_{12}H_xCl_{y-1}^+ \xrightarrow{-Cl} C_{12}H_xCl_{y-2}^+ \xrightarrow{-Cl} C_{12}H_xCl_{y-3}^+ \longrightarrow \cdots\cdots$$

$$C_{12}H_xCl_y^+ \xrightarrow{-Cl_2} C_{12}H_xCl_{y-2}^+$$

由上式可知，含氯原子數目相同的 PCBs 之同分異構物的質譜是不可分辨的，且含有 $n+2$ 個氯原子之 PCBs ，其 $(M-70)^+$離子將干擾到含有 n 個氯原子之 PCBs 之分子離子。圖 7.12 為 2 ，2′，5 ，5′－四氯聯苯及 2 ，2′，4 ，5 ，5′－五氯聯苯之質譜[4]。

J. E. Gebhurt[36] 等發展出一套以高解析氣相層析質譜術測定 PCBs 的方法。使用 SE-54 之毛細層析管及電子撞擊式質譜術，由於無法使用 209 種 PCBs 異構物作為定量之標準品，故 Gebhurt 等對於相同氯原子數目之同分異構物，選擇其中一種異構物作為標準品，並以 chrysene-d_{12} 為內部標準品，分子離子叢內強度最大的離子之面積用來計算感應因子， PCBs 之定量及確認離子見表 7.5[36]。分析 PCBs 樣品時，以 SE-54 毛細層析管分離各異構物，由質譜判定各異構物之氯原子數目時，定量離子及確認離子之強度比例應吻合於每一氯化程度之預期比例，為避免含 $n+2$ 個氯原子及含 $n+1$ 個氯原子之異構物對於含 n 個氯原子之異構物的干擾，檢查 $(M+70)^+$及 $(M+35)^+$ 之離子是否存在，以確認其氯原子數目。將相同氯原子數目之異構物的尖峰面積相加，然後由感應因子及內部標準品之濃度及面積即可計算出此種氯化程度之 PCBs 含量， PCBs 之總量即為各種氯化程度 PCBs 含量之總和。上述的方法，若是以人為的方式

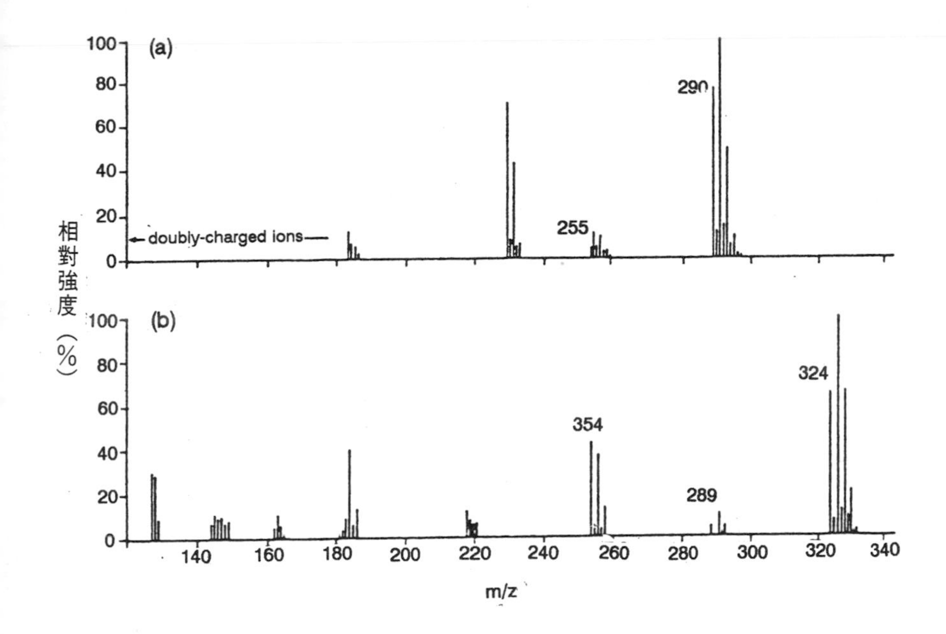

圖7.12 (a) 2, 2', 5, 5'－四氯聯苯之電子撞擊式質譜。

(b) 2, 2', 4, 5, 5'－五氯聯苯之電子撞擊式質譜[4]。

加以檢查數據並計算結果，將極爲耗費人力，故 L. E. Slivon[37] 等發展了一套軟體自動化系統以執行 PCBs 之分析。

表7.5 PCBs 之電子撞擊式質譜之特性離子[36]。

PCBs	定量離子	確認離子
一氯－	188	190
二氯－	222	224
三氯－	256	258
四氯－	292	290
五氯－	326	328
六氯－	360	362
七氯－	394	396
八氯－	430	432
九氯－	464	466
十氯－	498	500

K. Ballschmiter[38,39] 等使用高解析氣相層析質譜儀分析商用 PcBs Clophen A60 及魚肝油、人奶、市鎮焚化爐飛灰中之 PCBs，使用之毛細層析管爲 Sil 5 、 Sil 8 、 DB-1 、 SE-54 等，質譜儀使用選擇離子偵測法，得到各同分異構物之鑑定。圖 7.13 爲 Clophen A60 之層析譜，圖 7.14 爲魚肝油及人奶之層析譜，圖 7.15 爲市鎮焚化爐飛灰中之層析譜。

㈣戴奧辛 (Polychlorinated Dibenzo-P-Dioxins, PCDDs)

PCDDs 是一系列的三環芳香族碳氫化合物，結構式如圖 7.16 ，環上的氫原子可被 1 至 8 個氯原子取代，而形成 75 種異構物 (表 7.6) 分析 PCDDs 時應注意的問題爲： PCDDs 異構物很多，在環境中之存量極低，構造近似的同分異構物毒性差異有時很大，且毒性最強的 2,3,7,8-TCDD ，對於最敏感的雄性天竺鼠之 LD_{50} 爲 0.6 mg / Kg 體重，故分析時各同分異構物需有良好的分離、鑑定及高

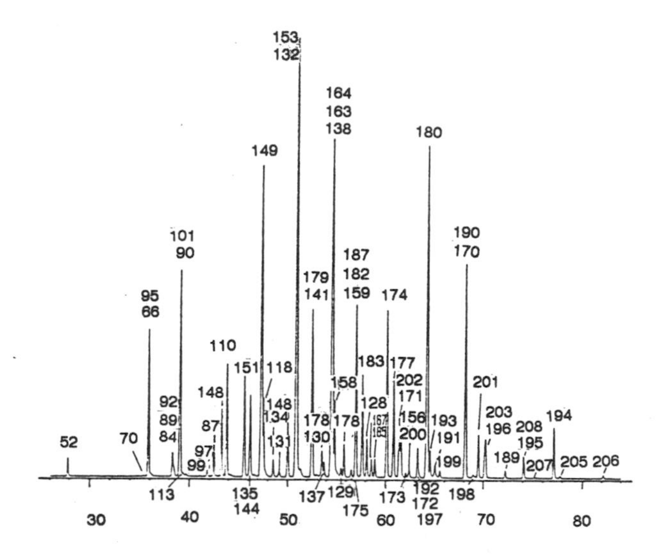

圖7.13 商用 PCBs Clophen A60 之同分異構物層析譜，使用選擇離子偵測法 (選擇離子爲 291.9 ， 325.9 ， 359.85 ， 393.8 ， 429.8 ， 463.8 ， 497.7 amu)。 GC / MS ： HP 5970B ；每一離子駐停時間爲 60 ms ；電子放大器 2200V ；電子能量 70 eV ；層析條件： CPSil8CB ， 51m ， 0.32 mm ， 0.12 μm ；溫度程式： 140℃ (5 分)，以 1.2℃ / 分上昇至 290℃ ， 290℃ (20 分)；直接注入層析管式注射， 1μL ；溶劑：甲苯；載行氣體： He ，流速 30 cm / S[38]。

靈敏度的偵測。

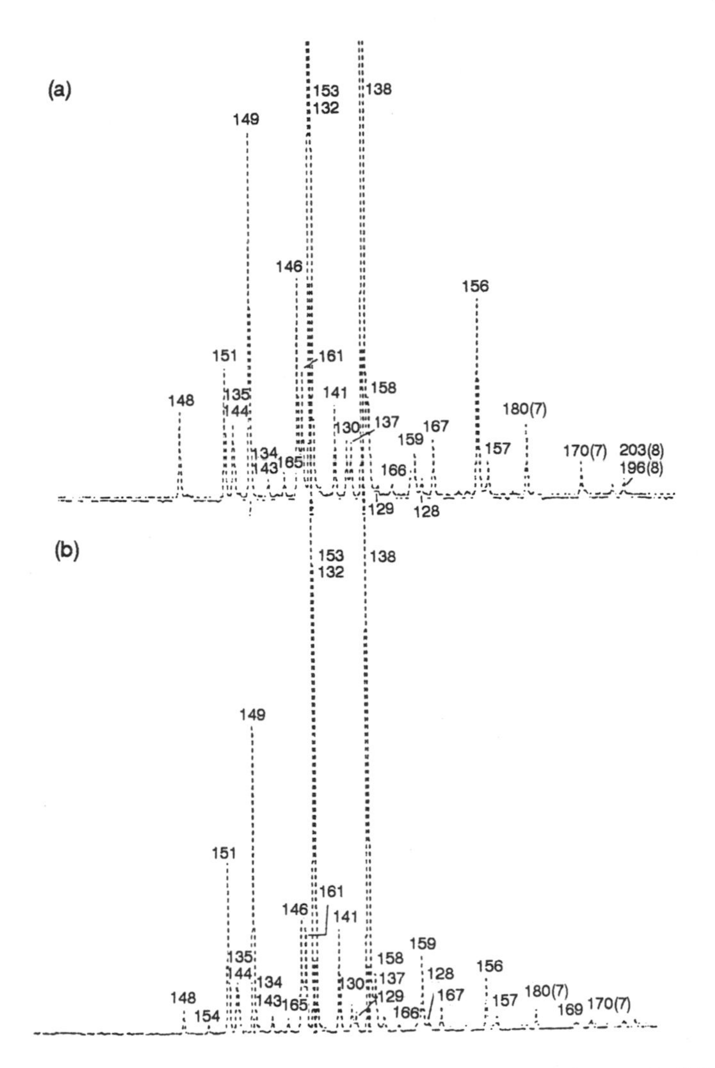

圖7.14 (a)魚肝油中之六氯聯苯層析譜，(b)人奶中之六氯聯苯層析譜。選擇離子偵測法 (359.8 amu)。GC / MS ： HP 5995 ，每一離子駐停時間爲 40 ms ；電子放大器 2200V ；電子能量 70 eV ；層析條件： DB-1 ， 60 m ， 0.315 mm ， 0.1 μm ；溫度程式： 92℃ $\xrightarrow{15℃/分}$ 120℃ ， $\xrightarrow{1.6℃/分}$ 280℃ (25 分)；注射部，不分裂式， 280℃ ；溶劑：甲苯；載行氣體： He ，流速 30 cm / S ；開放分裂式界面[38]。

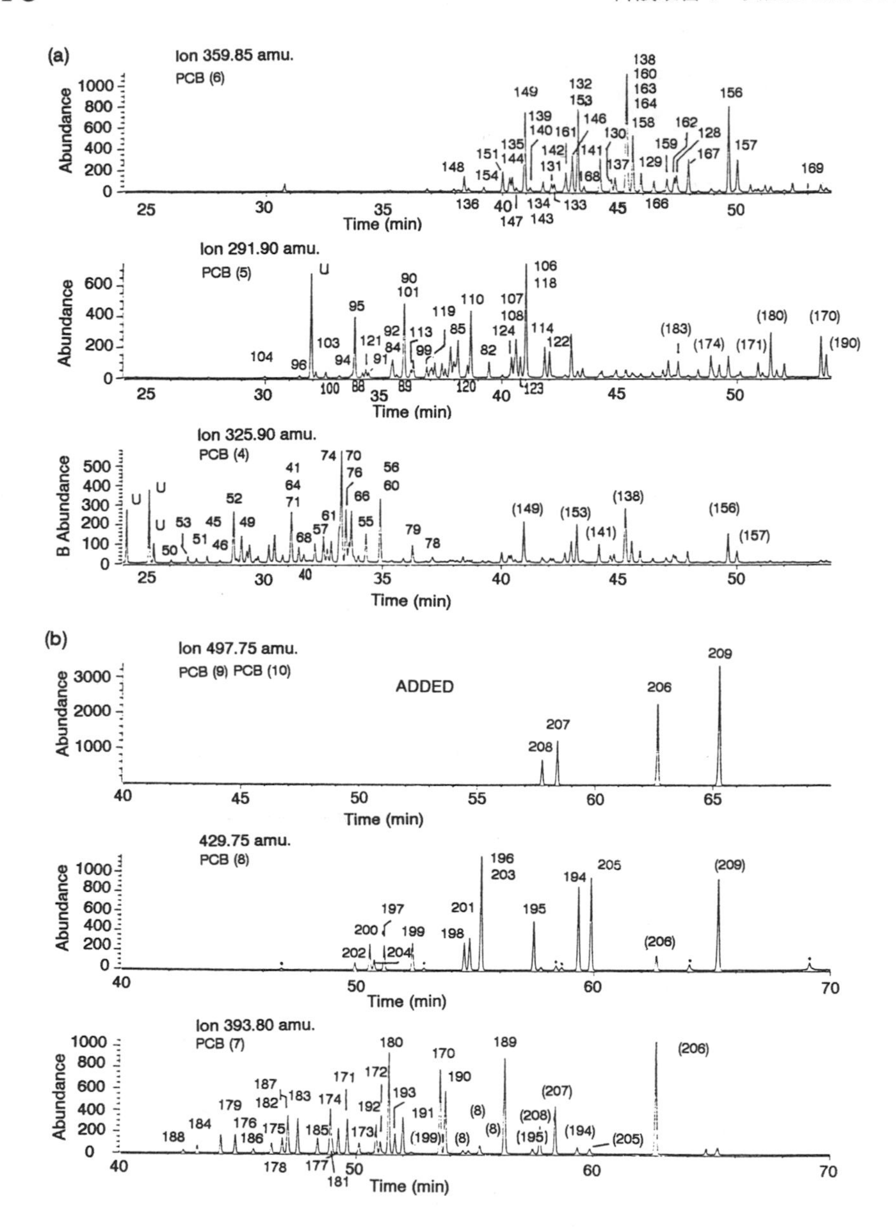

圖7.15 (a)市鎮焚化爐飛灰中之四氯－，五氯－，六氯聯苯；選擇離子偵測法：291.9 amu (四氯聯苯)，325.9 amu (五氯聯苯)，359.85 amu (六氯聯苯)，(b)市鎮焚化爐飛灰中之七氯－，八氯－，九氯－，十氯－聯苯；選擇離子偵測法；393.8 amu (七氯聯苯)，429.75 amu (八氯聯苯)，463.8 amu (九氯聯苯)，497.8 amu (十氯聯苯)[39]。

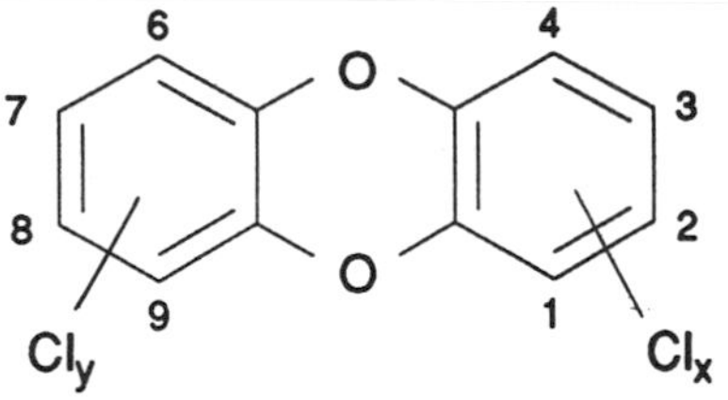

圖7.16
PCDDs 之結構式。

表7.6 含有不同氯原子數目之 PCDDs 之同分異構物數目。

氯原子數目	同分異構物數目
1	2
2	10
3	14
4	22
5	14
6	10
7	2
8	1
總　和	75

高解析氣相層析質譜儀爲最常使用之分析儀器，常用之毛細層析管爲 Silar 10C 、 OV-17 、 SE-52[40]、 DB-5 、 SP-2250[41] 等，離子源爲電子撞擊式，亦有使用負離子化學離子化式。爲分離及鑑定 PCDDs 之各異構物，所有之 22 種 tetra-CDDs ， 14 種 Penta-CDDs ， 10 種 Hexa-CDDs ， 2 種 Hepta-CDDs 及 Octa-CDD 均經由化學反應合成製備爲標準品[40,42,43]。 Rappe[43] 使用 Silar 10C 毛細層析管 (長 55 m ，內徑 0.26 mm)，分離 49 種 PCDDs ，得到層析譜如圖 7.17 ，由圖可知， 2,3,7,8-TCDD 與其他之同分異構物可完全分離，但並非所有之同分異構物均可分離， 1247-/ 1248-TCDD 、 1246-/ 1249-TCDD 、 1237-/ 1238-TCDD 、 1279-/ 1236-TCDD 、 12469-/ 12347-Penta-CDD 、 12468-/ 12479-Penta-CDD 、 12467-/ 12489-Penta-CDD 、 124679-/ 124689-Hexa-CDD 、 123679-/ 123689-Penta-CDD 等完全無法分離。若將層析管溫度上昇之速率變緩，則 12467-/ 12489-Penta-CDD 可完全分離，而 1246-/ 1249-TCDD

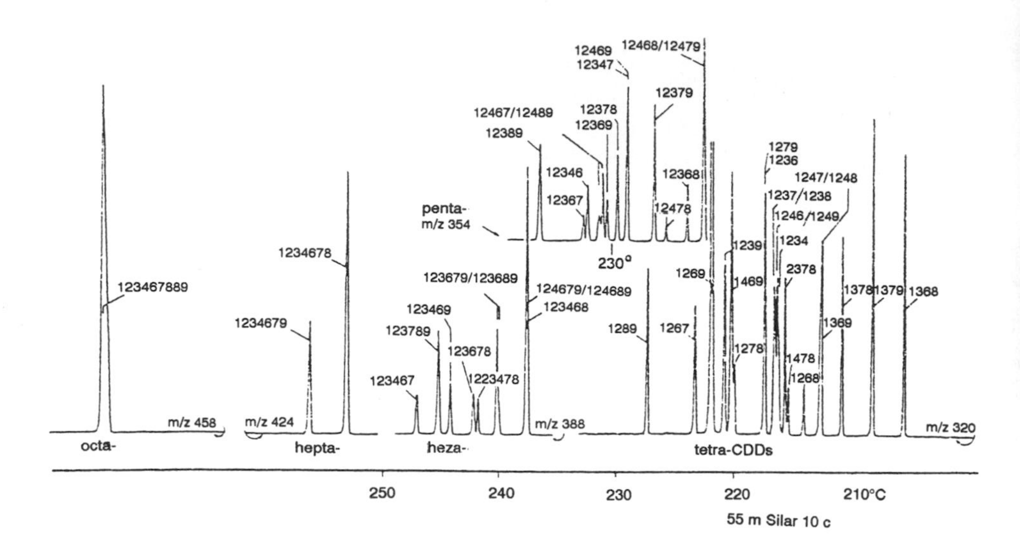

圖7.17 22 tetra-，14 penta-，10 hexa⁻，2 hepta-及/ octa-CDDs 在 55-m Silar 10C 之層析譜[43]。

、1247-/ 1248-TCDD 及 123679-/ 123689-Hexa-CDD 可部份分離。

PCDDs 之電子撞擊式質譜之主要特色爲[44]：(1)高強度之分子離子 M^+；(2)高強度之二價分子離子 M^{2+}；(3)主要的子離子爲分子離子喪失 CO 及 Cl，生成 $(M-COCl)^+$ 及 $(M-2COCl)^+$；(4)次要的子離子來自分子離子或主要子離子喪失 Cl、2Cl，生成 $(M-Cl)^+$，$(M-2Cl)^+$，$(M-COCl-Cl)^+$，$(M-COCl-2Cl)^+$，$(M-2COCl-2Cl)^+$ 等；(5)對於不同位置的氯原子取代之同分異構物幾乎無法提供結構上之資料；故個別同分異構物之鑑定需要有高解析層析管的分離。下式爲 PCDDs 在電子撞擊式質譜之離子生成途徑：

$$M \xrightarrow{e^-} M^+ \xrightarrow{-COCl} M^+-63 \xrightarrow{-COCl} M^+-126$$

$$M^+ \xrightarrow{-Cl} M^+-35 \xrightarrow{-Cl} M^+-70 \qquad M^+-63 \xrightarrow{-Cl} M^+-98$$

圖 7.18 爲 PCDDs 之電子撞擊式質譜。

由於無法取得每一異構物之標準品，故在定量時，於同數目氯原子之 PCDDs，僅選擇其中一種同分異構物作爲檢量標準品[41]；TCDDs 之標準品爲

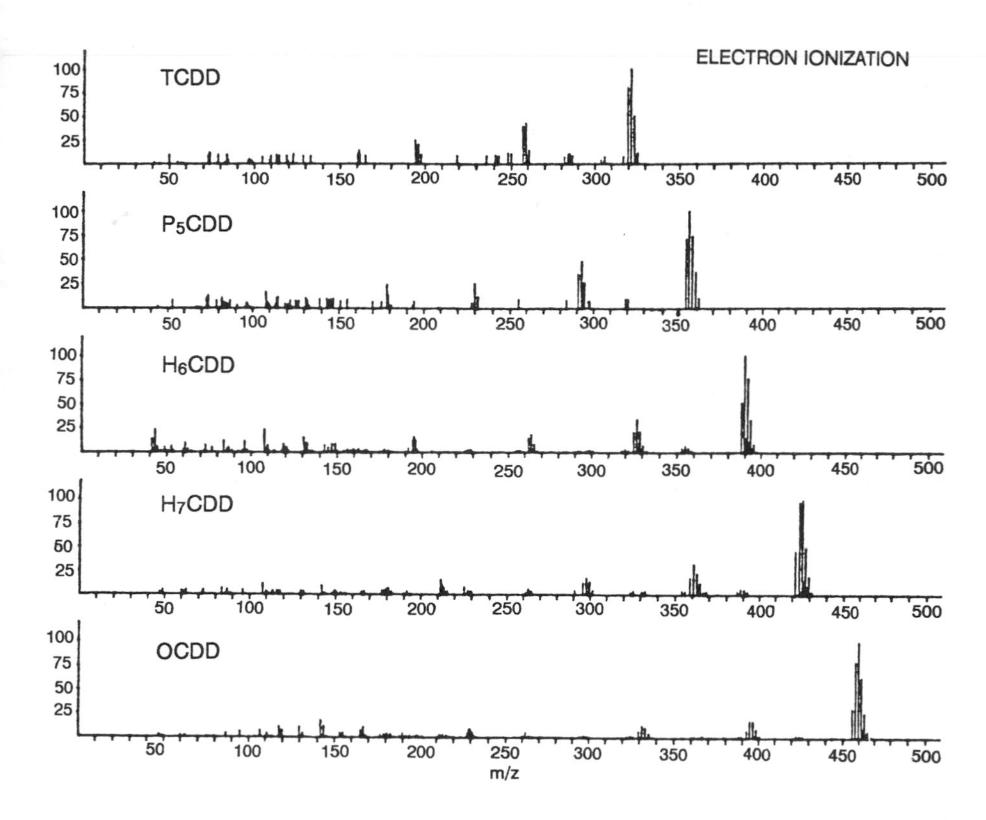

圖7.18 PCDDs 之電子撞擊式質譜[44]。

2,3,7,8-TCDD，Penta-CDDs 之標準品為 1,2,3,7,8-Penta-CDD 或 2,3,7,8，X-Penta-CDD，Hexa-CDDs 之標準品為 1,2,3,4,7,8-Hexa-CDD 或 2,3,7,8，X, Y, -Hexa-COD，Hepta-CDDs 之標準品為 1,2,3,4,6,7,8-Hepta-CDD 或 2,3,7,8, X,Y,Z-Hepta-CDD；PCDDs 定量時，常使用選擇離子偵測法，並添加內部標準品 $^{13}C_{12}$-2,3,7,8-TCDD (用於 TCDDs，Penta-CDDs，Hexa-CDDs)及 $^{13}C_{12}$-DCDD (用於 Hepta-CDDs、OCDD)。使用選擇離子偵測法時，TCDDs 之偵測極限為 1～10 pg，OCDD 之偵測極限為 10～50 pg，較掃描式全離子偵測法之靈敏度高 100 倍以上[45]。

定量離子通常寫為 M^+或 $(M+2)^+$，表 7.7 為美國環境保護總署建議之定量離子及確認離子[41]。當使用選擇離子偵測法時，可將分析全程分割為五個時窗 (retention time window)，分別監測不同之離子[41]：(1)第一時窗監測離子 257

表7.7 PCDDs 於選擇離子偵測時之特性離子[41]。

PCDDs	定量離子	確認離子	M-COCl
$^{13}C_{12}$-TCDD	334	332	－
TCDDs	322	320	257
Penta-CDDs	356	354；358	293
Hexa-CDDs	390	388；392	327
Hepta-CDDs	424	422；426	361
OCDD	460	458	395
$^{13}C_{12}$-OCDD	472	470	

，320，322，332，334，356 (TCDDs，$^{13}C_{12}$-TCDD，Penta-CDDs)；(2)第二時窗監測離子 293，332，354，356，358 (Penta-CDDs)；(3)第三時窗監測離子 327，388，390，392 (Hexa-CDD)；(4)第四時窗監測離子 361，422，424，426 (Hepta-CDDs)；(5)第五時窗監測離子 395，458，460，470，472 (OCDD，$^{13}C_{12}$OCDD)。第一時窗應涵括第一及最後一個 TCDDs 從層析管出來的時間，若在此時窗內偵測到 m/z 356 (Penta-CDDs)，則需重新分析；第二時窗應涵括第一及最後一個 Penta-CDDs，同理適用於其他之時窗。

PCDDs 分析時常受到雜質之干擾[46]，且雜質在環境中存在之濃度常高出 PCDDs 千倍以上，故在質譜判定時需特別注意；如 m/z 322 可能受到 PCBs 之$(M-2Cl)^+$ 及 $(M-4Cl)^+$ 之干擾，m/z 328 可能受到 PCBs $(M+4)^+$之干擾，故對於 PCDDs 之鑑定還須參考下述之準則[41]：

1.所有列於表 7.7 之 PCDDs 特性離子均必須出現於質譜上；
2.各特性離子之最大強度出現時間必須在 2 秒或 2 次掃描內；
3.分子離子及其同位素分子離子之強度比例應在表 7.8 之界定範圍內；
4.相同數目氯原子之 PCDDs 之滯留時間應在建立之時窗內。

使用氣相層析質譜術於近年來偵測到 PCDDs 於市鎮焚化爐或工業加熱設備的飛灰中[46,47,48]，飛灰中含有之 PCDDs 爲幾十種以上，其中已被確認的 PCDDs 列於表 7.9，2,3,7,8-TCDD 確實在飛灰中被發現，但含量甚微，僅爲焚化之次要產物。

PCDDs 亦可以負化學離子化質譜術測定[44]，常使用之反應氣體爲甲烷、氧

表7.8 PCDDs 之同位素離子強度之比例標準[41]。

PcDDs	選擇離子 (m / z)	相對強度
TCDD	320 / 322	0.65 － 0.89
Penta-CDD	358 / 356	0.55 － 0.75
Hexa-CDD	392 / 390	0.69 － 0.93
Hepta-CDD	426 / 424	0.83 － 1.12
OCDD	458 / 460	0.75 － 1.01

氣或氧氣/甲烷混合氣體。以甲烷作反應氣體，負化學離子化離子源式質譜術對於 PCDDs 之偵測靈敏度爲電子撞擊式或正化學離子化離子源式之 1000 倍，使用氧氣或氧氣/甲烷混合氣體爲反應氣體時，靈敏度雖然降低但特異性增加[49]。

以甲烷爲反應氣體時，主要生成之離子爲 $(M-H)^-$、$(M-Cl)^-$、$(M-2Cl)^-$。以氧氣作爲反應氣體時，離子生成之途徑如下式 (7-8)、(7-9)：

Cl_x Cl_y $\xrightarrow{O_2,\ e^-}$ O^- Cl_x Cl_{y-1} (7-8)

$\xrightarrow{O_2,\ e^-}$ O^- O Cl_x + O^- O Cl_x (7-9)

式 (7-3) 形成$(M-19)^-$，相當$(M-Cl+O)^-$，爲含有二氯以上 PCDDs 之斷裂特色，對於 1-，4-，6-，或 9-位置被氯取代之 PCDDs ，$(M-19)^-$爲強度最大之離子 (OCDD 除外)。當 1-，4-，6-或 9-無氯原子取代時，式 (7-9) 爲主要之斷裂途徑，生成之醚離子可用於判定二個苯環上之氯原子數目，以及 1-，4-，6-，9-位置無氯原子取代，此種離子化過程提供了 PCDDs 結構上之資訊。圖 7.19 爲 PCDDs 之氧氣－負化學離子化質譜，其中之 2,3,7,8-TCDD ，由於在 1-，4-，6-，9-位置無氯原子取代，且四個取代氯原子之位置分佈於二個苯環上之對

表7.9 飛灰中之 PCDDs 。

主要 PCDDs	次要 PCDDs
1,2,3,8 － TCDD	2,3,7,8 － TCDD
1,3,7,9 － TCDD	
1,2,6,8 － TCDD	
1,2,4,7,9 － Penta － CDD	1,2,3,7,8 － Penta － CDD
1,2,4,6,8 － Penta － CDD	1,2,4,7,8 － Penta － CDD
1,2,3,6,8 － Penta － CDD	
1,2,3,4,7 － Penta － CDD	
1,2,3,4,6,8 － Hexa － CDD	1,2,4,6,7,8 － Hexa － CDD
1,2,3,6,8,9 － Hexa － CDD	1,2,3,6,7,8 － Hexa － CDD
1,2,3,4,6,7,8 － Hepta － CDD	1,2,3,7,8,9 － Hexa － CDD
1,2,3,4,6,7,9 － Hepta － CDD	
OCDD	

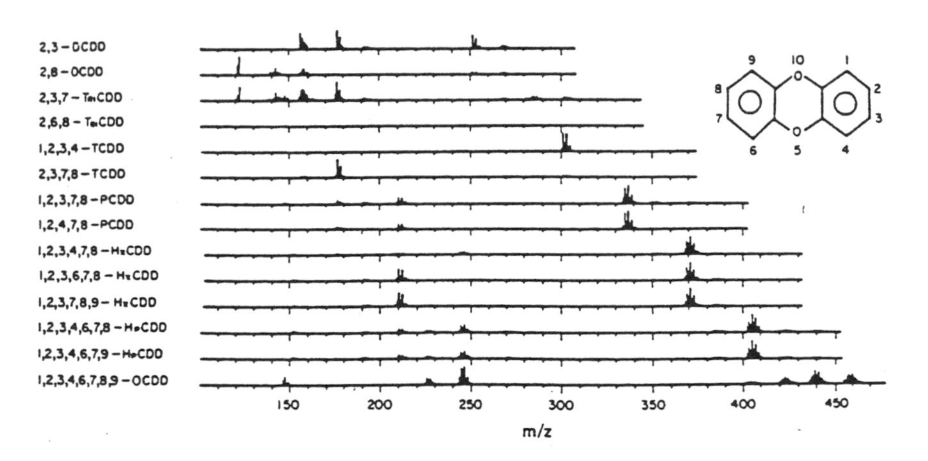

圖7.19 PCDDs 之氧氣－負化學離子化質譜[44]。

稱位置，以式 (7-4) 之途徑斷裂生成二個相同之醚離子，其 m/z 爲 176 ，顯然此質譜對於 2,3,7,8-TCDD 之確認，提供了強有力的資訊。以甲烷/氧氣爲反應氣體時，其質譜同時具有上述兩種質譜之特色，分子量可從$(M)^-$或$(M-H)^-$得到，1-，4-，6-，9-位置是否有氯原子取代可由$(M-19)^-$之強度判定，任一苯環上之氯原子數目可由醚離子之 m/z 求得。由上觀之，負化學離子化質譜術常可輔助電子撞擊質譜術作 PCDDs 之測定。

參考文獻

1.S. R. Heller, J. M. Mc Guire and W.L. Budde, "Trace organics by GC / MS environ", Sci. Technol., Vol.9, pp.210-213 (1975).

2.G. M. Message, Practical Aspects of Gas Chromatography / Mass Specirometry, John Wiley and Sons, Chap.5, pp.123-140 (1984).

3.F. W. Karasek, O. Hutzinger, and S. Safe, Mass Spectrometry in Environmental Sciences, Plenum Press, Chap.4, pp.77-91 (1985).

4.F. W. Karasek, O. Hutzinger, and S. Safe, Mass Spectrometry in Environmental Sciences, Plenum Press, Chap.11, pp.209-255 (1985).

5.G. M. Message, Practical Aspects of Gas Chromatography / Mass Spectrometry, John Wiley and Sons, Chap.3, pp.33-102 (1984).

6.USEPA, Methods for Organic Chemical Analysis of Municipal and Industrial Wastewater (1982).

7.L. H. Keith, Advances in the Identification & Analysis of Organic Pollutants in Water, Ann Arbor Science Publisbers Inc., Chap.2, Chap.3, pp. 17-48 (1981).

8.USEPA. Compendium of Methods for the Determination of Air Pollutants in Indoor Air, Method IP-1A (1989).

9.R. Harkov, B. Kebbekus, J. W. Bozzelli, and P. J. Lioy, "Measurement of Selected Volatile Organic Compounds at Three Locations in New Jersey during the Summer Season", JAPCA, Vol.33, pp.1177-1183 (1983).

10.USEPA, Compendium of Methods for the Determination of Air Pollutants in Indoor Air, Method IP-1B (1989).

11.E. Atlas, and K. F. Sullivan, "Preconcentration of atmospheric organic compounds by heat desorption and solvent microextraction", Anal. Chem. Vol. pp.2417-2419 (1985).

12.T. Class, and K. Ballschmiter, "Chemistry of organic traces in air V.

determination of halogenated C_1-C_2-hydrocarbons in clean marine air and ambient continental air and rain by high resolution gas chromatography using different stationary phases", Fresenius Z. Anal. Chem., Vol.325, pp.1-7 (1986).

13.R. D. Blanchard, and J. K. Hardy, "Use of a permeation sampler in the collection of 23 volatile organic priovty pollutants", Anal. Chem., Vol. 57,pp.2349-2351 (1985).

14.L. A. Wallace, and W. R. Ott, "Personal Monitors : A State-of-the-Art Survey", JAPCA. Vol.32, pp.601-610 (1982).

15.P. H. -S. Chen, H. -M. Shieh, and J. -M. Gaw, "Determination of polycyclic aromatic hydrocarbons in airborne particulates at various sites in taipei city by GC / MS and glass copillary GC", Proc. Natl. Sci. Counc. R.O.C., Vol.4, pp.280-284 (1980).

16.P. Wang, V. O. Yen H. T. Tsai, and J. C. Cheng, "Determination of dolycyclic aromatic hydrocarbons in airborne particulates by high performance liquid chromatography", J. Chin. Chem. Soc., Vol.35, pp.13-21 (1988).

17.R. G. Lewis, A. R. Brown, and M. D. Jackson, "Evaluation of polyurethane, foam for sampling of pesticides, polychlorinated biphenyls and polychlorinated naphthalenes in ambient air", Anal. Chem., Vol.49, pp. 1668-1672 (1977).

18.R. G. Lewis, and M. D. Jackson, "Modification and evaluation of a high-volume air sampler for pesticides and semivolatile industrial organic chemicals", Anal. Chem., Vol.54, pp.592-594 (1982).

19.USEPA, Test Methods for Evaluating Solid Waste, Vol.IB, 3rd ed., Method 3650 (1986).

20.USEPA, Test Methods for Evaluating Solid Waste, Vol.IB, 3rd ed., Method 3610,3620, 3630, 3640 (1986).

21.R. C. Lao, T. H. Oja, and L. Dubois, "Application of a gas chromatograph-mass spectrometer-data processor combination to the analysis of the polycyclic aromatic hydrocarbon centent of airboxne pollutants", Anal. Chem., Vol.45, pp.908-915 (1973).

22.G. Grimmer, K. -W. Naujack, and D. Schneider, "Profile analysis of polycyclic aromatic hydrocarbons by glass capillary gas chromatography in atmospheric suspended particulate matter in the nanogram range collecting $10m^3$ of air", Fresenius Z. Anal. Chem., Vol.311, pp.475-484 (1982).

23.P. H. -S. Chen, C. -Y. Chuang, Y. -D. Lu, and K. T. Chung, "Gas chromatography / mass spectrometric determination of polycyclic aromatic hydrocarbons in airborne particulates at various sites in Kaohsiung area", Proc. Natl. Sci. Counc. R.O.C., Vol.5 , pp.262-266 (1981).

24.W. E. May, S. A. Wise, "Liquid chromatographic determination of polycyclic aromatic hydrocarbons in air particulate extracts", Anal. Chem., Vol.56, pp.225-232 (1984).

25.USEPA, Test Methods for Evalnating Solid Waste, Vol.IB (1986).

26.USEPA, Test Methods for Evaluating Solid Waste, Vol.IB, 3rd ed., Method 8240(1986).

27.L. H. Keith, Identification & Analysis of Organic Pollutants in Water, 2nd ed: Ann Arbor Science Publishers Inc., Chap.21, pp.305-327 (1977).

28.L. H. Keith, Identification & Analysis of Organic Pollutants in Water, 2nd ed. Ann Arbor Science Publishers Inc., Chap.23, pp.375-397 (1977).

29.L. A. Wallace, E. D. Pellizzari, T. D. Hartwell, C. M. Sparacino, L. S. Sheldon, and H. Zelon, "Personal exposures, indoor-outdoor relationships, and breath levels of Toxic εir pollutants measured for 355 persons in New Jesey", Atmos. Environ, Vol.19, pp.1651-1661 (1985).

30.M. L. Lee, D. L. Vassilaros, C. M. White, and M. Novotny, "Retention indices for programmed-temperature capillary-column gas chromatography of polycyclic aromatic hydro carbons", Anal. Chem., Vol.51, pp. 768-774 (1979).

31.F. W. Karasek, O. Hutzinger, and S. Safe, Mass Spectrometry in Environmental Sciences, Plenum Press, Chap. 10, pp.195-207 (1985).

32.USEPA, Test Methods for Evaluating Solid Waste, Vol.IB, Method 8270 (1986).

33.H. Y. Tong, and F. W. Karasek, "Quantitation of polycyclic aromatic hydrocarbons in diesel exhaust particulate matter by high-performance liquid chromatography fraction and high-resolution gas chromatography", Anal. Chem., Vol.56, pp.2129-2134 (1984).

34.S. A. Wise, B. A. Benner, S. N. Chesler, L. R. Hilpert, C. R. Vogt, and W. E. May, "Characterization of the polycyclic aromatic hydrocarbons from two standard reference material air particulate samples", Anal. Chem., Vol.58, pp.3067-3077(1986).

35.M. D. Mullin, C. M. Pochini, S. McCrindle, M. Romkes, S. H. Safe, and L. M. Safe, "High-resolution PCB analysis: synthesis and chromatographic properties of all 209 PCB congeners", Environ. Sci. Technol., Vol.18, pp. 468-476 (1984).

36.J. E. Gebhart, T. L. Hayes, A. L. Aeford-Stevens, and T. L. Hayes, "Mass spectrometric determination of polychlorinated biphenyls as isomer groups", Anal. Chem., Vol.57, pp.2458-2463 (1985).

37.L. E. Slivon, J. E. Gebhart, T. L. Hayes, A. L. Aeford-Stevens and W. L. Budde, "Automated procedures for mass spectrometric determination of polychlorinated biphenyls as isomer groups", Anal. Chem., Vol.57. pp. 2464-2469(1985).

38.K. Ballschmiter, W. Sohäfer, and H. Buchert, "Jsomer-specific identification of PCB congeners in technical mixtures and environmental samples by HRGC-ECD and HRGC-MSD", Fresenius Z. Anal. Chem., Vol. 326, pp.253-257 (1987).

39.K. Ballschmiter, R. Niemczyk, W. Schäfer, and W. Zoller, "Jsomer-specific identification of polychlorinated benzenes (PCBZ) and biphenyls (PCB) in effluents of municipal waste incineration", Fresenius Z. Anal. Chem., Vol.328, pp.583-587 (1987).

40.H. R. Buser and C. Rappe, "High-resolution gas chromatography of the 22-tetrachlorodibenzo-D-dioxin isomers", Anal. Chem., Vol.52, pp.2257-2262 (1980).

41.USEPA, Test Methods for Evaluating Solid Waste, Vol.IB, 3rd ed., Method 8280 (1986).

42.H. R. Buser, J. Chromatogr., Vol.114, pp.95 (1975).

43.H. R. Buser, and C. Rappe, "Isomer-specific separation of 2,3,7,8-substituted polyohlorinated dibenzo-p-dioxins by high-resolution gas chromatography / mass spectrometry", Anal. Chem., Vol.56, pp.442-448 (1984).

44.F. W. Karasek, O. Hutzinger, S. P Safe, Mass Spectrometry in Environmental Sciences, Plenum Press, Chap.12, pp.257-296 (1985).

45.J. D. Rosen, Applications of New Mass Spectrometry Techniques in Pesticide Chemistry, John Wiley and Sons, Chap.6, pp.60-83 (1987).

46.J. W. A. Lustenhouwer, K. Olie, and O. Hutzinger, Chemosphere, Vol.9, pp.501(1980).

47.H. R. Buser, H.P. Bosshardt, and C. Rappe, Chemosphere, Vol.7, pp.165 (1978).

48.G. A. Eiceman, R. E. Clement, and F. W. Karasek, "Analysis of fly ash from municipal incinerators for trace organic compounds", Anal. Chem., Vol.51, pp.2343-2350 (1979).

49.J. R. Hass, M.D. Friesen, D.J. Harvan, and C.E. Parker. "Determination of polychlorinated dibenzo-p-dioxins in biological samples by negative chemical ionization mass spectrometry", Anal. Chem., Vol.50, pp.1474-1479 (1978).

第八章

氣相層析質譜法及其應用於先天性代謝異常症
一甲基丙二酸尿症之研究

王作仁

摘　要

氣相層析是要分離已揮發複合物的一種較簡便而快速的方法，其原理是要先使複合物揮發，而這些揮發物再在移動相 (氣體) 與固定相 (液體或吸附物) 之間分開，在設定的條件下，這些複合物依其氣體壓力而部份在固定相内，部份在移動相内，再進一步加以分析。在先天性代謝異常疾病，特別是有機酸尿症的檢體中之有機酸必須分離出來，加以衍生，通常使用的藥劑是 bis-trimethylsilyl-tri-fluoroacetamide (BSTFA)，則有機酸之化學特性變得較爲安定，其溫度也較爲穩定，使其在攝氏溫度三百度之下亦可揮發，才可進一步進行氣相層析。實際在進行氣相層析時則必須也使用標準液，衍生後找出"滯留時間" (retention time) 才可進行正確的定性及定量分析。

質譜儀的原理則是使用電子衝擊等方法將經由氣相儀送來的衍生物加以離子化，最常使用的便是四極儀分析等方法，所得到的質譜度則依"質量對電荷"的大小排列，出現質譜圖，再進入"館存搜尋" (library search)，比對已知的質譜圖，得到檢體的相似率及差異，其相似率很高者即可能爲該種物質。一旦某種未知化合物經由上述步驟測出可能爲某種物質後，還必須以該種物質本身再經同樣的氣相層析 — 質譜法的步驟作嚴格的確認，文中即以一種國人較常見的先天有機酸代謝異常症 — 甲基丙二酸尿症的氣相層析 — 質譜法研究過程提出報告。先由氣相層析法歸納出"滯留時間"，再由質譜法加以確認，兩者經由電腦操作對於先天有機酸代謝異常的研究具相當助益，也將有助於其他臨床化學的研究及發展。

有一些人類的疾病，比如先天代謝異常症中的有機酸尿症可以使用分析化學中的氣相層析 — 質譜法 (Gas Chromatography-Mass Spectrometry, GC-MS) 來仔細加以分析[1]。這種方法的最基本原理便是某些複合物先經由氣相層析洗脫，再繼續經由質譜儀得到個別成份的質譜圖而加以確認。

一、氣相層析儀—質譜儀之結構及功能

氣相層析儀－質譜儀基本上是由一套氣相層析儀連接一套質譜儀所構成，其中由一個介面體 (interface) 加以連結。

(一) 氣相層析儀

氣相層析的原理是要分離已揮發複合物的一種較方便、快速且可再生的方法，是由惰性攜行氣體 (如氦氣、氫氣、氮氣或甲烷等) 帶進注射器 (injector)，注射器經加熱後使檢體氣化再由惰性攜行氣體掃過分析管柱 (column)，此時由溫帶控制的烤箱 (oven) 可使檢體在分析管柱內分離，並帶進質譜儀介面體內。

為了使檢體在氣相層析儀內充份而完整的分離，檢體內的有機成份通常要事先加以衍生，使得其在攝氏三百度以下可揮發，對熱穩定、化學性狀也能保持穩定。

當檢體揮發後被帶進分析管柱內，即被某種非揮發性的穩定液面 (固定相) 將其與攜帶之惰性氣體隔開，此時可藉由溫度的調整而將目的物洗脫，進入介面體。

(二) 介面體—分離儀 (Separator at the Interface)

在氣相層析儀與質譜儀之間通常設有介面體，其主要的理由有三重，一是降低來自氣相層析儀之氣體的流速；其次是降低來自氣相層析儀之氣體的壓力，最後是增強進入質譜儀之檢體的相對量。

(三) 離子化室 (Ionization Chamber)

質譜法的最基本原理便是使檢體通過離子化室而被離子化，離子化通常是靠電子衝擊 (Electron Impact, EI) 及化學性離子化作用 (Chemical Ionization, CI)，最近更發展出其他的方法，介紹於下：

電子衝擊顧名思義是使檢體分子通過一電子束而使檢體分子被衝擊而釋出電子，而檢體本身成為離子化分子，化學性離子化作用則是利用離子化之反應氣體分子碰撞檢體分子，使檢體離子化。

(四) 質量分析儀

最常使用的質量分析儀計有四極儀 (quadrupole) 及磁性質量分析儀 (magnetic mass analyzer)，前者尤爲人習用。

四極儀是一種質量過濾設備，由四個平行的圓棒釋出電子動力場，可造成振盪場，陽離子進入四極儀區時可依其電子頻率而在電極間振盪，此時四極儀的質量過濾設備可使某些特定的質量依電場的大小而通過。[2]

㈤ 離子偵測

對離子的偵測通常先由電子擴程器 (electron multiplier) 加以強化，經由電子擴程器的作用，可使離子的信號增強 10^5 到 10^7 倍之多。

㈥ 資料處理

此時需要電腦的設備將通過四極儀質量過濾設備的資料加以搜集、整理、儲存以及分析；其方法不外兩種；選擇性離子監測法 (Selected Ion Monitoring, SIM) 及整體性離子監測法 (total ion monitoring)。

二、氣相層析 — 質譜法之原理簡介

氣相層析的基本原理是先使複合物揮發，而這些揮發物再在移動相 (氣體) 與固定相 (液體或吸附物) 之間分開，結果是在控制的條件下，這些複合物依其氣體壓力 (vapor pressure) 之不同而部份在固定相內，部份在移動相內，再進一步加以分析。但是大部份的生物檢體均不具揮發性，所以在氣相分析之前必須先加以衍生 (derivatization)。[1]

就先天性代謝異常，特別是有機酸尿症之氣相層析—質譜分析而言，其檢體就必須經以下步驟按部就班地處理：有機酸之分離→衍生→氣相層析→質譜法。

今就其步驟分別加以說明：

㈠ 酸性部份，特別是有機酸的分離

酸性部份的分離通常採用溶劑萃取及離子交換層析法兩種方法，前者較簡單而快速，後者則較爲精細，適用於較詳細的研究工作。

㈡ 衍生作用

在進行氣相層析之前，有機酸必須事先加以衍生，使其本身在高溫下較爲穩定，化學性質較爲安定，而且在攝氏三百度之下亦可揮發，才可進一步進行氣相層析。衍生作用通常有兩種，一種是三甲矽基化 (trimethylsilylation) 而形成三甲矽基 (trimethylsilyl, TMS) 醚類或酯類，或甲基化 (methylation) 而形成甲

基酯類，尤以前者較爲簡單而常用。

三甲矽基化常用的反應物是 bis-trimethyl-silyl-trifluoroaceta mide (BSTFA) 加 1%的 trimethyl-chlorosilane (TMCS) (作爲酸性催化劑)，則大部份的複合物在 60°－90°C時，在十分鐘內完全被衍生，於十分鐘內完全被衍生，此檢體如經冷凍保存 (要使用鐵氟龍 (Teflon) 螺旋瓶蓋)，並避免溼氣侵入，可保留數個月的安定。

㈢ 有機酸之氣相層析 — 質譜法分析

經過衍生後的有機酸萃取物通常先要經氣相層析儀的單獨分析，如果發現有異常的尖峰 (peaks) 出現時，再經氣相層析 — 質譜法確認。

1. 氣相層析法

氣相層析法最近多採用“毛細管柱” (capillary column)，揮發的複合物即在移動相的惰性氣體 (通常是氦氣、氫氣、氮氣或甲烷) 與固定相的毛細管柱內緣的非揮發性液面間分開，而呈平衡狀態，且在個別的時間與溫度狀態被洗脫。

整個氣相層析儀自注入門至偵測儀之間均被加熱，而且操作時之壓力均高於大氣壓力。注入門的溫度約保持在 250°C 左右，使檢體之所有內含物均可揮發而氣化，而管柱的溫度也在被控制的情況下逐漸上升 (通常是每分鐘 5°到 10°C)，如此各種分子量的成份均可被洗脫，並在短期間內加以定量分析，而且通往偵測儀或質譜儀離子源 (包括分離儀) 的管線之溫度均要保持在 220°到 250°C 之間，以防洗脫物濃縮 (condensation)。

2. 分離儀 (Separator)

分離儀的作用是可將來自氣相層析儀之攜行氣體的 99%去除，同時導引 30 到 70% 的有機衍生物進入質譜儀的離子化室，共計有三種型式：噴射式 (jet)、洩流式 (effusion) 及薄膜式 (membrane) 三種。

(1) 噴射分離儀是指較輕的攜行氣體由小孔流進騰空區，同時較重的成份即進入收集毛細管再通向質譜儀的離子化室。
(2) 洩流式分離儀則爲攜帶氣體及檢體由玻璃小洞流進騰空區之流速與其分子量之開平方根成反比，但卻與其分壓成正比，因此氣相層析儀之入口與質譜儀出口之壓力管制毛細管要相配合，使具有能讓分子流通之適當壓力。
(3) 薄膜式分離儀的操作則有賴於矽聚合物 (silicon polymer) 薄膜上的有機物與惰性氣體之不同溶解度，且操作溫度不得超過 290°C，因此如果複合物中含有高低兩種分子量者較不適用。

3. 質譜儀

最近幾年來使用“電子衝擊”的低解析度及高解析度的質譜法應用於醫學上的臨床生化學，作爲確認體液中未知化合物之方法其地位已日見重要。這些質譜法的基本原理便是如上述的離子化技術 (ionization techniques)、磁場與四極儀分析以及碎裂原理 (fragmentation rules)。除了“電子衝擊離子化法”(EI)、“化學離子化法”(CI)，還有“場離子化法” (Field Ionization, FI) 以及“電場吸附法” (Field Desorption, FD) 等，都很重要，再簡單加以說明如下。

EI ：在氣相的分子因受電子衝擊而被離子化。

CI ：在氣相的分子因受來自反應氣體 — 指甲烷 (methane)、異丁烷 (iso butane)、氨氣等 — 離子之碰撞而被離子化。

FI ：在氣相的分子被外來的強力電場離子化。

FD：被覆在陽極的分子被外來的強力電場離子化。

質譜度的標示是位於 x 軸，依“質量對電荷” (mass-to-charge) 的大小，自左向右排列，而每個離子的強度則是依其強弱顯出其“尖峰” (peak)，對於某些強度較弱者則可使用“加乘法” (multiplication) 以加強其效果。而由於同位素 (特別是“穩定同位素” stable isotopes) 的群集，通常由強及弱由左至右排列，比如碳的合成分子量是 12.011 ，顯示^{12}C 是佔 98.9%，而^{13}C 則佔 1.1%，個別在質譜圖上會顯示出來，但以最重要的爲代表。又如氫的同位素^{1}H 的自然豐富量 (natural abundance) 爲 99.985%，^{2}H 則爲 0.015%，則苯 (C_6H_6) 的質譜結果預測値應是 79 者爲 78 的 6.7%，而 80 者則爲 78 的 0.4%。一般來說，如果質譜圖沒有顯示這種同位素群集現象者是表示機器的運作失常或其偵測範圍太狹窄。[3]

三、應用氣相層析 — 質譜儀偵測有機酸尿症 (以甲基丙二酸尿症爲例) 之操作舉例說明

㈠ 尿中有機酸之定性定量分析

1. 定性分析

(1) 有機酸之純質 (藥品) 30 μmol ，在 N_2 操作下加入 1 c.c. 之溶劑 [乙腈 (acetonitrile)]，然後再加 100 μL 的衍生劑 [BSTFA ，即 bis-trimethylsilyl-

tri fluoroacetamide] 在 60°C 下加熱 30 分，冷卻至室溫。

(2) 將此衍生物，用已設好溫度變化 (temperature program) 的氣相層析儀分析，即可測試得知欲測物質衍生後主產物的滯留時間。

(3) 將此衍生物作 GC / MS ，得質譜，可進一步確定「欲測物」衍生後的分子量，以提高定性分析之準確性。

2. 定量分析

(1) 經前處理之標準液 (有機酸)，加入正常尿液溶合 (solvent) 以作 GC 分析或 GC / MS 分析。

(2) 經前處理之病人尿液 (檢體)，作 GC 或 GC / MS 分析。

(3) 由標準液列成濃度校正表 (calibration table)，再作檢體，藉積分儀計算出未知成份 (unknown) 的濃度。

(二) 尿中有機酸之前處理

1. 把超低溫冰凍 (deep frozen) 的尿液 (urine) 解凍後，先離心，取上清液。
2. 700 μL 的尿液，加入 100 μL 的 HCl (6N)，及 100 μL 的內含標準液 (internalstand-ard) 的 1, 2, 3 丙基三羧酸 (tricarballylic acid) 混合均勻。
3. 以短管層析 (ready-made column ， Extrelute®，是一種鹼性矽藻土) 先吸附 30 分上述(2)之混合液。
4. 用 15 ～ 17 c.c.的 elute solvent (chloroform / 2-methyl butan-2-ol, 1 ： 1 ，V / V ，分三次沖提出有機酸。
5. 用 3 mL 左右的氨水 (3.2%)，分三次萃取取上層 (水層)。
6. 將萃取出之水層在氮氣下吹乾，並用真空抽氣 (～30°C) 使樣品完全乾燥。
7. 在氮氣操作下，加入 1 c.c. 之溶劑 [乙腈 (acetoritrile)]，再加入 150 μL 衍生劑 BSTFA ，在 60°C下加熱 30 分鐘。
8. 冷卻至室溫，便可直接作 GC 或 GC / MS 分析。

(三) 有機酸 GC 分析

1. 開機後，先檢查 (check out)。
2. 測量流速 (用泡沫流量計 (bubble meter) 測量)：

(1) 攜行氣體 (carrier gas)：氮氣 20～25 mL / min.。

(2) 管柱流速 (column flow) (在偵測器處測量)： 0.6～0.8 c.c./ min.。(偵測器關掉時)

(3) 打開氫氣並測漏，流速 33～35 c.c./ min.。
(4) 關掉氫氣調節鈕，打開空氣，流速約 400～420 c.c./ min.。
(5) 關掉空氣調節鈕，打開輔助氣體調節鈕 (make-up gas)，其和管柱流量 (column flow) 加起來約爲 30 c.c./ min. 即可。

3. 把氣體開關全部重新打開，並把偵測器打開，然後按點火器點火，當訊號 (signal) 從零變大 (20～30)，即表示點火點著 (或可用乾燥的小燒杯罩在偵測器口上，若有霧氣，則表示已點火開始燃燒)。
4. 可把注入門 (injector pore)、偵檢器及烤箱作高溫燒烤 (condition) (烤箱必須視所使用之管柱而定，燒烤時不可超過管柱之極限溫度，以免破壞管柱之液相)。
5. 待流速穩定後，則可降溫至欲分析之條件；待 "ready" 的綠燈亮後，則開始作分析。
6. 先作標準液，方可建立濃度校正表 (calibration table), 操作完畢，必須將之燒烤，使 GC 管柱內的剩餘部份 (residual) 全部洗脫出，以免影響下一次樣品的定量分析。
7. 抽取樣品針筒 (syringe) 在作分析前、後必須用溶劑清洗數次 (最好是與作衍生時所使用的溶劑相同) 以保持無污染。
8. 在注入樣品時，必須快速注入 (fast injection) 以減少注射體積之誤差，而影響定量之精確性。且注入門分隔片 (septum) 要經常更換，以免漏氣或污染。
9. 作完分析，可將烤箱燒烤 (oven condition) 約半小時，然後降溫至室溫，再關機 (或不關機，只把氫氣空氣關掉即可)

操作 GC 之注意事項：

1. 一定要記得打開氮氣 (高純度) 作爲攜行氣體以免管柱在高溫下 (高於常溫) 受損。
2. 打開鋼瓶所使用之壓力必須至少比柱頭壓力 (column head pressure) 壓力大 20 psi ，一般設在 60 psi 以上。
3. $\text{split ratio} = \dfrac{\text{split vent flow rate} + \text{column flow rate}}{\text{column flow rate}}$，若欲將分流比例 (split ratio) 固定，且管柱流速 (column flow rate) 亦固定，則調整分流閥 (split vent) 之大小。
4. 正確流速須於烤箱及注入門、偵檢器溫度都達設定值時，方可測量。

5. 整個系統須確定無漏氣。
6. 一般有機化合物測定，均需對 H_2-air 火焰燃燒可產生離子者以 FID 偵測。
7. 管柱之溫度必須高於欲分析物的沸點，且注入門的溫度均要比烤箱高出至少 20℃ 以上，以防止樣品在未進入管柱分析時，就被污染。
8. 若在分析過程中， GC 圖形基線 (baseline) 飄移，可放慢升溫度率或以補償鍵扣除。

㈣ GC-MASS 之操作

1. 儀器本身開機

⑴ 把攜行氣體 (He) 打開 (或一直都保持開著的狀態)。
⑵ 將總氣流量 (total flow) 鈕打開，於分流閘 (split vent) 口處用泡沫流量計量流速，大小依所需分流比例 (split ratio) 而定。
⑶ 設定柱頭壓力，大小視分離管粗細長短而定 (25 m 長的毛細管柱 (capillary column)，約 10 ～ 12 psi)。此即調整管柱流量 (column flow) (一般流速 0.8 ～ 1.2 mL / min.)。
⑷ 設定注入門分隔片吹掃 (septum purge) 流速，由吹掃閥 (purge vent) 量流速，一般用約 1 mL / min.。
⑸ 確定分流比例 (split ratio)，由分流閥 (split vent) 量流速，用總氣流量 (total flow) 鈕調大小。
⑹ 把電源打開 (或一直都打開)，開眞空幫浦 (turbo pump)，待箭頭 (指針) 超過紅色尖，開 Heater / E / E 電源。
⑺ 打開閥門控制器 (gauge controller)，針指向 $2 \times 10^{-5} \sim 3 \times 10^{-5}$ 之間時，即可開始使用。
⑻ 打開電腦週邊的開關 (printer 、 plotter 、 monitor) 及電腦主體。
⑼ 設定日期、時間，進入 MASS TOP ，按 “實用” (utility) 功能鍵，按 “自動校正” (autotune) 功能鍵，打開 PFTBA 開關，按全自動校正 (full autotune) 功能鍵。
⑽ 注意電腦螢幕上的各種參數值 (代表儀器各部分的狀況) 是否在正確範圍，注意 PFTBA 三根峰線 69 、 219 、 502 比例是否正確 (100%、 30%、 2%以上)，注意質譜 (mass spectrum)上 H_2O 、 N_2或其他峰線 (AMU) 比值是否

正常。

⑾ 若均屬正常，自動校正 (autotune) 完畢，把 PFTBA 開關關上；若不正常，可視 MASS AMU 範圍自行作人工校正 (manual tuning)。

⑿ 自動校正 (autotune) 將各種參數調至最優狀態，即可進行分析，按 “預備” (stand-by)鍵。

2. GC-MASS 分析樣品

⑴ 打開 “MASS TOP”，按 “資料獲得” (data acquis) 功能鍵，按 “掃描” (scan)、“氣相層析” (GC) 功能鍵。

⑵ 設定溫度變化 (temperture program)，包括初溫、時間升溫速率、末溫、時間(三段升溫)、平衡時間、分析時間、注入門溫度、離子源溫度、傳輸管 (transfer-line) 溫度。

⑶ 設定質譜儀掃描 (mass scan) 各種參數、質譜儀啓動時間、溶劑延遲 (solvent delay) 時間、偵測器電壓 (及相對值)、質譜儀掃描範圍、繪圖 (plot) 的參數、總離子流顯示圖 (total ion plot) 及質量範圍顯示圖 (mass rarge plot)。

⑷ 將各參數保存 (按 “儲存” (store)，按 “準備注射” (prep to inject) 功能鍵，設定檔案名稱 (file-name)，等數字出現，紅色警告消失，溫度達到平衡，出現預備注射 (ready to inject) 的字樣，即注射樣品 (sample)，按 “進行” (Go) 功能鍵。

⑸ 電腦螢幕出現總離子流層析圖 (total ion chromatogram) 及質譜各隨時間變化完整之圖[3]。

⑹ 若圖形及結果均合所需，則等分析作用完成，進入 “Mass Top” 叫出 TIC 圖，選擇尖峰 (peak)，開質譜儀，若得到眞確之滯留時間及質譜，進入館存搜尋選擇 NBS 之館存，比對質譜，得到樣品的質譜相似率 (和館存 (library) 中某種物質質譜) 及差異。

⑺ 若相似率很高，即可能爲該種物質 (應自己會判斷質譜，按 “列印指令” 鍵 (shift print) 即可印出結果，通常印出 TIC 圖、質譜、相似物質譜及相似率，以及名稱。

⑻ 若質譜不正確，必須檢查樣品之前處理方法，若樣品中沒有正確的物質 (所要找的)，可進行開機；若找出所需的物質，可作標準液分析，進行積分，算出

樣品中所含物質的濃度。

3. 關機

(1) 在樣品分析完畢後，即把閥門控制器關掉。

(2) 先將電腦主機關掉，再把週邊設備關掉，開 “預備” (stand by) 鍵。

(3) 關 Heating / E / E ，約 45 分後，關幫浦 (眞空)，約 5 分後關電源， 20 分鐘後關掉氣體 (或者不關)。

圖 8.1 至圖 8.4 即爲操作氣相層析 — 質譜儀分析某甲基丙二酸尿症 (methyl malonic aciduria) 病人在發病時之分析結果，謹供參考。[4~10]

這些圖片顯示氣相層析圖上的甲基丙二酸在滯留時所顯示的尖峰，經由質譜圖加以確認後，再經氣相層析儀加以定量分析，因篇幅所限，其他代謝產物未加標示。

從事分析化學研究工作的科學家都曉得 GC-MS 的應用範圍十分廣泛。比如在食物及香料方面；在農業方面例如農業化學品、植物激素；在污染的研究例如含氯化合物、酚、脂肪酸、芳香族碳氫化合物、含硫化合物、水底有機物、菸草等；工業化學及石油化學方面例如芳香劑、造形劑、表面反應物、聚合物等，這些都是大家耳熟能詳的。

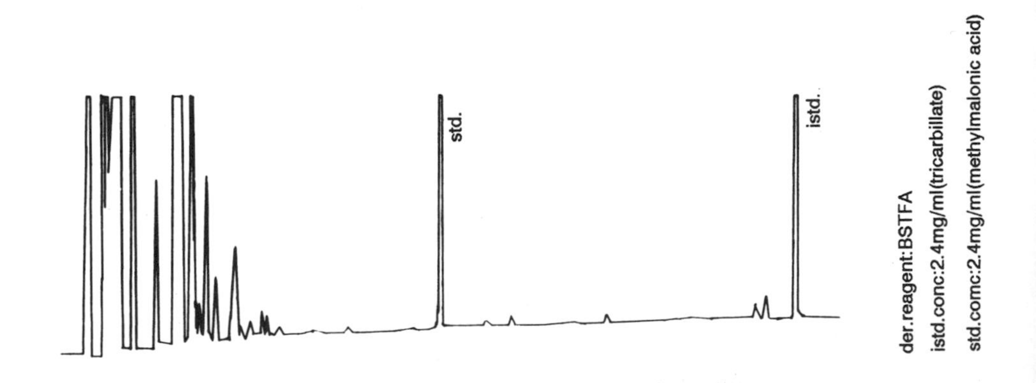

圖8.1 甲基丙二酸標準液 trimethylsilyl 衍生物之氣相層析圖。

氣相層析儀條件： injector 220℃ ， detlector 280℃ ，樣品注射後，oven 溫度保持 80℃ 10 分鐘，然後 oven 以 4℃ / min.由 80℃ 升至 250℃ ，再以 250℃ 保持 30 分鐘， column ： SE-30 ， N_2： 0.54 mL / min.

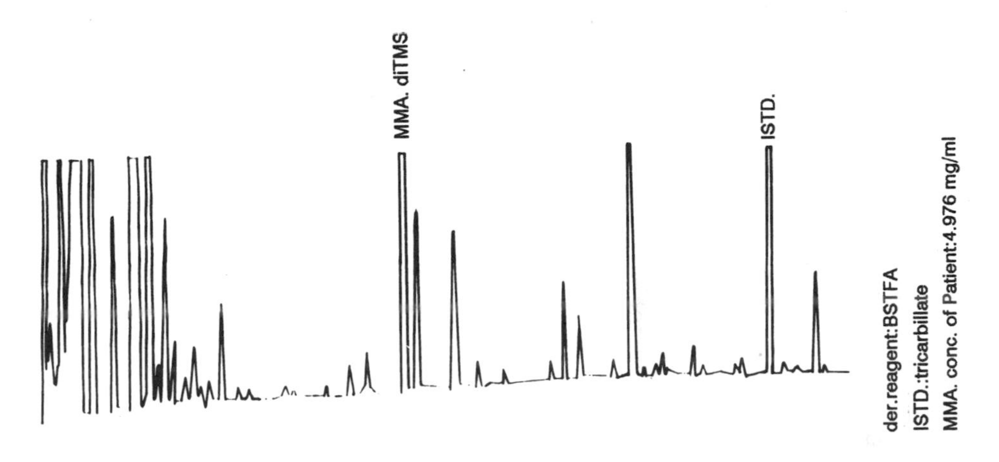

圖8.2 甲基丙二酸尿症病人尿液中之甲基丙二酸 trimethylsilyl 衍生物之氣相層析圖。氣相層析儀條件： injector 220℃ ， detector 280℃ ，樣品注射後，oven 溫度保持 80℃ 10 分鐘，然後 oven 以 4℃ / min.由 80℃ 升至 250℃ ，再以 250℃ 保持 30 分鐘， column ： SE-30 ， N_2 ： 0.54 mL / min.

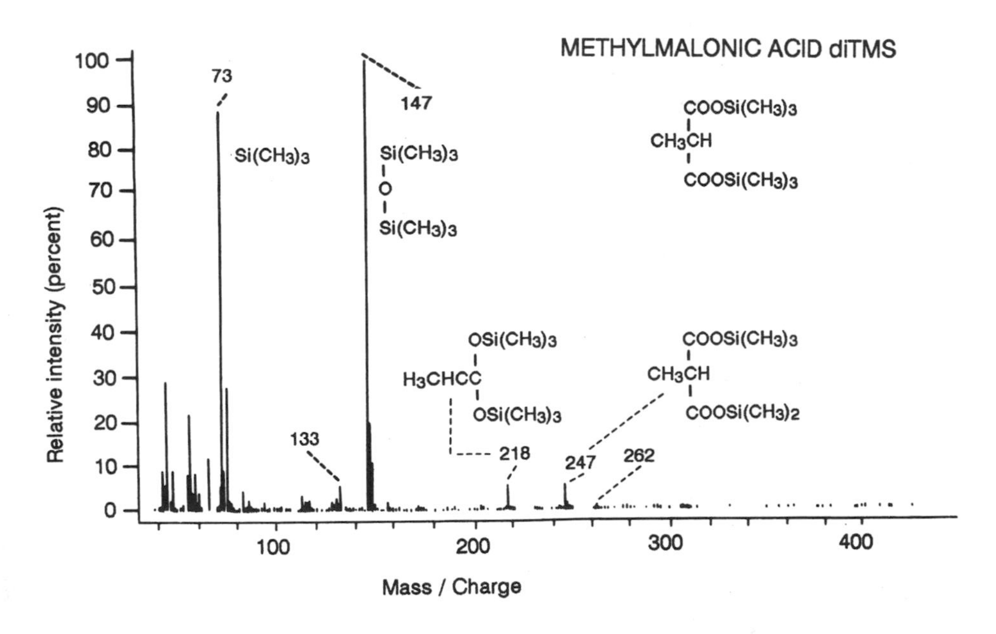

圖8.3 甲基丙二酸標準液 ditrimethylsilyl 衍生物之質譜圖。

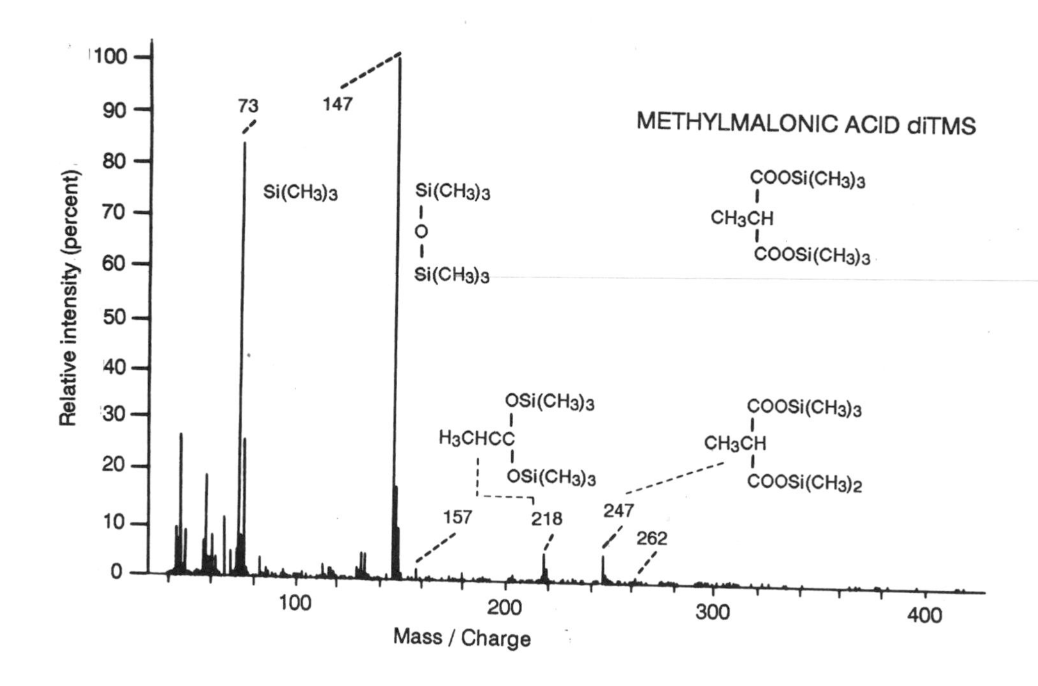

圖8.4 病人尿液甲基丙二酸 ditrimethylsilyl 衍生物之質譜圖。

GC-MS 近年在生物化學、醫學、藥學的研究上也逐漸增加其應用範圍。在先天代謝異常疾病上，本研究所顯示的甲基丙二酸即爲一例，其他的有機酸代謝異常症也是經常使用 GC-MS 來研究。事實上含有羧基 (-COOH) 及羥基 (-OH) 的有機酸經衍生成甲基丙二酸標準液 (trimethylsilyl) 衍生物後多可進一步加以分析。

醫學上的適用範圍還包括脂肪酸、三酸甘油脂、硬脂醇酯 (sterol esters)、醣類 (saccharides)、膽汁酸 (bile acids)、前列腺素 (prostaglandin)、類固醇 (steroids)等。這些研究逐漸應用 GC-MS 的方法作分離、確認、結構研究、微量分析，對今後醫學的發展將提供不少的助益。

四、結論

由氣相層析法可以歸納出未知物質的物理常數 — 滯留時間，而使用質譜法則可進一步瞭解其各組成分子的化學資訊。因此合併氣相層析法的分離技術及質譜法的確認技術，再加以線上即時的電腦操作，這種“氣相層析儀 — 質譜儀 — 電腦”的組合不但是先天代謝異常症的診斷利器，也將逐步應用於醫學上臨床化學的領域。[9]

誌謝 本研究曾接受行政院國科會 (NSC78-0412-B002-156) 及行政院衛生署之補助，實驗操作則承劉麗君、高政滿兩位小姐的協助，謹此致謝。

參考文獻

1. S. I. Goodman and S.P. Markey, Diagnosis of Organic Acidemias by Gas Chromatography-“Mass Spectrometry, New York: Alan R. Liss (1981).
2. M. E. Rose and R. A. W. Johnstone, Mass Spectrometry for Chemists and Biochemists, London: Cambridge University Press (1982).
3. F. W. Mclafferty, Interpretation of Mass Spectra, 3rd ed. Mill Valley: University Science Books (1980).
4. M. C. Higginbottom, L. Sweetman, W. L. Nyhan, “A syndrome of methylmalonic aciduria, homocystinuria, megaloblastic anemia and neurologic abnormalities in a vitamin B_{12}-deficient breast-fed infant of a strict vegetarian,” N. Engl. J. Med., Vol.299, pp. 317-323 (1978).
5. E. Nakamura, L. E. Rosenberg, K. Tanaka, “Microdetermination of methylmalonic acid and other short chain dicarboxylic acids by gas chromatography: Use in prenatal diagnosis of methyl-malonic acidemia and in studies of isovaleric acidemia,” Clin. Chim. Acta, Vol. 68, pp.127-140 (1976).
6. G. Morrow and L.A. Barness, “Studies in a patient with methylmalonic acidemia,” J. Pediatr., Vol.74, pp.691-698 (1969).
7. E. J. Norman, H. K. Berry and M. D. Denton, “Identification and quantitation of urinary dicarboxylic acids as their diclohexyl esters in disease states by gas chromatography mass spectrometry,” Biomed.

Mass Spectr. Vol.6, pp.546-552 (1979).

8. D. A. Maltby and D. S. Millington, "Analysis of volatile fatty acids in human urine by capillary column gas chromatography / mass spectrometry," Clin. Chim. Acta, Vol.155, pp.167-172 (1986).
9. J. Settage and H. Jaeger, "Advantages of fused silica capillary gas chromatography for GC / MS applications." J. Chromatogr. Sci., Vol. 22, pp.192-197 (1984).
10. R. A. Chalmers and A. M. Lawson, Organic Acids in Man, London: Chapman and Hall, pp.9-102 (1982).

第九章

質譜儀在禁藥及運動員用藥檢測方面的應用

王惠珀

摘　要

本文介紹一般常用禁藥以及運動員常用藥物 (sports medicine) 之鑑別分析步驟及方法。鑑於國際運動競賽之公平性，以及全世界運動人口數之龐大及其身心健康的考慮，一些國際運動協會已明定禁止使用的藥物並建立快速精準的鑑定方法。本文即簡述禁用的興奮劑 (stimulants)，麻醉性止痛劑 (narcotic aualgesics)，腎上腺素 β-型接受器阻斷劑 (β-blockers)，利尿劑 (diuretics) 以及同化類固醇 (anabolic steroids) 的種類及其分離、分析方法。由運動員比賽過後立即採集之尿液中先作篩檢試驗，依藥物及其代謝物結構及其化學性質之不同，分成五種尿液分離抽提及偵測方式進行，對檢測出陽性反應之檢品則一律以氣相層析質譜儀作確認鑑定 (confirmation)。由質譜儀之高靈敏度、特殊波峰之比對 (selective ion monitoring)，以及代謝物質譜之輔助比對，可正確無誤地分析出100種以上常用的藥物。質譜儀的使用及各類藥物之質譜特性爲本文之重點。

一、前言

爾來，國內青少年服用安非他命，以及其他禁藥之濫用似已造成了嚴重的社會問題。政府爲了查緝禁藥之使用，正廣求正確快速的檢測方法；爲長遠計，在國內成立專責之禁藥檢測中心 (doping control center)，不失爲一較實際可行的方法。

藥物濫用的問題，在運動員方面尤其嚴重。運動員爲了增強體力，減少疲勞，增加信心，在比賽中提高成績，可能使用之藥物多達一百種以上[1]，形成主辦運動會單位之困擾。本文將以國際奧林匹克委員會 (International Olympic Committee) 以及其他國際運動員協會之藥物檢測中心的作業爲題，介紹使用藥物的種類及偵測方法，作爲未來國內建立禁藥檢測機構以及籌辦大型運動會之參考。在所有檢測作業中，對篩選出可能用藥之檢品，均以質譜儀 (mass spectrometry) 作爲確認 (confirmation) 之儀器，因此，如何以質譜儀作禁藥之定性定量鑑定，將爲本文之主題。

二、國際運動員協會禁藥檢測 (Doping Control) 的沿革

自古以來人們熟知許多藥物具有增強體力、舒筋活血的功能，在十九世紀的西方，一種含有海洛因 (heroin) 及古柯鹼 (cocaine) 的混合物即已被用於賽馬之中，稱作 “speed ball”，後來許多具有類似作用的麻醉性止痛劑或中樞神經興奮劑亦被陸續引用，這些藥物被泛稱爲 “dope”。由於 dope 的濫用，造成運動競賽不公平與對運動員身心的戕害，因此國際上一些運動員協會如國際奧林匹克委員會 (IOC) 及國際業餘運動家協會 (International Amateur Athletic Federation) 從 1968 年起在各種國際運動會競賽中對運動員是否使用藥物之問題開始進行檢測，任何可促進運動員生理或精神狀況，加強其運動成績表現之藥物使用均稱爲 doping[2,3]，而在奧委會之醫藥委員會 (Medical Commission) 之下並成立用藥檢測委員會 (subcommission of doping and biochemistry of sports)，責成主辦奧運之國家成立用藥檢測中心 (doping control center)。

藥物檢測中心最重要的功能是快速地偵測出運動員是否服藥，以及鑑定其服用了那一種奧委會公告禁止使用的藥物，以 1988 年漢城奧運爲例，每一項個人競賽的前五名以及五名之外的運動員中抽取一名作禁藥測試，團隊競賽中則每一隊抽取 3～4 名選手之尿液作測試。在十五天的賽程中需完成 1601 個尿液樣品的分析鑑定。在爲數一百多種可能被使用的藥物以及其可能產生的多達四百多種的代謝物中，欲證明運動員究竟服用了那一種藥物，若沒有簡捷的藥物分離技術，精確高靈敏度的分析儀器，完善的藥物資訊或電腦資料庫，以及技術純熟的工作人員，是無法完成此項使命的。在該次奧運會中短跑名將 Ben Johnson 取得百米冠軍的第二天就被摘下金牌，即是藥物檢測中心的傑作，該中心在他排出爲數極少的尿液中測出了曾服用一種稱爲 stanozolol 的同化類固醇 (anabolic steroids)[4]。由此可見藥物測試的“快速精準”是成立藥物檢測中心的基本條件，任何欲爭取國際運動會 (如奧運、亞運) 主辦權的國家均需通過奧委會的檢測

能力測驗，截至 1989 年止已有 23 個國家取得此種資格，剛舉辦過亞運的中國大陸亦名列其中。

三、運動員用藥的種類

被國際奧委會公告禁止使用的藥物主要分爲五大類：(一)興奮劑 (stimulants)，(二)麻醉性止痛劑 (narcotic analgesics)，(三)腎上腺素 β-型接受器阻斷劑 (β-blockers)，(四)利尿劑 (diuretics)以及(五)同化類固醇 (anabolic steroids)，常用的藥物名稱及結構依類別分別列於圖 9.1 、 9.2 、 9.3 、 9.4 、 9.5 中。各類藥物依其揮發性、極性以及可偵測性之不同，分別使用氣相層析儀 (GC)、正相或逆相高效液相層析儀 (HPLC)，或先經由化學衍生物合成法處理，再經由上述層析法偵測篩選之，再以氣相層析質譜儀作確認試驗。其偵測方法將如後述，以下先簡介運動員爲何使用這些藥物。

興奮劑例如安非他命 (amphetamine, 俗稱 pep pills 、 uppers 、 speed) 具有中樞神經興奮作用，可恢復疲勞，增強服用者自信心以及提高勇氣，促進運動員的表現。這類藥品在職業足球賽或美式足球賽球員中尤其廣被使用，國內青年學子服用此藥或其類似物如甲基安非他命 (methamphetamine) 應是基於相同的目的。久服之後造成的亢奮、焦慮、失眠、精神障礙、妄想、錯覺，以及呼吸、循環系統之障礙則是此類藥物被禁止使用的原因。古柯鹼 (cocaine, crack) 的作用類似安非他命，而作用比安非他命更強，亦在明令禁用之列；咖啡因 (caffeine) 在檢測結果中若其含量低於 12 μg / mL 則視爲合格之運動員。

麻醉藥品常被運動員使用以減少因運動引起的疼痛，常用的藥物例如嗎啡 (morphine)、海洛因 (heroin)、配西汀 (pethidine)、可達因 (codeine)、pentazocine (俗稱速賜康、孫悟空) 以及 d-propoxyphene ，其中可達因常用於止咳製劑中，因此常造成運動員在不知情的情況下被偵測出違反奧委會之規定。

腎上腺素 β-型接受器阻斷劑 (β-blockers) 藥物具有舒緩心臟負荷、降血壓等作用，進而放鬆神經，消除緊張；在著重描準技術、高難度之運動項目如撞球、射擊、滑雪、馬術以及五項運動中常被運動員使用。

拳擊、柔道或舉重選手爲了爭取好成績，常使用利尿劑以減輕體重，俾進入次重量級比賽， 1988 年奧運會保加利亞舉重隊伍中即因有二位得獎者使用利尿

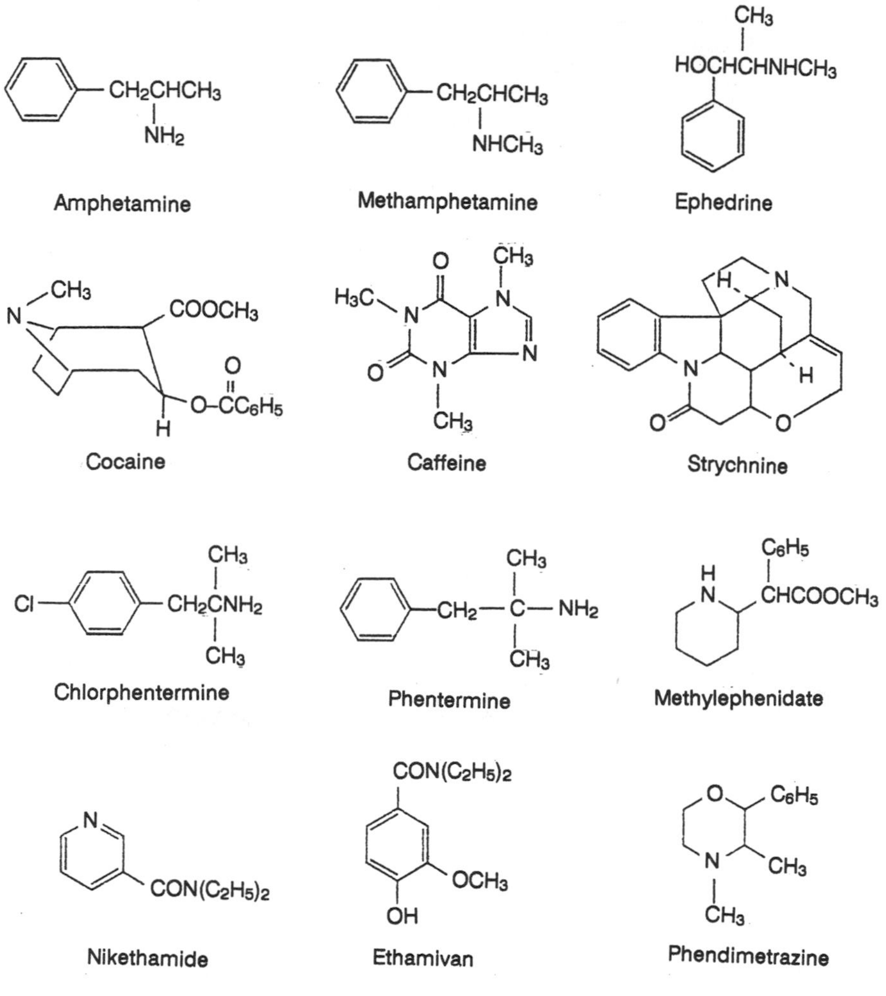

Amphetamine　Methamphetamine　Ephedrine

Cocaine　Caffeine　Strychnine

Chlorphentermine　Phentermine　Methylephenidate

Nikethamide　Ethamivan　Phendimetrazine

圖9.1 常用之興奮劑。

藥 furosemide 而使全隊喪失比賽資格。服用利尿劑的另一作用爲增加運動員的尿液產量，藉以稀釋體內其他藥物，有些運動員長期服用藥物，但在適當時機再服用利尿劑，可促進排泄，因此，在被抽樣檢測時可使藥物在尿中的濃度低到儀器偵測範圍以下而逃過被處罰的命運。根據美國的統計，在 1983～1984 年間非正式的藥物檢測調查中，運動員用藥的比例在 30～50％之間，然而正式比賽中被檢測出來的只有 2～3％，說明了運動員知道如何善選服藥時間，以及如何用

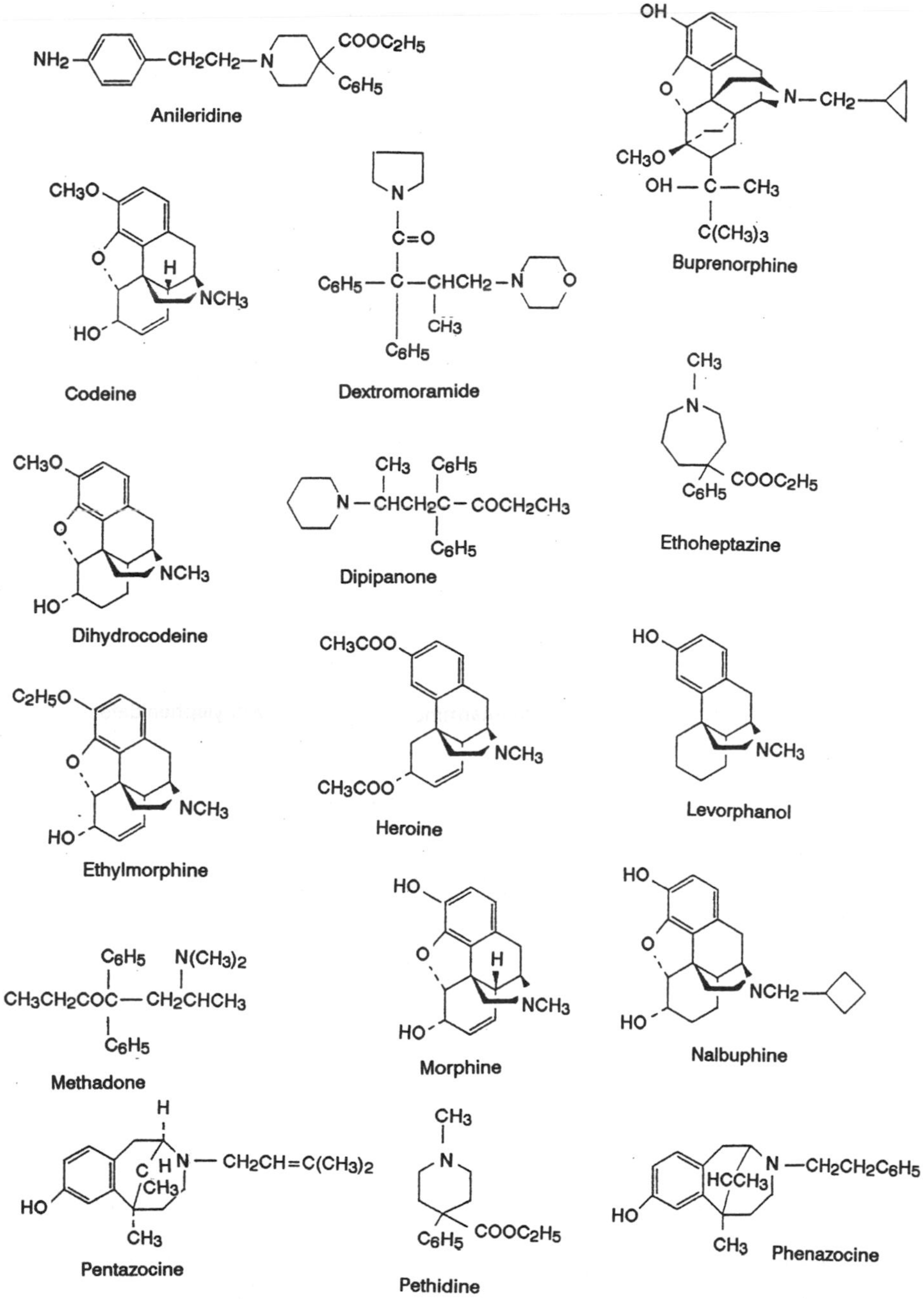

Anileridine

Buprenorphine

Codeine

Dextromoramide

Ethoheptazine

Dihydrocodeine

Dipipanone

Heroine

Levorphanol

Ethylmorphine

Methadone

Morphine

Nalbuphine

Pentazocine

Pethidine

Phenazocine

圖9.2 常用的麻醉性止痛劑。

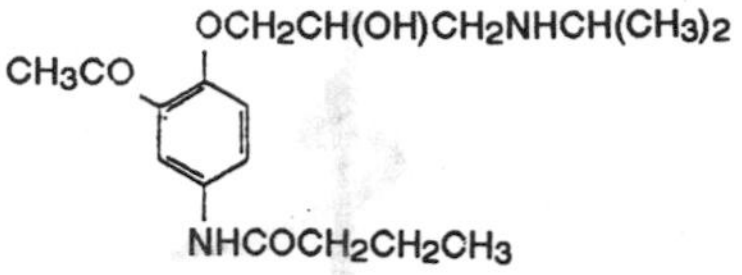

$OCH_2CH(OH)CH_2NHCH(CH_3)_2$
CH_3CO
$NHCOCH_2CH_2CH_3$

Acebutolol

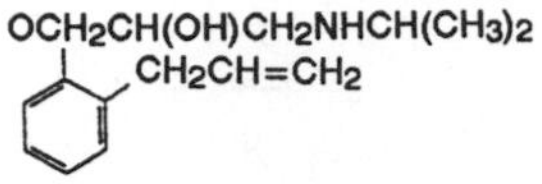

$OCH_2CH(OH)CH_2NHCH(CH_3)_2$
$CH_2CH{=}CH_2$

Alprenolol

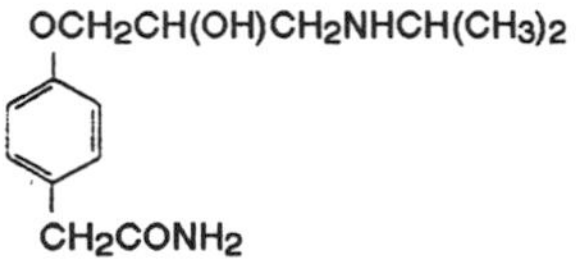

$OCH_2CH(OH)CH_2NHCH(CH_3)_2$
CH_2CONH_2

Atenolol

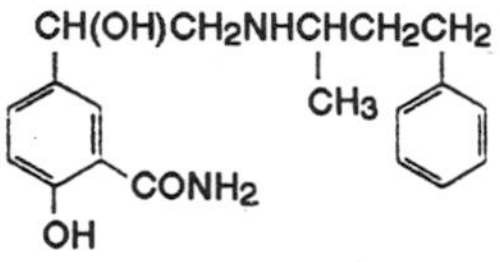

$CH(OH)CH_2NHCHCH_2CH_2$
CH_3
$CONH_2$
OH

Labetalol

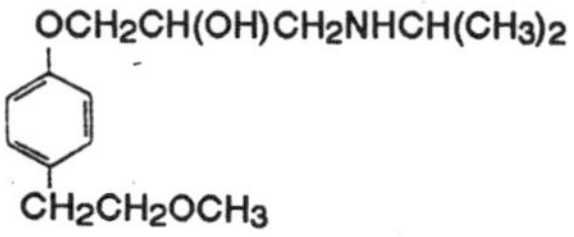

$OCH_2CH(OH)CH_2NHCH(CH_3)_2$
$CH_2CH_2OCH_3$

Metoprolol

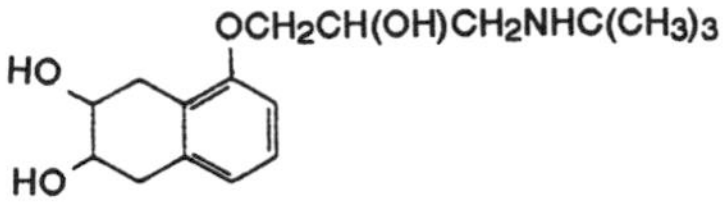

$OCH_2CH(OH)CH_2NHC(CH_3)_3$
HO
HO

Nadolol

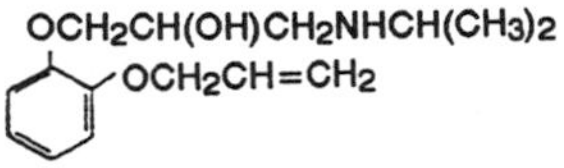

$OCH_2CH(OH)CH_2NHCH(CH_3)_2$
$OCH_2CH{=}CH_2$

Oxprenolol

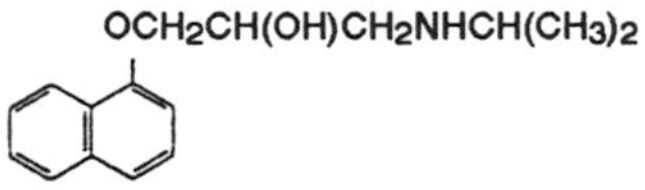

$OCH_2CH(OH)CH_2NHCH(CH_3)_2$

Propranolol

$CH(OH)CH_2NHCH(CH_3)_2$
$NHSO_2CH_3$

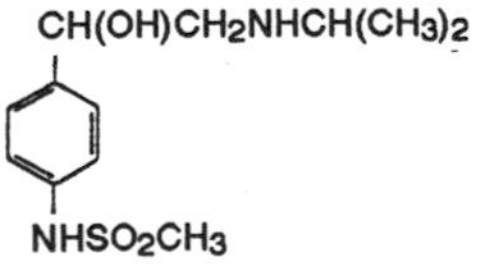

Sotalol

圖9.3 常用的腎上腺素 β-型接受器阻斷劑。

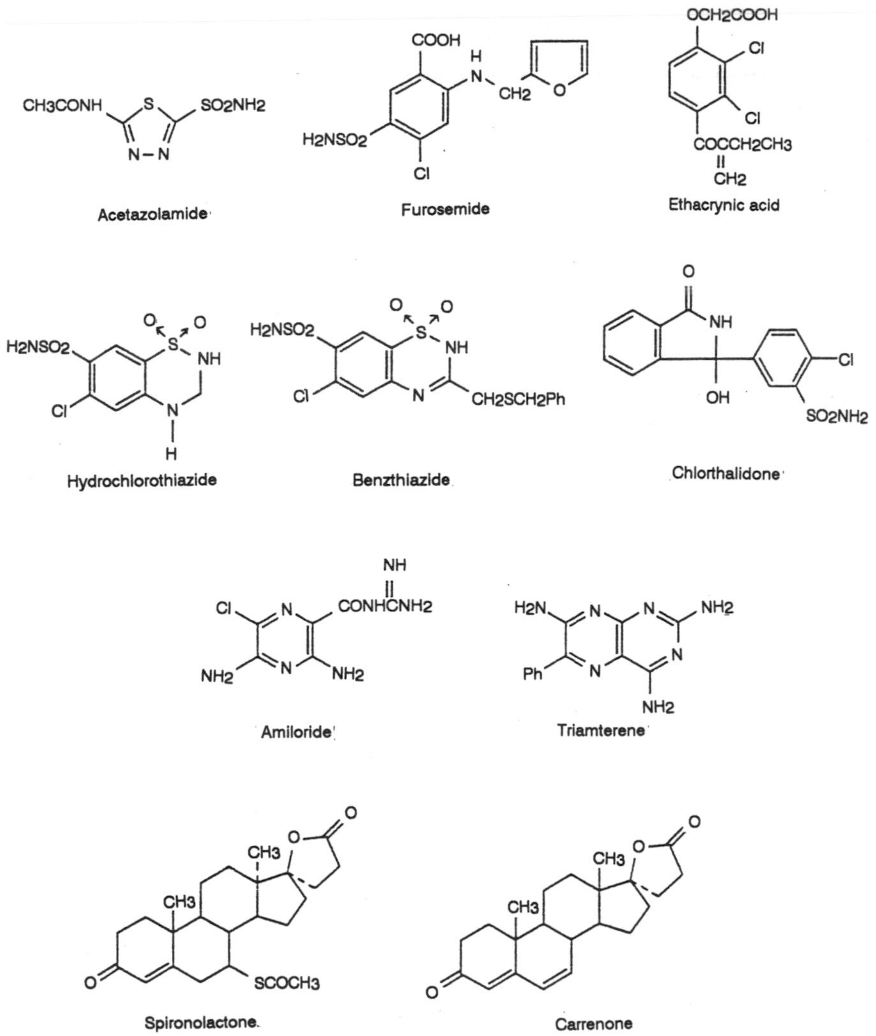

Acetazolamide　Furosemide　Ethacrynic acid

Hydrochlorothiazide　Benzthiazide　Chlorthalidone

Amiloride　Triamterene

Spironolactone　Carrenone

圖9.4 常用的利尿劑。

藥，以逃避被檢測出來。例如有一種稱為 probenecid 的抗痛風藥就常用來隱藏其他藥物，因它會阻礙其他藥物 (如類固醇) 的排泄，使其留在血液中而不排於尿中，因此檢查尿液時不易被偵測出來。

同化類固醇 (anabolic steroids) 可促進體內蛋白質生合成，具有強壯肌肉，加強男性性徵等特色。據 Dr. Forest Tennant 在 New England Journal of

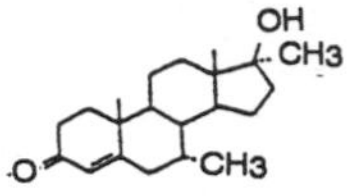

bolasterone

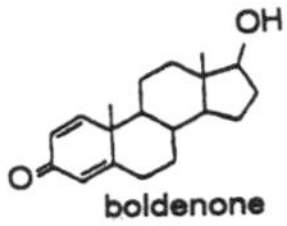

boldenone

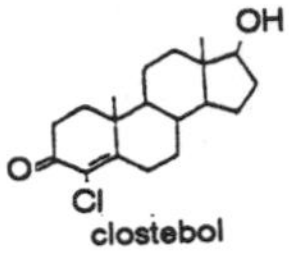

clostebol

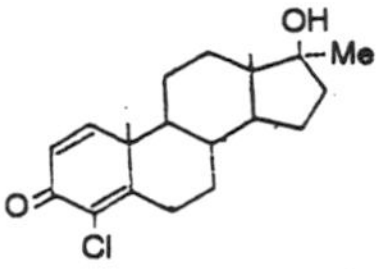

dehydrochloromethyl-
testosterone

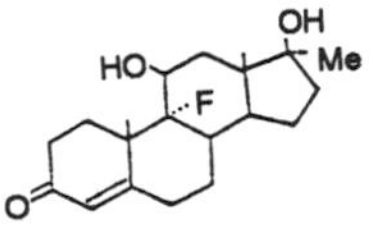

fluoxymesterone

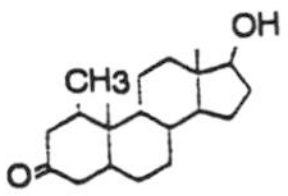

mesterolone

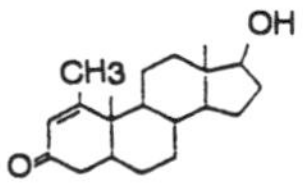

methenolone

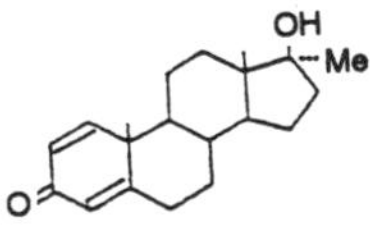

methandienone

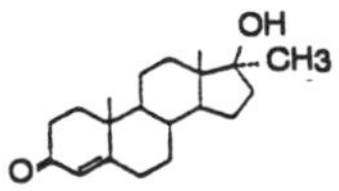

methyltestosterone

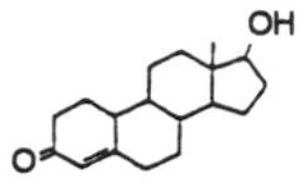

nandrolone

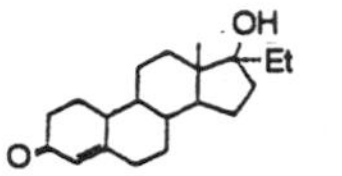

norethandrolone

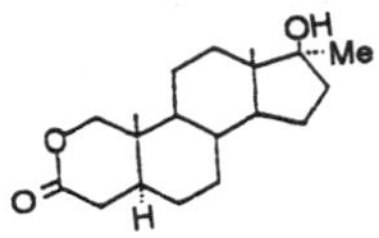

oxandronone

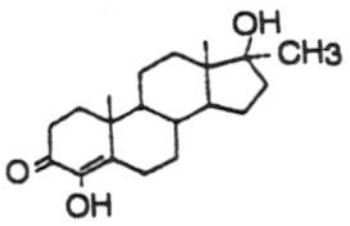

oxymesterone

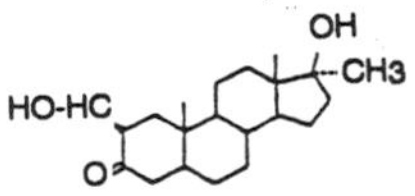

oxymetholone

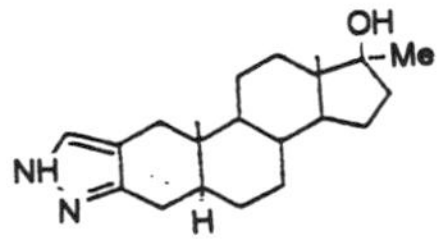

stanozolol

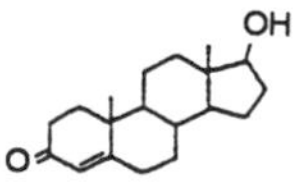

testosterone

圖9.5 常用的同化類固醇。

Medicine 發表的文章顯示美國均有一百萬人在使用此類藥品，以足球隊員使用的最多，另外舉重、健美選手濫用類固醇也是極嚴重的問題。

除了上述五大類藥物之外，藥物檢測中心並應特殊需要作其他藥物之測試，例如賽馬比賽中偵測馬尿中是否有鎮靜劑、消炎藥，運動員是否服用大麻類迷幻藥以及巴比妥鹽鎮靜劑等，均在測試之列。

四、藥物檢測的作業步驟及質譜儀的應用

可能被運動員使用的藥物多達一百多種，這些藥物在體內經過代謝，可能產生的代謝產物可多達四百多種，以有限的尿液檢品欲檢定含有那一種藥物，端賴完善的藥物分離技術與高靈敏度，高選擇性 (specificity) 的分析偵測儀器[5]。藥物依其化學結構之不同而有特殊之分離方法，以 1988 年奧運會爲例[1]，其檢測中心先將收集之 75 c.c.尿液檢品保留 1 / 3 封存，以便在鑑定出陽性結果時再作認證試驗。2 / 3 (50 c.c.) 則分成五瓶，每一瓶檢品依其結構及化學性質之不同，以下列表 9.1 所列之五種不同方式進行分離及分析。

㈠第一種檢測方式——揮發性 Stimulants 及 Narcotic Analgesics 之鑑定法

此二類藥物多爲具有較高揮發性之胺類化合物或生物鹼，服用之後又多以原藥 (free drug) 排泄於尿液中 (代謝物之含量甚低)，因此在篩檢過程中僅需將尿液鹼化，以乙醚抽提後即可經由氣相層析儀與標準品作比對分析。該類化合物多採用對含氮化合物之偵測靈敏度較高的 nitrogen-phosphorus detector (NPD) 作偵測。

在篩檢步驟中出現陽性的尿液檢品一律採用氣相層析質譜儀作確認試驗，大部份興奮劑具有 phenylalkylamine 之基本結構，其質譜圖可能具有相同之波峰 (peak)，因此在確認試驗步驟中多將尿液抽提物經過衍生物處理 (chemical derivatization)，由各藥物衍生物產生的 3～4 個特殊離子波峰以及氣相層析儀的滯留時間 (relative retention time) 可確證爲某一藥物；Dong-Seok Lho 等人[6]對 40 種此類藥物的 GC / MS 認證分析結果如表 9.2 所示。

㈡第二種檢測方式——非揮發性 Stimulants、Narcotic Analgesics 及 β-Blockers 之鑑定法

表9.1 漢城奧運藥物檢測方式表。

<table>
<tr><th colspan="2">檢測方式</th><th>藥物種類</th><th>分離方式</th><th>偵測儀器</th><th>儀器數目</th></tr>
<tr><td rowspan="6">篩檢步驟</td><td>第一種</td><td>volatile stimulants
narcotic analgesics</td><td>GC / SE-54 管柱</td><td>NPD</td><td>6套</td></tr>
<tr><td>第二種</td><td>non-volatile stimulants
narcotic analgesics
β-blockers</td><td>GC / SE-30 管柱</td><td>MSD</td><td>2套</td></tr>
<tr><td>第三種</td><td>diuretics
corticosteroids
caffeine pemoline</td><td>HPLC / ODS 管柱</td><td>diode array</td><td>6套</td></tr>
<tr><td rowspan="2">第四種</td><td>anabolic steroid</td><td>GC / SE-54 管柱</td><td>MSD</td><td>2套</td></tr>
<tr><td>anabolic steroid metabolites</td><td>酵素水解
→衍生物
→ GC / SE-30</td><td>MSD</td><td>4套</td></tr>
<tr><td>第五種</td><td>amphetamine
opiates cocaine metabolites benzodiazepine barbiturates</td><td colspan="2">TDX 免疫偵測法</td><td>4套</td></tr>
<tr><td rowspan="2">確認步驟</td><td>GC / MS</td><td>篩檢 (＋) 檢品</td><td>同上</td><td>EI / CI / MS</td><td>1套</td></tr>
<tr><td>LC / MS</td><td>篩檢 (＋) 檢品</td><td>同上</td><td>thermospray LC / MS</td><td>1套</td></tr>
</table>

若干 phenolalkylamine 類興奮劑或交感神經作用藥 (如圖 9.6) 之結構雖與安非他命等藥物類似，然而其結構中具有極性之-OH 基，服用之後在體內會形成 glucuronide, sulfate 或 acetate 之共軛代謝物 (conjugate metabolite) 以增加水溶性，利於由尿中排出[7]，因此，若欲從尿液檢品中偵測此類藥物，需經由酵素 glucuronidase 或酸處理，將共軛代謝物水解、抽提原藥或原藥之其他代

表9.2 揮發性 Stimnlants 及 Narcotic Analgesics 之質譜波峰。

No.	Derivative	RRT*	Base Peak	Characteristic Ions
1	Amphetamine-NTFA	0.495	140	118, 91, 69
2	Anileridine-NTFA	1.803	246	247,375, 42
3	Caffeine	1.000	194	109, 55, 67
4	Chlorphentermine-NTFA	0.693	154	59,114, 89
5	Codeine-OTMS	1.460	371	73,372,178
6	Dihydrocodeine-OTMS	1.426	373	73,146, 42
7	Ephedrine-NTFA-OTMS	0.733	179	73, 77, 45
8	Etafedrine-OTMS	0.735	86	58, 72,116
9	Ethamivan-OTMS	1.100	223	73,295,224
10	Ethylmorphine-OTMS	1.490	385	73,192,146
11	Fencamfamine-NTFA	1.023	142	170, 91,115
12	Fenproporex-NTFA	0.884	193	56,140,118
13	Heptaminol-NTFA-OTMS	0.582	131	73, 75, 69
14	Levorphanol-OTMS	1.288	59	73,329,328
15	Metaraminol-NTFA-$(OTMS)_2$	0.871	267	73, 45, 77
16	Methoxyphenamine-NTFA	0.761	153	148,109, 42
17	Methamphetamine-NTFA	0.601	154	109, 42, 91
18	Methylephedrine-OTMS	0.719	72	162,102,191
19	Methylphenidate-NTFA	1.051	180	90,150, 67
20	Norpseudoephedrine-NTFA-OTMS	0.648	179	73, 45, 77
21	Oxycodone-OTMS	1.553	387	388, 73,372
22	Pentazocine-OTMS	1.327	289	342,357,274
23	Phenazocine-OTMS	1.597	302	303, 73, 58
24	Phenmetrazine-NTFA	0.774	70	167, 55, 98
25	Phentermine-NTFA	0.509	154	59, 91,132
26	Pipradol-OTMS	1.243	84	73, 56,165
27	Propylhexedrine-NTFA	0.570	154	110, 42,183

$$RRT^* = \frac{\text{retention time of drug}}{\text{retention time of DIPA-12}}$$

R2 R3 R4
CH—CH—NH
R1

Compound	R_1	R_2	R_3	R_4
Tyramine	ρ-OH	H	H	H
Octopamine	ρ-OH	OH	H	H
Norfenefrine	m-OH	OH	H	H
Metaraminol	m-OH	OH	CH_3	H
p-Hydroxyamphetamine	ρ-OH	H	CH_3	H
p-Hydroxynorephedrine	ρ-OH	OH	CH_3	H
Pholedrine	ρ-OH	H	CH_3	CH_3
Synefrine	ρ-OH	OH	H	CH_3
Phenylefrine	m-OH	OH	H	CH_3
Etilefrin	m-OH	OH	H	C_2H_5
Bamethan	ρ-OH	OH	H	C_4H_9

圖9.6 phenoalkylamine 興奮劑及交感神經作用藥。

謝物。爲便於氣相層析儀之分析，該類藥物抽提後尙需經過衍生反應處理，通常將結構中之-NH 基及-OH 基分別作成-NTFA 及-OTMS 衍生物 (-N-trifluoroacy lation and -O-trimethylsilylation) 後通過氣相層析儀，以 mass selective detector (MSD) 偵測其特殊離子波峰。Dong- Seok Lho 等人[8]以此方法鑑定 13 種 phenolalkylamine 的結果如表 9.3 所示，雖然大多數藥物衍生物均具有 m/z 179 及 267 二個基本波峰，但以 MSD 選擇性偵測 3～4 個特殊峰時，每個化合物均有其特定之質譜。

麻醉性止痛劑因其結構中多含如 Phenolic-OH 或 alkyl-OH 基，尿液中若含有這類藥品代謝，經水解、抽提，再以 N-methyl-N-trimethylsilyltrifluoro-acetamide (MSTFA) 處理作成-OTMS 衍生物後以 GC / MSD 可偵測到以分子離子爲主之基本波峰 (base peak) 以及其他 3～4 個特殊波峰 (表 9.4)。

表9.3 Phenolalkylamine 藥物之質譜波峰。

Drug	MW	Base Peak	Characteristic Ion (m / e)
p-OH-Amphetamine-NTFA-OTMS	319	179	206, 77,319
Tyramine-NTFA-OTMS	305	179	193, 77,305
Metaraminol-NTFA-$(OTMS)_2$	407	267	77,197,392
Norfenefrine-NTFA-$(OTMS)_2$	393	267	77,179,378
Pholedrine-NTFA-OTMS	333	179	206,154,333
p-OH-Norephedrine-NTFA-$(OTMS)_2$	417	267	193,236,294
Octopamine-NTFA-$(OTMS)_2$	393	267	193,305,392
Phenylefrine-NTFA-$(OTMS)_2$	407	267	179,302,392
Etillefrin-NTFA-$(OTMS)_2$	421	267	177,193,406
Synefrine-NTFA-$(OTMS)_2$	407	267	193,317,392
p-OH-Ephedrine-NTFA-$(OTMS)_2$	421	267	193,251,407
Ethamivan-OTMS	294	223	294,193,264
Bamethan-NTFA-$(OTMS)_2$	449	267	179,359,434

表9.4 Narcotic Analgesics 衍生物之質譜波峰。

藥物衍生物	分子量	m / e	
		基本峰	特殊峰
Phthidine	247	72	91,117,165
Levorphanol-OTMS	329	59	329,272,150
Methadone	310	72	296, 85,200
Pentazocine-OTMS	357	289	245,342,357
Dihydrocodeine-OTMS	373	373	146,236,315
Codeine-OTMS	371	371	178,234,313
Hydrocodone	299	299	242,214,185
Ethylmorphine-OTMS	385	385	192,146,287
Morphine-$(OTMS)_2$	429	429	236,146,287
Hydromorphone-OTMS	357	357	300,342,243
Oxycodone-OTMS	387	387	229,273,330

含 β-blocker 藥物 (結構如圖 9.3) 的尿液經由上述處理方式後亦會形成-NTFA 及-OTMS 衍生物，唯該類化合物大多具有 oxypropanolamine (如 acebutolol、alprenolol、metoprolol、atenolol、propranolol 及 oxypranolol)，因此均出現 m/z 284 之基本波峰 $(CH_2—\underset{OTMS}{CH}—CH_2—\underset{NTA}{N}—CH(CH_3)_2)^+$ 以及 m/z 129 波峰 $(CH_2—\underset{OTMS}{CH}—CH_2\text{-}NHTFA)^+$，不易判定爲何種藥物 (表 9.5)，因此若檢品中以 MSD 篩檢出這些尖峰時通常尙需以 MSD 偵測至少 2～3 種代謝物之質譜，以確認爲何種 β-blocker 藥物。

㈢第三種檢測方式——Diuretics、Corticosteroids、Caffeine 及 Pemoline 之鑑定方法

腎上腺皮質類固醇 (corticosteroids) 具有消炎止痛作用，一般外用局部塗敷之製劑在國際運動競賽中並不被禁止，但若內服產生全身性作用時則仍在被禁用之列，此類藥物與利尿劑，caffeine 及 pemcoline 因其結構上均具有多元極性基，一般以逆相高效液相層析儀及 diode-array detector (DAD) 與標準品作比對篩檢分析，對疑似陽性之檢品再作衍生物反應，而以 GC / MS 確認。

表9.5 β-blockers 藥物衍生物之質譜波峰。

Drug	MW	Base Peak	Characteristic Ion (m / e)
Acebutolol-NTFA-OTMS	504	284	129,278,504
Alprenolol-NTFA-OTMS	417	284	129,159,402
Atenolol-NTFA-OTMS	434	284	158,129,228
Metoprolol-NTFA-OTMS	435	284	129,235,420
Oxprenolol-NTFA-OTMS	432	284	129,166,418
Propranolol-NTFA-OTMS	427	284	129,169,412
Nadolol-$(OTMS)_2$	525	86	147,510,409
Labetalol-NTFA-$(OTMS)_2$	550	292	91,316,535
Sotalol-NTFA-NTMS-OTMS	512	344	272,281,497

* An amide function of labetalol-NTFA-$(OTMS)_2$ was dehydrated.

利尿劑多以原藥排除於尿液中，鮮少有代謝物，其結構中多含有 sulforamide、amide、hydroxyl、carboxyl 或 amino 官能基，不易由氣相層析儀分離出來。在使用 GC / MS 作確認之前，以 liquid-liquid phase 抽提法或用 sep-pak C_{18} cartridge 作 solid-phase 抽提出之檢品尚需作成甲基衍生物 (methylation) 後才由 GC / MSD 偵測之，canrenone 及 spirololactone 則因不具有可被衍生反應之官能基，在抽提分離後直接以 GC / MSD 分析之。Song-Ja Park 等人[9]以 5 c.c. 尿液分析 13 種利尿劑標準品得到的質譜如表 9.6 所示。

在他們的報告中，Park 等人[10] 以 thermospray LC / MS 分析 9 種 corticosteroids (結構如圖 9.7) 時可得到表 9.7 之質譜，其中 MH^+-60 波峰來自於

表9.6 Diuretics 甲基衍生物之質譜波峰。

Retention Time (t_R) and Characteristic Mass Fragment Ions of Methylated Diuretics

Methylated Compound	t_R (min)	Characteristic Mass Fragment Ions* m / z								Molecular Weight
Acetazolamide (1)	3.22	43 (70)	83 (33)	108 (29)	249 (100)	264 (24)				264
Acetazolamide (2)	4.21	43 (100)	44 (100)	108 (11)	222 (9)					264
Ethacrynic acid	4.14	243 (42)	245 (27)	261 (100)	263 (61)	316 (8)	318 (5)			317
Dichlorphenamide	5.59	44 (100)	108 (23)	144 (10)	253 (71)	255 (43)	360 (8)	362 (6)		361
Furosemide	7.41	53 (16)	81 (100)	96 (9)	372 (16)	374 (10)				372
Chlorthalidone	7.99	176 (25)	255 (21)	257 (8)	287 (56)	289 (20)	363 (100)	365 (36)		395
Bumetanide	8.28	254 (72)	298 (22)	318 (62)	363 (96)	406 (100)				406
Hydrochlorothiazide	8.57	218 (38)	220 (16)	288 (47)	290 (16)	310 (100)	312 (45)	353 (100)	355 (43)	353
Triamterene	8.95	279 (24)	294 (14)	307 (23)	322 (60)	336 (100)	337 (88)			377
Canrenone**	10.47	55 (30)	91 (30)	107 (31)	136 (24)	267 (100)	325 (21)	340 (96)		340
Bendroflumethiazide	10.66	42 (15)	91 (6)	278 (23)	386 (100)					477

* Number in parentheses is the typical relative intensity ratio based on base peak as 100.
** Parent drug.

表9.7 常用 Corticosteroids 之 Thermospray LC / MS 波峰。

Corticosterolds	Molecular weight	Mass Fragment Ions, m/z					
		Base peak	MH^+	MNH_4^+	MH ± 60	MH ± 30	MH ± 18
Betamethasone	392.45	333	393	–	333	363	375
Corticosterone	346.00	347	347	364	–	–	–
Cortisone	360.47	301	361	378	301	331	343
Deoxycorticosterone	330.45	331	331	348	–	–	–
Hydrocortisone	362.47	303	363	380	303	333	345
11-α-OH-Progesterone	330.45	331	331	348	–	–	–
Prednisolone	360.44	301	361	–	301	331	343
Prednisone	358.44	299	359	–	299	329	341
Triamcinolone	394.45	347	395	–	335	365	377
Triamcinolone acetonide	434.44	435	435	452	–	–	417

C_{17} 與 C_{20} 之間斷裂造成之片段，MH^+-30 來自於釋出 HCHO (C_{20}-C_{20} 斷裂)。層析過程中以 ammonium acetate-methanol 作爲移動相，因此會出現 MNH_4^+ 之波峰；該類藥物之偵測靈敏度在 scan mode 時約爲 10～50 ng 而在 selected ion monitoring (SIM) mode 時則可達 1～5 ng 。

㈣第四種檢測方式 —— 同化類固醇之鑑定法

同化類固醇 (結構如圖 9.5) 除了以原藥排於尿液之外，在體內會產生 hydroxylation ， oxidation-reduction 等代謝反應，而最終以共軛方式 (conjugate metabolite) 排泄，因此欲分析此類藥物，通常需以酵素水解除去共軛之 glucuronic acid 。尿液經由 XAD-2 resin 吸收處理之後，其抽提液以 phosphate buffer 及 ether 溶解、離心， ether 溶液中可包含排泄之類固醇原藥，此部份經過衍生反應處理形成-OTMS 產物後可直接由 GC / SIM (selected ion monitoring) 偵測之； phosphate buffer 溶液則經過 β-glucuronidase 水解、抽提出非共軛代謝物之後形成-OTMS 衍生物，再以 GC / SIM 偵測。

該類藥物雖可以 radioimmunoassay (RIA) 方法鑑定，然而因其選擇性或專一性 (specificity) 不高[11]，終需以質譜作結構判定[12]。該類化合物多具有類似結構，因此以 SIM 判圖時至少需選取 3～4 個特殊波峰作爲比對標準，更精確的作法則是除了以 SIM 判定原藥外尙需以各藥之代謝物的特殊波峰作輔助比對

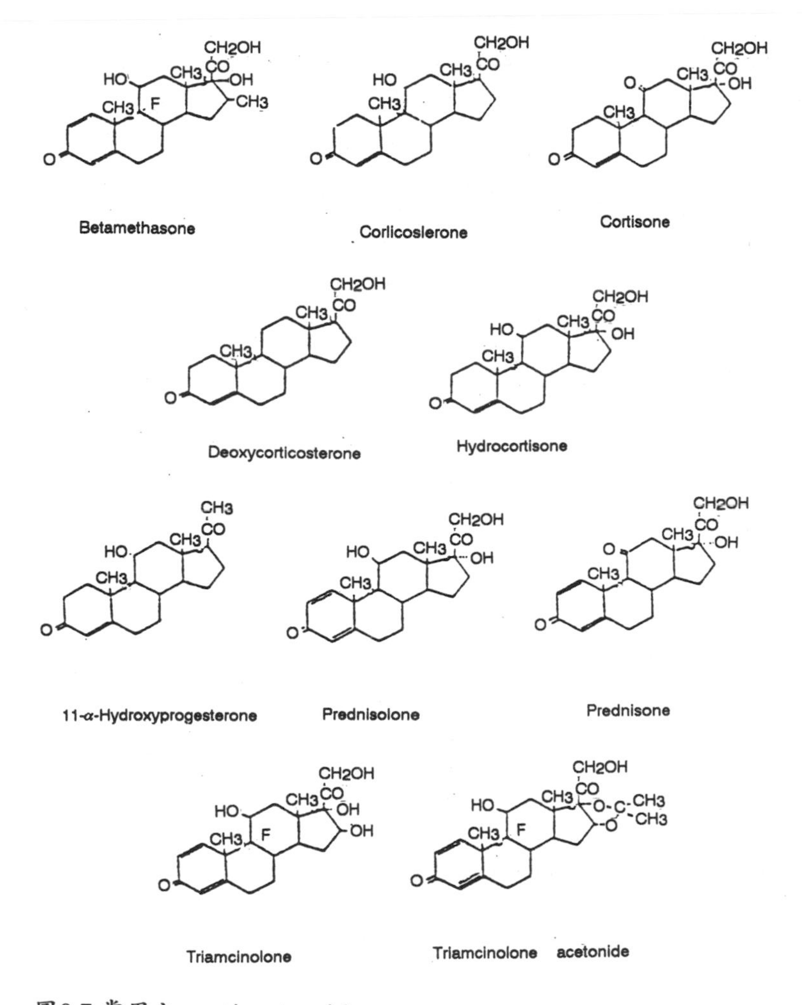

圖9.7 常用之 corticosteroids 。

。Chung 等人(13)以 GC／SIM 偵測十二種類固醇之尿液標準品的結果如表 9.8 所示。

在此特別值得一提的是 testosterone 爲身體內生性類固醇，爲了判定檢定結果是否爲服用之藥物，通常需以 mass *m*／*z* 432 波峰定量檢視 testosterone 及 epitestosterone 之含量比例。 epitestosterone 亦爲體內產生物，正常體內 testerone／epitestosterone 比例應在 0.5～1.5 之間，若含量比例超過 6 ，國際

表9.8 Anabolic Steroids 及其代謝物之 TMS 衍生物質譜表。

Substances	Selected Ions
Bolasterone	464*,460**,449,445,355,143
Boldenone	432*,430**,417,415,325,229,206,194,191
Clostebol	468*,466**,453,451,431,363,361
Dromostanolone	448*,433,358,343,365,182,169
Mesterolone	448*,433,358,343,270,143
Methenolone	466*,431,251,195,169
Methyltestosterone	450*,435,360,365,255,143
Nandrolone	422,420*,405,315,225, 422,348*,333,258(mono-TMS)
Norethandrolone	466*,421,375,331,287,254,241,157
Oxymesterone	534*,519,444,429,389,358,269,229,143
Oxymetholone	640*,625,550,495,460,370,143
Testosterone	434,432,430,417,522

* Molecular ion of TMS derivative of main metabolite.
** Molecular ion of TMS derivative of parent steroid.

奧委會即認定運動員曾服用 testosterone。

有鑑於 anabolic steroids 結構之類似性， de Jong 等人則建議使用質譜/質譜儀 (tandem mass spectrometer, MS / MS) 俾能更精確認證運動員係使用何種藥物[14]。

另外，可用於增加體內 testosterone 的人類絨毛膜生長激素 (Human Chorionic Gonadotropin, HCG) 則因係蛋白質類高分子，不易由質譜儀偵測，而以 enzyme immunoassay (EIA) 測試，在尿中含量 0.50 mIU / mL 以上時可達到高選擇性之偵測結果。

(五)第五種檢測方式—— Amphetamine Opiates Cocaine Metabslites Benzodiazepine ， Barbiturates 及 Canabinoids 之鑑定方法

這些藥物除了可使用 GC / MS ， LC / MS 作篩檢及確認分析，因其多為廣被社會上濫用之禁藥，早已發展出其他快速、特一性之分析方法。在漢城奧運使用 fluorescence polarization immunoassay (TDx system) 亦可精確地偵測出來，作爲 GC / MS 認證之輔助試驗。

五、結語

本文簡單介紹一百多種運動員常用藥物以及一般社會上廣被濫用禁藥的偵測方法，作爲國內建立系統性禁藥檢測作業的參考。以目前國內藥物分析人才，以及 GC / MS、LC / MS 等分析儀器之精密程度，已具有成立禁藥檢測中心的能力，只要假以時日訓練技術熟練的分析人員，並擴展設備，除了可配合檢警單位、教育單位、衛生單位作例行性檢測工作外，並可爲國家爭取籌辦大型國際運動競賽作後盾。

參考文獻

1. J.S. Park, S.G. Park, D.S. Lho, H.Y.P. Choo, B.C. Chung, C.G. Yoon, H. K. Min and M.J. Choi, “Drug testing at the 10th Asian Games and 24th Soeul Olympic Games”, J. Anal. Toxico., Vol.14, pp.66-72(1990).
2. I.O.C., List of Doping class and methods, L / 190 / 87, Lausanne, 16-12-87.
3. M. Donike, “Dope Analysis”, Official Proceedings Inernational Athletic Foundation World Symposium on Doping in Sports, P. Bellotti, G. Beuzi and A. Ljungquist ed., Centro Studi & Ricerche, pp.53-81 (1987).
4. D. Benjamin, “Shame of the game”, Time magazine, October 10, 1988.
5. E.G. de Jong, R.A.A. Maes and J.M. van Rossum, “Doping control of athlets”,Trends in Anal. Chem., Vol.7 (10), 375-82 (1988).
6. D.S. Lho, M. Donike, H.S. Shin, B.K. Kang and J.S. Park, “Systematic analysis of stimulants and narcotic analgesics by gas chromatography with nitrogen specific detection and mass spectrometry”, J. Anal. Toxico., 14, 73-76 (1990).
7. R.C. Baselt, “Disposition of toxic drugs and chemicals in man”,

Biomedical Publication, Dauis, California, 1982.

8. D.S. Lho, M. Donike, J.K. Hong, H.K. Park, J.A Lee and J.S. Park, "Determination of phenolalkylamines, narcotic analgesics and beta-blockers by gas chromatography / mass spectroscopy", J. Anal. Toxic., Vol.14, pp.77-83 (1990).
9. S.J. Park, H.S. Pyo, Y.J. Kim, M.S. Kim and J.S. Park, "Systematic analysis of diuretic doping agents by HPLC screening and GC / MS confirmation", J. Anal. Toxicol., Vol.14, pp.84-90 (1990).
10. S.J. Park, Y.J. Kim, H.S. Pyo and J.S. Park, "Analysis of corticosteroids in urine by HPLC and thermospray LC / MS", J. Anal. Toxicol., Vol.14, pp.102-108(1990).
11. R.V. Brooks, R.J. Firth and N.A. Sumner, "Detection of anabolic steroids by radioimmunoassay", Brit. J. Sports med., Vol.9, pp.89-92 (1975).
12. M.Donike and Zimmermann, J. Chromatography., Vol.202, p.483 (1980).
13. B.C. Chung, H.Y.P. Choo, M.Donike, T.W. Kim, K.D. Eom, O.S. Kwon, J. Suh, J.S. Yang and J.S. Park, "Analysis of anabolic steroids using GC / MS with selected ion monitoring", J. Anal. Toxicol., Vol.14, pp.91-95 (1990).
14. E.G. de Jong, R.A.A. Maes and J.M. van Rossum, "Why do doping control labs need a tendem mass spectrometer ? ", Biomed. Environmental. Mass Spect., Vol.16, pp. 75-80 (1988).

第十章

質譜技術在食品成份分析上之應用

吳淳美

摘　要

本文介紹質譜技術於食品成份分析上之應用，舉凡水質、香料、油脂之揮發性成份、麻竹筍苦味物質、果汁、菇類、香辛料、葱、蒜及其他天然物香氣成份，以及添加香味前驅物以產生香氣成份等，都已在食品工業發展研究所被充分的研究。本文也介紹液相層析質譜術及串聯質譜術在食品成份分析上之應用。

食品中之主成份爲水份、粗脂質、粗蛋白、粗纖維、醣類及灰分等。其微量成份則很複雜，包括各式之糖類、脂質、蛋白質、胺基酸、胜肽、酵素、核苷酸、維生素、色素、香料、各式之食品添加物如甜味劑、苦味劑、酸味劑、鹹味劑、安定劑、黏稠劑、抗氧化劑、防結塊劑、乳化劑、防腐劑等，及可能之污染物如農藥、微生物毒素、重金屬污染物、藥物、生長激素、抗生素、硝酸鹽及其衍生物等。

一、食品微量成份分析之功能

㈠ 瞭解食品中之有害及有益健康成分以使食品更益健康

食品之微量成份可能是“食補”之重要功臣，也可能是“禍從口入”之爲害禍首。目前有很多食品據稱有健康、美容甚或延年益壽之效果，但是人類並不能提出確實的證據來，不能指出何種成份有何種效果，也未經動物實驗證實，其之所以被冠上健康食品者，大多是靠人類之長期體驗。爲害人類之成份被研究的較多，如微生物毒素、亞硝胺 (nitrosamine)、及重金屬等其毒性都已被證實。人類不只要溫飽而且要健康，不只要食物中不受病源菌或腐敗菌之感染，而且要化學成份上儘量少受有毒成份之污染，更積極的要食用有益身體健康之食品而少食用引起疾病之食物。

㈡ 瞭解食品加工中各成份之變化以使食品更爲美味及營養

食品之品質 (色、香味及組織等) 受食品加工之影響常使品質劣化或變質，例如香氣化合物之喪失、異味之產生、褐變或褪色、苦味之產生、焦糖化、澱粉老化、組織變硬或變軟等。有些營養成份如維生素丙之氧化、必需脂肪酸及胺基酸之消耗等，這些現象都需分析數據加以證實以謀求改進之道，而使食品美味及營養。

㈢ 創新食品

新式食品常有些傳統食品所不能比擬之品質，例如黃豆蛋白加了肉類香料而形成人造肉，使消費者享受肉味而不必受飽和脂肪酸之危害，又如各式非糖甜味劑取代糖類以供糖尿病患者食用。

因此，食品之微量成份分析關係著人類生活至鉅，過去人類也已發展了很多食品成份之分析方法，以 AOAC[1]這本書集合各種食品之各種成份之分析方法，此書還不斷的改進及再版。質譜技術無疑是微量成份分析之最佳工具之一，質譜在食品成份分析中之應用很廣，包含了水質、揮發性成份、食品添加物、食品污染物，如微生物毒素、有機溶媒、多氯聯苯、農藥等，以及其他成份，如胜肽、苦味物質、亞硝胺等。

二、食品研究所過去十年質譜技術之應用研究

食品研究所於 1980 年 8 月及 1988 年 12 月分別開始運轉所購入之 H.P. 5985B GC-MS 及 Finnigan Mat TSQ 70 GC / LC-MS-MS。本文茲介紹本所十年來應用狀況之十件，其他之應用及各學校、機構與工業界之應用狀況則不擬詳述。

我們的分析工作大多限於揮發性成份之定性及定量，定性上主要是依據毛細管氣相層析之滯留係數 (retention time index) 及質譜與標準化合物或文獻資料之比對，定量上則加入內標準化合物，以氣相層析儀之火焰離子化檢出器 (flame ionization detector) 之相對面積換算。關於如何從食品中分離出揮發性成份，請參閱參考文獻[2]。

㈠ 水質分析

使用驅出及冷凍捕捉注射器，配合毛細管氣相層析和質譜儀定性及定量新竹地區 60 ml 水中微量鹵烷類、烷類高揮發性化合物。分析的樣品包括地下水、經氯處理地下水及自來水，並檢測其經煮沸 15 分鐘和經活性碳處理後高揮發性化合物殘留量。分析結果發現地下水的高揮發性化合物含量非常低，而經氯處理地下水及自來水含有 51～82 ppb 之高揮發性化合物，但經煮沸 15 分鐘後氯處理地下水高揮發性化合物減少了 39.5%，而自來水減少了 69.7%，經活性碳處理後氯處理地下水減少 22.2%，而自來水減少了 41.8%，無論是煮沸或活性碳吸著均可顯著地降低水中高揮發性化合物[3]。

㈡ 香料及天然物香氣成份之分析

台灣之香料工業還很弱，需借重儀器分析之地方甚多。目前食品工業發展研究所香料單元已累積了 500 支以上甚爲優良之香料配方，其中有不少是儀器分析有所貢獻的。此類分析工作有二大方向：

1. 台灣特產食物揮發性成份分析

檳榔在台灣、印度及東南亞地區之食用者甚多，其中之荖藤含有高量黃樟素 (safrole) (表 10.1)[4]，這是致癌物質，因此我們加以儀器分析，依分析數據再加上調香技術，以安全之原料製成不含黃樟素之檳榔香料。香菜是國人常用之香辛料之一，台灣之香菜有特殊之香氣，我國之特產只能期待國人創造出其香料來。同樣的，我們也已進行了其他特異性食物揮發性分析及創造香料，如豆腐乳、鴨肉、紅豆、綠豆、台灣土芒果、番石榴、百香果等。

2. 市售香料之分析

食物香氣分析結果只是供調查工作之參考，各香料公司對每一種香料有很大差異之調配方法，我們香料工業落後歐美日等國家甚多，因此必須借重儀器分析以做爲仿製之藍本。

㈢ 油脂於食品加工及貯藏中揮發性成份變化之研究

"炒菜" 技術是中式食品特色之一，油炒之佳餚剛炒好上桌美味可口，但是放冷了其香氣即劣化，我們曾以油炒青椒爲例，瞭解油炒青椒於放置 30 分鐘後，其脂肪酸即已有相當量氧化分解，而產生已醛 (hexanal) 等化合物，已醛具有青草味，當然引起香氣品質之變化[5]。炒菜油貯藏後產生大量之已酸 (hexanoic acid) 等油耗味化合物[6]，若長時間之貯藏則易產生環狀揮發性化合物，如 4-甲

表10.1 檳榔及荖藤(A)和荖藤(B)之揮發性成份。

Peak .No	Compound	M.W.	I_k^c CW-20M	I_k^c OV-1	Content A	Content B pH3	Content B pH7	Content B pH12	Identification
1	alpha-pinene	136	1020	922	16.03	49.71	63.23	43.04	b
2	camphene	136	1060	954	0.60	4.24	2.41	4.70	a
3	undecane	156	1100	1100	trace	trace	trace	trace	a
4	beta-pinene	136	1105	981	15.51	38.93	58.23	48.02	a
5	myrcene	136	1115	986	2.03	6.41	6.95	5.48	a
6	alpha-phellandrene	136	1156	1002	38.80	127.62	139.26	106.28	a
7	terpinolene	136	1172	1005	trace	trace	trace	trace	b
8	limonene	136	1193	1015	9.64	34.49	36.16	27.47	a
9	cis-ocimene	136	1202	1013	7.27	25.91	26.79	20.54	a
10	1,8-ocimene	154	1210	1150	trace	trace	trace	trace	a
11	p-cymene	134	1259	1009	0.48	4.78	2.40	1.40	a
12	tridecane	184	1301	1299	0.29	2.37	1.03	0.28	a
13	pentadecane	212	1497	1500	0.21	trace	0.96	trace	a
14	linalyl formate	182	1571	1185	1.37	11.24	13.21	5.62	a
15	methyl n-nonyl ketone	170	1594		0.22	2.06	2.16	1.21	a
16	germacrene B	204	1612	1430	1.83	18.33	19.34	9.06	b
17	beta-seaquiphellandrene	204	1618		0.43	3.24	3.17	1.84	b
18	beta-bisbolene	204	1707	1509	0.48	12.84	5.24	3.66	b
19	alpha-zingibirene	204	1737	1412	2.83	3.68	4.02	2.20	b
20	valencene	204	1801	1522	1.49	8.48	11.12	6.31	b
21	safrole	162	1861	1260	259.68	802.52	777.56	662.00	a
22	pentadecanal	226	1881	1591	trace	1.37	1.17	0.36	b
23	eugenol methyl ether	178	2020	1392	3.08	5.49	4.33	3.36	a
24	eugenol	164	2170	1325	19.34	22.46	22.72	16.37	a
25	iso-eugenol 1	164	2213	1443	1.64	0.54	trace	0.57	a
26	iso-eugenol 2	164	2264	1461	0.39	1.85	trace	0.56	a
	TOTAL				383.69	1188.56	1201.47	970.33	

a Comparison of retention time and mass spectrum with that of authentic compound.

b The mass spectrum or retention time were consistent with that of published deta.

c Calculated Kovats' indices.

Unit is mg / 100 g by wet basis, the data was obtained from the average of three experiments.

基環己酮 (4-methylcyclohexanone)、1,2-甲基環庚酮 (2-methylcycloheptanone) 及 6-heptyl-tetra-hydro-2H-pyran-2-one 等[7]。罐頭中所含水份及黃豆油之比例不同，於製罐或貯藏過程中其揮發性成份變化也有所差異[8]，這些資料可做爲中式食品罐頭製造時之參考。

㈣ 麻竹筍苦味成份

麻竹筍罐頭是台灣重要罐頭產品之一，若干麻竹筍原料含有苦味，有些則無，這是竹筍是否"出青"的問題。我們也曾對麻竹筍中之苦味物質加以分離及鑑定，麻竹筍之苦味物質被鑑定爲 taxiphyllin，即 β-D-gluco-pyranosyloxy-D-P-hydroxymandelonitrile，有些麻竹筍罐頭在麻竹筍表面沈積有棕黃色結晶，我們也加以分離證實其構造爲 1,2-trans-dicyano-1,2-P,P-bis (hydroxy-phenyl) ethylene 及 1,2-cis-dicyano-1,2-P,P-bis (hydroxy-phenyl)ethylene，這是兩個 taxiphyllin 在罐頭中結合之大分子，我們也以純 taxiphyllin 經高溫模擬殺菌反應後證實亦會產生此二重體[9]。

㈤ 果汁加工中香氣成份之變化及回收

百香果汁之離心去除澱粉以及濃縮[10]，番石榴及香蕉果汁中含有果膠，若要製成濃縮果汁或澄清果汁必須以酵素處理分解果膠並降低黏度[11,12]，果汁可經多效蒸發器進行果汁濃縮及香氣回收[13]，這些果汁加工過程之評判，都以香氣分析爲品質指標之一。

㈥ 菇類之香氣成份

菇類之香氣化合物含有二大系統，一爲 8 碳化合物類，如洋菇中最重要化合物 1-octen-3-ol[14]，另一類爲含硫化合物，在香菇中含硫化合物顯得很重要，如 lenthionine、1,2,4,5-tetrathiane、1,2,3,5-tetrathiane 及 1,2,4-trithiolane 等[15]。有一種菇類，俗稱杏仁菇，學名爲 Agaricus subrufecens，其香氣成份很特殊，以苯甲醛 (benzaldehyde) 及苯甲醇 (benzyl alcohol) 等含苯基化合物爲主要揮發性成份[16]。

㈦ 香辛料之分析

香辛料精油如薑、八角、桂皮等幾十種已經經過相當之分析[17,18]，期望不久之將來能由重要香氣成份之鑑定，依一定之數據處理以推測香辛料之混合物組成。

㈧ 柑橘精油之分析

陳皮是中國特產之一，其香氣成份及製造過程中之香氣變化也已被研究[19]，柑橘類精油是常用之香料原料，其精油中含有 90%以上之寧烯 (limonene)，這是不飽和之碳氫化合物，必須加以去除，我們嘗試各種 deterpene 方法，也以香氣分析證實其被去除。

㈨ 添加香味前驅物以增加揮發性成份之產生

前述洋菇之8碳化合物是洋菇香氣之關鍵性化合物，可添加脂肪酸於洋菇汁液中，利用洋菇液本身之酵素使其催化脂肪酸之分解反應，而提高8碳化合物之產量[20]。同樣地利用含硫胺基酸也可以做為大蒜及香菇香氣成份之前驅物[20,21]。

㈩ 葱蒜香氣成份之研究

中式食品特點之一即是炒菜，而炒菜之特殊香味，即是以葱蒜爆香。紅葱是肉燥香味料之主要原料，紅葱油炸其揮發性成份之主要變化為由不飽和之二硫化物 (disulfides) 變為 thiophene，其生、烤及油炸紅葱之精油成份差異列於表10.2[22]。大蒜之香氣前驅物為大蒜素 (allicin)，當細胞被打碎後，汁液中之 allinase 立刻與 alliin 作用而產生大蒜素，大蒜素是不穩定之化合物，很容易分解成 diallyl disulfide，diallyl trisulfide 等化合物[23]。

三、液相層析質譜術在食品成份分析上之應用

前文所敘述的，大體上是以氣相層析質譜術 (GC-MS) 為主之應用工作，但是有些化合物因為不能形成揮發性之衍生物或俱熱不穩定性，以致不能以 GC-MS 分析。這類化合物可以直接注入化學離子化法 (Direct Chemical Ionization, DCI) 及快速原子轟擊法 (Fast Atom Bombardment, FAB) 等方法得到質譜，但是只有液相層析質譜術 (LC-MS) 才能得到層析式 on line 形式之質譜。

液相層析質譜術約在1970年開始萌芽，微孔管柱 (microbore) 液相層析之移動相流速約為 10 uL / min，即 5.6×10^{18} molecules / sec，此與氣相層析質譜儀之流速 (4.5×10^{17} molecules / sec) 相差不多，在質譜儀之一般眞空系統下即可得到良好之質譜。但一般之充塡型 HPLC，假如其流速為 1 mL / min，即為毛細管氣相層析質譜儀之1000倍，因此，液相層析儀及質譜儀間之界面即為關鍵性技術，此界面必需去除液相層析儀中之大量液相才能維持高眞空及獲得良好質譜。

界面之設計有多種，大體上可分為下列四類：

㈠ 直接液體注入法 (Direct Liquid Introduction, DLI)

表10.2 生、烤及油炸紅蔥揮發油之百分組成。

Peak no.	Compound	Shallot oil(%) Raw	Baked	Deep fried
	Thiols			
1	methanethiol	b	b	0.12
3	propanethiol	0.06	0.07	0.45
	Unsat. monosulfide			
11	propyl propenyl sulfide	0.28	0.09	0.40
	Sat. disulfides			
7	dimethyl disulfide	1.99	0.38	3.75
17	methyl propyl disulfide	3.59	2.95	10.93
27	dipropyl disulfide	4.16	3.42	4.50
	Unsat. disulfides			
19	methyl cis-propenyl disulfide	2.91	0.39	0.48
20	methyl trans-propenyl disulfide	5.09	0.63	0.83
29	propyl cis-propenyl disulfide	2.79	1.38	0.71
31	propyl trans-propenyl disulfide	4.43	1.99	0.98
	Sat. trisulfides			
26	dimethyl trisulfide	18.81	2.76	5.61
35	methyl propyl trisulfide	19.93	15.32	12.93
43	dipropyl trisulfide	5.55	2.63	4.13
47	1-methylthiopropyl ethyl disulfide	6.41	3.12	3.14
	Unsat. trisulfide			
39	methyl propenyl trisulfide	4.85	14.38	b
50	propyl cis-propenyl trisulfide	4.50	9.18	9.21
52	propyl trans-propenyl trisulfide	5.47	10.58	9.59
	Thiophenes			
12	2,4-dimethylthiophene	b	b	b
13	2,5-dimethylthiophene	0.17	0.51	1.70
18	3,4-dimethylthiophene	1.36	3.93	11.65
	Oxygen compounds			
65	2-n-hexy 1-5-methy1-2,3-dihydrofuran-3-one	3.13	7.77	1.42
78	2-n-octy1-5-methy1-2,3-dihydrofuran-3-one	1.11	4.21	1.46
	Unknown compounds			
5	(M.W.282)	0.13	0.50	1.57
8	(M.W.268)	b	0.46	1.25
54	?	b	0.39	1.72
59	(M.W.191)	1.43	3.32	2.29
64	(M.W.205)	1.02	7.41	3.57
69	?	0.84	2.24	5.63

a Percentages were calculated according to the peak area of each peak to the total peak area in GC-MS chromatogram.

b Amounts of these constituents were too little to estimate.

此方法僅限於液體流速爲 10～20 uL / min 之微孔管柱，傳統型式之管柱，即要使用分裂式 (split) 注入。液體之出口必施以充分之熱能使流入之液體能氣化，但也不能過量使界面乾枯。爲了使液體充分氣化有隔板 (diaphragm) 及補充氣體促進噴霧等設計。亦或爲了使大分子能夠連續獲得快速原子轟擊質譜 (FAB)，也有連續將試料導入 FAB 探針頂端之設計，最近超臨界流體層析儀 (supercritical fluid chromatography) 與質譜儀之連接，也有不少是以直接液體注入法進行。

在本方法中，溶質之離子化一般是以液相層析之溶劑做爲化學離子化之試劑氣體 (reagent gas)，但是溶劑的選擇是爲了液相層析之分離目的，而非做爲試劑氣體之質子親和力 (proton affinity)。在本方法中，一般不能使用乙酸銨 (ammonium acetate) 於溶劑中以行緩衝液離子化 (buffer ionization)，因爲此化合物於加熱狀況下會塞住毛細管。所得到之圖譜爲 CI 圖譜，本方法最大的缺點是試料注入之容許量太少。

(二) 機械輸送法 (Mechanical Transport Devices)

本方法之原理是液相層析儀的流出液在以物理方式輸送至離子源的途中，會有溶劑減少而濃縮溶質之效果。本方法因爲溶劑已大量減少可以得到 EI 質譜，也可以電腦查詢，當然如一般之 GC-MS 也可以有 CI 質譜。最常用的輸送法是轉動金屬絲 (moving wire) 及轉動輸送帶 (moving belt)，在輸送途中因爲受熱及高眞空之影響，溶劑被大量抽走，輸送帶式可以有較大之試料量及效率。本方法最大的缺點爲對非揮發性化合物之分析有很大的限制，而 LC-MS 分析之最大目的即針對非揮發性化合物，但是各種改進方法仍在進行中，而且已發現輸送帶式 FAB 界面，是 LC / FAB / MS 最有潛力之界面。

(三) 熱灑法 (Thermospray)

本方法的原理爲 LC 之流出液在流入質譜儀的離子源之前，先經過一段毛細管柱，並有適當之控溫，使毛細管內之液體部份氣化，而非完全氣化，當離開毛細管後，溶質及未氣化之溶劑會成爲小顆粒而噴射出去，此時小顆粒變爲帶有電荷而使溶劑及比較容易揮發之溶質立即離子化，而非揮發性溶質也可能從高度帶電之小顆粒直接離子氣化而離子化，此段毛細管柱稱爲蒸發器(vaporizer)。

爲了協助溶質之離子化，目前有三種方法：(1)在溶劑中加入電解質如乙酸銨，而使溶質離子化，此即爲緩衝液離子化法 (buffer ionization)；(2)離子源內之

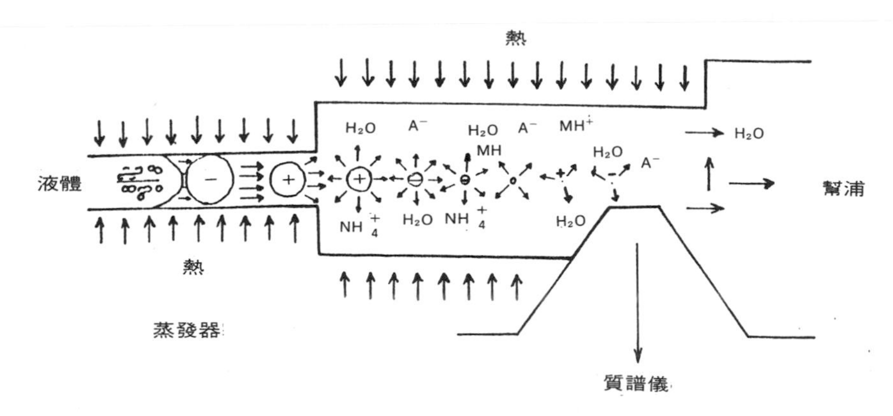

圖10.1 熱噴射離子化分析推測模式圖。

放電電極 (discharge electrode) 的放電，此即爲放電離子化法 (discharge ionization)；(3)離子源內的燈絲 (filament) 是否開啓，此即爲燈絲離子化法 (filament ionization)，但燈絲並不一定對離子化有正面之影響。圖 10.1 是熱灑法離子化之推測模式圖。熱灑法最大之缺點與直接注入法一樣，所得之圖譜爲 CI 圖譜而非 EI 圖譜，而且試劑氣體也沒有太多之選擇餘地。熱灑法可接傳統式液相層析儀管柱，溶劑於經過熱灑界面而產生大量之氣體，必有輔助幫浦將其抽走。

緩衝液離子化法是常被使用之方法，若把電解質加在一般液相層析儀之溶劑中，則會影響管柱之解析能力，因此，最好是管柱後再以另一幫浦打入電解質液。最常用的電解質爲揮發性者如乙酸銨、甲酸銨 (ammonium formate) 及三氟乙酸。這些電解質在低質荷比 (m / z) 部份有很大之干擾，因此，LC-MS 之試料一般分子量至少要在 150 以上。非揮發性之電解質緩衝液不能使用，因爲質譜之干擾更大，而且有塞住蒸發器之危險。

(四) 粒子束法(Particle Beam)

其原理如圖 10.2 ，從液相層析儀之流出液經過輔助散佈氣體後，會將液體噴霧成爲非常均勻之小顆粒氣流，這些小顆粒很快速的飛過脫離溶劑槽而使溶劑揮發，然後顆粒達到離子化室，因爲溶劑已大部份被抽走，在離子化室可達到高度眞空，所以可得到 EI 圖譜。

以上四種方法各有優缺點，目前各種方法都有不少的研究者正在努力的改進之中，所以很難於此時做一肯定之比較。

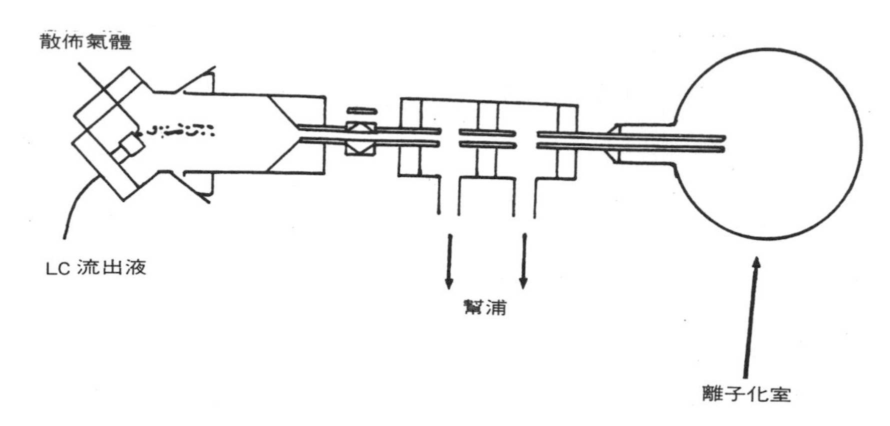

圖10.2 粒子束界面。

揮發性化合物皆能被 GC-MC 分析，但非揮發性物質並不一定能以 LC-MS 分析，尤其是大分子很難離子化。一般上極性較高的化合物較易於離子源離子化，因此其 LC-MS 之分析較易進行，靈敏度也較高，非極性化合物很難以 LC-MS 分析，有極性但極性差者雖也可以得到 LC-MS 數據，但其狀況並不理想。到目前爲止， LC-MS 之應用以核苷酸類化合物、葡萄糖苷酸(glucuronides)、胺基酸、胜肽、抗生素、農葯、染料、含鹵素化合物、藥物及毒素等應用得最多。

本所於 1988 年 12 月試車完畢 Finnigan Mat TSQ-70 GC / LC-MS-MS 後，即以發揮 MS-MS, LC-MS 、正離子、負離子及中性丟失 (neutral loss) 等功能爲第一優先。在 1981 年，我們曾有紅葱精油之 LC-MS off-line 之分析報告，即把 HPLC 之收集液再注入 GC-MS 分析，也有若干化合物能以此方式被鑑定出來 (圖 10.3 ，表 10.3)[26]。茲介紹最近食品工業研究所以熱灑式 LC-MS 脂肪酸及大蒜素之概況[27]。脂肪酸是油脂之主要成份，有飽和脂肪酸及不飽和脂肪酸之分別。圖 10.4～圖 10.7 是肉豆蔻酸 (myristic acid, C_{14}, 分子量爲 228.4 ，飽和脂肪酸)、油酸(oleic acid, C_{18}，分子量爲 282.4 ，含一雙鍵) 、亞油酸 (linoleic acid, C_{18}，分子量爲 280.4 ，含二雙鍵) 及亞麻酸 (linolenic acid, C_{18}，分子量爲 278.4 ，含三雙鍵) 之 LC-MS 圖譜及其中 $(M + NH_4)^+$之 LC-MS-MS 或 CID 圖譜。因爲在液相中加入醋酸銨，因此 $(M + NH_4)^+$爲其主要離子，$(M + H)^+$之離子也都可見到，但其他之離子則很少。關於其子離子 (daughter ion)

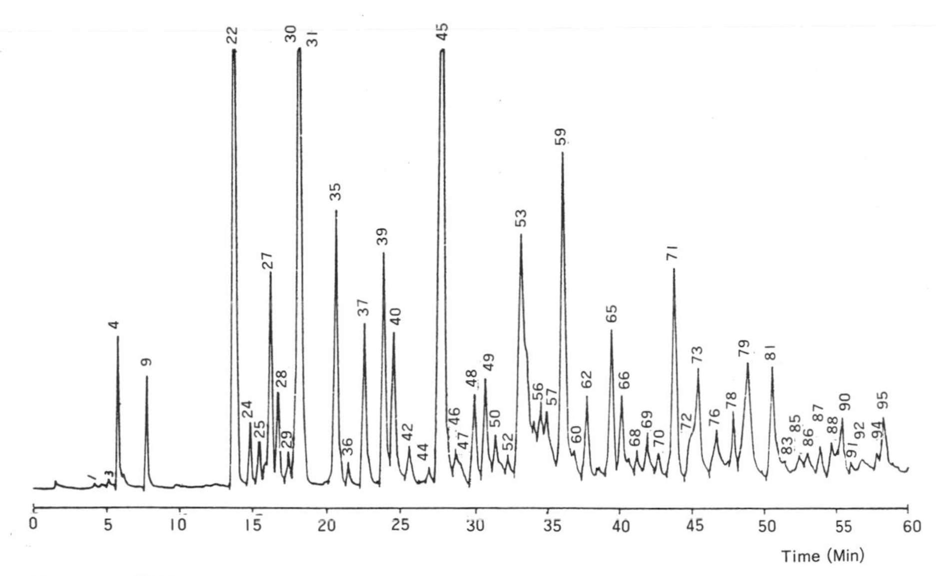

圖10.3 紅葱精油之 HPLC 圖。

表10.3 紅葱精油之鑑定。

Peak No.	Compound
22	Dimethyl trisulphide
37	1-Methylthiopropyl ethyl disulphide
45	Methyl propyl trisulphide
53	Dipropyl trisulphide
59	Propyl propenyl trisulphide
71	Dipropyl trisulphide

註：引用圖 10.3 之尖端數目。

，亞麻酸含有較高量之 81, 95, 123,137 碎片，可見第二次撞擊時能促使雙鍵斷裂但程度不大，最可能之位置爲 C_9、C_{10}、C_{12}及 C_{13}，約略爲分子中間部位之雙鍵。亞油酸亦可看到 97 及 83 之質譜碎片，但是油酸及肉豆蔻酸之子離子，卻很微弱而沒有顯著之分裂位置。大蒜之香氣化合物源自大蒜素，這化合物是由大蒜被打碎後，由其本身之酵素催化立即產生。此化合物很不穩定，幾天內即分解殆盡。圖 10.8 爲其 LC-MS 圖譜中 180 amu 之子離子圖譜，其化學式爲 $CH_2=CHCH_2S(O)SCH_2CH=CH_2$，其分子量爲 162。最主要離子爲 180 即 $(M+NH_4)^+$，163 爲 $(M+H)^+$。圖 10.9 爲大蒜素之 LC-MS 質譜，圖 10.10 爲大蒜素質譜中 163 離子之子離子圖譜。

在 LC-MS 分析中，有時亦可使用負離子型式分析，正離子及負離子之分析對化學構造之鑑定有互補之作用。譬如在以熱灑式 LC-MS 分析氯酚 (chlorophenols) 及除草劑之例子中[28]，證實氯酚在注入量達 200 ng 時，其正離子分析仍得不到訊號，但 Linuron 及 cyanazine 二種除草劑則得到很高訊號之 $(M+NH_4)^+$ 及 $(M+\text{acetic acid})^+$ 離子。若使用負離子型式時，皆得到 $(M-H)^-$ 及 $(M+Cl)^-$ 離子，而且氯酚靈敏度較上述二種除草劑爲高。

四、串聯質譜術在食品成份分析上之應用

串聯質譜儀 (MS-MS, mass spectrometry-mass spectrometry 或 tandem

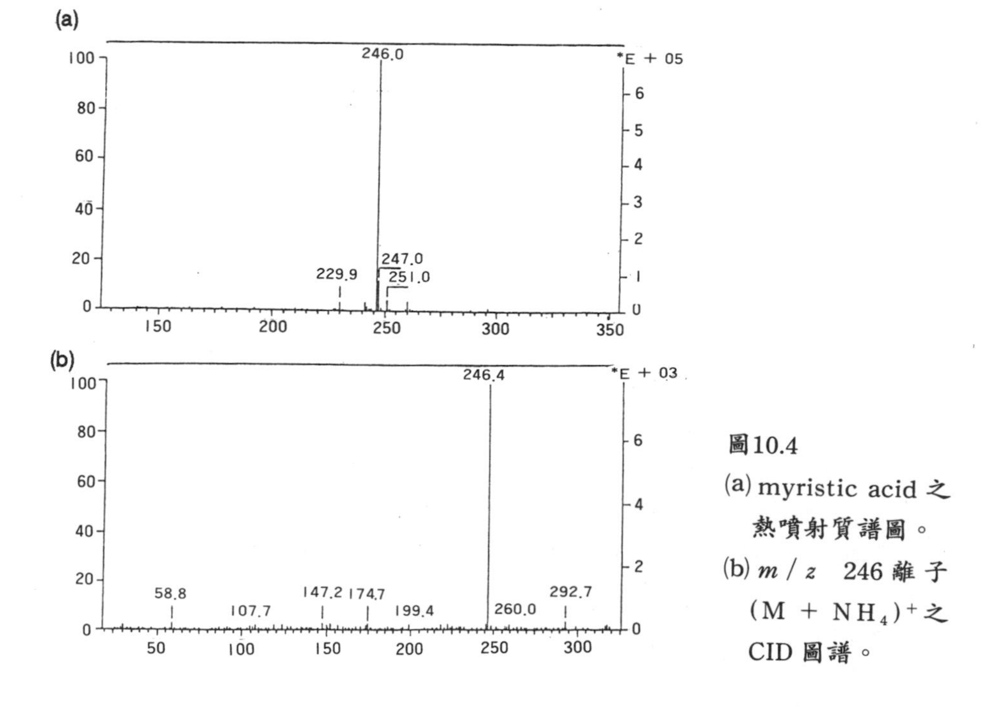

圖10.4
(a) myristic acid 之熱噴射質譜圖。
(b) m/z 246 離子 $(M+NH_4)^+$ 之 CID 圖譜。

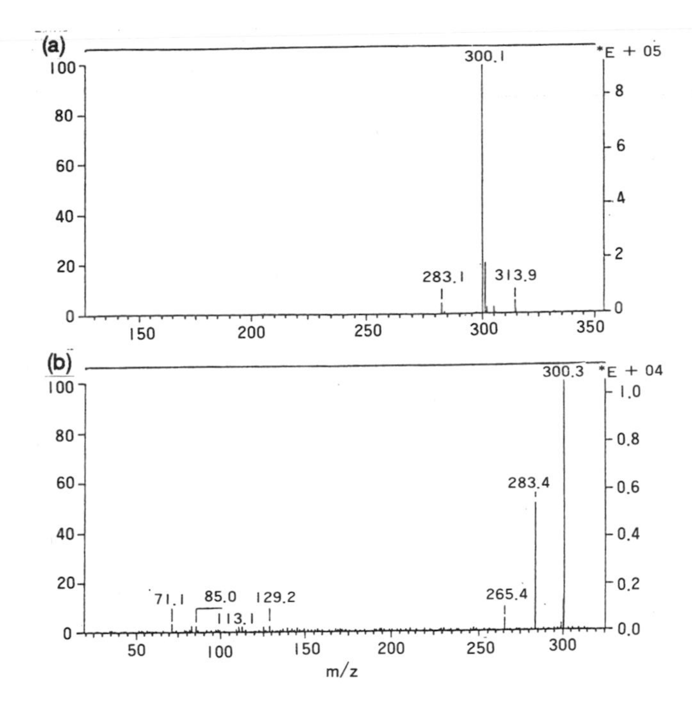

圖10.5
(a) oleic acid 之熱噴射質譜圖。
(b) m/z 300 離子 $(M+NH_4)^+$ 之 CID 圖譜。

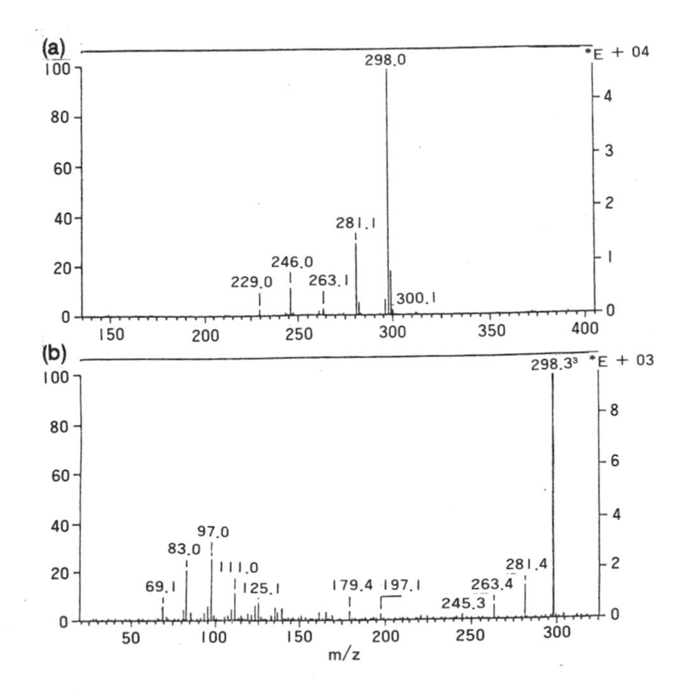

圖10.6
(a) linoleic acid 之熱噴射質譜圖。
(b) m/z 298 離子 $(M+NH_4)^+$ 之 CID 圖譜。

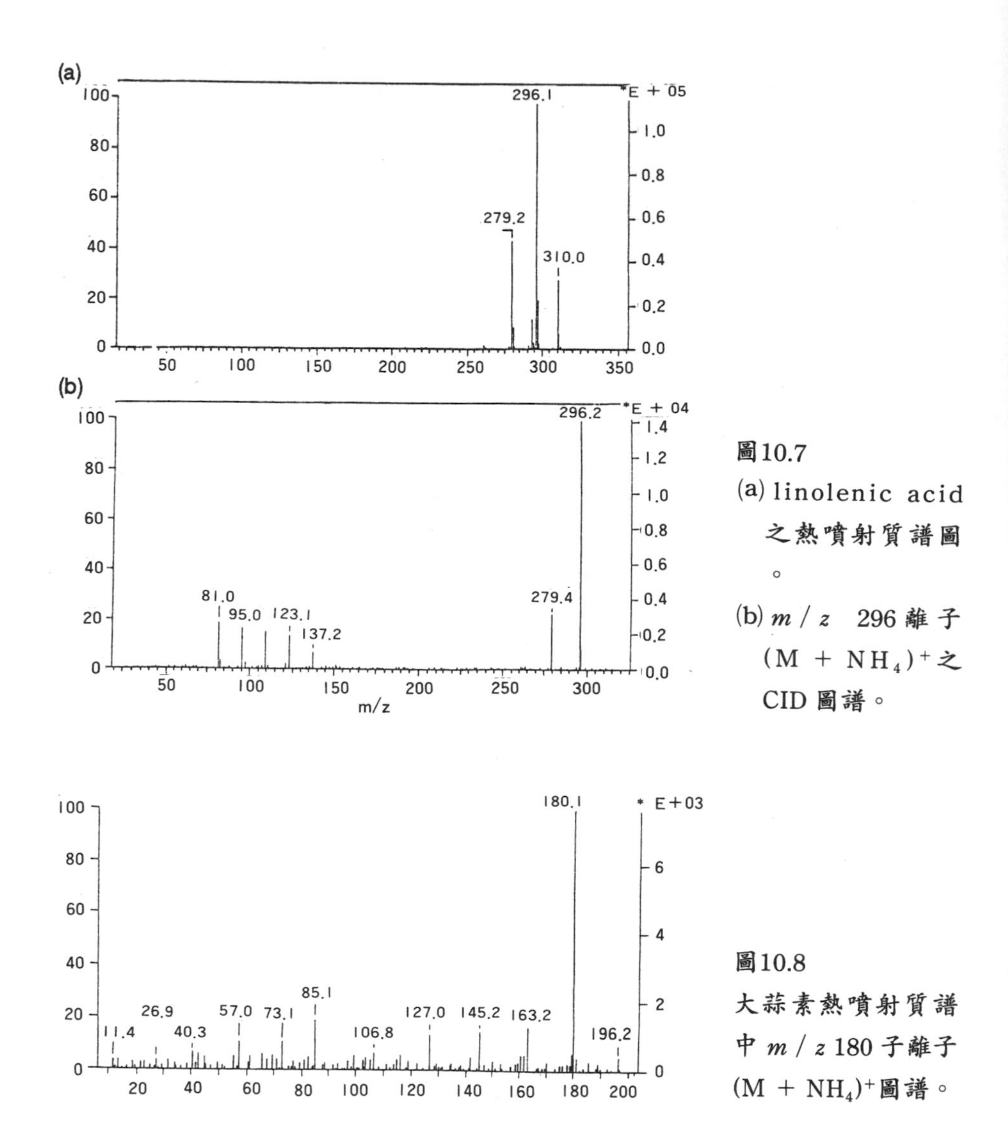

圖10.7
(a) linolenic acid 之熱噴射質譜圖。
(b) m/z 296 離子 $(M + NH_4)^+$ 之 CID 圖譜。

圖10.8
大蒜素熱噴射質譜中 m/z 180 子離子 $(M + NH_4)^+$ 圖譜。

mass spectrometry) 在食品成份分析上也有很大之潛力及特點，本文擬介紹二項實例以瞭解其應用狀況。

㈠ 豆蔻粉之直接分析

把裝豆蔻粉之毛細管放於固體探針 (solid probe) 上，再插入質譜儀之離子源內，以異丁烷爲試劑氣體行化學離子化可以得到 $(M + H)^+$ 離子。若固體探針設定爲 150°C時，可以得到 137, 165, 179, 193……283 之 $(M + H)^+$ 離子；若設

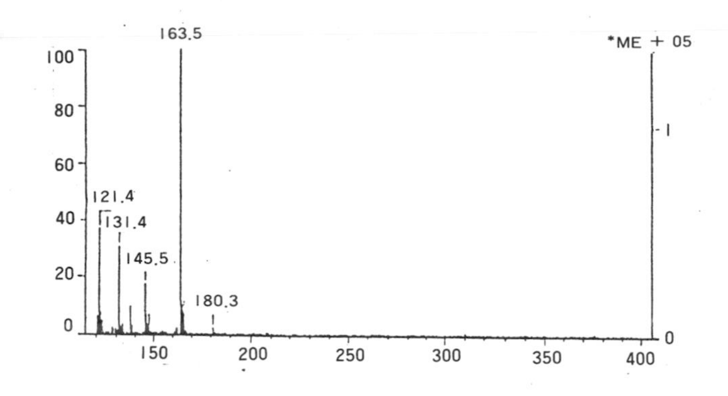

圖10.9
大蒜素之LC-MS圖譜。

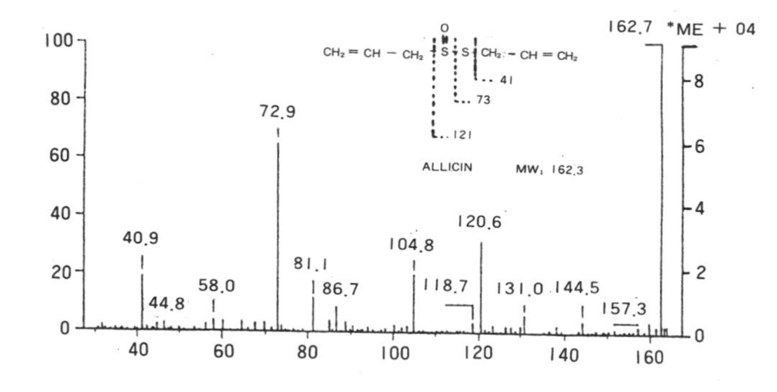

圖10.10
大蒜素 m/z 163 之子離子圖譜。

定爲 200°C時，可以得到 284, 325, 327……401 之 (M + H)$^+$離子，探針溫度可設定達 300°C以偵測更高之 (M + H)$^+$離子。這些離子可再求得其子離子圖譜，此圖譜與標準化合物子離子圖譜比對，以確定某成份之存在。

MS-MS 分析最大之優點：即是試料不必經過前處理而可直接分析，本例因爲是固體探針直接注入試料於離子源，即是直接注入化學離子化法，可以偵測分子量較大之成份。然而它亦有不少缺點，例如它無法區分同分異構物而且也可能於高溫下起熱反應或分解，因爲子離子圖譜無法以電腦查詢或有足夠之文獻資料比對，必以標準品對照，也是很費事。但是若只對某特定成份之快速分析而且有大量之樣品， MS-MS 無疑是最快捷之方法。

㈡ 精油之分析[30]

Vetiverol oil 之分析以 GC-MS 進行，分別得到 EI 、 PCI (正離子化學離子化) 及 NCI (負離子化學離子化) 圖譜。但是其中有一成份 khusimone (MW = 204) 與精油中很多其他成份之分子量相同，在鑑定上較不能肯定，但若行

GC-EI-MS-MS 分析，只有 khusimone 於子離子圖譜中得到 108 之大碎片，而其他成份無此碎片，故很肯定此成份之存在。

五、展望

質譜技術在食品成份分析上之應用將會被更加重視。人類希望食物要安全且營養，非以質譜技術來加以證實不可。 GC-MS 於食品分析上之應用已很普遍，但會更加深入。 MS-MS 、 LC-MS 、 DIP 等在食品分析上之應用還在啓蒙階段。 GC-MS 分析需要經過長時間之毛細管氣相層析使混合物得以分離，費時頗多，若直接以 DIP 進入 MS ，而於子離子再鑑定所欲分析之特定碎片，將可大大地減少所費的時間，負離子也可應用於某些特定化合物。

參考文獻

1. Association of Official Analytical Chemists, Official Methods of Analysis, edited by W. Horwitz, Washington, D.C. (1975).
2. 吳淳美 食品香料化學與加工 食品工業發展研究所 (1987)。
3. 謝錦堂、吳淳美　飲用水中高揮發性化合物　環境保護與生態保育研討會　中國文化大學理學院　pp.19-30 (1988)。
4. Li-Yun Lin, Charng-Cherng Chyau and Chung-May Wu, The Volatile Constituents of Piper Betle L. Presented in llth International Congrss of Essential Oils, Fragrances and Flavors, New Delhi, India(1989).
5. C. M. Wu, S. E. Liou and M. C. Wang, "Changes in volatile constituents of bell peppers immediately and 30 minutes after stir frying, J. Am. Oil Chem. Soc., vol.63, pp.1172-1175 (1986).
6. 吳淳美、陳素月　中式油炒油及油炸油貯藏期間之揮發性成份變化　食品工業發展研究所研究報告第 569 號 (1989)。
7. 吳淳美、陳素月、吳如芳　中式油炸油長時間貯藏後之揮發性成份　未發表資料。
8. Chung-May Wu and Su-Er Liou, "Effect of water content on volatile

compounds derived from soybean oils in cans, " J. Am. Oil Chem. Soc., vol.67, pp.96-100 (1990).

9. C. M. Wu, W. L. Liu and C. C. Chen, "The identification of taxiphyllin in dendrocamus latifiorus munro and its heat degradation products", in "Instrumental Analysis of Foods-Recent Progress", Vol.1 Edited by G. Charalambous and G. Inglett. pp.303-314, Academic Press. (1983).
10. M. C. Kuo, S. L. Chen, C. M. Wu and C. C. Chen, "Changes in volatile components of passion fruit juice as affected by centrifugation and pasteurification" , J. Food Sci. Vol. 50, pp. 1208-1210 (1986).
11. T. H. Yu, C. M. Wu and S. Y. Chen, "Effects of lcysteine addition of pectinolytic enzymes treatment on the formation of volatile compounds of garlic", 中國農化會誌, Vol.26, pp.406-412 (1988).
12. C. C. Chyau and C. M. Wu, "Differences in volatile constituents between inner and outer freshpeel of guava (Psidium guajava, Linn)", Fruit. Lebensm-Wiss. Technol. Vol.22, pp.104-106. (1989).
13. 黃淑雯　以蒸發方法進行金香葡萄果汁的香氣回收和濃縮之研究　輔仁大學食品營養研究所碩士論文 (1988).
14. C. C. Chen and C. M. Wu, "Studies on the enzymic reduction of l-octen-3-one in mushroom (Agauicus bisporus), J. Agric Food Chem., Vol. 32, pp. 1342-1344 (1984).
15. C. C. Chen, S. D. Chen, J. J. Chen and C. M. Wu, "Effects of pH value on the formation of volatiles of Shiitake (Lentinrrs edodes)", am Edible Mushroom. J. Agr. Food Chem., vol. 32, pp.999-1001 (1984).
16. C. C. Chen and C. M. Wu, "Volatile components of mushroom (Agaricus subufecens)", J. Food Sci., Vol.49, pp.1208-1209 (1984).
17. C. C. Chou, J. L. Wu, M. H. Chen and C. M. Wu, "Flavor quality of ginger powders" in "The quality of foods and beverages", Edited by G. Charalambous and G. Inglett. Academic Press Vol. l pp. 119-131 (1981).
18. C. C. Chen, M. C. Kuo, C. M. Wu and C. T. Ho, "Pungent compounds of ginger (Zingiber Officinale Roscoe) exteacted by liquid carbon diox-

ide", J. Agric Food Chem., vol. 34 pp.477 (1986).
19. 林麗雲 陳皮香氣之研究 國立臺灣大學農業化學研究所碩士論文 (1988)。
20. C. M. Wu and C. C. Chen, "Enzymatic formation of mushroom (Agaricus Bisporus) volatile oils", Presented in the 1984 Internationl Chemical Congress of Pacific Basin Societies, Dec. 16-21, Honolulu, Hawaii (1984).
21. 黃淑琴 香菇脂氧合酶之純化及其特性探討 國立中興大學食品科學研究所碩士論文 (1990)。
22. J. L. Wu, C. C. Chou, M. H. Chen and C. M. Wu, "Volatile flavor compounds from Shallots", J. Food Sci., Vol. 47. pp 606-608 (1982).
23. T. H. Yu, C. M. Wu and Y. C. Liou, "Volatile compounds from garlic", J. Agric Food Chem., Vol. 37, pp.725-730 (1989).
24. A. L. Yergey, C. G. Edmonds, I. A. S. Lewis and M. L. Vestal, Liquid Chromatography / Mass Spectrometry Techniques and Applications, Plenum Press, New York and London (1990).
25. P. Arpino, Combined Liquid Chromatography Mass Spectrometry Part II Techniques and Mechanisms of Thermospray, Mass Spectrometry Reviews. 9. pp.631-669 (1990).
26. J. L. Wu and C. M. Wu, "High-performance liquid chromatographic separation of shallot volatile oils", J. Chromatography, vol.214, pp.234-236 (1981).
27. 喬長誠，吳淳美 未發表資料。
28. D. Barcelo, "A comparison between positive and negative ion modes in thermospray liquid chromatography-mass spectrometry for the determination of chlorophenols and herbicides chromatographia, 25 (4), pp. 295-299 (1988).
29. D. V. Davis and R. Graham Cooks, "Direct characterization of Nutmeg constituents by mass spectrometry-mass spectrometry", J. Agr. Food Chem., Vol.30, pp.495-504 (1982).
30. A. Cazaussus, R. Pes, N. Sellicr and J. C. Tabet, "GC-MS and GC-MS-

MS analysis of a complex essential oil chromatographia, 25 (10), pp. 865-869 (1988).

第十一章

氣相層析質譜法的應用－脂肪酸

羅初英

摘　要

以氣相層析質譜術 (GC-MS) 分析各種類型的脂肪酸，必須先將原本極性高、揮發度低及熱穩定性差的脂肪酸，以化學反應方法改變成極性低、揮發度高及熱穩定性強的衍生物。本章臚列了一些常用以製備脂肪酸衍生物的方法，並介紹一些常用以分析脂肪酸及其衍生物的氣相層析固定相；接著是分段討論飽和脂肪酸及其甲酯、三甲矽基、過氫化吡咯醯胺等衍生物的一般質譜分裂形式，繼而討論脂肪酸碳鏈上有烷基、羥基、不飽和鍵 (雙鍵及參鍵)、環系 (環丙基等) 以及這些取代基混合存在時的質譜特殊斷裂形式。

一、前言

由氣相層析儀 (Gas Chromatograph, GC) 與質譜儀 (Mass Spectrometer, MS) 前後銜接而構成的聯線儀器 (hyphenated instrument) 稱氣相層析質譜儀 (GC-MS)。這儀器除擁有個別儀器固有的功能和特性外，還產生各個儀器單獨使用時不能持有的高靈敏度和廣實用性等特徵。對從事與化學相關科系 —— 如有機化學、分析化學、生物化學、醫學、藥學、環境科學等 —— 的工作者助益甚大，在工業上，其應用價值之高，更難以估計。自從本世紀六十年代以來解決了銜接這兩種儀器時所產生的技術上的困難後，目前 GC-MS 已不只是個成熟完善的技術，且仍不斷往極精密的境界日益精進，更使它成爲從事上述工作者不可或缺的工具。

本篇主題爲氣相層析質譜法在脂肪酸 (fatty acids) 上的應用，因而對 GC-MS 技術的原理，不擬贅述，讀者可參閱篇末所列參考文獻 1 至 14 ，必能對此技術得一通盤瞭解。

脂肪酸實際上泛指含羧酸基 (carboxyl group) 的有機酸，主要來源為生物界；脂肪酸碳鏈所含碳數從一到數十個都有。除羧酸基外，許多其他常見的官能基如不飽和雙鍵 (unsaturated double bond)、羥基 (hydroxyl group)、氧基 ((oxo group) 或稱羰基 (carbonyl group))、胺基 (amino group)、環系 (ring system)－如環氧基 (epoxy group)、環丙基 (cyclopropyl group)、五員圜 (five-membered ring)、六員圜 (six-membered ring)，甚至二環系統 (bicyclic system) 等，亦常出現於碳鏈上。以質譜法鑑定脂肪酸的結構，除可將其分子量定出外，尚可從質譜圖上斷裂碎片 (fragments) 所構成的峰決定其支鏈 (branching) 的位置，這些官能基的種類及所在的位置也都可以一舉定出。最難能可貴的是鑑定這些結構所需樣品只要有接近微克 (microgram) 的量便已綽綽有餘了。自然界的脂肪酸往往是好幾個同系列化合物 (homologue) 同時出現在混合物裏，因而將這些成份逐個分離並鑑定其結構，更非賴 GC-MS 不可。不過，從這技術所獲得的數據，如無與 GC-MS 連線的數據處理系統 (data system) 來處理，是不可能有效的使儀器發揮其最高功能的。當然，質譜法也有其限制，限制之一是質譜法不能分辨脂肪酸的幾何異構物 (geometric isomer) 或光學異構物 (optical isomer)。另一限制則因羧酸基本身是極性高的官能基，因而除一些碳數不高的脂肪酸外，大多數的脂肪酸都因揮發度低或熱穩定度差，不能直接以 GC-MS 作分析，必須以化學反應方法轉變成極性低、揮發度高、熱穩定性強的衍生物 (derivatives)，才可從 GC-MS 上得到有用的質譜圖，科學家只好從鑑定此衍生物的結構再推溯到原來脂肪酸的結構。

二、衍生物的製備

脂肪酸所含的羧酸基是高極性官能基，所以除了碳數極低的脂肪酸外，大都揮發度很低。含多官能基的脂肪酸其極性更高而相對的揮發度也更低，而且熱穩定性質也極差，因此如果直接以 GC／MS 作分析，不易得到理想的效果，必須以化學反應方法將此類脂肪酸變成衍生物，使其極性降低，從而提高其揮發度以及增強其熱穩定性，再以 GC 、 MS 作分析，才可得到預期的效果[15]。譬如將羧酸基改變成甲基酯或將羥基變為矽醚，或使氧基（oxo 或 keto）改變為肟（(oxime)，或稱羥亞胺 (hydroxyimido))，以避免酮－烯醇的互變變構體 (ketoenol tautomerism) 等，都可達到此目的。而衍生物的性質，當然和原來的脂肪酸大不相同，連帶的其質譜分裂形式和脂肪酸原物也大不一樣，如善加利用這些改進後的特性，其實可以達到更方便偵測和解析質譜圖的效果，例如將不飽和脂肪酸氫化使其變成飽和脂肪酸後，比較此二種化合物的質譜圖，可以確定其含不飽和雙鍵的數量。如要確定其雙鍵的位置，亦可以從一些特定的衍生物的質譜圖中得到答案。

引起化合物揮發度低的原因是這些化合物含有高極性的官能基，如羧酸基、胺基、羥基、硫醇基 (SH) 等，使分子間產生氫鍵 (intermolecular hydrogen bonding) 使然。以烷化 (alkylation)、乙醯化 (acetylation) 或矽化 (silylation) 等方法將此類官能基的氫取代，便可降低脂肪酸的極性而提高其揮發度。表 11.1 列出一些常用以將脂肪酸及其官能基改變成的衍生物，及其所用的反應劑，而從所列的參考文獻中，亦可獲得該反應的方法。

將羧酸基改變成甲基酯後，能使該化合物極性降低，從而增加其揮發度並增強熱穩定性。甲基酯衍生物製備便捷，且質譜圖也不會因而變得複雜，使此方法常被優先選用。正丁酯爲另一常用的烷脂，與烷酯一併爲人所喜用的則是矽酯，這也是一反應快速，極易操作的反應；脂肪酸上的取代基若有羥基還可因此同時矽化而成爲矽醚。不過，處理含羥基脂肪酸的方法，一般還是先將羧酸基改變爲烷酯後，再矽化羥基以避免分子量增加太多。過氫吡咯醯胺 (pyrrolidide) 衍生物能使碳鏈上的不飽和鍵等更加穩定，以之檢定鏈上雙鍵的位置是目前最可靠的方法之一。至於脂肪酸上的氧基，一般都先將之改變成肪再改變其羧酸基，以免此易變的官能基產生變構體，改變成肪後此官能基仍可再進行矽化反應。

三、脂肪酸及其衍生物在氣相層析條件下的性質

低碳數的脂肪酸通常可不必改變成衍生物而可直接用 GC-MS 分析，若色層分析機制爲分佈現象 (partition)，則分析管的固定相 (stationary phase 或 liquid phase) 多採用己二酸新戊酯 (neopentyl glygol adipate, NPGA) 或己二酸聚乙二醇 (Dolyethylene Glycol Adipate, (PEGA)，或二乙烯二醇己二酸酯 (Diethylene Glycol adipate, DEGA)，或 1～2%磷酸處理過的矽氧聚化合物 (silicone)[35,36,37]以分析之；如分析機制爲附著現象 (adsorption)，則一般常用的

表11.1 常用於 GC-MS 的脂肪酸衍生物。

官能基 (functional group)	反應劑 (reagent)	衍生物 (derivative)	縮寫式 (abbreviation)	增加質量 (Mass increment)	參考文獻 (reference)
羧酸 $(-\overset{O}{\overset{\|\|}{C}}-OH)$	重氮甲烷 (CH_2N_2)	甲酯$(-\overset{O}{\overset{\|\|}{C}}-O-CH_3)$	Me	14	16,17
羧酸 $(-\overset{O}{\overset{\|\|}{C}}-OH)$	甲醇/氯化氫 (CH_3OH / HCl)	甲酯$(-\overset{O}{\overset{\|\|}{C}}-O-CH_3)$	Me	14	18
羧酸 $(-\overset{O}{\overset{\|\|}{C}}-OH)$	甲醇/三氯硼 (CH_3OH / BCl_3)	甲酯$(-\overset{O}{\overset{\|\|}{C}}-O-CH)$	Me	14	19,20
羧酸 $(-\overset{O}{\overset{\|\|}{C}}-OH)$	甲醇/三氟硼 (CH_3OH / BF_3)	甲酯 $(-\overset{O}{\overset{\|\|}{C}}-O-CH)$	Me	14	21
羧酸 $(-\overset{O}{\overset{\|\|}{C}}-OH)$	正丁醇/三氟硼 (n-BuOH / BF_3)	丁酯$(-\overset{O}{\overset{\|\|}{C}}-O-C_4H_9)$	Bu	56	22
羧酸 $(-\overset{O}{\overset{\|\|}{C}}-OH)$	二甲基甲醯胺二甲縮醛 (Dimethylformamide dimethyl acetal)	甲酯$(-\overset{O}{\overset{\|\|}{C}}-O-CH)$	Me	14	23
羧酸 $(-\overset{O}{\overset{\|\|}{C}}-OH)$	(1)氯化亞硫醯(SOCl) (2)過氫吡咯 (Pyrrolidine)	過氫吡咯醯胺 (Pyrrolidide)	−N(五元環)	53	24
羧酸 $(-\overset{O}{\overset{\|\|}{C}}-OH)$	六甲基二甲矽胺 [Hexamethyldisilazane(HMDS)] 三甲基氯矽烷 [Trimethylchlorosilane (TMCS)]	三甲矽酯 $(-\overset{O}{\overset{\|\|}{C}}-O-Si(CH_3)_3)$	TMS	72	25,26
羧酸 $(-\overset{O}{\overset{\|\|}{C}}-OH)$	雙－(三甲矽)三氟乙醯胺 [Bis(trimethyl) trifluoroacetamide(BSTFA)]	三甲矽酯 $(-\overset{O}{\overset{\|\|}{C}}-O-Si(CH_3)_3)$	TMS	72	27
羧酸 $(-\overset{O}{\overset{\|\|}{C}}-OH)$ (低碳數)	三甲矽咪唑 [Trimethylsilylimidazole (TMSI)]	三甲矽酯 $(-\overset{O}{\overset{\|\|}{C}}-Si(CH_3)_3)$	TMS	72	28
羥基 (−OH)	六甲基二甲矽胺 [Hexamethyldisilazane (HMDS)]	三甲矽醚 $(-O-SiMe_3)$	TMS	72	29

(續上頁表11.1)

官能基 (functional group)	反應劑 (reagent)	衍生物 (derivative)	縮寫式 (abbreviation)	增加質量 (Mass increment)	參考文獻 (reference)
羥基 (－OH)	*N*－甲基－*N*－三甲三氯乙醯胺 [*N*－Methyl－*N*－trimethyltrifluoro-acetamide(MSTFA)]	三甲矽醚 (－O－$SiMe_3$)	TMS	72	30
羥基 (－OH)	N,O－雙三甲矽乙醯胺 [N,O－*bis*－tri-methylsilyl－acetamide(BSA)]	三甲矽醚 (－O－$SiMe_3$)	TMS	72	31
羰基 (－C(=O)－)	羥胺 (Hydroxyamine) H_2NOH	肟 (－C＝N－OH)	－	15	32
羰基(－C(=O)－)	乙氧胺鹽酸鹽 (O－Ethylhy-droxyamine HCl)	乙氧亞胺 (－C＝N－O－C_2H_5)	－	43	33,34

固體固定相均能適用[38]。

經酯化的脂肪酸，或酯化脂肪酸碳鏈上取代基變成衍生物後，在分離時常用的固定相除上述各種類型外，尚可用碳臘 (Carbowax 20M) 或矽氧聚合物如 SE30 、 SE52 、 OV1 、 OV101 、 SP 2100 、 OV17 、 OV22 等。

四、脂肪酸及其衍生物在質譜條件下的斷裂形式

脂肪酸及其衍生物所產生的質譜圖譜，具有其獨特徵象，這些特徵，是從事這方面的工作者賴以鑑定其結構的基礎。下面各節分段描述脂肪酸及其衍生物在質譜斷裂成碎片後，顯示於質譜圖譜上所見到的一些特徵峰。

(一)飽和脂肪酸

1. 脂肪酸[39]

分子離子峰 (或母峰) $M^{+\cdot}$之強度會因分子量增大而逐漸減弱，至 C_5-C_6呈現最弱後，又逐漸增強，掉落 45 daltons (COOH) 及 17 daltons (OH) 爲其特徵碎

片；乙酸及丙酸常有 M － 1 (掉落 H) 的碎片，碳鏈稍長的脂肪酸則因 β-碳斷裂而產生 McLafferty 重排現象[40]。

R, H, O^+, S, A ⟶ R–CH=CH_2 + H–O–C(=CH_2)–S ……………(1)

A=H　　[M−60]　　m/z 60 (S=OH)

如 α-碳含有取代基 —— 譬如 2-甲基丙酸，則此重排後之碎片亦載此基，其 m/z 相對增大相當於該取代基的質量。此外 [$(CH_2)_nCOOH$]$^+$，n ＝ 1,2,3 ……所產生的峰 —— 其強度隨 m/z 的增大而漸弱 —— 亦清晰可見。

2. 甲基酯[13,41,42]

以 GC 或 GC-MS 分析脂肪酸時，通常都須將之改變成甲基酯，然後才測其質譜動態，本篇所討論之脂肪酸，亦多以此爲衍生物。與未酯化的脂肪酸一樣，分子離子峰 M 以相當高的強度顯現於其質譜圖上，而且漸次減弱至 C_5後又略增強。基峰常是 m/z ＝ 74 [$(CH_3O\text{-}C(OH)=CH_2)$]，此碎片乃因 β-斷裂及 γ-氫轉移而產生[44] [見反應式(1)，S ＝ OCH_3]。又如同未酯化的脂肪酸一般，若 α-碳有取代基，則此碎片亦載此基，且其質量相對增高此取代基之值[43]。此外，因 α-斷裂而產生的碎片如：

R^+, (a)　　$R-C\equiv O^+$, (b)　　$^+O\equiv C-OCH_3$, (c)　　$^+OCH_3$ (d)

也都完全清晰可見，不過，有時因碳氫離子碎片(a)及含二氧離子碎片(c)的峰強度可能甚弱而不易找到。含一氧碎片離子(b)及(d)峰有時雖不甚強，但卻是特徵性峰而變得極爲顯著。另外 [$(CH_2)_nCO_2CH_3$]$^+$，n ＝ 2, 3,…(m/z 87, 101, 115…) 也都一一顯現於圖上，其強度隨質量的增加而漸次減弱。但由於共振的穩定作用，每隔四個亞甲基 (CH_2) 便出現一特性峰，如 m/z 87, 143, 199, 255, 311……等[39]。另一種峰則爲碳氫離子碎片由 R^+不斷掉落一亞甲基 (14 amu) 而形成。

上面所述各點，不難於下面圖 11.1(十八碳脂肪酸) 及圖 11.2 (十八碳脂肪酸甲酯) 二質譜圖中一一窺知。

含二羧酸基的脂肪酸其二甲基酯質譜圖一般都相當複雜。通常 M − 31 峰 (掉落 OCH_3) 爲顯著強峰，而 $m/z = 27 + 14n$，$n = 1,2,3\cdots$亦形成一系列峰至 C_9後，另一系列峰由 $m/z = 84 + 14n$, $n = 1,2,3\cdots$亦漸爲顯著。二羧酸

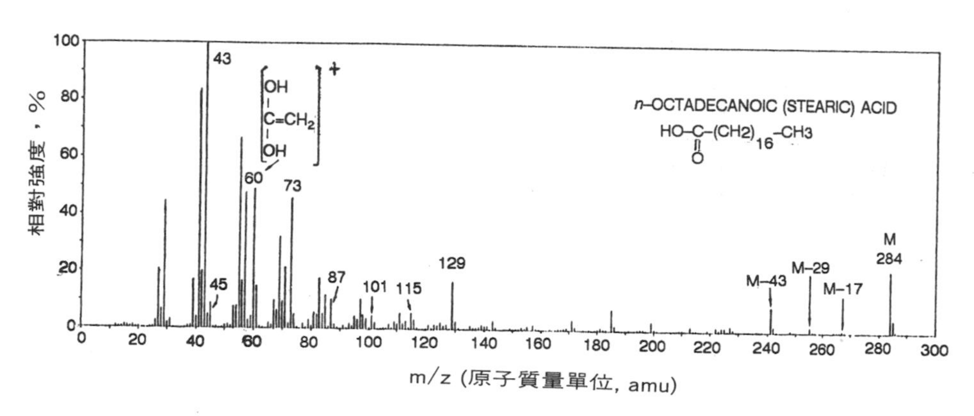

圖11.1　十八碳脂肪酸質譜圖。

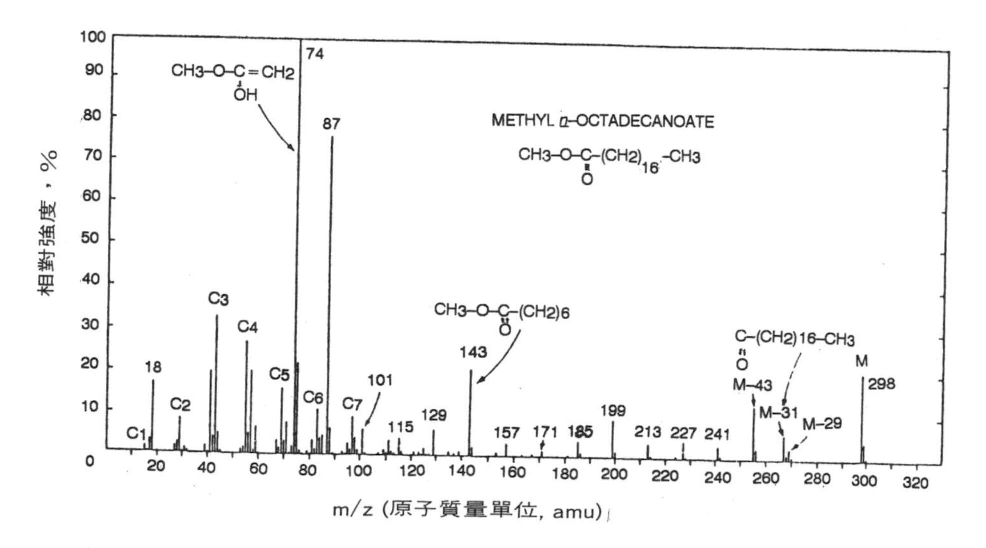

圖11.2 十八碳脂肪酸甲酯質譜圖。

基間的干擾產生於 M － 64 (落失 $2CH_3OH$)、M － 92 (落失 $CH_3OOC\text{-}CH_3O\text{-}2H$) 以及 M － 105 (落失 $CH_3OOCCH_2\text{-}CH_3O\text{-}H$)。

芳香羧酸基甲基酯保有芳香族的特性：如顯著而高強度的母離子峰，芳香環斷裂模式，m/z (M-31) (落失 $O\text{-}CH_3$) 以及 (M-59) (落失 $O\equiv C\text{-}O\text{-}CH_3$)等。

3. 三甲矽基衍生物[45]

脂肪酸的三甲矽基衍生物甚易製備，且也廣被應用，但遇水易於水解。故處理其反應及貯存時，均須嚴格注意其乾燥條件；而注入 GC 時，樣品之操作亦須格外小心。

脂肪酸三甲矽基酯之質譜圖顯示其基峰恆為 $m/z = 73$ $[(CH_3)_3Si]^+$，強峰 (約 80%) $m/z = 75$ $[(CH_3)_2Si = OH^+]$ 常同時出現。如分子有二處以上可被 TMS 取代 (如原有的羧酸基外尚含羥基或另一羧酸基等，則必出現 m/z 147 峰 ($TMSO^+ = Si(CH_3)_2$)。分子離子峰常甚弱而不可見，不過卻常可見 M － 15 (落失 CH_3) 之峰。若有 γ-氫，則 β-斷裂現象 (McLafferty 型) 可以發生：

$$R\text{-}CH(H)\text{-}CH_2\text{-}CH_2\text{-}C(=O)\text{-}OTMS \longrightarrow R\text{-}CH{=}CH_2 + CH_2{=}C(HO^{+\cdot})\text{-}OTMS \quad \cdots\cdots(2)$$

[M−132]　　　m/z 132

這種現象，尤以長鏈脂肪酸更為凸顯。此外尚有 M － 29、M － 43 以及因化學反應式(2) $(CH_2)_nCOOTMS$，$n = 0$，1，2，3…(m/z 117，129，132，145……) 而產生的一系列峰，其強度在 $n = 2$，6，10……處有特別增高的現象，這情形和甲基酯衍生物相似，但較之多了 52 質量單位。

4. 過氫吡咯醯胺衍生物[46]

基峰常為 McLafferty 重排反應而得之 m/z 113 峰，同時出現一系列峰由

化學式 $\text{(piperidine)}N\text{-}\overset{OH}{C}-(CH_2)_n - CH = CH_2$，$n = 0$，1，2… 所形成，其強

度隨 m/z 增大而漸次減弱。

$(CH_2)_m$ — CH_3　a　b　H　O^{+}　N

a → ^{+}OH, C, CH_2, N　+　$CH_2=CH-(CH_2)_{m-1}-CH_3$

m/z 113　[M−113]

b → ^{+}OH, C, N, $CH_2-CH_2-CH=CH_2$　+　$(CH_2)_m-CH_3$

m/z 154　[M−154]

分子離子峰 M 與 M － 1 峰常同時出現，後者為掉落鏈上一氫原子所致。因此種衍生物是專為確定鏈上雙鍵位置而設計出來的方法，故留待下節敘述不飽和鍵時再深入討論。

㈡碳鏈上有官能基或取代基之特殊斷裂形式

1. 烷基

α-斷裂使脂肪酸甲酯衍生物的質譜圖略呈複雜，天然界脂肪酸所含烷基多為甲基，且載此甲基者多為三級碳。上面 (甲部份) 所描述的斷裂現象在此處仍然出現，但其相對強度大不相同，其分子離子峰略顯增強，甲基左右 α-位置均易斷裂而成二增強之峰：

$[-CH-(CH_2)_m-COOCH_3]^{+}CH_3$　　　$[-(CH_2)_m-COOCH_3]^{+}$

(a) $(M-R)^{+}$　　　(b) $(M-R-28)^{+}$

峰 a －$(M-R)^{+}$ 與峰 b －$(M-R-28)^{+}$ (R 為終端碳至戴甲基碳之碎片)為該脂肪酸之特徵峰，故此二峰間挾著的弱峰 $[M-R-14]^{+}$ 即是載取代甲基碳的位置。

倘若此甲基在鏈上第二碳位置 (即羧酸基隔鄰)，則此甲基必出現於 m/z 88 之峰上，且此峰為基峰：

$$R-CH(H)-CH_2-CH(CH_3)-C(=O^{+\cdot})-OCH_3 \longrightarrow CH_3-CH=C(^{+}OH)-OCH_3 + CH_2=CHR$$

m/z 88

職是之故，若鍵上之甲基在第二與第四位置之碳，一般均能產生所謂雙斷裂－重組合過程 (double cleavage-recombination process) 而產生 *m* / *z* 88 爲基峰，*m* / *z* 101 及 *m* / *z* 129 爲 α-斷裂而得之峰。例如 2, 8 －二甲基癸酸甲酯 (Methyl 2, 8-dimethyl decanoate) 之質譜圖 (圖 11.3) 上可見 *m* / *z* 88 爲基峰，與 *m* / *z* 101 構成第二碳上有甲基的特徵峰。*m* / *z* 157，185 與 *m* / *z* 153 (185-32) 爲 α-斷裂所得之峰、此外尚有 M － 43，M － 31 等主要之峰[47]。若甲基所在位置爲異位前 (anteiso)── 如圖 11.3 所示，則其質譜圖有 M － 57 (掉落［$CH(CH_3)CH_2CH_3$］)及 M － 29 (掉落 CH_2-CH_3) 之峰。但此二峰亦出現於

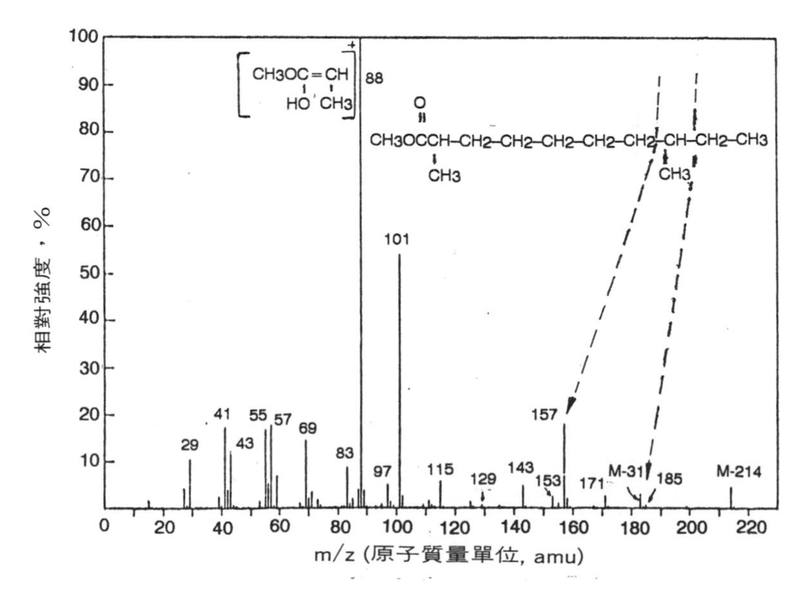

圖11.3　2,8 －二甲基癸酸甲酯質譜圖。

n-5-甲基脂肪酸 (此處 *n* 爲脂肪酸最末一碳倒數回來至緊接著之數字)，故下點爲唯一可資分辨出 M － 57 峰究竟爲掉落 ［$(CH_2)_3CH_3$］ 抑或掉落 ［$(CH_3)CHCH_2CH_3$］ 之法：即取代甲基在異位前之脂肪酸所呈現之 M － 29 峰比較強[48]。若甲基所在的位置爲異位 (iso)，則其質譜圖有 M － 43 (掉落$(CH_3)_2CH$)，但此峰爲一般脂肪酸所常見者，不足成爲其特徵性峰。圖 11.4 爲 3,7,11,15-四甲基十六碳酸甲酯 (methyl 3,7,11,15-tetramethylhexadecanoate) 的質譜圖，此化合物有一甲基在異位上，以之與圖 11.3 以及圖 11.5 之 2,6,8-三甲基癸酸甲酯 (methyl 2,6,8-trimethyldecanoate) 互相比較並參考此段所述，必可得一清晰概念。此外，可資利用來分辨此類脂肪酸的方法尚有：(1)氣相層析圖顯示其滯留時間 (retention time) 不同；(2)另一峰 M － 65 (掉落 CH_3＋ CH_3OH ＋ H_2O) 雖不甚強，反而是此類脂肪酸的特徵峰[50]。(3)利用過氫吡咯醯胺衍生物可以較確切肯定甲基在異位前或異位位置[46]。(4)另一可達同一目的的方法是將脂肪酸改變成爲 3-甲吡啶基 (3-picolinyl) 衍生物[51]。

2. 羥基

處理含羥基脂肪酸，一般都先將羧酸基改變爲甲酯後，再將羥基改變爲三甲矽醚或甲基醚；未將羥基變爲衍生物的脂肪酸甲酯，其質譜圖顯示極弱或完全消失的分子離子峰， M － 18 (掉落 H_2O ， 18 amu — 造成離子峰消失的原因) 及

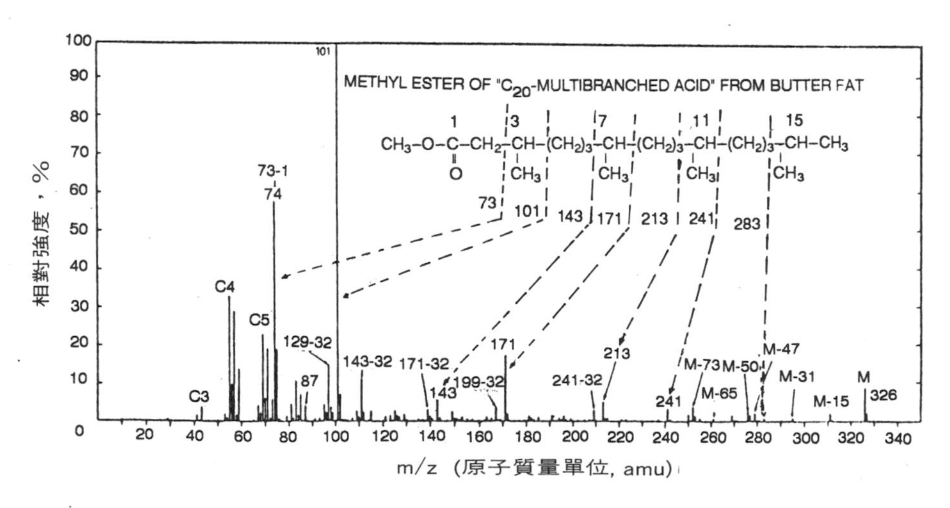

圖11.4 3,7,11,15－四甲基十六碳酸甲酯質譜圖。

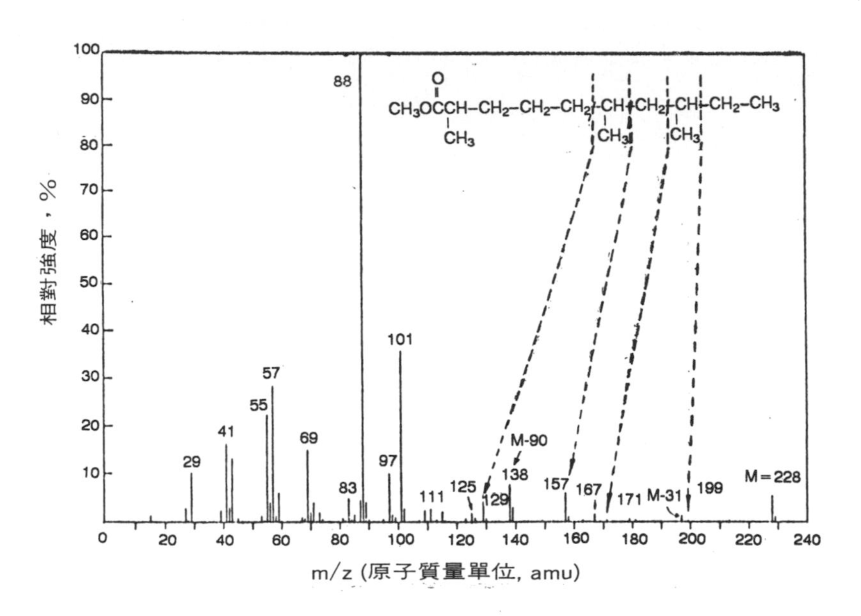

圖11.5　2,6,8－三甲基癸酸甲酯質譜圖。

M－32 (落失 CH_3OH) 亦以弱峰出現。此外，因掉落水分子後，所產生的具有不飽和雙鍵的脂肪酸所有的特性峰群，亦都出現於圖上，不過羥基的 α-斷裂而產生的 M－R、M－R－18 及 R＋OH (R 爲終端碳至載羧基碳碎片) 仍不失爲其最重要的特徵峰[41,52]，其中 M－R 峰常爲基峰。從以上所述，不難瞭解未將羥基變成衍生物所得的質譜圖極易產生混淆而導致判斷錯誤。

將羥基改變爲醚類衍生物 (甲基或三甲矽基) 後，其脂肪酸甲酯的質譜圖顯示其主要碎片爲 α-斷裂而得的 M－R、M－R－18＋甲基或三甲矽基，及 R＋OH＋甲基或三甲矽基，其中 M－R 常取代 m/z 74 而爲基峰，與前述羥基未變成衍生物的脂肪酸不同的是：分子離子峰必然顯現於質譜圖上，但因脫落水分子而出現的不飽和鍵脂肪酸峰群，已不易發生而未現於圖上。此外 M－15 (落失三甲矽基上一個甲基) 及 M－32 (落失 CH_3OH) 亦頗顯著[53,54,55]，天然界含羥基脂肪酸也多同時含不飽和鍵。基於上述含羥脂肪酸變成醚的斷裂特徵，可知將該雙鍵氫化使其變成飽和，對確定羥的位置助益頗大。

3.不飽和雙鍵或參鍵

(1)雙鍵

天然界常見的多不飽和雙鍵脂肪酸 (Polyunsaturated Fatty Acid, PUFA)，雙鍵間常挾一亞甲基 (methylene group)，而且該雙鍵常以順的幾何形式 (cis geometrical form) 存在。不飽和雙鍵脂肪酸甲酯的質譜圖最大的特色是：其基峰已不復是 m/z 74，而且 M － 31 (掉落 CH_3O) 常與 M － 32 (掉落 CH_3OH) 同時出現[56]。此外，分子離子峰 M 以及 M － 74 峰與 M － 116 峰也都出現於高質量部份，其低質量部份卻顯得比較整齊，但也較複雜，這種整齊排列的低質量峰群，往往使雙鍵的位置不易鑑定出來[52]。

確定脂肪酸碳鏈上雙鍵的位置一直是油脂化學家努力解決的目標之一，引起困難主要的原因是：在一般化學反應條件下，雙鍵的位置容易移動，而形成位置 (雙鍵) 異構物，解決此困難的方法雖多[57]，但基本原則則是以化學反應方法使其變成衍生物，且該衍生物須能產生特殊的斷裂方式。如此，不但能避免雙鍵的移動，也可因此衍生物的特殊斷裂碎片而得知該雙鍵的位置，最簡單的情況爲碳鏈上僅有一雙鍵，此時只須將此酯化後的脂肪酸變成鄰二羥基衍生物 (方法見下段) 並以三甲矽基矽化之，使變成矽醚。例如油酸甲酯 (methyl oleate)，以此方法處理後，所得的質譜圖雖顯示其基峰爲 m/z 385 ── 落失三甲基甲矽醇 (trimethyl silanol)，但強而顯著的 m/z 215 及 259 峰使人一望可知其雙鍵位於 9 － 10 碳間。

四氧化鋨 (osmium tetraoxide) 能將雙鍵氧化成鄰二羥基，處理的方法：一般都先將不飽和脂肪酸甲酯化後，以之與四氧化鋨反應，將所得的鄰二羥基脂肪酸甲酯再以三甲矽基矽化後成爲矽醚，便可以 GC-MS 鑑測該脂肪酸衍生物的結構[58,59]。這方法的缺點是質量增加得太快，每一雙鍵增加約 m/z 178 (二個三甲矽氧基) 的質量，如碳鏈上含有超過二個的雙鍵，便難以在合理範圍內有效處理之。應用乙酸汞－甲醇 (methanolic mercuric acetate) 與多不飽和脂肪酸作用，使各雙鍵變成乙醯氧基汞取代基 (acetoxy mercury substituent)，再與硼氫鈉 (sodium borohydride) 反應使所得羥基立即變爲甲氧醚 (methoxy ether)，而雙鍵亦變爲飽和。此反應使原各雙鍵位置均載一甲氧醚，而該多甲氧醚脂肪酸甲酯至此亦可以 GC-MS 鑑定其結構並確定其原來雙鍵之位置[59,60,61]，這方法可避免質量增加太急速的缺點。

如果脂肪酸碳鏈上只含一個雙鍵，確定其位置的方法尚有下列各種：(1)以過氧化錳 (permanganate) 的氧化降解 (oxidative degradation) 方法[62]將該脂肪酸切成兩部份：一部份含二羧酸基 (其一爲原來脂肪酸) 另一部份只含一羧酸基，此二化合物再變衍生物並鑑定其結構，雙鍵位置之左右即此二化合物之碳數。例如： 13-二十二碳烯酸 (13-docosenoic acid) 或稱蕓苔酸 (erucic acid) 以氧化降解法可得 1,13-十三碳二酸 (tridecane-1,13-dioic acid)，其甲酯所產生之質譜圖示下列各峰： M － 31 (落失 OCH_3)，爲二羧酸特徵峰； M － 73 (丟失 $CH_2 + CO_2CH_3$) 及 $84 + n \times 14$ ， $59 + n \times 14$ ， $27 + n \times 14$ 諸峰[63]。(2)將雙鍵氧化成環氧基 (epoxide)[64]。(3)將雙鍵變成環氧基後再變成酮[65]。但這些方法較繁複，採用的人並不多。

此外，不必以化學方法改變雙鍵，只須將羧酸衍變爲過氫吡咯醯胺，取得其質譜圖後，加以判析，便可從其碎片峰特性，確知雙鍵位置，這是既簡便且可靠的方法[24,46,66]。過氫吡咯醯胺在質譜圖中的基峰爲因 McLafferty 重組而得的 m/z 113 ，其他峰主要有酮基斷裂而得的 m/z 70 (過氫吡咯基)， m/z 98 (過氫吡咯醯胺基)， m/z 112 (碳基 β-鍵斷裂) 以及間隔 m/z 14 單位的峰，直到雙鍵所在的位置則出現間隔 m/z 12 的峰 (此峰強度亦必略呈弱些) 。所以，從過氫吡咯醯胺的一端跟蹤其斷裂碎片，其間隔一直以 m/z 14 持續至 n 碳後，接著出現間隔爲 m/z 12 的峰，而此峰略呈弱勢，則可知雙鍵必在 $n+1$ 碳與 $n+2$ 碳間，若此鏈上有多個雙鍵，此現象必依雙鍵數目而出現相同次數[46]。例如，判析 9,12-十八碳二烯酸過氫吡咯醯胺 (N-octadec-9,12-dienoyl pyrrolidine) 之質譜圖 (圖 11.6)，可清晰見到 m/z 196 與 m/z 208 (稍弱) 爲

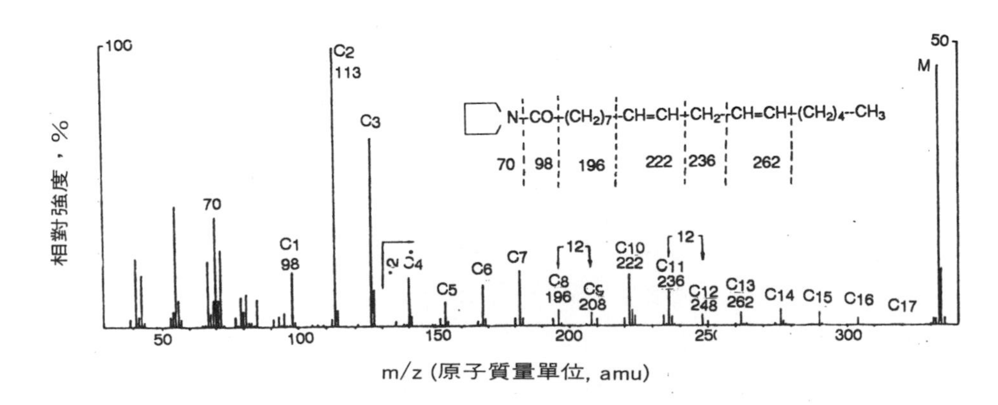

圖11.6 9,12 －十八碳二烯酸過氫吡咯醯胺質譜圖。

第 8 碳與第 9 碳之碎片，從 *m* / *z* 208 後復以 *m* / *z* 14 之間隔續增至 *m* / *z* 278 與 *m* / *z* 290 (稍弱) 爲第 14 碳與第 15 碳之碎片，由此可知雙鍵位置在 9-10 碳與 12-13 磷間[67]。判析 9,12,15-十八碳三烯酸過氫吡咯醯胺 (N-octadec-9,12,15-trienoyl pyrrolidine) 之質譜圖 (圖 11.7) 亦可淸晰見到 *m* / *z* 196 與 *m* / *z* 208 (稍弱) 爲 *m* / *z* 12 之間隔，前者爲第 8 碳之碎片，後者爲第 9 碳之碎片。從 *m* / *z* 208 後碎片仍以 *m* / *z* 14 之間隔續增至 *m* / *z* 236 與 *m* / *z* 248 (稍弱) 間又出現 *m* / *z* 12 之間隔碎片，前者爲第 11 碳，而後者爲第 12 碳之碎片。從 *m* / *z* 248 後再以 *m* / *z* 14 之間隔續增至 *m* / *z* 276 與 *m* / *z* 288 又出現 *m* / *z* 12 之間隔，前者爲第 14 碳，後者爲第 15 碳之碎片，可知此脂肪酸的三對雙鍵在 9,10 碳間，12,13 碳間與 15,16 碳間[67]。不過，此法雖極可靠，但若鍵上碳數高於 22，則其過氫吡咯醯胺之質譜圖會變成極複雜而不易解析[68]，爲解此困境，只好求之於臭氧分解法 (ozonolysis)[68]，如鏈上雙鍵數在 6 個以下，應用此法以求得其結構尙不致發生太大的困難[69]。

利用特殊分析方法，如化學游離質譜法 (Chemical Ionization Mass Spectrometry, CIMS) 亦可鑑定碳鏈上雙鍵所在位置[70]。如配以特殊氣體系統：75%氮氣 (N_2)，20%二硫化碳 (CS_2) 及 5%乙烯甲基醚 (vinyl methyl ether)，可輕易確定鏈上雙鍵位置[71]，而只判析脂肪酸甲基酯的質譜圖也可確定其雙鍵位置[72,73,74]。此外，應用選擇離子追蹤法 (Selected Ion Monitoring, SIM-GC-MS) 亦可確定鏈上雙鍵的位置[75,76]。

(2)參鍵

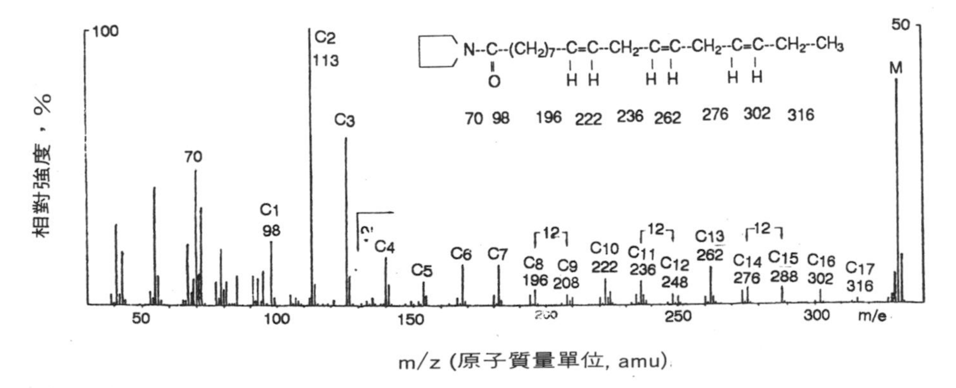

圖11.7　9,12,15－十八碳三烯酸過氫吡咯醯胺質譜圖。

含參鍵之脂肪酸甲酯所產生的質譜圖，顯示其峰多由丙二烯 (allene) 與 1,3-丁二烯 (1,3-butadienyl) 的碎片所引起，其主要的分裂情況，可以下式表示[77]：

$$CH_3O\text{-}\overset{O}{\overset{\|}{C}}\text{-}(CH_2)_n\text{-}C \equiv C\text{-}(CH_2)_m\text{-}CH_3 \longrightarrow \underset{A}{[\,CH_3O\,\overset{O}{\overset{\|}{C}}\text{-}(CH_2)_n\text{-}CH = C = CH_2]}$$

$$+ \underset{B}{[\,CH_3O\text{-}\overset{O}{\overset{\|}{C}}\text{-}(CH_2)_n\text{-}CH = CH\text{-}CH = CH_2]} + \underset{C}{[\,CH_2 = C = CH-(CH_2)_m-CH_3]} + \underset{D}{[\,CH_2 = CH\text{-}CH = CH\text{-}(CH_2)_m CH_3]}$$

隨著參鍵位置的不同，其所產生的碎片及強度亦有不同，從表 11.2 所列的合成十八碳炔酸甲酯 (methyl octadecynoate)[77]的質譜特徵數據，可以得知其梗概。

十八碳炔酸的過氫吡咯醯胺所展現的質譜圖則和含雙鍵的脂肪酸的過氫吡咯

表11.2 十八碳參鍵脂肪酸甲酯的質譜特性峰 (括弧內數值爲相對強度)[77]。

三鍵位置	n	m	m/z					
			A	B	C	D	A－32	B－32
4	2	12	126(69)	140(13)	222(－)	236(－)	94(23)	108(25)
5	3	11	140(100)	154(1)	208(1)	222(－)	108(13)	122(5)
6	4	10	154(59)	164(2)	194(－)	208(－)	122(26)	136(5)
7	5	9	168(24)	182(4)	180(2)	194(－)	136(33)	150(11)
8	6	8	182(30)	196(18)	166(17)	180(8)	150(81)	164(28)
9	7	7	196(13)	210(26)	150(38)	166(15)	164(24)	178(25)
10	8	6	210(6)	224(14)	138(59)	152(14)	178(10)	192(11)
11	9	5	224(5)	238(13)	124(89)	138(19)	192(4)	206(6)
12	10	4	238(3)	252(5)	110(100)	124(35)	206(3)	220(2)
13	11	3	252(2)	266(－)	96(100)	110(25)	220(1)	234(－)
14	12	2	266(－)	280(－)	82(100)	96(57)	234(－)	248(－)
15	13	1	280(－)	294(1)	68(100)	82(82)	248(－)	262(－)

醯胺衍生物具有極其相似的質譜形式[46]。故而可得下列極相同之規則：倘若參鍵位於 n 及 $n+1$ 碳間，其過氫吡咯醯胺質譜圖會於 n-1 及 n-2 碳之峰群間出現 m/z 10 之間隔，且 $n-2$ 碳及 $n+2$ 碳所呈現之峰強度比鄰近之峰高出甚多。綜觀以上所述，含參鍵的脂肪酸在文獻上並不多見，在天然界中更是絕無僅有，其質譜研究也不熱絡。

4. 羥基與不飽和雙鍵同時存在

多不飽和脂肪酸 (Polyunsaturated Fatty Acid, PUFA)，多由植物細胞或動物細胞膜因受刺激而釋放出來，生物體的酵素對自由脂肪酸 (free fatty acid) 會立即產生化學反應而產生新陳代謝物。以哺乳動物爲例，5,8,11,14-二十碳四烯酸 (arachidonc acid，學名 5,8,11,14-eicosatetraenoic acid) 能被脂氧合酶 (lipoxygenase) 作用於不同的位置而產生氫氧過氧化合物 (hydroperoxide) 再去氧而成羥基化合物。由於不同器官所擁有的脂氧合酶不一樣，因而造成二十碳四烯酸在不同器官的羥基二十碳四烯酸代謝物的羥基位置也一樣。

處理含羥基的不飽和脂肪酸，一般都先把羧酸基甲酯化，繼而再把羥基變成三甲基矽醚衍生物，如此這化合物的質量雖然增加頗多，但卻因其無極性而增高揮發度，可輕易以 GC-MS 來鑑定其結構。這種化合物，一般都遵循一定規則而產生，所以其雙鍵的變化不大，只要決定羥基所在位置，便能化解其他的問題。而三甲基矽醚衍生物在質譜圖上有獨特的斷裂形式：三甲基矽醚的 α-斷裂爲其最高強之峰[78,79]。圖 11.8 示 12-羥基-5,8,10,15-二十碳四烯酸甲酯 (Methyl 12-hydroxyeicosa-5,8,10,15-tetraenoate 或 12-HETE-Me) 經三甲矽基矽化爲醚後的譜圖，其結構上之特徵，一一呈現於圖上。

不過，如果羥基是三級丁基二甲矽醚 (*tert*-butyldimethylsilyl ethers, *t*-BDMS)[80]衍生物，其斷裂碎片不一定會與上述結果雷同[81]，不過醚基 α-斷裂仍然爲其特徵性的碎片。

5. 環系取代基

脂肪酸鏈上的環大致有(1)三員圜，如環丙烷 (cyclopropane)、環氧 (epoxy)，(2)五員圜 (five-membered ring)、六員圜 (six-membered ring)；以及(3)二環 (bicyclic) 等。天然脂肪酸中若有環的存在，往往會產生強烈的生理反應[82]。

在電子撞擊質譜 (Electron Impact Mass Spectrometry, EIMS) 技術的條

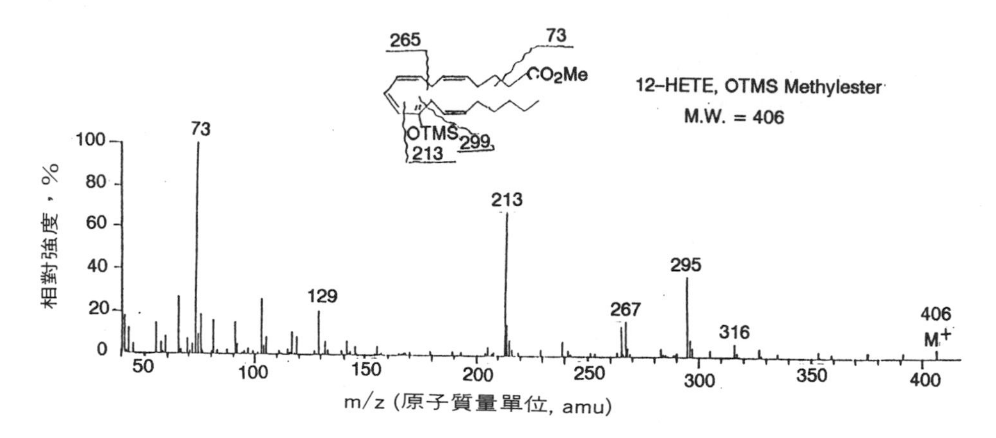

圖11.8 12－(三甲矽氧基)－5,8,10,15－二十碳四烯酸甲酯質譜圖。

件下，環丙烷呈不穩定狀態，只有將此種脂肪酸變成過氫吡咯醯胺才有可能得到有意義的質譜圖(46)，環丙烷以 m/z 12 的間隔雜在一群以 m/z 14 爲間隔的強峰間(46)。

五員圜、六員圜以及二環可說是多不飽和脂肪酸因受環氧合酶 (cyclooxygenase) 的作用而產生的一系列代謝物，統稱前列腺素 (Prostaglandins, PGs)。這些具有強烈生理反應的化合物的鑑定，端賴 GC-MS 以達成之(83,84,85,86,87,88,89,90)。而要鑑定這些代謝物，其必備條件是先製成適當的衍生物。表 11.3 臚列前列腺素甲基酯、甲基肟；及三甲基矽醚的質譜特徵碎片(91)，表中各峰的強度列於括弧內，同時表中之 M－15 爲掉落 CH_3，M－31 爲掉落 OCH_3 (甲氧基)，M－90 爲掉落 $OSiCH_3$＋H，M－116 爲掉落 $CH_2CHOSi(CH_3)_3$，M－71 掉落 C_{16}-C_{20} 部份 (C_5H_{11})，M－159 爲掉落 C_{16}-C_{20} 部份及 C_{19} 之 $OSi(CH_3)_3$，M－142 爲掉落 α 側鏈 (α-side chain)。

6. 其他

脂肪酸上的官能基越多，則其鑑定越不容易，如上述前列腺素，其實文獻上資料還不少；而本文未述及的白血球三烯素 (leukotrienes) 以及胺基酸等，雖然仍可說和脂肪酸有類似之處，但技術上的需求，已屬另一層次，因而不在本文討論之列。

表11.3　前列腺素的質譜特徵峰(括弧內數値爲相對強度)。

・前列腺素	・M	・M-15	・M-31	・M-71	・M-90	・M-159	・M-(31+90)	・M-(90 + 90)	・M-(142 + 31)
PGE_2	539(0)	524(0.7)	508(12)	−	449(6)	−	−	−	366(12)
15 − oxo − PGE_2	494(0)	479(3)	463(16)	−	−	−	−	−	321(34)
6 − oxo − PGE_1	594(6)	−	553(11)	−	494(1)	−	463(21)	−	−
19 − OH − PGE_1	629(2)	614(2)	598(6)	−	539(2)	470(6)	508(6)	−	−
19 − OH − PGE_2	627(4)	612(3)	596(9)	−	537(16)	468(5)	506(23)	447(1)	−
19 − OH − $PGF_1(8\alpha)$	674(7)	−	−	−	584(38)	515(47)	−	494(24)	−
19 − OH − $PGF_1(8\beta)$	674(2)	−	−	−	584(42)	515(24)	−	494(13)	−
$PGF_2\alpha$	584(0)	−	−	513(8)	494(10)	−	−	404(8)	
6 − oxo − $PGF_1\alpha$	629(2)	614(11)	598(47)	558(18)	−	−	508(65)	449(21)	−
15 − oxo − $PGF_2\alpha$	539(9)	524(5)	508(52)	−	449(3)	−	418(41)	−	−
PGD_2	539(5)	−	508(16)	468(35)	−	−	418(4)	−	−
Thromboxane − B_2	639(0)	−	−	−	−	−	508(5)		−

前列腺素	N −(142 + 31 + 90)	其　他			
PGE_2	276(77)	434(5)	340(15)	225(61)	295(44)
15 − oxo − PGE_2	−	291(84)	−	−	−
6 − oxo − PGE_1	−	379(40)	391(25)	−	−
19 − OH − PGE_1	366(30)	297(64)	−	−	−
19 − OH − PGE_2	364(24)	416(10)	295(106)	−	−
19 − OH − $PGF_1(8\alpha)$	−	425(100)(註 1)	310(98)	309(36)	−
19 − OH − $PGF_1(8\beta)$	−	425(100)(註 1)	310(11)	309(24)	−
$PGF_2\alpha$	−	423(20)(註 2)	333(15)(註 6)	−	−
6 − oxo − $PGF_1\alpha$	−	468(30)(註 3)	418(66)(註 7)	378(100)(註 8)	−
15 − oxo − $PGF_2\alpha$	−	392(57)(註 4)	−	−	−
PGD_2	−	378(22)(註 5)	−	−	−
Thromboxane − B_2	−	301(51)	−	−	−

註 1 爲 M-(159 + 90)
註 2 爲 M-(71 + 90)
註 3 爲 M-(71 + 90)
註 4 爲 M-(116 + 31)
註 5 爲 M-(71 + 90)
註 6 爲 M-(71 + 90 + 90)
註 7 爲 M-(31 + 90 + 90)
註 8 爲 M-(17 + 90 + 90)

五、結語

上面所討論的質譜技術著重於傳統式的一般鑑定脂肪酸技術，一些特殊技術如因定量而須用同位素(13C 或 2H) 技術，或在定性時，因量極微小而採用選擇

離子追蹤法 (Selected Ion Monitoring, SIM)，或因官能基不穩定不易得到分子離子峰而用化學游離法，甚至採用快速原子撞擊法 (Fast Atom Bombardment, FAB) 等等技術，文獻上常可看到。利用質譜法來鑑定脂肪酸的結構，早已是大勢所趨且已爲成熟技術，不過技術因需求而不斷推陳出新，因而舊方法的改進和新方法的探究，在鑑定脂肪酸的研究領域裡，仍然有極大的空間可以拓展。

參考文獻

(一)書籍或專論

(a)氣相層析質譜法

1. J. W. Watson, Gas Chromatography and Mass Spectroscopy, in L.S. Ettre and W.H.McFadden (eds), Ancillary techniques of gas chromatography,Wiley-Interscience, New York, N.Y., pp.145-225 (1969).
2. W. H. McFadden, Techniques of Combined Gas Chromatography-mass Spectrometry: Applications in Organic Analysis, Wiley-Interscience, New York, N.Y. (1971).
3. C. J. W. Brooks and C. G. Edmonds, Combined Gas Chromatography mass spectrometry, in B.S. Middledith (ed), Practical Mass Spectrometry : A Contemporary Introduction, Plenum Press, New York, N.Y., pp.57-126 (1979).
4. B. J. Gudzinowicz, M. J. Gudzinowicz and F. Martin, Fundament-ous of Integrated GC-MS, in three parts, Marcel Dekker, Inc., New York, N.Y. (1976).
5. 羅初英，氣相層析質譜法的原理與應用，化學，48卷，第一期，pp.39-49 (1990).

(b)氣相層析法

6. E. Heftmann (ed), Chromatography, Elsevier, New York, N.Y.
7. C. R. Poole and S. A. Schuette (1984), Contemporary Practice of Chromatography, Elsevier, New York, N.Y. (1983).

(c)質譜法

8. M. E. Rose and R. A. W. Johnstone, Mass Spectrometry for Chemists and Biochemists, Cambridge, London (1982).
9. J. R. Chapman, Practical Organic Mass Spectrometry, Wiley-Interscience, New York, N.Y. (1985).
10. G. R. Waller and O. C. Dermer (eds), Biochemical Applications of mass Spectrometry: First Supplementary Volume, Wiley-Interscience, New York, N.Y. (1980).
11. G. R. Waller (ed) , Biochemical Applications of Mass Spectrometry, Wiley-Interscience, New York, N.Y. (1972).

(d)質譜圖判釋法

12. K. Biemann, Mass Spectrometry: Organic Chemical Applications, McGraw-Hill, New York, N.Y. (1962).
13. J. H. Beynon, R. A. Saunders and A. E. Williams, The Mass Spectra of Organic Molecules, Elsevier, N.Y. (1968).
14. F. W. McLafferty, Interpretation of Mass Spectra, 3rd ed., University Science Books, Mill Valley, CA (1980).

(e)衍生物

15. D. R. Knapp, Handbook of Analytical Derivatization Reactions,Wiley-Interscience, New York, N.Y. (1979).

(二)論文

16. H. Schlenk and J. L. Gellerman, "Esterification of fatty acids with diazomethane on a small scale", Anal. Chem., 32, pp.1412-1414 (1960).
17. M. L. vorbeck, L. R. Mattick, F. A. Lee and C. S. Pederson, "Preparation of methyl esters of fatty acids for gas-liquid chromatography", Anal. Chem., 33, pp.1512-1514 (1961).
18. M. Hoshi, M. Williams, Y. Kishimoto, "Esterification of fatty acids at room temperature by chloroform-methanolic hydorgen chloride-cupric acetate", J. Lipid Res., 14, pp.599-601 (1973).
19. W. E. Klopfenstein, "Methylation of unsaturated acids using boron

trihalide-methanol reagents", J. Lipid Res., 12, pp.773-776 (1971).

20. B. L. Brian, R. W. Gracy, V. E. Scholes, "Gas chromatography of cyclopropane fatty acid methylesters prepared with methanolic boron trichloride and boron trifluoride", J. Chromatogr., 66, pp.158-160 (1972).
21. R. Kleiman, G. F. Spencer, F. R. Zarle, "Boron trifluoride as catalyst to prepare methyl esters from oils containing unusual acyl group", Lipids, 4, 118-122 (1969).
22. M. A. Lambert and C. W. Moss, "Gas-liquid chromatography of short chain fatty acids on dexsil 300GC", J. Chromatogr., 74, pp.335-338 (1972).
23. J. P. Thenot, E. E. Horning, M.Stafford, M. G. Horning, "Fatty acids esterification with N, N-dimethylformade dialkyl acetyl for GC analysis", Anal. Lett., 5, pp.217-223 (1972).
24. B. A. Andersson, W. H. Heimermann and R.T. Holman, "Comparison of pyrrolidides with other amides for mass spectral determination of structure of unsaturated fatty acids", Lipids, 9, pp.443-449 (1974).
25. D. F. Zinkel, M. B. Lathrop, L .C. Zank, "Preparation and gas chromatography of the trimethylsilyl derivatives of resin acids and the corresponding alcohols", J. Gas Chromatogr., 6, pp.158-160 (1968).
26. A. Kuksis, O. Stachnyk, B. J. Holub, "Improved quantitation of plasma lipids by direct gas-liquid chromatography", J. Lipid Res., 10, pp.660-667 (1969).
27. M. R. Guerin, G. Olerich and W. T. Rainey, "Gas chromatographic determination of nonvolatile fatty acids in cigarette smoke", Anal. Chem., 46, pp.761-763 (1974).
28. O. A. Mamer and B. F. Gibbs, "Simplified gas chromatography of trimethysilyl esters of C1 through C5 fatty acids in serum and urine", Clin. Chem., 19, pp.1006-1009 (1973).
29. A. E. Pierce, "Silylation of organic compounds", Pierce Chemical Co., Rockford, IL, p.72 (1968).
30. M. Donike, "N-Methyl-N-(Trimethylsilyl) trifluoroacetamide, a new

silylation agent in the silylated amide series", J. Chromatogr., 42, pp. 103-104 (1969).

31. N. Sakauchi and E. C. Horning, Steroid trimethylsilyl ester. "Derivative formations for compounds with highly hindered hydroxyl groups", Anal. Lett., 4, pp.41-52.
32. J. W. Vogh, "Isolation and analysis of carbonyl compounds as oximes", Anal. Chem., 43, pp.1618-1623 (1971).
33. R. A. Chalmers and R. W. E. Watts, "Studies on the quantitative freeze drying of aqueous solutions of some metabolically- important aliphatic acids prior to gas-liquid chromatographic analysis", Analyst, 97, pp. 224-232 (1972).
34. A. M. Lawson, R. A. Chalmers and R. W. E. Watts, "Studies of O-substituted oxime-trimethylsily ester derivatives of some metabolically important oxocarboxylic acids", Biomed. Mass Spectrom., 1, pp.199-205 (1974).
35. T. L. Perry, S. Hansen, S. Diamond, B. Ballis, C. Mok and S. B. Melacon, "Volatile fatty acids in normal human physiological fluids", Clin. Chim. Acta, 29, pp.369-374 (1970).
36. D. M. Ottenstein and D. S. Bartley, "Separation of free acids C2-C5 in dilute aqueous solutions column technology", J. Chromatogr. Sci., 9, pp. 673-676 (1971).
37. H. van den Berg and F. A. Hommers, "A rapid and sensitive method for the determination of short chain fatty acids in serum", Clin. Chim. Acta, 51, 255 (1974).
38. R. A. Chalmers, S. Bickle and R. W. E. Watts, "A method for the determination of volatile organic acids in aqueous solutions and urine, and the results obtained in propionic acidemia, betamethylcrotonylglycinuria and methylmalonic aciduria", Clin. Chim. Acta, 52, pp.31-41 (1974).
39. R. A. Chalmers and A. M. Lawson, "Organic acids in man : the analyti-

cal chemistry, biochemistry and diagnosis of the organic acidurias", Chapman and Hall, New York, N.Y. (1982).

40. G. P. Happ and D. W. Stewart, "Rearrangement peaks in the mass spectra of certain aliphatic acids", J. Am. Chem. Soc., 74, pp.4404-4406 (1952).
41. R.Ryhage and E.Stenhagen, Mass spectrometry of long chain esters, in F.W.McLafferty (ed.), Mass Spectrometry of Organic Ions, Academic Press, New York, N.Y., pp.399-452 (1963).
42. H. Budzikiewicz, C. Djerassi and D. H. Williams, Mass Spectrometry of Organic Compounds, Holden-Day, San Francisco, CA (1967).
43. F. W. McLafferty, Decompositions and Yeaarrangements of organic ions, in F. W. McLafferty (ed), Mass Spectrometry of Organic Ions, Academic Press, New York, N.Y., p.309 (1963).
44. K. Tanaka and G. M. Yu, "A method for the separate determination of isovalerate and $\alpha-$ methylbutyrate by use of GLC-mass spectrometer", Clin. Chim. Acta, 43, pp.151-154 (1973).
45. S. P. Markey, A. J. Keyser and S. P. Levine, in O. A. Mamer, W. J. Mitchell, C. R. Scriver (eds), "Application of gas chromatography-mass spectrometry to the investigation of human disease", Appendix, McGill University-Montreal Children's Hospital Research Institute, Montreal, Quebec, p.239 (1974).
46. B. A. Andersson, "Mass spectrometry of fatty acid pyrrolidides", Prog. Chem. Fats Other Lipids, 16, pp.279-308 (1978).
47. G. Odham, "Feather waxes of birds. VI. the free-flowing pream gland reaction from species with the family of antidae", Arkiv. Kemi., pp.27, 263-288 (1967).
48. C. Asselineau and J. Asselineau. Fatty acids and complex lipids, in G. Odham, L. Larsson and P.-A. Mardh (ed), "Gas chromatography / mass spectrometry application in microbiology", Plenum Press, New York, N.Y., pp.57-102 (1984).

49. S. Abrahamsson, S. Stallberg-Stenhagen and E. Stenhagen, The higher saturated branched chain acids, in R.T. Holman and T. Malkin (eds), "The chemistry of fats and other lipids", Vol.7, pt.1, Pergamon Press, Oxford, p.41 (1963).
50. J. A. McClosky, Mass spectrometry of fatty acid derivatives, in F.D. Gunstone (ed), "Topics in lipid chemistry", Vol.1, Logos Press, London, pp.369-440 (1970).
51. D. J. Harvey, "Picoinyl esters as derivatives for the structural determination of long chain branched and unsaturated fatty acids", Biom. Mass Spectrom., 9, pp.33-38 (1982).
52. G. Odham and E. Stenhagen, Fatty acids, in G. R. Waller (ed), Biochemical Applications of Mass Spectrometry, Wiley-Interscience. pp.221-227 (1972).
53. G.Eglinton, D.H. Hunneman and A. McCormick, "Gas chromatographic-mass spectrometric studies of long chain hydroxy acids. III. the mass spectra of the trimethylsilyl ethers. a facile method of double bond location", Org. Mass Spectrom., 1, pp.593-611 (1968).
54. P. Capella and C. M. Zorzut, "Determination of double bond position in monounsaturated fatty acid esters by mass spectrometry of their trimethylsilyloxy derivatives", Anal. Chem., 40, pp.1458-1463 (1968).
55. J. A. McCloskey, R. N. Stillwell and A.M. Lawson, "Use of deuterium-labeled trimethylsilyl derivatives in mass sepctrometry", Anal. Chem., 40, pp.233-236 (1968).
56. R. Ryhage, R. Stallberg-Stenhagen and E. stenhagen, "Mass spectrometric studies".Ⅶ. methyl esters of α, β--unsturated long chain acids. on the structure of C27-phthienoic acid, Arkiv. Kemi., 18, pp.179-187 (1961).
57. D. E. Minnikn, "Location of double bonds and cyclopropane rings in fatty acids by mass spectrometry", Chem. Phys. Lipids, 21, pp.313-347 (1978).

58. V. Dommes, F. Wirtz-Peitz and W.H. Kunau, "Structure determination of polyunsaturated fatty acids by gas chromatography-mass spectrometry, a comparison of fragmentation patterns of various derivatives", J. Chromatogr. Sci., 14, pp.360-366 (1976).
59. G. Janssen, G. Parmentier, A. Verhulst and H. Eyssen, "Location of the double bond positions in microbial isomerization and hydrogenation products of α-and γ-linoleic acids", Biomed. Mass Spectrom., 12, pp. 134-138 (1985).
60. R. D. Plattner, G. F. Spencer and R.Kleiman, "Double bond location in polyenoic fatty esters through partial oxymercuration", Lipids, 11, pp. 222-227 (1976).
61. C. R. Smith, Structural analysis of polyunsaturated fatty acids, in W. H. Kunau and R.T. Holman (eds), "Polyunsaturated fatty acids", American Oil Chemists' Society, Champaign, IL, pp. 81-103 (1977).
62. G. Bergstrom, B. Kullenberg, S. Stallberg-Stenhagen and E. Stenhagen, "Natural odoriferous compounds. II. identification of a 2, 3-dihydrofarnesol as the main component of the masking perfume of male bumblebees of the species bombus terrestris, Arkiv. Kemi., 28, pp. 453-469 (1968).
63. R. Ryhage and E. Stenhagen, "Mass spectrometric studies". III. esters of saturated dibasic acids, Arkiv. Kemi., 14, pp.497-509 (1959).
64. R. T. Aplin and L. Coles, "A simple procedure for localization of ethylenic bonds by mass spectrometry", Chem. Commun., pp.858-859 (1967).
65. G. W. Kenner and E. Stenhagen, "Localization of double bonds by mass spectrometry", Acta Chem. Scand., 18, pp.1551-1552 (1964).
66. B. A. Andersson and R. T. Holman, "Pyrrolidides for mass spectrometric determination of the position of the double bond in monounsaturated fatty acids", Lipids, 9, pp.185-190 (1974).
67. B. A. Andersson, W. W. Christie and R. T. Holman, "Mass spectrometric determination of positions of double bonds in polyun-

saturated fatty acid pyrrolidides", Lipids, 10, pp.215-219 (1975).
68. K. Takayama, N. Qureshi and H. K. Schrives, "Isolation and characterization of the monounsaturated long chain fatty acids of mycobacterium tuberculosis", Lipids, 13, pp.575-579 (1978).
69. R. A. Klein and G. Schmitz, "Double bond location in fatty acids, a critical analysis of feasibility of using specifically deuteriated purrolidides for mass spectral analysis", Biomed. Environm. Mass Spectrom., 13, pp.429-437 (1986).
70. W. K. Rohwedder, E. A. Emken and D. J. Wolff, "Analysis of deuterium labeled blood lipids by chemical ionization mass spectrometry", Lipids, 20, pp.303-311 (1985).
71. R. Chai and A. G. Harrison, "Location of double bonds by chemical ionization mass spectrometry", Anal. Chem., 53, pp.34-37 (1981).
72. J. J. Myher, L. Marai and A. Kuksis, "Identification of fatty acids by GC-MS using polar siloxane liquid phases", Anal. Biochem., pp.62,188-203 (1974).
73. A. J. Fellenberg, D. W. Johnson, A. Poulos and P. Sharp, "Simple mass spectrometric differentiation of the n-3, n-6, and n-9 series of methylene interrupted polyenoic acids", Biomed. Environm. Mass Spectrom., 14, pp.127-129 (1986).
74. M. I. Alvedano and H. Sprecher, "Very long chain (C24 to C36) polyenoic fatty acids of the n-3 and n-6 series in polyunsaturated phosphatidylcholines from bovine retina", J. Biol. Chem., 262, pp.1180-1186.
75. P. F. Bougneres and D. M. Bier, "Stable isotope dilution method for measurement of palmitate content and labeled palmitate tracer enrichment in microliter plasma samples", J. Lipid Res., 23, pp.502-507 (1982).
76. D. H. Hunneman and C. Schweickhardt , "Mass fragmentographic determination of myocardial free fatty acids", J. Mol. Cellular Cardiol., 14, pp.339-351 (1982).
77. R. Kleiman, M. B. Bohannon, F. D. Gunstaone and J. A. Barve, "Mass

spectra of acetylenic fatty acid methyl esters and derivatives", Lipids, 11, pp.599-603 (1976).

78. R. Kleiman and G. F. Spencer, "Ricinoleic acid in linum mucronatum seed oil", Lipid, 6, pp.962-963 (1971).
79. K. Abe and Y. Tamai, "Simultaneous determination of methyl esters of α-hydroxy and nonhydroxy fatty acids from brain cerebroside by fused-silica capillary Gas chromatography", J. Chromatogr. Biomed. Applic., 232, pp.400-405 (1982).
80. R. W. Kelly and P. L. Taylor, "Tert-butyl dimethylsilyl ethers as derivatives for quantitative analysis of steroids and prostablandins by gas phase methods", Anal. Chem., 48, pp.465-467 (1976).
81. P. M. Woollard, "Selective silylation using tert-butyldimethylsilyl reagents: their use in the quantification of fatty acids", Biomed. Mass Spectrom., 10, pp.143-154 (1983).
82. G. S. Fisher and J.P. Cherry, "Variation of cyclopropanoid fatty acids in cottonseed lipids", Lipids, 18, pp.589-594 (1983).
83. S. Bergstrom, R. Ryhage, B. Samuelsson and J. Sjovall, "The structure of prostaglandin E1, F1 and F1α", J. Biol. Chem., 238, pp.3555-3564 (1963).
84. M. Hamberg and B. Samuelsson, "Prostaglandin endoperoxides. novel tranformations of arachidonic acid in human platelets", Proc. Natl. Acad. Sci, USA, 71, pp.3400-3404 (1974).
85. M. Hamberg, J. Svensson and B. Samuelsson, "Thromboxanes: a new group of biologically active compounds derived from prostablandin endoperoxides", Proc. Natl. Acad. Sci., USA, 72, pp.2994-2998 (1975).
86. S. Bunting, R. Gryglewski, S. Moncada and J. R. Vane, "Arterial walls generate from prostaglandin endoperoxides a substance (prostablandin X)which relaxes strips of mesenteric and coeliac arteries and inhibits platelet aggregation", Prostaglandins, 12, pp.897-913 (1976).
87. P. Borgeat and B. Samuelsson, "Arachindonic acid metabolism in

polymorphonuclear leukocytes: unstable intermediate in formation of dihydroxy acids", Proc. Natl. Acad. Sci., USA, 76, pp.3213-3217 (1979).

88. H. R. Morris, G. W. Taylor, P. J. Piper, M. N. Samhoun and J.R. Tippins, "Slow reacting substances (SRSs): the structure identification of SRSs from rat basophil leukaemia (RBL-1) cells", Prostablandin, 19, pp.185-201 (1980).
89. H. R. Morris, G. W. Taylor, P. J. Piper and J.R. Tippins, "Structure of slow-reacting substance of anaphylaxis from quinea pig lung", Nature, 285, pp.104-107 (1980).
90. I. A. Blair, "Measurement of eicosanoids by gas chromatography and mass spectrometry", Brit. Med. Bulletin, 39, pp.223-226.
91. S. E. Barrow, D. K. Heavey, M. Ennis, C. Chappel, I.A. Blair and C.T. Dollery, "Measurement of prostablandins D2 and identification of metabloites in human plasma during intravenous infusion", Prostaglindin, 28, pp.743-754 (1984).
92. P. L. Taylor and R. W. Kelly, "19-hydroxylated prostablandins as the major prostablandin of human semem", Nature, 250, pp.665-667 (1974).
93. R. W. Kelly, M. A. Lumsden, M. H. Abel and D. T. Baird, "The relationship between menstrual Blood loss and prostablandin production in the human: evidence for increased availability of arachindonic acid in women suffering from menorrhagia", Prosglandins, Leudetrienes, and Medicine, 16, pp.69-78 (1984).

第十二章

質分離子顯微術在生物和醫學上的應用

凌永健

摘要

質分離子顯微術結合多種類的離子束源，輔以特別設計的離子光學系統和質譜儀的高感度與能辨別原子 (和分子) 化學種類的特性，再加上影像處理系統，可以在短時間內提供生物樣品中的質荷分離化學離子影像，是門兼具辨認定點和量度生物樣品中微觀化學現象的分析技術。本篇論文的目的，除了在介紹質分離子顯微術的原理和儀器外，更著重在實例的說明，和討論使用時需注意的事項與限制，以便讓讀者了解應用的範圍。更深入的探討，則可從文後的一般性文獻、專門書籍和研討會論文等參考文獻尋得更詳盡的資料。

一、前言

隨著新型儀器的發展和先進實驗技術的改進，過去數十年來在生物和醫學上的研究，逐漸發覺不同生物體內的許多生理作用皆有相類似的機制，相異處則可能是機制中的某個生物化學過程有所不同。將這些點點滴滴的知識累積起來，得以歸納出從微生物到高等生物的生命現象似乎存在著一些統一的生物化學過程 (biochemical process)，因此現今在生物和醫學上研究的部份重點是利用微生物和細胞來探討生命的根本現象[1,2]。這個趨勢可從生命的基本單位 —— 細胞的觀點來看，細胞可以在嚴格控制的條件下，以人爲的方法快速的加以培養與複製，更進一步者，在複製的過程中，可以人工導入化學和物理的方法來刺激及改變細胞生長的生理環境，了解細胞受到外界影響而產生的反應與改變。

傳統方法是將正常 (control) 和處理 (treatment) 過的細胞中所要探討的化學物質，從次細胞體 (suborganelle) 中經繁瑣複雜的程序先萃取出來，再做更詳盡的分析研究，才能知道反應和改變的程度。然而隨著精密的顯微技術

(microscopic techniques) 的發展，如光學顯微術、電子顯微術和本文所擬介紹的離子顯微術，可以簡化傳統的分析方法，在儘可能減少破壞細胞原始結構 (original structure) 和化學組成 (chemical composition) 的前提之下，到微體 (micro)、微量 (trace) 和定性 (qualitative) 與定量 (quantitative) 的分析層次，從次細胞體中的動態化學組成與外加環境因素的關係，得以探討詮釋和推測生物體中的生理現象。

質分離子顯微術 (mass-analyzed ion microscopy)，除了和光學顯微術 (尤其是螢光顯微術， fluorescence microscopy) 與電子顯微術 (尤其是能量散射 X 光譜儀， Energy Dispersive X-ray spectrometer ，簡稱 EDX)，或是電子微測 X 光譜儀 (Electron Probe X-ray MicroAnalyzer, EPXMA 或 EPMA)，同樣能提供細胞中某些特定元素的組成資訊 (elemental information) 和型態 (morphology) 的關係外，質分離子顯微術更是能提供細胞中任何種元素 (含同位素) 的分子資訊 (molecular information)，在生物和醫學上的用途當是更為廣泛。主要原因之一是細胞中主要組成元素 (如 C 、 H 、 O 、 N 和 P) 以外的元素不僅扮演著一般的結構角色 (structural role)，更重要的是具有調節生理功能的角色 (regulator role)，如鎂、鈣、鋅、銅……等無機元素，長久以來就被認定為酶 (enzyme) 發生作用時不可或缺的共同因素 (cofactor)，控制著許多生理作用。上述元素中與鈣相關的研究一直是是重點，因鈣所扮演的角色非常廣泛，如圖 12.1 所示，可以調節控制多種的生理現象[3]，尤其是鈣在細胞中的貯存和

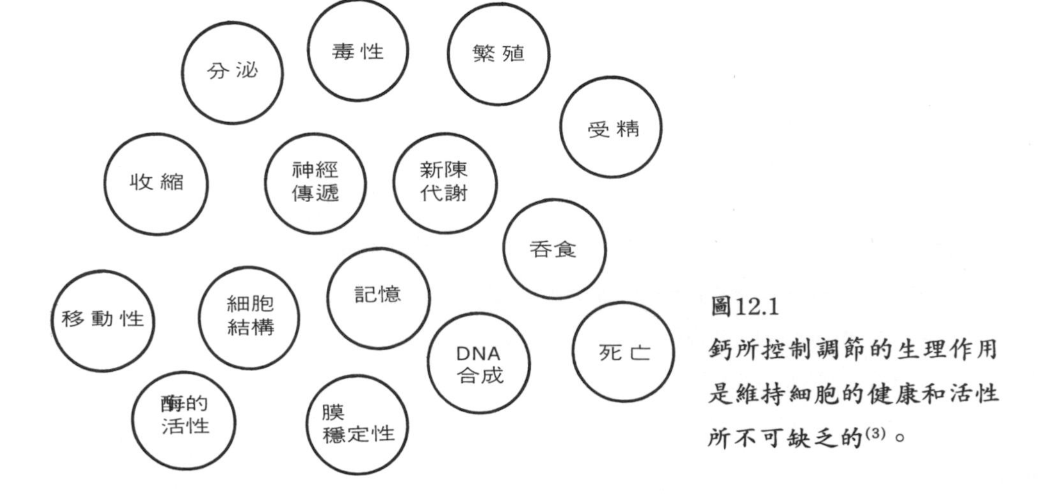

圖12.1
鈣所控制調節的生理作用是維持細胞的健康和活性所不可缺乏的[3]。

移動的改變，通常皆代表著改變細胞狀態 (state) 的訊息，因此測定細胞中鈣元素 (離子) 的分佈情形，尤其是在次細胞體間的流向、貯存和變遷等資料，當是了解鈣元素在細胞中所扮演之生理角色的先決條件。同理，欲了解任一其他種元素或是化合物，無論是原先即存在於細胞體內或是由外界移植到細胞體內，也必須得到相類似的原子 (或分子) 離子的分佈、流向和變遷等資料，才能探討、銓釋和推測相關的生理現象。因此，如何建立一套具有定點、辨認和量度生物體中種種生物化學變化的分析技術，是現階段生物和醫學研究的重要課題之一。質分離子顯微術能提供肉眼可以看得到之質荷分離的離子影像，兼具有顯示次細胞體中化學組成的資訊，應是非常符合生物和醫學研究需求的工具之一。

本篇論文的目的，除了介紹質分離子顯微術的原理和儀器外，更著重在實例和使用時需注意的事項及限制，讓讀者了解應用的範圍。首先必須澄淸的是質分離子顯微術就廣義而言，是物理、化學和材料學家們所較爲熟悉之二次離子質譜術 (Secondary Ion Mass Spectrometry, SIMS) 中的一種方法，即影像二次離子質譜術 (imaging SIMS)。由於具有質分離子顯微分析能力的儀器，也都具有一般二次離子質譜術的功能，因此要了解質分離子顯微術的來龍去脈，最好能參閱和 SIMS 相關的文獻資料，最早可追溯到 1910 年 J. J. Thomas 首先提到二次離子的字眼，表 12.1 所列的則是從 1969 年迄今在文獻上出現和 SIMS 相關的同語字[4]。

二次離子質譜術的研究範圍頗爲廣泛，兼蓋基礎和應用學科，從物理、化學、材料到生物和醫學，本文限於篇幅無法一一做詳盡的介紹，感興趣的讀者，可以從參考文獻 5～9 的專門書籍，或是參考文獻 10 中所列的一系列國際性二次離子質譜研討會專刊，尋得更新更詳盡的一般資料。參考文獻 11～17 以中文撰寫，偏重在儀器介紹和積體工業上 (IC industry) 的應用。參考文獻 18 也是在國內以中文發表的論文，著重在化學和生命科學上的應用，文中也簡略說明二次離子的產生機制，並和常用的其他種脫附離子化 (desorption ionization) 做一比較。參考文獻 19～25 則是近年來在生物和醫學上應用之回顧性與前瞻性的論文，也是本篇論文的主要參考資料來源。除此之外，參考文獻中和生物醫學相關的論文篇名 (列在附錄參考文獻中) 也是引用資料來源之一。當然，知識無涯，回顧性論文普遍有的滄海遺珠之缺失，勢必難免，對於許多沒有引用到的精闢論文，筆者先在此致歉意，並希望讀者和先進專家學者能指正賜教，從交換心得中，彼

表 12.1 SIMS 的同語字。[4]

ACRONYM	DEFINITION
SI PSI MSI	SECONDARY IONS POSITIVE NEGATIVE
SIMS	"STATIC" "DYNAMIC"
SSIMS DSIMS SIIMS SIMMS	STATIC DYNAMIC IMAGING MICROPROBE
QSIMS	QUADRUPOLE
SIQMS	QUADRUPOLE
LIQUID -SIMS	LIQUID (SAMPLE)
SNMS	NEUTRAL

此學習，而達到共同增長學識的效果，則將是筆者最大的心願。

二、原理

二次離子質譜術的原理，如圖 12.2 所示，利用具 1～100 KeV 能量的正(負) 一次離子 (primary ion ，註：具 1～20 KeV 能量的離子通稱爲快速離子 fast ion ，具 10～100 KeV 能量的離子稱爲重離子 heavy ion) 撞擊固態樣品的表面，經由一次離子所傳遞來的能量，部份會被固態樣品內部的原子接受，並轉換爲動能，能量化後的內部原子可以自由移動，從原來所在的晶格位置移動到其他地點，而造成晶格破壞 (lattice damage) 和原子混合 (atomic mixing) 等改質 (material modification) 效果，類似的改質現象，在入射的一次離子與樣品內部原子的階式碰撞 (collision cascade) 過程，會連續的發生，經階式碰撞能量散失殆盡後的入射離子，最後就停留在樣品內部深處 (其深度取決於一次離子的能量與入射角度和樣品的材質)，此即所謂佈植離子 (implanted ion)，也是積體

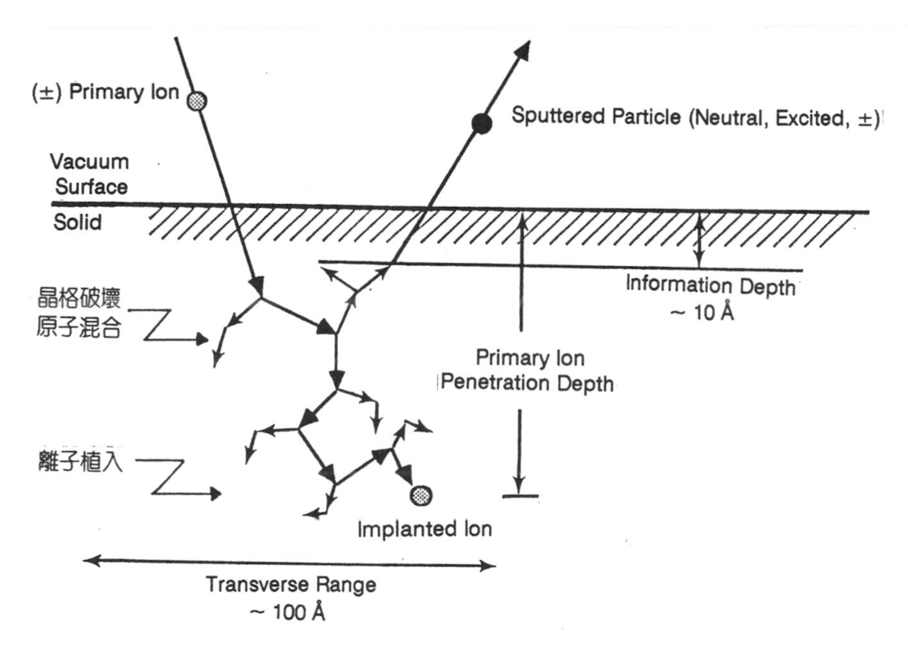

圖12.2 二次離子質譜術原理的示意圖，主要是基於帶能量的入射離子和固態材質間的多種作用。

工業中用來改變半導體導電度之離子佈植法 (ion implantation) 的原理。從圖 12.2 中可以看出，被撞離原始位置的樣品內部原子，若具有足夠能量，也能啓動類似的階式碰撞動作，這些原子通常稱爲反跳原子 (recoil atom)，也會誘導原子混合等改質效應。綜合入射離子和反跳原子所造成階式碰撞的結果，是在靠近樣品 10 Å 內處，和以一次離子入射處爲中心而直徑爲 100 Å 左右之圓型立體區域中的物質，在經上述過程傳遞來的能量會大到足以克服表面束縛能 (surface binding energy)，因此得以碎裂而被撞濺 (sputtered) 出來脫離樣品表面，除產生光子和電子之外，撞濺粒子 (sputtered particles) 中極大多數是中性不帶任何電荷，其中又有部份在激發態，只有少部份爲帶正 (負) 電荷的離子，這些離子通稱爲二次離子 (secondary ion)，以區別用來撞濺的一次離子。經由控制一次離子的參數，得以選擇性地從撞濺出的二次離子信號，得到樣品的物理、化學和結構性質，此即爲二次離子質譜術的根本原理。

二次離子質譜儀的操作原理 (圖 12.3)，是基於前述的根本原理，以高能量的

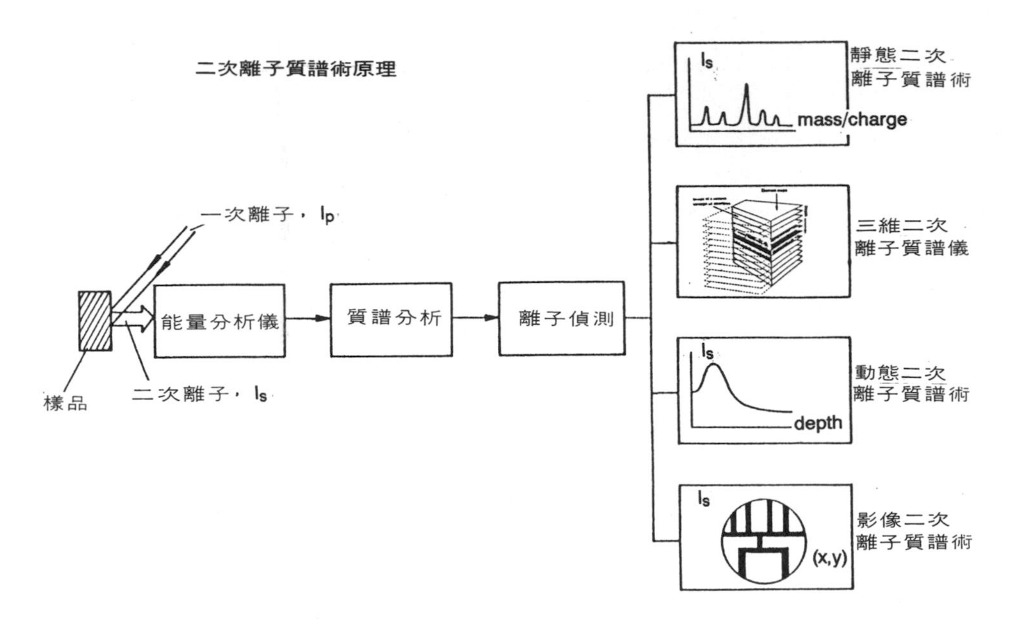

圖12.3 二次離子質譜儀的操作原理。

一次離子束撞擊固態樣品的表面，藉著一次離子所傳遞的能量，在樣品表面單一(或數) 原子層的物質會被撞濺出，而產生光子、電子、原子 (含激發態)、分子(含激發態) 和二次離子 (含原子 atomic 、分子 molecular 和團 cluster 離子)，這些離子產物在經過能量分析儀和質荷分析儀後，在偵測器上所測得的信號可提供樣品：

⑴在表面層的組成資料 (即靜態二次離子質譜術， static SIMS)；

⑵在三度空間上的組成分佈 (即三維二次離子質譜術，3-dimensional SIMS)；

⑶在縱深方向的組成分佈 (即動態二次離子質譜術， dynamic SIMS)；

⑷在平面上的組成分佈 (即影像二次離子質譜術， imaging SIMS)。

表 12.2 所列則爲從事二次離子質譜分析時的一般實驗條件，文中的質分離子顯微術則綜合動態影像和三維二次離子質譜術的功能。

二次離子質譜儀是屬於破壞性的分析方法，樣品只有接受一次分析的機會，故對來源不易的樣品需特別小心分析。除此之外，分析薄膜時，可以分析的樣品更是微量。因此，如何最有效地利用既有樣品，即減少單位時間內樣品的消耗率，是做破壞性分析必須考慮的重要課題。同時，分析時間的長短更是實際分析上

表 12.2 二次離子質譜分析時的一般實驗條件。

一次離子種類	Ar^+、Xe^+、O_2^+、Cs^+、O^-、Ga^+…等
一次離子能量	0.1～20 KeV；可高至 100 KeV
一次離子強度	靜態二次離子質譜術： 弱強度＜ 1×10^{-9} Acm^{-2} 動態二次離子質譜術： 高強度＞ 1×10^{-6} Acm^{-2}
一次離子尺寸 (以半徑而言)	對 Ga^+可低至 20 nm； 對 O_2^+、Ar^+和 Cs^+則可從 100 nm 到 1 mm。
眞空度需求	以原子態二次離子質譜術分析乾淨的表面需 10^{-10} torr；對分子態離子則約為 10^{-6} torr (但若是用在分析樣品最表層的化學分子組成則也需 10^{-10} torr)
分析儀	四極式質譜儀 扇型磁場式質譜儀 飛行時間式質譜儀
質量範圍	通常小於 2000 dalton；然而大於 20,000 dalton 也可能
樣品型態	薄膜、整體固態物質、擠壓的薄片、冷凍基質、固態基質、非導體通常需做電荷補償處理 (charge compensation)

必須考量的因素，尤其是當樣品的數目很多時，或是樣品在樣品室裡只有一定時間的穩定度時，分析時間愈短的方法愈理想。

了解一次離子和固態物質間的作用，是有效利用既有樣品的先決條件，因此接下來本文將討論二次離子產生機制中的幾個重要因素，如一次離子束，以及撞濺和離子化步驟。

㈠ 一次離子束

離子束是非常實用的游離化工具，因為：(1)具有多種種類，常用的有 Ar^+、O_2^+、Cs^+和 Ga^+。在定量分析方面，一般都採用 O_2^+經由化學撞濺 (chemical sputtering) 來提高離子化效率，而達到低偵測極限的需求。除此之外，O_2^+也可以減少因基質 (matrix) 不同而引起之相同種類、相同濃度的元素卻有不同信號強度的基質效應 (matrix effects)，但對於週期表右側高陰電性的元素則需利用 Cs^+才能提高離子化效率。 Ar^+則是針對定性分析用，主要的過程為物理撞

濺 (physical sputtering)，因此所測得的信號可以實際地反應出樣品表面的眞正化學環境。由此可以看出，利用較高活性的 O_2^+和 Cs^+，可以對固態樣品得到類似傳統之以活性氣體離子 (reactive gaseous ions) 對氣態樣品行選擇性的游離化，此即化學游離 (Chemical Ionization, CI) 質譜術的研究範疇。兩者的相異處主要在於游離源的產生機制和實體構造，在化學游離質譜術中，活性氣體離子是通到游離腔中的大量活性氣體經過電子碰撞以後而產生的，平均分佈在整個游離腔中；反之，在離子束質譜術中，用來撞擊游離固態樣品的一次離子源是藉著雙電漿式離子源 (duoplasmatron ion source) 以產生 O_2^+、 Ar^+，或藉著表面游離離子源 (surface ionization source) 以產生 Cs^+，或是藉著液態金屬離子源 (liquid metal ion source) 以產生 Ga^+，這三種離子源所產生的離子經過適當的聚焦可以縮小到非常小的尺寸，也可以經由電腦控制做區域性的掃描。這種(2)聚集性和掃描性，非常適合做空間解析化學分析 (spatially-resolved chemical analysis)，能偵測到次微米大小區域的化學組成變化。另外則是(3)具有多種強度、能量和撞蝕率 (erosion rate)，因此可以針對不同的分析及需求，而調整一次離子源的性質。譬如高強度高能量的離子束具有較高的撞蝕率，因此通常用來做厚膜分析，以縮短分析所需的時間。當然越高的撞蝕率，在單位時間內就會有更多的二次離子產生，因此高強度高能量的離子束通常也用在微量分析。低能量低強度的離子束則因較低的撞蝕率，易得到較佳的縱深解析度 (depth resolution)，並造成較小的樣品破壞程度，因此通常用於薄膜和表面分析。

(二) 撞濺

撞濺，簡而言之，就是以粒子束撞擊固態樣品表面而誘導濺射出粒子的現象，又可區分爲物理撞濺和化學撞濺兩類，端視所用的粒子束是鈍性 (物理撞濺) 還是活性 (化學撞濺)。在原子態二次離子質譜術中常用的 O_2^+和 Cs^+，就是利用這些活性的一次離子束會改變樣品的化學組成，而形成較具揮發性或較穩定的物種，達到提昇或降低撞濺率 (sputtering yield ，即每一單位一次粒子束所能撞濺出的二次粒子束)。另外一種可能發生化學撞濺的情形是在分析腔中有殘留的活性氣體存在 (不論是因眞空度不良而遭污染所引起或是故意通氣導入的)，這時即使是用鈍性的一次粒子也多少會有化學撞濺現象產生。若是將化學撞濺誘導的撞濺率改變所連帶之離子化率的改變同時考慮，從圖 12.4 中，可清楚看出二次離子的產率可以提昇 100 至 1000 倍，因此化學撞濺非常適合用在高靈敏度低偵

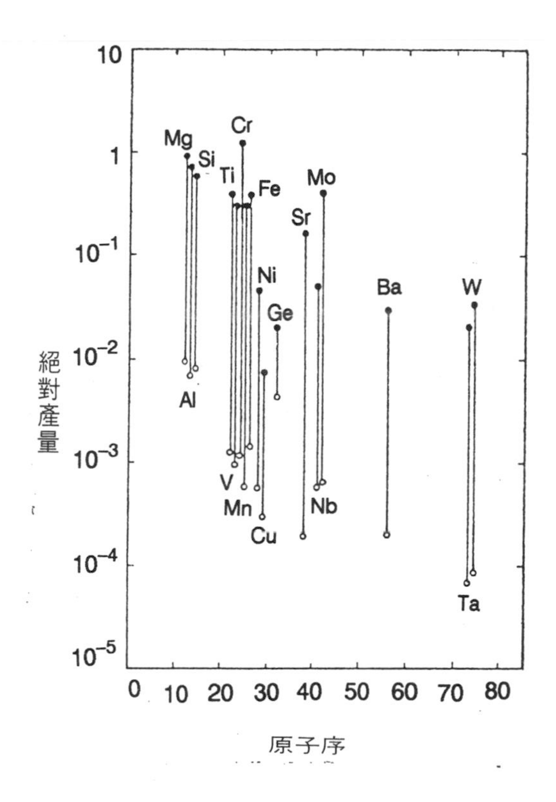

圖12.4
二次離子的絕對產率與原子序的關係，空心圓圈(◦)表示在超高眞空的環境，實心圓圈(•)表示在飽和氧的環境，條件爲 Ar^{+} 離子，3 KeV，入射角度爲 60°，強度爲 10^{-3} μA / cm^2，殘留氣壓爲 10^{-10} torr(26)。

測極限的定量分析。

合理的物理撞濺模式必須能夠解釋圖 12.5 所示，典型撞濺出的原子數目對撞濺出原子的動能圖，即從這能量圖中來詮釋撞濺的機制。目前較爲一般學者所接受的模式，有 Sigmund 所提出的(28)如圖 12.6 所示，當帶有能量的一次離子入射到固態樣品表面會引起階式碰撞，入射離子的能量會在階式碰撞中移轉到樣品內的組成原子，簡稱爲目標原子 (target atom)，當某一目標原子所接受到的能量超過其束縛能時，就會有多餘的能量，而得以自由移動，這樣的目標原子就稱爲反跳原子，靠近樣品表層的反跳原子若有適當的發射角度，就可以從樣品表面逸出，這就是撞濺的現象。當然在表面層內的反跳原子若是具有足夠的動量，可以克服系列階式碰撞的能量需求，仍然可以先反跳到樣品表面，然後再被撞濺出。Sigmund 的模式可以下列方式來解釋圖 12.5 的能圖，能量小於 1 eV 之粒子的生成機制可以熱穗模式 (thermal spike model) 來解釋(28)，如圖 12.6 (c)中所示，乃是因一次粒子撞擊樣品會引發在一定區域內目標原子間的彈性碰撞，因此這

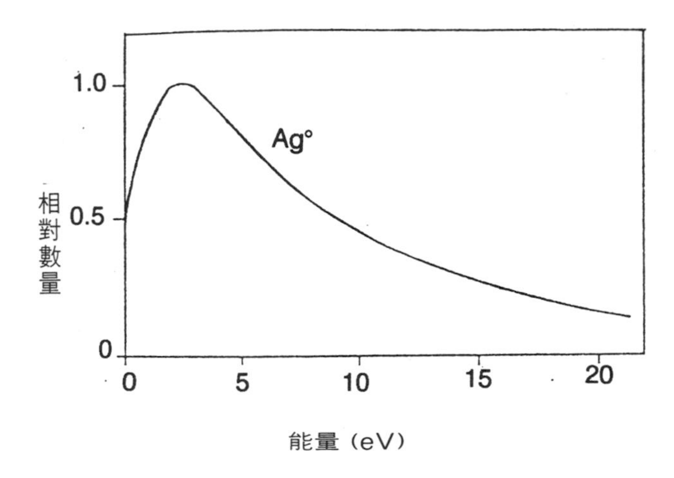

圖12.5
以 1 KeV Ar^+ 離子撞擊 Ag 後之撞濺 Ag 原子的動態分佈圖。[27]

個因碰撞而生成的激態區域 (excited region) 具有高溫下高密度的氣體行爲，所濺射出的粒子乃是來自熱穗區表面的原子蒸發結果。

在圖 12.5 高能階端的粒子數目是以 E^{-n} 函數遞減，在此 E 爲二次粒子的動能，n 則是介於 1 和 2.5 之間的常數[30]，這些具有數百 eV 能量的原子乃是經由直接反跳 (direct recoil) 過程而產生的，如圖 12.6(a)中所示，當入射一次粒子的能量小於 1 KeV 時，目標原子所接受到的能量只夠產生一次反跳原子 (primary recoil)，卻不足以繼續階次碰撞而產生更多的反跳原子，所以這些一次反跳原子將會被撞離原先所在的晶格位置，若是方向適當的話，就會逸出樣品表面

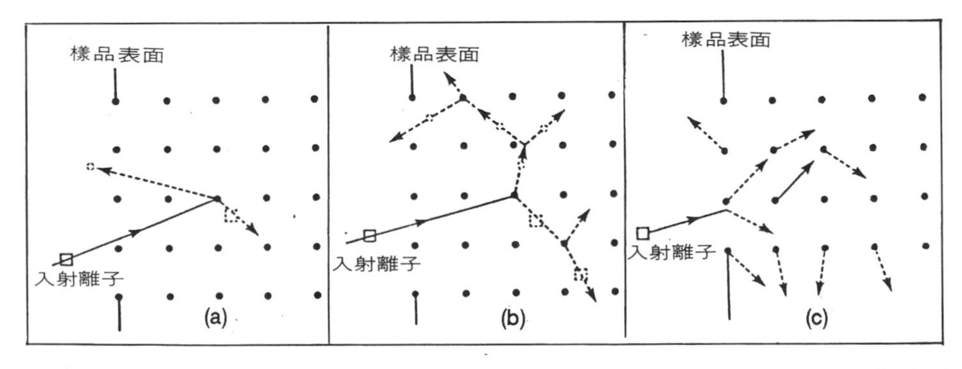

圖12.6 彈性碰撞所產生的撞濺區域：(a)直接反跳區，(b)階式碰撞區，(c)熱穗區。[28]

而被撞濺出。假若入射粒子的能量高於 1 KeV 時，所產生的二次粒子其能量大部份會介於 1 eV 到 20 eV 之間，這可用圖 12.6 (b)中的二元階式碰撞 (binary collision cascade) 模式來解釋，以定性方式來描述，具有數千 eV 能量的一次離子，在穿透樣品表面並與表層和內層原子碰撞以後，將會逐漸緩慢下來直到失去多餘的動能。這一系列的碰撞不但會將目標原子撞離其原始位置，也會改變一次離子最初的線性碰徑，更會造成反跳目標原子再撞擊其他原子，當然在整個二元階式碰撞的過程中，部份反跳原子若是同時得到朝表面方向的動量，而且也具有足夠能量來克服表面的束縛能時，通常在一次離子撞擊後的 10^{-12}秒內，就會逸出樣品表面。

依 Sigmund 的撞濺理論，撞濺速率 (即單位時間內樣品的消耗率，亦稱撞蝕率) 是由下列條件所決定：

1. 入射離子的質量、能量及角度。
2. 樣品原子的質量，有時也受樣品的晶體結構 (非晶形、多晶形、單晶形) 及樣品溫度些微影響。
3. 樣品的表面束縛能。
4. 離子流密度 (current density)，即入射離子流除以掃描面積。

適當的撞濺速率，是有效利用樣品而得到所需資訊的重要因素之一，應從儀器使用時間、縱深解析度、偵測極限、樣品消耗速率等的平衡來考慮，下列因素可供參考：

1. 提高撞濺速率，可節省使用時間。
2. 提高撞濺速率，則縱深解析度會變差。
3. 提高撞濺速率，可提升偵測極限。
4. 對於不良導體的樣品而言，以增加離子流來提高撞濺速率，可能會有電荷集聚的困擾。
5. 以減少掃描面積，提高撞濺速率，將會因坑邊效應 (crater sidewall effect) 的惡化，而降低分析的品質。
6. 提高撞濺速率會增加樣品消耗速率，所以不太適合做表面與薄膜分析。

一般說來，對於純元素的不同固態材質，撞濺速率可能的變化幅度可達 40～50 倍之多，但對生物樣品而言，由於其主要組成不外乎是碳、氫、氧、氮等等，因此雖然相關的撞濺速率還是會隨著物質有所變化，但這個變化不大，一般生物樣品的撞蝕速率每秒大約 (在通常用的分析條件之下) 是在 1 到 5 個埃之間。

㈢ 離子化

迄今尚未有任何單一的模式可以解釋各種不同樣品的離子化現象，幸運的是在從前人們的努力中，可得到的通論之一爲撞濺出原子的離化率主要決定於濺逸粒子的游離能 (ionization potential，在文中簡稱 I) 或電子親和力 (electron affinity，在文中簡稱 A)，以及基材表面 (substrate surface) 的化學性質，即其電子結構 (electronic structure)。金屬表面若有足夠的能量，將一個電子從自由態的原子移走 (所需能量爲 I) 到 Fermi 能階 (再得到的能量爲 ϕ)，就能產生正離子；同理，需要 $(\phi - A)$ 的能量注入到系統中才能產生負離子，降低 ϕ 相當於提高 I 或 A，所以將會減低正離子產率或是提高負離子產率。簡而言之，上述關係可以下列二式逼近表示

$$n^{+} = B \exp (\phi - I)/ K \qquad (12\text{-}1)$$

$$n^{-} = B'\exp (A - \phi)K' \qquad (12\text{-}2)$$

式中 n^{+}、n^{-}分別代表正、負離子的數目，B,B',K',K'爲常數，ϕ 則是代表基材表面電子結構的表面工作函數 (surface work funition)。一般說來，在撞濺過程中，表面的電子結構對二次離子產生的數量扮演著舉足輕重的角色，舉凡存在表面的活性物質 (如氧)，或是在階式碰撞中所造成的不規則 (disorder) 都會造成電子結構的改變。

從上述的通論裡，延伸到生物樣品的分析，意謂著正離子的產率是和撞濺原子游離能的指數成一反比的關係，因此在生物體中非常重要的一些元素如 Na、K、Ca 和 Mg 都有相當大的正離子產率，所以很容易被偵測到。同樣的，離子產率和撞濺原子之電子親合力的指數有正比的關係，所以生物體中常看到的 C、O、F、Cl、S 和 P，以及這些元素所形成的團離子，譬如 C_2、O_2、CN、PO 和 PO_2，都有相當程度的撞濺負離子產率。另外一個涵義則是正離子產率會受到樣品表面有氧 (或其他陰電性物質) 的存在而可以提高許多。同樣的，負離子產率也會受到樣品表面是否有正電性的物質，例如銫的存在，而提高許多。所以在分析時，常常在撞濺過程將樣品表面視需要覆蓋以氧，或是利用氧 (或銫) 離子束來提昇離子化的產率。定量分析的靈敏度取決於所產生的二次離子之

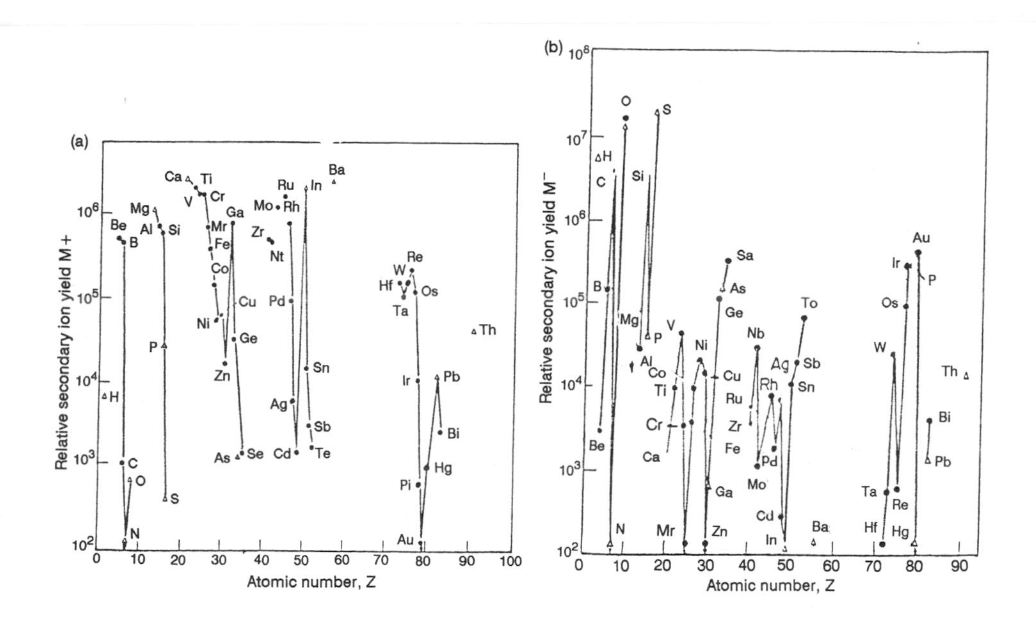

圖12.7 (a)帶正電荷之二次離子的相對靈敏因素 (一次離子源爲 13.5 KeV 的 O^-)。
(b)帶負電荷之二次離子的相對靈敏因素 (一次離子源爲 16.5 KeV 的 Cs^+)。[31]

總數目的多寡，即二次離子的產率 (secondary ion yield)，此爲前段中所提到的撞濺率和本段中離子化率的乘積，在圖 12.7 (a)和(b)中所顯示的就是帶正電荷的二次離子和帶負電荷的二次離子以 13.5 KeV 的 O^-和 16.5 KeV 的 Cs^+爲一次離子源的相對二次離子產率[31]，從這圖中，可清楚的看出二次離子的產率，可相差達一萬倍之多，所以做定量分析時，必須特別注意。

(四) 影像對比

影像對比 (image contrast) 是離子顯微術的根本，如同一般的發射顯微術 (emission microscopy)，無論所用的分析儀是什麼，在影像中的對比 (相當於黑色照片中的明暗度或彩色照片中的色澤度) 主要是因爲樣品表面微區裡的物理或化學結構不同，而發射出不同的信號。在質分離子顯微術中常用到的信號則是撞濺出的二次離子，即離子誘發二次離子 (Ion-induced Secondary Ions, ISI)，其次則爲撞濺出的電子，即離子誘發二次電子 (Ion-induced Secondary Electrons

ISE)，這些經過一次離子照射樣品表面所撞濺出的二次電子或離子，在經過適當的分析儀和偵測器後，所產生的顯微影像，無論是電子影像或離子影像也好，影像對比的機制可歸類成下列二種：

1. 發射對比 (Emission Contrast)

適用於二次電子影像，以及未經質荷分析的二次離子影像，亦即在這種影像中的對比，或是強弱程度，可分為①地勢對比 (topography contrast)，即所有電子或離子 (total ions) 所形成的影像，因樣品表面的地勢高低不同，或是樣品表面相對於偵測器的角度不同，或是樣品表面產生二次電 (離) 子位置的不同，以致於撞濺電 (離) 子的能量不同，而導致不同的偵測效率。舉例而言，在樣品傾斜的邊緣區域或粗糙不平的表面處，能提供較大的逃逸面積 (escape area)，因此更多的二次電子被偵測到，所以在影像內較為明亮。②晶格對比 (lattice contrast)，即因為樣品的晶格結構不同，或是因樣品表面局部氧化而造成不同微區有不同發射強度的影響，甚至因樣品中的穿隧效應 (channeling effects) 而引起不同的發射強度，因此利用這種對比，可以檢視不同的晶格結構。

2. 分析對比 (Analytical Contrast)

只存在於質分二次離子影像中，這種對比又可分為①元素 (或同位素) 對比，即信號完全來自單一的原子、離子；②化學對比 (chemical contrast) 即信號是經由發射的分子、離子或團離子所產生的；③濃度對比 (concentration contrast)，即由樣品中感興趣待測物 (元素或化合物) 的數量多少來決定。從定量分析觀點而言，如何從整個的影像對比中減少或甚至去掉發射對比所造成的影響，再從處理後的分析對比中，求得樣品中感興趣的元素組成化學物的種類和相關的數量，一直是研究的重點。

三、儀器

二次離子質譜儀有呈像式和非呈像式，質分離子顯微鏡屬於前者。依影像呈像方式可再仔細分類，如圖 12.8 所示，有掃描式的離子微測儀 (Scanning Ion Microprobe, SIM)，是利用一束微聚焦的離子束，在樣品表面做點狀式連續掃描，再用偵測器同步偵測每一掃描點所撞濺出來的二次離子，其側向解析度取決於一次離子束的直徑大小。另外一種則是直接顯像式的離子顯微鏡 (Direct

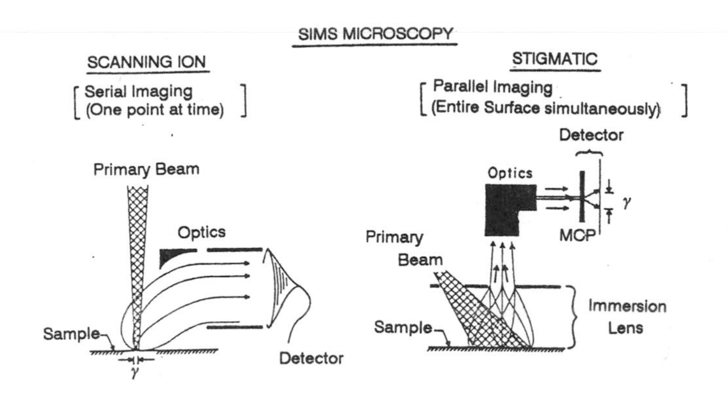

圖12.8 掃描式的離子微測儀（左圖）和直接顯像式的離子顯微鏡（右圖）的呈像原理。

Imaging Ion Microscope, DIIM)，是利用一束均勻的寬廣離子束撞擊樣品表面，再利用特殊的離子光學設計將照射區域裡被撞濺出來的所有二次離子，在保持他們於樣品表面相關位置的前題下，同時定位在區域偵測器上 (area detector)，其側向解析度是決定於二次離子光學系統的像差 (aberration)。

圖 12.9 所顯示則是以同時兼具 SIM 和 DIIM 之 Cameca 的 IMS-4f 爲例子來說明的結構圖，一般說來可分爲一次離子光學系統 (圖 12.9 中的 1 到 4 項)，這系統包含用來產生一次離子束的離子槍，以及將這些一次離子調到適當強度、能量及尺寸的光學系統，其次是樣品所在的樣品室 (圖 12.9 中第 5 項)，從樣品經一次離子撞濺出來的二次離子會透過二次離子光學系統，經過選擇性分離後，進入二次離子偵測系統，再經過電腦系統的處理，最後轉換爲有用的資訊。當然，高真空系統 (真空度至 10^{-10} torr) 是整套儀器的靈魂，其功能在此不再贅述。

㈠ 一次離子光學系統

一次離子光學系統通常的組成爲多種類、多種能量和多種強度的一次離子束 (在第二節㈠段已詳細介紹)，和經由電荷分析來控制其純度的磁場，以及調整聚焦掃描的靜電透鏡等。

㈡ 樣品室

樣品室和樣品承受器是使用者最常接觸到的儀器部份，因此相關的設計影響所及不僅是分析結果，更是決定方便性和生產力的重要因素。生產力主要是與樣

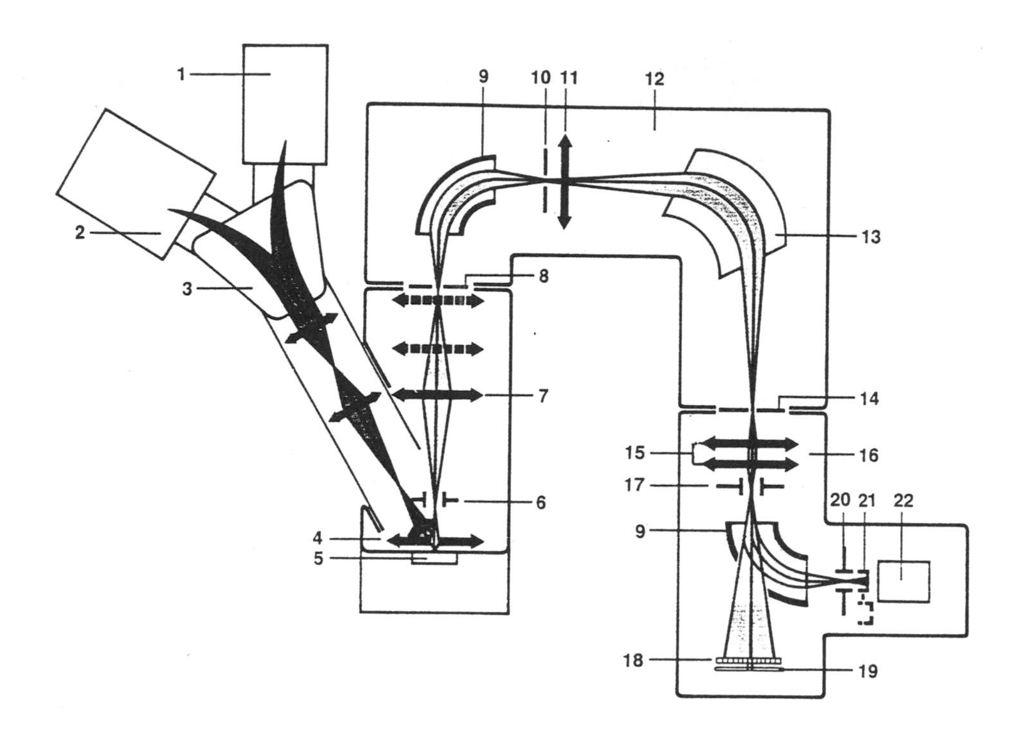

圖12.9 Cameca 的 IMS4f 構造圖。[32]

品承受器有關，如一次所能置入樣品數目的多寡；打開真空室變換樣品後再抽達所需真空度的時間；樣品固定在承受器上的方式；承受器能移動、轉動和傾斜樣品的能力，以及冷卻/加熱樣品的速度和溫度範圍。就分析結果的觀點而言，樣品室的真空度，在一次離子源操作時，會影響到存在空氣中的元素，如碳、氫、氧、氮之最低偵測極限濃度；承受器的電位壓 (voltage offset) 之可變度，會影響到測不良導電性之樣品的能力。

樣品室內部近樣品處用來汲取 (extract) 從樣品表面撞濺出來之二次離子的浸透鏡 (immersion lens)，使用的材料最好是在一般測試樣品中含量極少的，這樣才能減少來自分析環境中的汚染，進而達到更低的偵測極限。同理這些常被撞濺出來的二次離子沉積，或被汚染的光學部份，若愈容易清洗更換，則愈容易達到理想的偵測極限。通常這些儀器都有目視光學系統，可以讓使用者目視來調節樣品位置以及氧氣閥 (oxygen jet) 來控制在分析環境中的氧氣量，以提高二次離子的產率。

㈢ 二次離子光學系統

二次離子光系統涵蓋的範圍，從樣品的表面到二次離子偵測器，主要的組成爲能量分析儀 (energy analyzer) 和質荷分析儀 (mass analyzer)，功能爲確保從樣品表面所撞濺出的二次離子在經過適當的能量選擇和質量區別之後，大部份能被偵測出，產生的信號也能確實地反應出各元素在樣品中的分佈資料。因此，在探討二次離子光學系統的功能時，必須考慮的因素有：

(1)汲取率 (extraction efficiency)：即決定從樣品表面所撞濺出的二次離子進入二次離子光學系統的百分比；
(2)傳送率 (transmission efficiency)： 即二次離子光學系統的傳送效率；
(3)質量解析度 (mass resolution)：即區分不同質量之離子的能力；
(4)質量區別度 (mass discrimination)：即不同質量的離子會有不同的傳送率；
(5)能量解析度 (energy resolution)：即區分不同能量之離子的能力；
(6)記憶效應 (memory effect)：即以往做分析時對儀器所造成的效果對現時分析的影響。

因二次離子質譜儀是屬於破壞性較強的分析方法，其撞濺出的二次離子只有部份會到達偵測器，大多數則會遺留在樣品室裡，很有可能在以後分析時受到撞濺過程中所產生的離子、電子和光子的照射再被撞濺出或釋出 (desorb)，而被偵測器誤認爲來自樣品中，因此釋氣 (degasing) 或烘培 (baking) 對二次離子質譜儀而言，不僅是降低儀器眞空度的方法，亦是減低記憶效應，達到更低偵測極限濃度的方法

㈣ 二次離子偵測系統

二次離子偵測的實用性，可以從其反應時間快慢 (temporal response)、空間解析度 (spatial resolution)、光譜上的靈敏度 (spectral sensitivity)、方便性

(convenience)、再現性 (reproducibility) 和做相關定量分析的正確性 (accuracy) 來討論。一般而言，離子偵測器有許多種，選擇的方法往往決定於所追求的資料爲何和所測的樣品爲何。此外，在使用時也必須留心一些功能，以確保所得結果的可信度。譬如直線性 (linearity)：即最後出來的數值信號和從樣品表面撞濺出來的二次離子數之間的函數關係；偵測極限濃度 (detection limit)：即所測且可信賴的最低濃度；動態範圍 (dynamic range)：即偵測系統所能測得有用的最大信號和最小信號之比，可反應出整個系統儲存資料的能力；遲滯 (lag)：即記憶效應可偵測出以往分析時所遺留下來的信號；不感光時間 (dead time)：即系統不能記錄進來的信號，常發生在當有太多的二次離子 (光子、電子) 撞擊到偵測器的表面；霧化 (blooming)：即側向解析度的不足；不感光區域 (dead space)：即撞擊到這些區域的二次離子無法產生電子；不均勻度 (nonuniformity)，又稱爲細微的變化或差別 (shading)：即用一個可以產生均勻強度的樣品，在 1／30 秒內取得影像，其影像中各個影像元素 (pixel, picture element) 之間的數值差異。後三項只和區域偵測器有關。

掃描式的離子微測儀所使用的偵測器多爲電子倍增器 (electron multiplier) 和電子穿隧倍增器 (channel electron multiplier, channeltron)，功能爲接受二次離子光學系統所傳送出來的二次離子，將其轉換成電子，再加以放大偵測。直接顯像式之離子顯微鏡上的偵測器功能則更加複雜，是屬於所謂的區域偵測器，能偵測出同一時間從不同方向而來的粒子，並且在偵測器上保持這些粒子間相對空間的位置關係。

㈤ 電腦系統

電腦應用在二次離子質譜儀上的範圍非常廣，現階段電腦在一般二次離子質譜儀上的功能主要爲：儀器控制；數值取得和數值處理。在儀器控制方面，舉凡一次離子光學系統、樣品承受器、二次離子光學系統、二次離子偵測系統及眞空系統等，皆可在電腦的控制之下，利用軟體來加速儀器的最適化 (optimization)，進而提高分析結果的可信度。數值處理是二次離子質譜儀分析中非常重要的一環，因爲離子和固態物質的相互作用原理，迄今尙未完全成立，因此在做定量分析時，較準確的方法都是憑經驗 (empirical approach) 而建立的，一些校正方法都是藉著電腦軟體設計才可行。

數值影像處理 (digital image processing) 則是近年來新近發展的輔助分析

技術，目的在幫助分析人員解決影像失眞的問題和如何將巨多的數值（註：一個 256 × 256 大小的影像，每點爲 16 bit，所佔去的電腦記憶體即有 128 K 之多）簡化到所需的資訊[33]；除此之外，較先進的專家系統[34]和資料庫管理系統[35]也都陸續被引進來輔助分析工作。

四、儀器系統和功能參數

本段的目的在介紹市面上現有之以扇型磁場式質譜儀、四極式質譜儀和飛行時間式質譜儀所組成的質分離子顯微儀，分別以來自三個不同廠商的機型加以說明，如何從前段中的儀器原理整合到全套系統的操作與功能。除此之外，也將介紹影響二次離子純度的質量解析度，平面上微細結構大小的側向解析度，和縱深上微細結構數量的縱深解析度，並討論上述三項參數與樣品中微量元素之偵測極限的關係。

(一) 法國 Cameca 公司的 IMS4f

圖 12.9 爲清華大學現有法國 Cameca 公司的 IMS4f 系統示意圖，爲兼具掃描式和直接呈像式功能的二次離子質譜儀，從圖中可以看出，此套系統配備有雙電漿型離子鎗來產生 O_2^+、O^-、Ar^+離子，和銫離子鎗來產生 Cs^+離子。這些一次離子在經過磁場來控制純度，加速到需要的能量（5～17.5 KeV），並調節到所需的強度 11 μA～8 mA）之後，撞擊到樣品所產生的二次離子，在進入二次離子光學中的傳送系統、能量分析儀和質量分析儀後，只有某一特定能量和質荷比的離子（即本文所謂的質分，mass-analyzed）得以通過，再進入多功能的偵測系統中。該系統中有如同後段的 SIMSLAB 3B 系統中的電子穿隧倍增器，用以產生掃描式的影像，除此之外，也有屬於區域偵測器的穿隧盤與螢光幕（channel-plate and fluorescent screen），前者可以直接將測得的訊號（即電子）儲存到電腦中，後者則需藉著第二個區域偵測器，才能將螢光幕上的影像轉換爲可以儲存在電腦中的數值影像。

常用的第二個區域偵測器有 35 厘米光學照相機，利用較長的曝光時間，可以偵測出肉眼看不到的影像，這是屬於非連線（off-line）的方法，因爲照相後的底片需再經過成影程序，一段時間後，才能得到影像。另外一種方法則是屬於連線（on-line）方法，就是利用影像照像機（video camera）將螢幕上的影像偵測、放大、數值化，再儲存到電腦中並且顯示在圖案終端機 (graphics terminal) 上。以往所用的影像照像機多基於 SIT (Silicon Intensified Target) 的原理，放大的倍數可高至 10 的 4 次方，然而，背景雜訊 (background noise) 會隨著放大率的增高而增加，因此，實際上所得到的信號雜訊比 (Signal-to-Noise ratio, S / N) 並沒有顯著的改進。

有鑑於此，目前最新的趨勢是利用電荷耦合元件 (Charge-Coupled Device, CCD) 爲感應器 (sensor) 的影像照像機。主要因爲電荷耦合元件感應器在冷卻至攝氏零下 20°C或更低時，幾乎全無雜訊，因此，可以利用無限長的曝光時間，將非常微弱的影像信號加以積分放大而測得。另外一種可行的辦法是利用雙穿隧盤－阻正記碼器 (Dual MicroChannel Plate － Resistive Anode Encoder, DMCP-RAE) 來取代整個二次離子偵測系統。所測得影像的側向解析度可低到 0.2 微米 (用雙電漿型離子鎗) 或 0.1 微米 (用銫離子槍)，質量解析度則可高至 40000 。

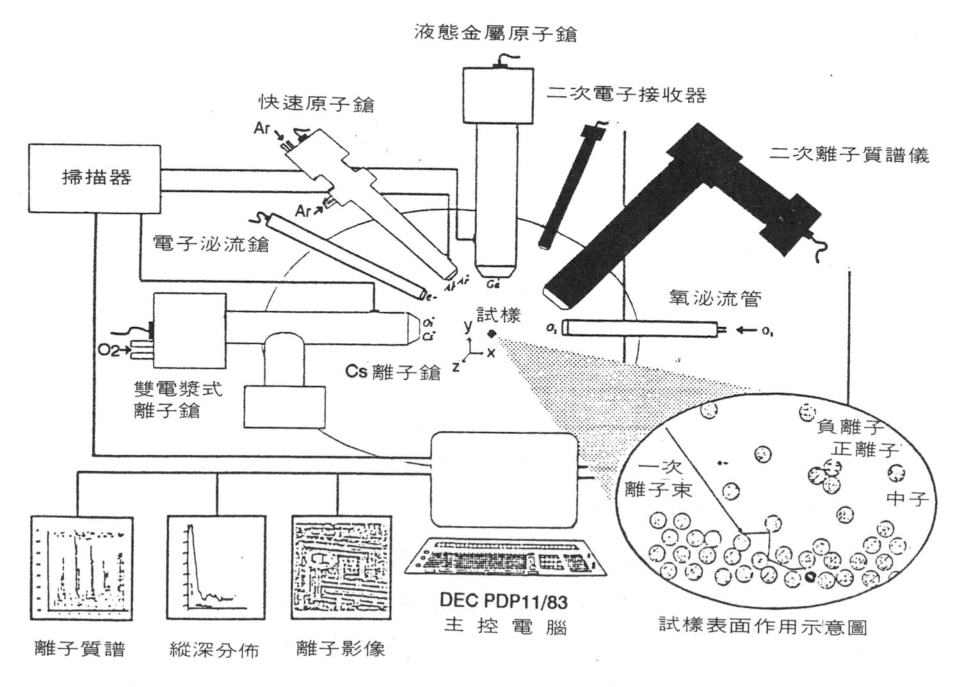

圖12.10 工研院電子所 SIMSLAB 3B 系統示意圖。[13]

(二) 英國 V. G. Ionex 公司的 SIMSLAB 3B

圖 12.10 爲工研院電子所現有之英國 V. G. Ionex 公司的 SIMSLAB 系統示意圖，主要配置有雙電漿型離子鎗、銫離子鎗以及液態金屬離子鎗，分別做爲氧、銫和鎵離子源之游離加速器，另外還有一支可以發射氬離子或氬原子的快速原子鎗。各離子源產生的離子束由一個共有的掃描系統控制，使入射至試樣表面的離子束，可依照分析者的意願掃描一定區間，或是只做定點分析。試樣表面受一次離子濺射產生的二次離子，經過透鏡系統 HTO － 2000 引導至質量解析度爲 M （M 爲離子的質量數，質量解析度定義請參閱本節(四)段） 的四極式質譜儀 (quadrupole mass analyzer) 分離出瞬間所欲偵測的離子，再由電子穿隧倍增器和計數器完成偵測動作。所得到的信號點數可直接用儀表顯示，也可以經由電腦積分成質譜或縱深分佈圖，更可以利用框存 (frame store) 方式進行影像觀察及分析工作。

(三) 美國 Charles Evans & Associates 的 TOF-SIMS

圖 12.11 所顯示的爲美國 CE & A 所出產之兼具直接和掃描呈像式的 TOF － SIMS[36]，較傳統只具掃描式呈像功能的 TOF － SIMS 在使用上更爲方便。

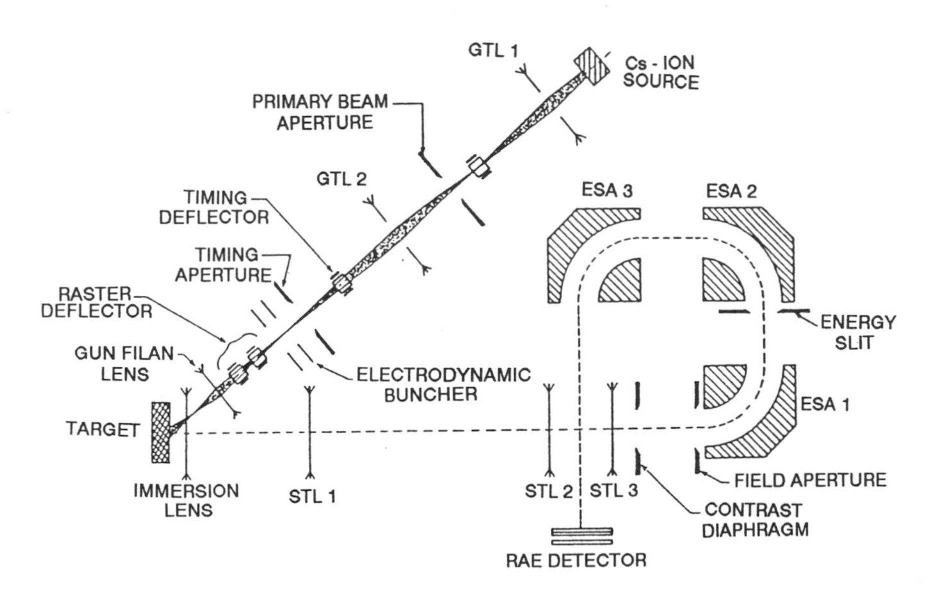

圖12.11 美國 CE & A 之 TOF － SIMS 的離子光學系統示意圖。[36]

工作原理爲利用一束連續式而能量爲 13 KeV 的 Cs^{+}離子，在經過一次離子束光圈 (primary beam aperture)，可以選擇在樣品表面直徑爲 100～1000 微米的影像，時控偏折器 (timing deflector) 和時控光圈 (timing aperture) 則是用來將原本爲連續式的一次離子源轉換成脈衝式的離子源 (1.5 ms FWHM 持續時間)，然後再經過掃描偏折器 (raster deflector)，就可照射到樣品的表面，從樣品表面出來的二次離子經過浸透鏡 (immersion lens) 的汲取後，進入特殊設計的傳透鏡 (STL1 、 STL2 、 STL3) 在二次離子與表面相關位置得以保持的前提下，進入到由 3 個靜電能量分析儀 (ESA1 、 ESA2 、 ESA3) 所形成之 270 度的行經途徑後，撞射到雙穿隧盤－阻正記碼器和一個時間數值轉換器 (Time-to-Digital Converter, TDC) 這些二次離子在樣品表面上相對的 XY 位置，是由它們到達 DMCP － RAE 偵測器的時間，再經由電腦解碼而決定，這些二次離子的質量則是經由選擇相對的飛行時間來決定。飛行時間則是利用時控偏折器來提供起始時間和到達第 2 個 MCP 的時間 (作爲到達時間)，由這兩個時間的差可換算出二次離子相對的質荷資料，整個系統的空間側向解析度可以是 1 或 3 個毫米，相對的放大倍率則是 60 倍或 250 倍。按照廠商的資料可看出這部儀器最獨特的地方在於高質量解析度，高達 3100 ，可克服傳統的 TOF － SIMS 在利用微聚焦離子束做爲離子源時質量解析度頂多只有幾百的缺點，當然若需要高側向解析度，這套系統依廠商所言也可以裝上微聚焦的鎵液態金屬離子源。

㈣ 質量解析度

質量解析度 (mass resolution) 爲質譜儀區別不同質荷比 (m / z) 的能力，因 z 通常爲 1 ，所以又可定義爲區別不同質量離子的能力，定義爲 M / ΔM 。實際應用則又可依是否有相鄰波峰存在 (即有兩個質量接近的離子)，亦只有單一波峰存在 (即單一離子) 的情形，前者爲 10％波谷義 (圖 12.12 (a))，兩個相鄰且高度相同的波， M 和 $M + 1$ ，所夾的波谷高度，爲波峰高度 10％，則其解析度爲 M (因 $\Delta M = 1$)；後者則爲 5％波峰高定義 (圖 12.12 (b))，存在質量爲 M 的單一波峰，ΔM 爲在波峰兩側高度爲峰高 5％處的距離，假若 ΔM 大於 (或小於) 1 ，則其解析度小於 (或大於) M 。解析度愈高，愈能區別質量差距愈小的離子，所得結果的可信度也較高。舉例而言，表 12.3 中所列的爲冷凍碎裂冷凍乾燥的培養細胞樣品所常用的一些分析離子之相關質量數，和可能的干擾離子，以及將這些分析和干擾離子加以區別所需的質量解析度[37]，變化很大，可從近

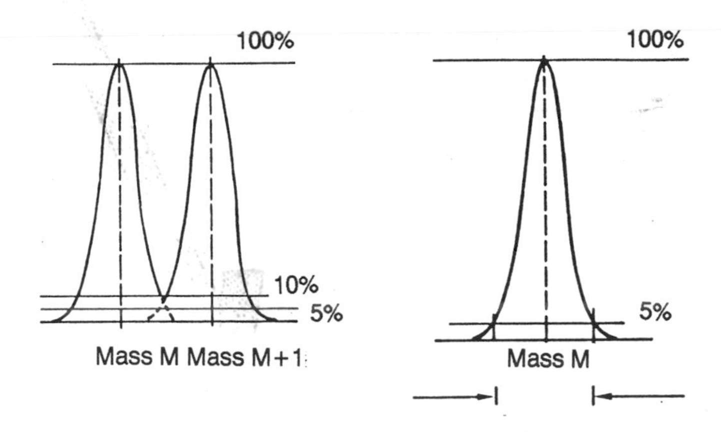

圖12.12 質量解析度定義 (a) 10%波谷定義；(b) 5%波峰高定義。

表 12.3 冷凝脆碎，冷凝乾燥的培養細胞中常用的分析離子和干擾離子。(37)

Nominal mass	Species	Mass (amu)	Typical signal purity (%)	Possible interferent	Mass (amu)	Mass resolution required
12	C^-	12.00000	> 99.9	^{13}CH	14.01118	1726
14	N^-	14.00307	38.3	$^{12}CH_2$	14.01565	1113
16	O^-	15.99491	> 99.9			
23	Na^+	22.98978	> 99.9			
24	Mg^+	23.98504	98.3	^{23}NaH	23.99760	1910
				$^{12}C_2$	24.00000	1603
26	CN^-	26.00307	99.9	^{26}Mg	25.98259	1270
				$^{12}C_2H_2$	26.01565	2067
31	P^-	30.97376	88.2	^{30}SiH	30.98158	3961
				$^{12}CH_3{}^{16}O$	31.01839	694
32	S^-	31.97207	98.2	^{31}PH	31.98158	3362
				$^{16}O_2$	31.98983	1800
				$^{12}CH_4{}^{16}O$	32.02613	591
35	Cl^-	34.96885	> 99.9			
39	K^+	38.96371	> 99.9			
40	Ca^-	39.96259	96.1	^{40}K	39.96400	28,000
				^{39}KH	39.97153	4470
				$^{28}Si^{12}C$	39.97693	2993
				$^{24}Mg^{16}O$	39.97996	2301
				$^{12}C_2{}^{16}O$	39.99491	1236
				$^{12}C_3H_4$	40.03130	582

600 ($^{40}Ca^+$和$^{12}C_3H_4{}^+$) 到 28,000 ($^{40}Ca^+$和$^{40}K^+$)。其他的^{23}Na、^{24}Mg和$^{39}K^+$的干擾離子就少了許多，但對於質量數大於 50 的元素離子，則需特別留心多原子、

碳氫物和氧化物等干擾離子。

(五) 側向解析度

從事生物和醫學樣品的影像分析，側向解析度 (lateral resolution) 是很重要的一個規格，在現階段市場上的二次離子顯微鏡，解析度可低到 0.1 μm，較電子顯微鏡差了許多，但和光學顯微鏡則屬於同樣的應用範疇。側向解析度除了受限於第二節所提之根本的原理和第三節中儀器上的限制，實際分析時更受限於樣品中欲測元素的濃度及離子產率，圖 12.13 中所顯示的就是在 3 種不同離子產率時的側向解析度 (以橫軸之一次離子束的直徑爲代表) 與偵測極限的關係[38]，從此圖中可看出對於較高離子產率以及較高濃度的元素，可以得到較佳的側向解析度，亦即較清晰的影像，例如鉀離子的有效二次離子產率大約是 0.01，至於鈣離子則相當於 10^{-4}，假如所需偵測極限爲 10^{-3}左右，鉀離子的側向解析度是在 0.1 μm 左右，但對於鈣離子則是 10 μm。當然這些元素在細胞中可能聚集分佈在某些局部區域裡，因此側向解析度也會隨著取影像的區域而有所不同。如圖 12.14 爲新生老鼠頭顱骨的鉀離子 (左圖 a) 和鈣離子 (右圖 b) 的分佈圖[25]，雖然後者取得影像的時間 (512 秒) 爲前者的二倍 (256 秒)，但受限於上述因素，側向解析度還是不若前者的好。值得一提的是在儀器不斷的改良之下，側向解析度愈

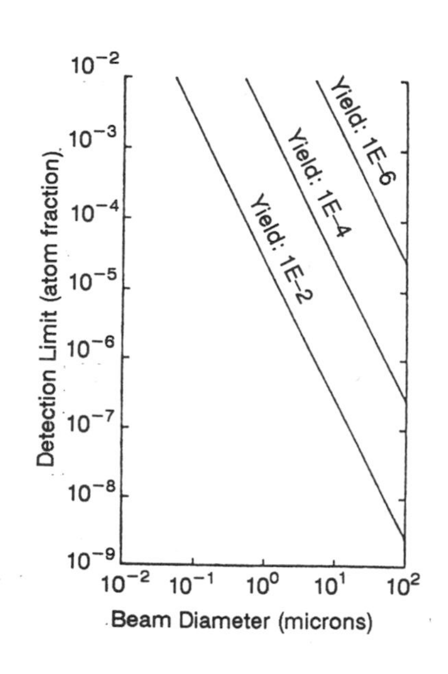

圖12.13
不同離子產率 (yield)時，側向解析度 (以橫軸的一次離子束直徑爲代表) 和偵測極限的關係。[38]

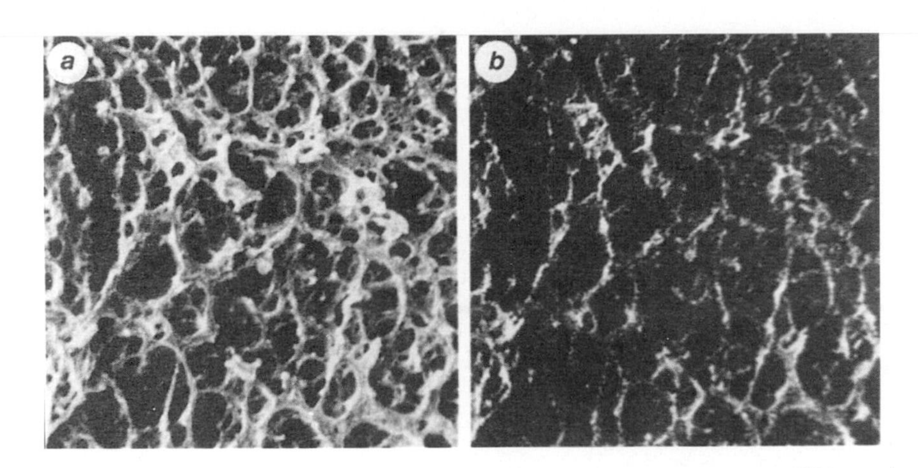

圖12.14 新生老鼠顱骨的鉀離子 (a) 和鈣離子 (b) 的分佈圖。(25)

來愈高，很多以往都沒有觀察到的假現象逐漸被觀察到，因此在樣品前處理時就必須更加注意。

(六) 縱深解析度

縱深解析度 (depth resolution) 具有區別樣品中待測元素在縱深方向上分佈情形的能力，也可視爲在取得看得清楚的影像之前，所需消耗的樣品厚度；縱深

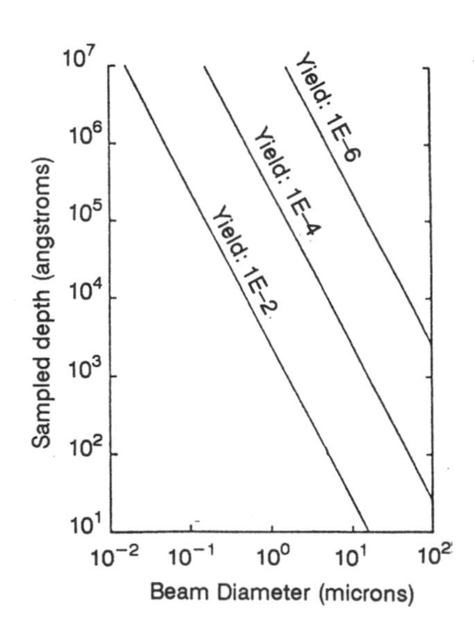

圖12.15

在1ppm偵測極限時，不同離子產率 (yield) 下的側向解析度 (以橫軸之一次離子束的直徑爲代表) 和縱深解析度的關係。(38)

解析度愈佳，則所需樣品的厚度也愈薄。一般而言，所能達到的縱深解析度往往會受到有效之二次離子產率的影響，如圖 12.15 顯示的也是利用不同直徑的一次離子束，在 1 ppm 偵測極限時，針對樣品中不同的二次離子產率，所能得到的縱深解析度(38)。如同側向解析度一樣，濃度愈高，二次離子產率愈高的元素，相對的縱深解析度愈佳。如圖 12.16 和圖 12.17 顯示之蟾蜍視網膜的 $^{39}K^{+}$ 影像只

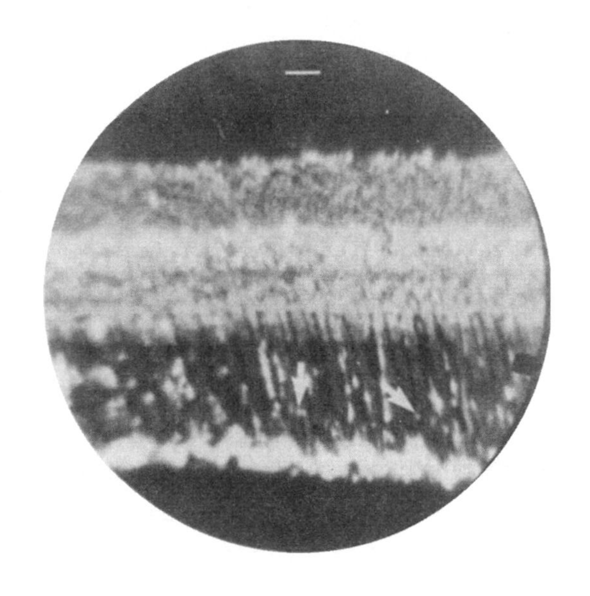

圖12.16
冷凝乾燥後的蟾蜍視網膜鉀離子影像，特別明亮的顆粒爲直徑約 1 微米的色素粒，下方的長度指標單位爲 10 微米。(23)

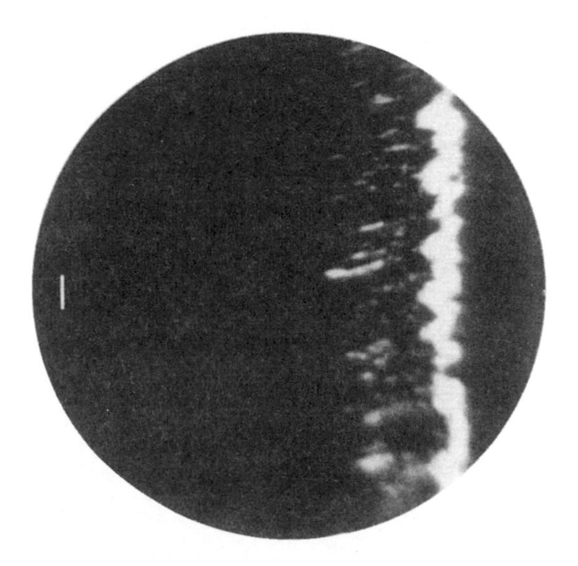

圖12.17
冷凝乾燥後的蟾蜍視網膜鋇離子影像，下方的長度指標單位爲 10 微米。(23)

需 10 秒，但 $^{138}Ba^{+}$ 影像則需 70 分鐘，因此後者所需消耗的樣品厚度為前者的 420 倍之多，在如此厚的樣品中，所有的細微結構都會重疊在一起，因此相對的影像就較不清晰[23]。

五、樣品處理

任何複雜的儀器分析方法，都必須有正確的樣品前處理技術才能發揮真正的功效。一個理想的樣品前處理方法，必須能保持樣品中元素原始的分佈及形態，更重要的是經過前處理之後的樣品方更能適合儀器的操作條件，尤其是在做生物樣品分析時，必須儘可能地避免在樣品處理中所導致之結構和組成改變的假象 (artifacts)，即失真。除此之外，也必須能藉著樣品前處理來減少在儀器分析中所可能產生的一些假象。一般說來，這些假象可大致分類為結構假象 (structural artifacts)，如(1)在凹凸不平的樣品表面，一般的結構體邊緣所產生的二次離子產率會特別的高；(2)差別撞濺 (defferential sputtering)，就是不同的基材或是同一樣品中不同的微區組成會有不同的撞蝕率；(3)離子損害 (ion damage)，就是樣品經離子撞射後，會有離子佈植等改變樣品原來材質的一些現象；(4)樣品再積覆 (material redeposition)，即撞濺出來的二次離子可能沒有完全被汲取到偵測器，而再積覆在樣品表面其他區域；(5)電荷累積 (charging) 即二次電 (離子) 產率，也決定於樣品表面的導電性良否，譬如在導電性差之材質中的部份微區，因受帶正電荷的離子束所激發而放出的一次電子，會吸引集聚正電荷，而抑制了二次離子的生成，所以在影像內呈暗像。針對上述失真的現象，一般而言，生物樣品表面必須平滑，才能減少因樣品表面粗糙所引起的失真現象。除此之外，也必須考慮電荷累積的問題，因此生物樣品的厚度最好是在 1～2 微米之間，表面必須覆蓋一層金薄膜。用來承受樣品的基材，也需有良好的導電性，且具高純度，例如矽 (Si)、鍺 (Ge)、鉭 (Ta)、和銦 (In)，以減少因為電荷累積而造成的失真現象。圖 12.18 所列的為生物樣品前處理方法的一般分類[24]，從上往下可看出在形態 (morphology) 方面的原真性是愈來愈差，但是在元素組成與分佈 (distribution) 方面的保真則是愈來愈好，亦即來自元素擴散和移動的組成假象 (composition artifacts) 愈少。在了解樣品前處理的目的以及分類之後，接下來我們將樣品分為硬性組織 (即 hard tisssue，亦稱 mineral tissue) 與軟性組織 (soft tissue) /個別細胞 (isolated cells) 加以分類說明。

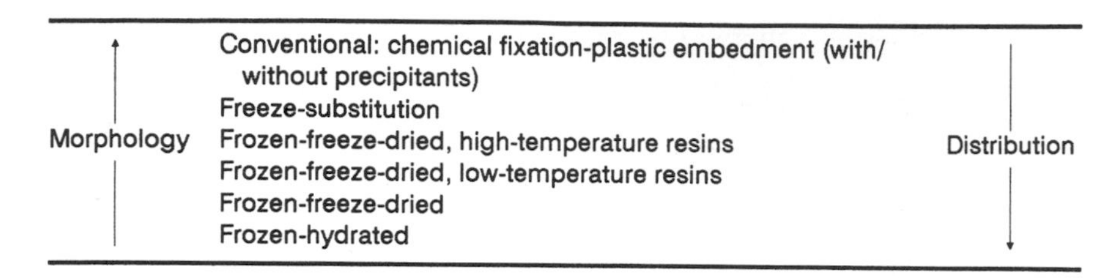

圖12.18 生物樣品前處理方法的一般分類。[24]

(一) 硬性組織

類似牙齒、骨骼和腎結石等硬性組織樣品的前處理是非常直接了當的，岩石分類 (petrography) 方法就足以適用，先將樣品浸泡在樹脂中，經切片後再拋光，若在這些硬性組織上同時有軟性組織存在時，譬如附著有肌肉組織的骨頭，採用冷凝乾燥 (freeze-dried) 的方法較為適合。此類樣品表面需鍍上一層薄的金膜，以減少電荷累積的現象。

(二) 軟性組織/個別細胞

對於此類樣品，必須採用低溫 (cryogenic) 樣品前處理的方法，才能保持樣品中原有的元素分佈情形，但副作用有時會影響到樣品的形態，因而必須針對樣品中的元素是擴散性 (diffusible) 或是非擴散性 (nondiffusible)的特性，選擇適當的前處理方法，以儘可能保持樣品中化學和結構的整體性 (chemical and structural integrity)。非擴散性的元素通常是指和巨大的生物分子有強烈鍵結的元素，或是在組織中已經以非溶解狀態沉澱下來的一些元素。對於以測非擴散性元素為主的樣品，可以利用傳統的方法，即化學固定－合成樹脂嵌入法 (chemical fixation － plastic embedment) 做前處理。此方法的步驟為(1)將樣品切成小片 (體積約為 1 mm^3)；(2)以水相固定劑 (如：glutaraldehyde 和 osmium tetroxide) 加以固定；(3)以有機溶劑 (通常為乙醇或丙酮) 進行脫水動作；(4)浸置於合成樹脂液中產生合成樹脂嵌入的組織樣品；(5)將組織切分為 1～2 微米厚度的薄片；(6)覆蓋在具導電性的基材上，並在樣品表面再鍍上一層薄薄的金膜，如此處理過的樣品，就可以放到儀器裡面做測試。此方法只適用於測非擴散性元素的樣品，對於擴散性的元素則必須考慮圖 12.18 中的其他方法，依序為冷凝－置換 (freeze-substitution) 方法[39]，其步驟為(1)將樣品急速冷凍 (quick freezing)，達到固定組織的目的，方法為將樣品浸入低溫液體中，如 Freon-22

、propane 和液態氮裡，或是將樣品猛投 (slam) 在經液態氮或液態氦超冷凍過的金屬塊上；(2)在－80°C或更低的溫度下，利用冷凝－置換媒 (media)，最普遍的爲 ether 和 acrolein 以 4:1 比例組成的混合液，進行脫水的動作；後續動作和前述化學固定－合成樹脂嵌入法中的步聚(4)、(5)、(6)完全相同，值得注意的是步驟(5)中的切切片動作必須在乾燥的環境中進行，以防止處理過後的樣品因浮飄 (floation) 在水液上而造成擴散性元素的移動現象。冷凍－冷凝－乾燥，高 (低) 溫人工樹脂嵌入法 (frozen-freeze-dried，high (low)-temperature resins) 是冷凝－置換法的改良，步驟爲(1)和冷凝－置換法中步驟(1)的急速冷凍固定法相同；(2)在－80°C或更低的溫度下，以冷凝乾燥法進行脫水的動作；後續動作則在高 (低) 溫下進行和冷凝－置換相同的工作。上述的四種方法，最後都會將人工樹脂嵌入到樣品中，並成爲樣品的主要成份，至於對基質特別敏感的二次離子質譜術，由上述方法得來之定性或定量的結果，必須和圖 12.18 中最後兩種沒有用人工樹脂嵌入步驟的方法互相比較，才得以確認。冷凍－冷凝乾燥 (frozen-freeze-dried) 方法[40]，步驟爲(1)和冷凝－置換法步驟(1)的急速冷凍固定法相同；(2)在低溫下，一般都利用液態氮所能提供的溫度，將樣品切分爲厚度 1～2 微米的薄片，並壓擠 (press) 在低溫的基材上；(3)用冷凍－冷凝－乾燥－人工樹脂嵌入法步驟(2)的乾燥法；(4)鍍金膜；如此處理後的樣品，就可以直接做儀器分析。此方法的困難處在於步驟(2)中，經過冷凍切片後的薄片樣品，如何很平滑地壓擠在基材片上，以及如何確保在儀器分析中，由一次離子照射所引起的加熱，不會造成樣品和基材分離的現象，所以理想的樣品厚度是 1～2 微米，所用的基材則是以在常用的矽晶片上，擠壓一銦片後，再濺鍍積覆約 1 微米的銦薄膜[41]較佳。因爲銦具有不錯的導電性與延展性，和樣品間的黏著度非常好。另外一點則是市面上也可以買到高純度 (99.999%) 的銦，它的同位素質量爲 113 和 115，所以不會對表 12.3 中所列生物樣品常測的重要元素如 Na、Mg、K、Ca 等形成干擾。另外一種類似的方法特別適用於培養細胞的樣品[42]，不需經過步驟(2)中的低溫，也非常實用。此方法最主要的目的在於去除細胞培養中的營養液在直接分析培養細胞時干擾和不便 (傳統上是以沖提法去除營養液，常發生沖提不完全的現象而造成結果的失眞)。改進的方法就是利用簡單的包夾脆裂方法 (sandwich fracture)，取代步驟(2)中的冷凝切片法，簡而言之，就是細胞先放在一個經過消毒的矽晶片上，再放入營養液中，經一定的時間後，用另外一片表面平滑的物質，如載玻片或矽晶片，放在長成的細胞上，以三明治狀加以包夾，這含有樣品的三明治就在冷凍液體中急速冷卻和脆裂 (fracture)。脆裂的方法就是將上下兩瓣的矽晶片在液態氮中分開，如此在矽晶片上的數百個細胞，其中部份細胞的細胞膜以及在其上的營養液都會被另外一片的矽晶片移走，因此細胞內部會直接暴露在外，再經過同樣的步驟(3)乾燥和步驟(4)上金膜，樣品就可直接做儀器分析。最後一種方法則是冷凍水合 (frozen-hydrated) 法，樣品經過快速冷凍、低溫切片並在冷凍狀況下做分析。此方法和上述幾個方法比較，在步驟方面簡化了許多，但是在儀器中，必須有低溫樣品承受器 (cold sample stage)。除此之外，只有以此方法處理過的樣品，其中還有冷凍的水基質存在，至於這些基質會如何影響定性、定量分析的結果，都是值得再做更詳盡探討的課題。

㈢ 前處理方法的適用性評估

圖 12.18 中所列的方法，迄今沒有任何一個方法是是全然適用於任何一個樣品，因此在實際的方法選擇上，必須針對所需要的資訊及所分析樣品的性質先進行適用性評估，才能再繼續做更深遠之生理作用的探討。最直接的適用性評估辦法，就是以細胞生理學上一些簡單的既定事實加以評估，例如細胞膜中的酶會在健康細胞的內部維持高鉀離子和低鈉離子的分佈，由於細胞外營養液中的鈉離子濃度一般都較鉀離子為高，因此受傷的細胞通常會累積鈉離子而流失鉀離子。嚴重到已經死亡的細胞，則會含有有更高濃的鈉離子。鈣離子也是另外一個可以適用的元素，舉例而言，受到傷害的細胞中，除了得到鈣離子及流失鉀離子之外，在細胞質中，尤其是粒腺體中，鈣離子濃度也會特別增加[42]，圖 12.19 中所顯示就是在健康、受傷、和分裂細胞中的鉀、鈣、鈉、鎂離子影像[43]。利用生理實驗，可以驗證樣品前處理方法和儀器分析的可信度，舉例而言，圖 12.20 所顯示的就是正常老鼠腎臟細胞，經過不同時間的 1 mM oubain (此為細胞膜中的 Na^+ 和 K^+- ATPase 的抑制劑) 處理之後，所取到的鉀和鈉離子影像[44]。剛開始的時候，可以看到高鉀離子濃度和低鈉離子濃度，經過 60 分鐘的 oubain 處理之後，細胞中鈉離子逐漸增加，鉀離子則相對的減少，箭頭所指的地方則是一個已經死去的細胞 (從高鈉離子和低鉀離子濃度可以判斷)，從離子傳送現象的影像，可以驗證樣品處理方法和儀器分析方法的可信度。當然圖 12.20 的離子影像是在大約 1 微米的側向解析度之下所取得，在更高的解析度下這個方法的適用性是有待更進一步的探討。另一個同樣必須再驗証的問題即利用急速冷卻做樣品固定的

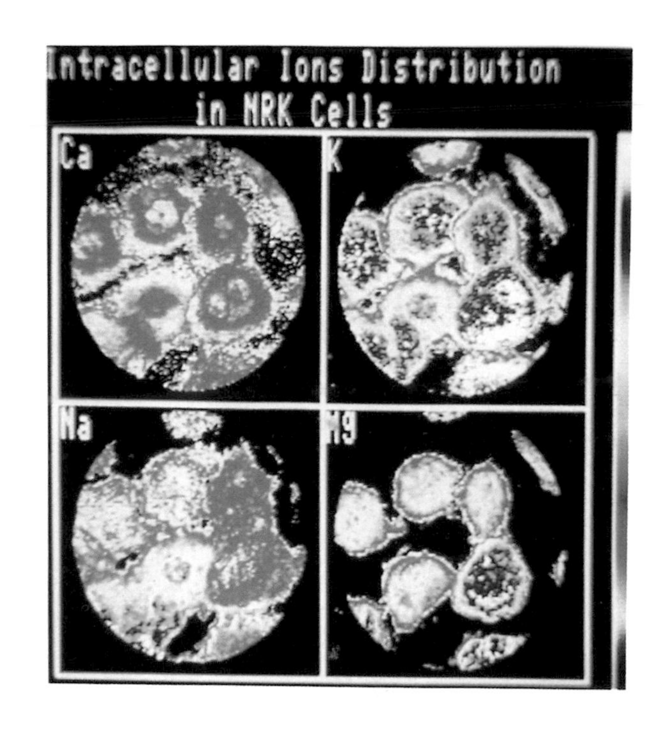

圖12.19
正常老鼠腎臟細胞 (NRK cells) 之鈣、鉀、鈉和鎂的離子影像。(43)

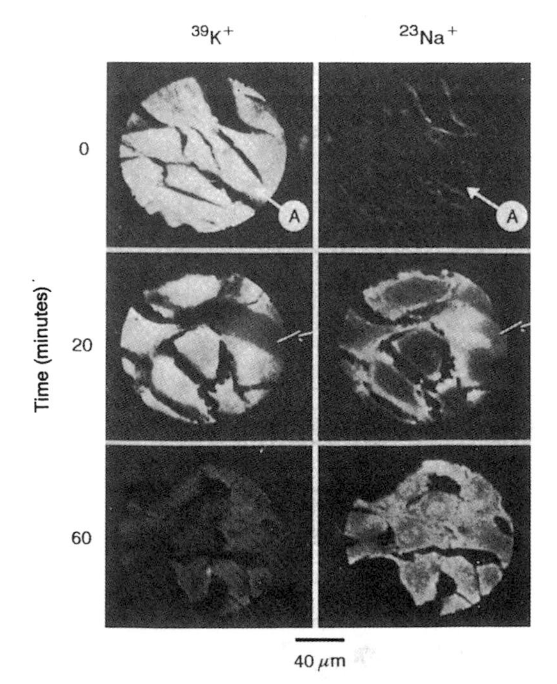

圖12.20
正常老鼠腎臟細胞 (NRK cells) 經過不同時間之 1 mM ouabain (此爲細胞膜中的 Na^+-和 K^+-ATPase的抑制劑) 處理後的 $^{39}K^+$ 和 $^{23}Na^+$ 影像。在 0 分鐘時，A 箭頭所指的爲同樣的細胞；在 20 分鐘時，箭頭所指的爲死去的細胞，具高 $^{23}Na^+$ 濃度和低 $^{39}K^+$ 濃度。(44)

前處理，至於是否可以在這短短的時間之內，完全抑制擴散性離子的移動，在現階段 1 微米的側向解析度之下是無法分辨，但是在更高解析度之下這個同樣的結果是否還存在，也都必須再做更深入的探討；除此之外，不良導電性樣品的電荷補償工作也需留意。

㈣ 電荷補償

在分析導電性不良的樣品時，任何電荷的不平衡，或是來自入射的一次離子，或是逸濺出的二次離子和電子，都會造成分析上的失眞，因此適當的電荷補償是必需的。一般的電荷補償技術，可大略分爲二種，一爲改變樣品的導電性，如樣品表面鍍上屬導電材質如碳、金膜，或是以離子佈植法將良導電性的原子植入到樣品的內部，由於此種方法會導致樣品表面的化學性質全然失眞，因此不適合應用在以測表面分子爲主的分子態二次離子質譜術。第二類的補償技術則是以改變儀器的運轉條件爲主。詳細的方法又得視二次離子的電荷態而定，如對帶正電荷的二次離子，可以用不帶電荷的低強度中性粒子，即快速原子；或是樣品上方置一金屬栅 (metallic grid)，利用經過一次離子碰撞時所產生的低能量電子來補償多餘的正電荷[45]。至於對負電荷的二次離子，則多是用近乎零能量的電子束來和一次離子束同步掃描整個測試區以達到平衡電荷的目的[46]。

六、定量分析

定量分析的目的就是從下列式中所測得的二次離子強度 (I)，反推算元素 (M) 的濃度 (C_m)

$$I = \tau C_m S I_p A \tag{12-3}$$

式中 τ 爲離子化效率，也就是從樣品表面撞濺出的每一個原子所產生的離子數，C_m 則是元素經過同位素校正後的原子濃度，S 是撞濺率，I_p 是一次離子的強度，A 則是樣品表面遭撞擊的區域。參數 I_p 和 A 在實驗上可以控制得非常精確，但是 τ 和 S 則是決定於非常多的因素 (請參閱第二節㈡段中的撞濺，第二節㈢段中的離子化，第三節中的儀器，和第五節中的樣品前處理)。在生物樣品中，雖然主要的基質成份大部份是碳、氫、氮和氧，但是在空泡處則容易受到不同基質效應的影響，也就是 τ 和 S 的改變會非常的大，尤其是在有人工樹脂嵌入之植物根細胞中的細胞核、細胞質和細胞壁，會顯現出全然不同的撞濺率[47]。因此如何減少基質效應是做定量分析的先決條件。若是基質效應無法完全去除，另外可行的方法，則是利用配製已知標準濃度的樣品，這標準樣品和待測樣品是有相類似的基質，從標準樣品中多種已知濃度的元素和測得的二次離子訊號，就可以建立相對感度因素 (Relative Sensitivity Factor, RSF) 的資料庫，再利用下式就可測得樣品中待測元素的濃度：

$$C_m = \frac{I_m}{I_s} \times \mathrm{RSF} \tag{12-4}$$

式中，C_m為待測元素的原子密度，單位 atom / cm^3；I_m為待測同位元素的二次離子訊號強度，單位 counts / s ；I_s為基質同位元素的二次離子訊號強度，單位 counts / s ； RSF 爲相對感度因素，即將二次離子訊號強度變成原子密度的轉換因子，單位 atoms / cm^3。利用這個原理，定量分析的方法大約可歸類爲下列四種，第一種是在不需要絕對定量的前提之下，例如正常實驗和經過處理之樣品的實驗中樣品元素有所不同時，可直接從影像中相對應的區域，比較相對的強度，即可知道正常和處理過樣品中的元素是否有所不同，當然這個方法的可效性是決定於基質效應在相對應的樣品區域是相同的，若是這個條件無法符合，就必須採用第二種定量分析法，即利用相同或相類似之基質的標準樣品 (通常採用一個面積大且均勻的組織樣品)，產生一系列的檢量線，再利用此檢量線，定量樣品中元素的濃度。第三種方法則是利用離子佈植法，將一定量的元素 (通常是樣品中不存在或含量極少的元素，如硼、鈹)，佈植到待測的樣品中，經由縱深分佈，可以得到整個樣品中待測元素和佈植元素的強度 (此即內在標準品 (internal standard) 的方法，就是已知濃度的標準品和得測的元素是在同一基質裡面) ，如此一來，每一個影像元素 (pixel) 上的內在標準品的強度和感興趣元素強度都可偵測，再利用 (12-4) 式和相對感度因素，就可算出樣品中待測元素的濃度分佈圖。此方法的主要缺點在於離子佈植頗爲耗時和耗費財力 (假若每一個感興趣的元素都要處理的話)。第四種方法如同第三種方法一般，也是利用內在標準品的方法，不同處則在內在標準品的來源。此方法利用樣品中存在的一些事實，例如細胞中鉀離子和碳離子的分佈都非常均勻，並且可以利其他方法，例如 ICP－AES (感應耦合電漿原子發射光譜儀) 測得鉀元素或是碳元素的總濃度，再配上待測元素的相對感度因素，同樣的也能經由上式求得待測元素的濃度分佈圖。無論利用上述四個方法中的任何一種，值得注意的是 (12-3) 式中顯示出影響二次離子之強度和樣品中感興趣元素之濃度的主要因素是基質效應，除此之外，前文中所提到的假象也必須考慮進去，在了解這些假象的原因之後，不論是在儀器的偵測過程，或是取得影像之後，影像處理的過程，都必須想辦法減少這些假象或是加以糾正，如此才能確保分析結果的可信度。

七、牙齒中氟、鈣、鎂等元素的分佈研究

經過氟化處理後的牙齒能有效防止蛀牙，一直都是牙醫學上的研究重點。利用二次離子質譜儀可以看到不同元素在牙齒中縱深方向的分佈情形，也可以利用離子顯微鏡取得不同的離子影像，以促進了解氟元素與防止蛀牙形成的關係，例如圖 12.21 的(a)和(b)，顯示一顆成人牙齒表面到象牙質部份的氟、鎂、碳、鋁、鐵和鈦等元素的縱深份佈情形[48]，這些樣品是在含有同樣多之氟濃度 (prophylactic fluoride solutions) 的 NaF (Fe-Al-K) 和 TiF_4中形成人工蛀牙，從圖中

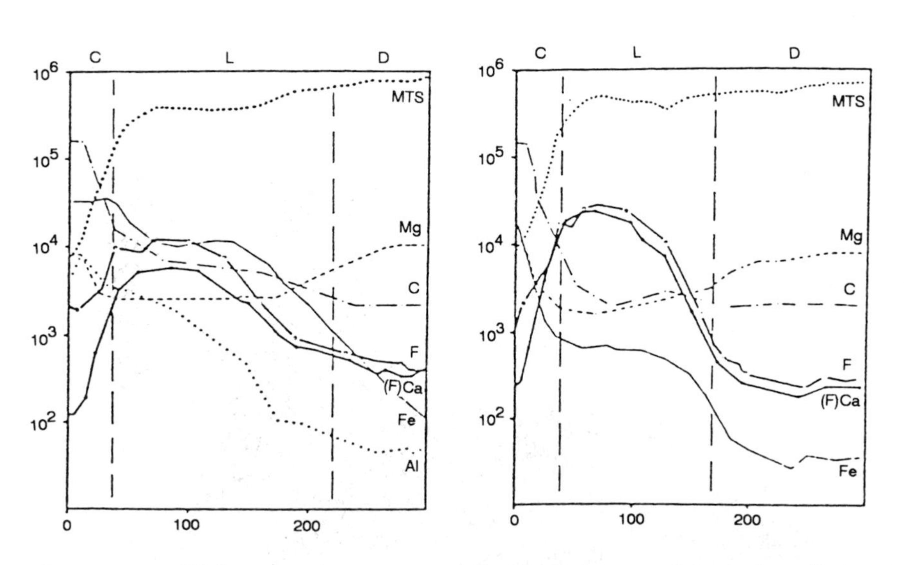

圖12.21 人工蚜牙以 NaF (Fe － Al － K) (圖 a) 和 TiF_4 (圖 b) 處理後的元素縱深分佈圖。C：牙骨質，L：損害區，D：牙根部，MTS：Ca^+信號。[48]

可看出以 Ti 爲主的試劑較以鋁和鐵爲主的試劑，能在牙齒中導入更多的氟元素，並有效地限制蛀牙的形成，在這兩個圖中， MTS 代表 $^{44}Ca^{+}$ 的信號。 Fca 則是從 $^{59}CaF^{+}$ 的信號求得，也就是此濃度代表和 Ca 離子結合之氟的濃度，至於氟信號也就是 $^{19}F^{+}$ 信號，代表牙齒中所有的氟含量。因此比較(a)和(b)圖中 F 和 Fca 的信號，可以看出以 Ti 爲主的試劑能在牙齒中導入較多的氟元素。另一項有用的訊息來自鎂的分佈情形，一般認爲鎂代表人造蛀牙的分佈情形，因此從(b)圖中鎂在縱深方向分佈較淺的情形看來，以 Ti 爲主的試劑，也比較能防止蛀牙的產生。所以從這兩個圖中可淸楚看出牙齒中含氟的量越多，蛀牙的情形也就較輕微。當然，同樣的牙齒樣品也可在不同深度橫切面之後再抛光，看不同的影像圖，例如在圖 12.22 中所顯示的爲脫落牙齒之牙骨質和其下之象牙質的表面氟離子分佈情形 (圖(a))，在(b)圖中則是低礦化之脫落牙齒搪瓷表面的氟影像分佈圖[35]。

八、骨骼中鋁元素的分佈研究

做例行性血透析 (hemodialysis) 的病人，有時會發生骨骼組織疾病的現象，病人骨骼中鋁元素的濃度會增加。除此之外，在透析骨骼軟化病 (dialysis

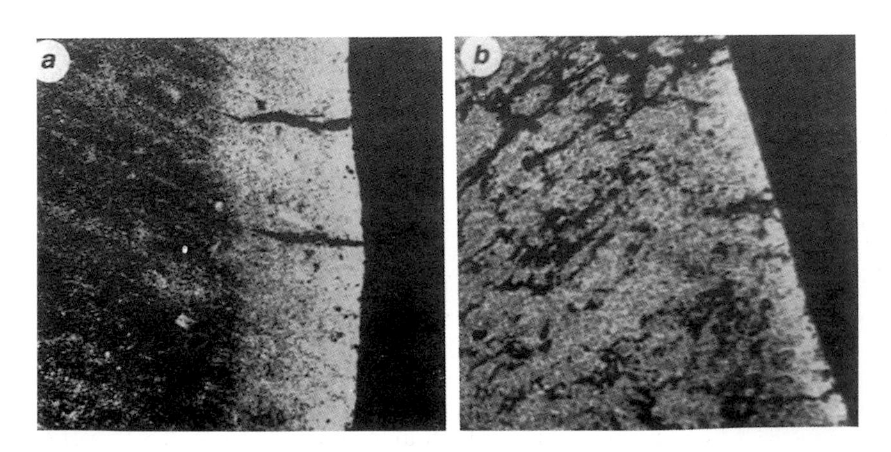

圖12.22 脫落牙齒牙骨質和其下象牙質表面的氟離子影像 (圖 a)；和低礦化之脫落牙齒搪瓷表面的氟離子影像 (圖 b)。[25]

osteomalacia) 的患者中，也可觀察到骨骼中有鋁累積的現象[49]。因此爲了解這些病人骨骼礦化的現象，必須先了解骨骼組織中鋁元素的分佈情形。圖 12.23 顯示進行血透析之病人骨骼的 $^{40}Ca^{+}$ 離子像圖[50]，從圖中可淸楚看出影像中較明亮的區域，有一個骨骼鈣化組織區，同樣的樣品也可取得鋁和鈉的分佈情形，經

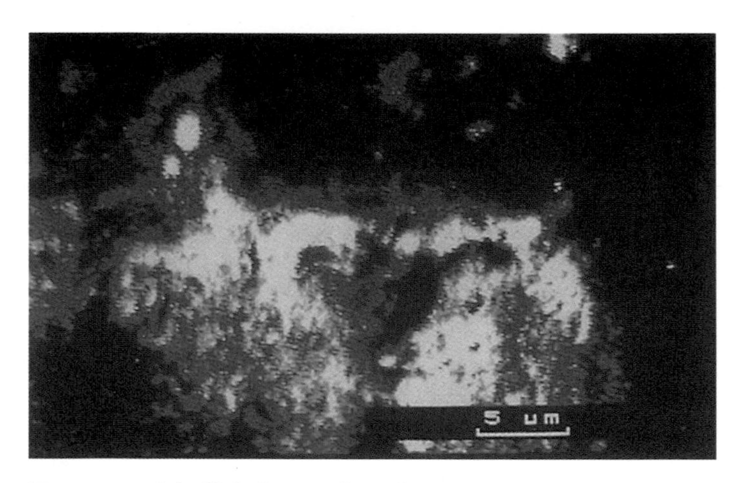

圖12.23 血透析醫療病人之骨骼樣品的$^{40}Ca^{+}$影像，較明亮區爲已經鈣化的骨骼組織。[50]

圖12.24 與圖 23 相同之骨骼樣品的$^{27}Al^{+}$ (綠色) 和$^{23}Na^{+}$ (藍色) 分佈重疊在圖 12.23 的$^{40}Ca^{+}$ (紅色) 影像上。[50]

由電腦將鋁元素和鈉元素的分佈情形和圖 12.23 所顯示的鈣元素分佈情形重疊，就如圖 12.24[50]，可看出綠色的鋁和藍色的鈉都分佈在骨骼組織中鈣化區和非鈣化區的界面處，因此這種疾病可追溯是鋁元素在骨骼中的某些特定區域累積特別高的濃度，除此之外，這些影像圖可用於評估鋁元素的堆積對骨骼鈣化效應的影響。

九、細胞中鈣元素的分佈研究

長久以來鈣的移動和儲存一直被認爲是調節細胞生理作用的關鍵機制，如肌肉收縮、內分泌、神經傳遞等生理作用都源於自由態鈣子濃度分佈的改變 (圖 12.1 中有更廣泛的生理作用)，因此鈣離子被認爲是一個訊息傳遞者。細胞中的鈣元素 (全部態) 少部份會以自由態存在，部份則和其他分子結合在一起 (稱爲束縛態)，大多數則是被鎖定在特定的次細胞體中 (所謂的包圍態)，圖 12.25 爲這幾種不同態鈣離子間的關係示意圖。因此欲了解細胞中鈣離子所扮演角色的先決條件，就是測定細胞中鈣離子的分佈情形、靜態的貯存和動態的流向。螢光顯微鏡術可偵測到和自由態鈣離子相結合的指示劑 (如 fura － 2) 所放出的螢光，顯示

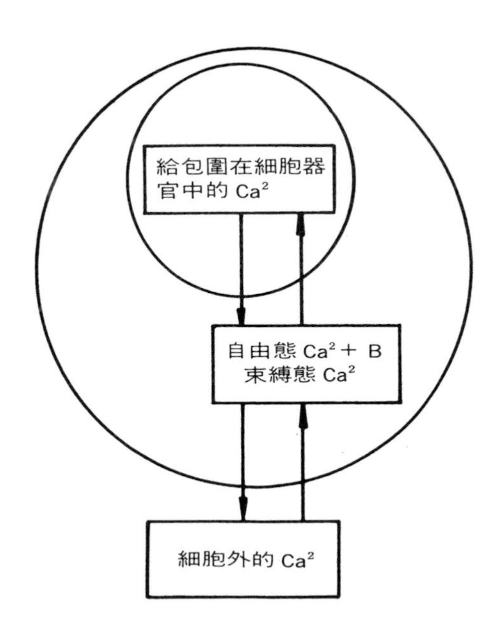

圖12.25
細胞中自由態 Ca^{2+} 離子和全部 Ca (含自由態和束縛態) 的關係示意圖。

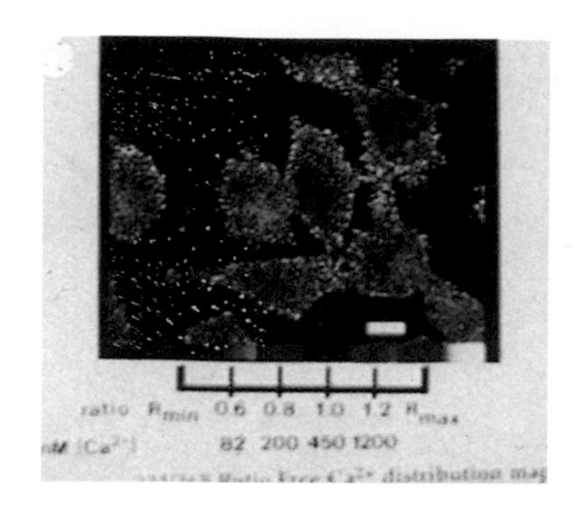

圖12.26
NIH-3T3 fibroblast 中自由態 Ca^{2+} 的濃度分佈圖，下端的色階表示濃度的高低，在下方的白色長度指標單位為 10 微米。[52]

出細胞中自由態鈣離子的分佈情形[51]；離子顯微鏡術則可以取得全部態 (含自由態、束縛態和包圍態) 的鈣離子分佈情形。圖 12.26 所顯示的為利用螢光顯微術配以 fura －2 為 Ca^{2+} 指示劑[51]所測得的自由態 Ca^{2+} 在 NIH 3T3 fibroblasts 中的分佈圖，在圖中的 4 個細胞，細胞核中的自由態 Ca^{2+} 濃度範圍為 75～150 nM，平均值±標準偏差為 110 ± 30 nM；在細胞質中則為 200～800 nM；490 ± 270 nM，細胞質中對細胞核中的自由態 Ca^{2+}比值為 2.7～5.3；4.3 ± 1.2[51]。圖 12.27 所示則為利用影像二次離子術所測得細胞中全部 Ca^{2+} 的濃度，第 2、3、4 象限的影像為第 1 象限部份區域中單一細胞的放大，在整個影像區域中共有七個細胞，細胞核中全部鈣離子的濃度範圍為 152～322 μM，平均值±標準值偏差為 225 ± 43 μM；在細胞質中則為 272～776 μM；559 ± 184 μM，細胞質中對細胞核中的全部 Ca^{+}比值為 1.9～3.1；2.4 ± 0.6。從這些數目字中可以清楚看出，雖然在細胞中全部鈣的含量可高至幾百個 μM，但眞正用來控制調節生理現象之自由態鈣離子的量卻是只有幾百個 nM，不到細胞中全部鈣含量的千分之一。仔細比較圖 12.26 和 12.27，可以看自由態和全部態鈣離子，除了在細胞質中的分佈非常不均勻外，在靠近細胞核處之接界區域的濃度也較細胞核中的濃度為高。再仔細觀察圖中個別單獨的細胞，可以發覺在每個細胞中的自由態和全部態鈣離子的不均勻分佈情形也是全然不盡相同，意謂著這些離子都是動態的 (dynamic state)，從細胞質中較高的鈣離子濃度，以及從細胞質到細胞核中鈣離子濃度快速減少的現象看來，可能在靠近細胞核的地方有一個儲存鈣的次細胞體 (endoplasmic reticulum)，這樣的次細胞體經由其他分析方法證實可能是一個鈣儲存處[40]，同樣地，粒腺體以及新近發現細胞質中的

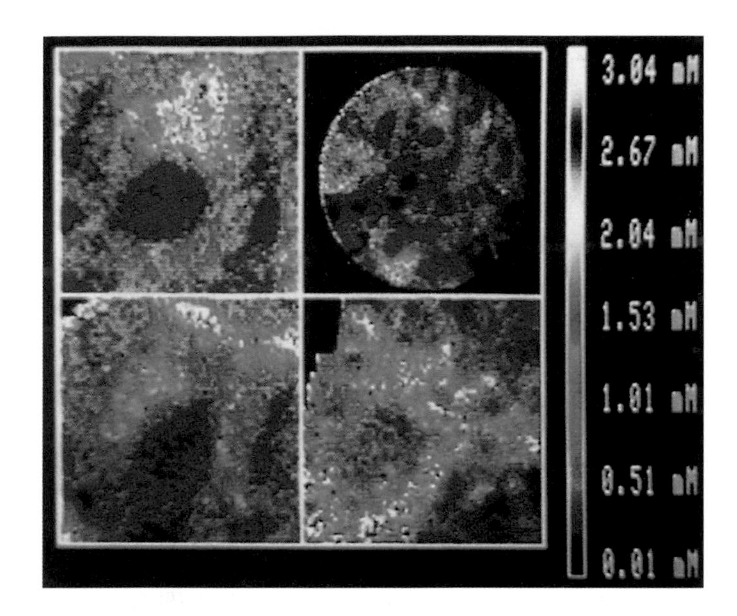

圖12.27 NIH-3T3 fibroblast 細胞中全部鈣的分佈情形，在邊的色階表示濃度的高低，二、三、四象限中的影像爲第一象限中單一細胞的放大影像。(52)

Calacisiome 也都可能是不同鈣離子相互作用的區域(53)。從全部態的鈣離子濃度較自由態鈣離子濃度高出千百以上的事實，可看出全部態的鈣離子幾乎可以代表全部態和束縛態的鈣離子，其次則是從此處可以看出這類型細胞有非常高的鈣離子緩衝能力，這也和全部態鈣離子在經過 Fura － 2 處理前後的變化情形沒有任何分別相互印證。同樣的方法也可用來觀察其他種細胞中鈣離子的分佈情形，例如圖 12.28 就是 C_{11} liverhepatocyte 在分裂狀態下鈉和鈣離子的分佈情形，圖 12.29 顯示同時有 L_6 Myoblasts 和 C_9 Hepatocytes 混合細胞之鉀離子和鈣離子的分佈情形。

十、甲狀腺組織中碘分佈的研究

使用低碘食物探討老鼠甲狀腺的作用，目前研究的結果可以歸納出兩個現象：一即甲狀腺中碘儲存量減少(54)，其次則是隨之而起甲狀腺球蛋白之碘化的減少會導致甲狀腺中 T_4 含量減少和血液中 T_4 含量的減少。(55)。如何研究甲狀腺中

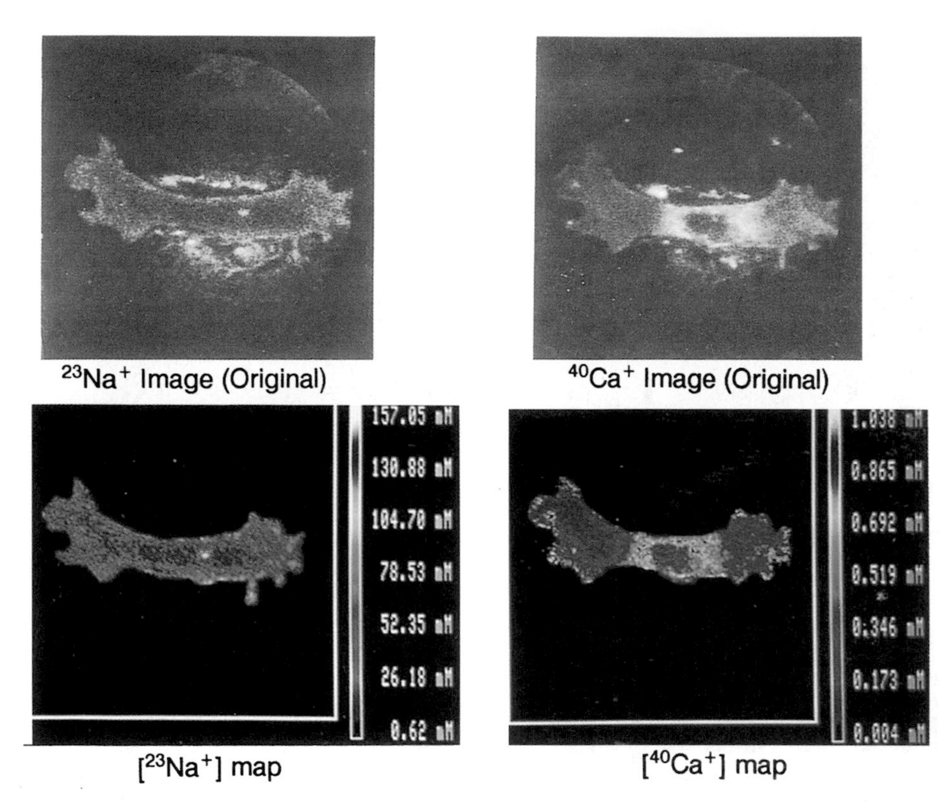

圖12.28 分裂期之 Cll Liver Hepatocyte 的$^{23}Na^+$和$^{40}Ca^+$影像和濃度分佈圖。[43]

碘缺乏的現象，缺碘後再食用含碘食物之碘 (利用放射性^{129}I) 的吸收情形，以及相關甲狀腺蛋白合成作用 (利用穩定標幟有 ^{2}H 的 leucine 前期物) 的研究，以促進對甲狀腺缺碘現象和相關副作用的了解。圖 12.30[56]顯示正常老鼠甲狀腺組織中 $^{26}CN^-$、$^{31}P^-$、$^{127}I^-$、$^{129}I^-$ 和$^{2}H^-$ 的離子影像圖[56]。由於有機體中都含有碳和氮，因此 $^{26}CN^-$ 可以用來顯示組織的結構，亦即 $^{26}CN^-$ 可以用來表示蛋白質分佈的情形，從圖(a)中可看出大多數集中在上皮結構 (epithelial structure) 和濾泡腔 (follicular lumen)；$^{31}P^-$ 則分佈在包圍濾泡腔周遭的細胞或血管結構上(圖(b))；圖(c)的 $^{127}I^-$ 和圖(b)的 $^{31}P^-$ 則是兩個互補的影像，含 $^{31}P^-$ 多的地方 (即較亮處) 所含的 $^{127}I^-$ 相對較少 (即較暗處)；圖(d)中所顯示的是 $^{129}I^-$ 的分佈。(在犧牲老鼠 24 小時前注射的)，和 $^{127}I^-$ 比較是相類似的，但更爲不均勻；圖(c)中所顯示的則是 $^{2}H^-$ 的分佈情形 (在犧牲老鼠 24 小時前注射的)，可以看出大部份

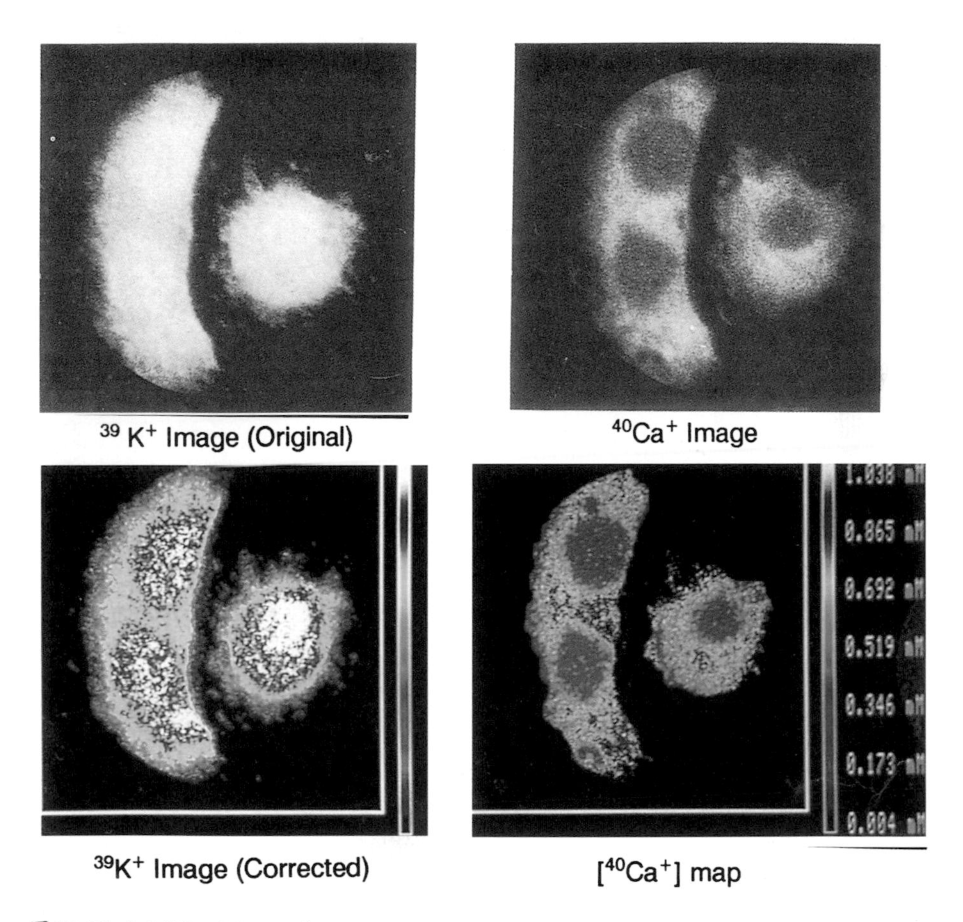

圖12.29 L6 Myoblasts 和 C9 Hepatocytes 混合細胞之 $^{39}K^{+}$ 和 $^{40}Ca^{+}$ 影像和濃度分佈圖。(43)

集中在上皮結構中，亦即甲狀腺蛋白的地方，和圖(d)比較，可以看出含高 $^{2}H^{-}$ 的地方 $^{129}I^{-}$ 並不存在。圖 12.31 所示則是服用 20 天低碘含量食物的老鼠，在注射入 1 微居里的 $^{129}I^{-}$ 和 75 mg 標幟有 $^{2}H^{-}$ 的白氨酸 (leucine)，24 小時後經犧牲取甲狀腺樣後所得到的不同離子影像分佈圖(56)。圖(a)和圖(b)中可看出 $^{31}P^{-}$ 和 $^{127}I^{-}$ 的影像依舊是存著互補的情形。比對圖(b)的 $^{127}I^{-}$ 和圖(c)的 $^{129}I^{-}$，大濾泡中的分佈情形和圖 12.30 相類似，但在圖(b)中箭頭指向 3 處，缺碘的較小濾泡，在相對應的圖(c)中可看出很強的 ^{129}I 的分佈，此意謂著吸收的 ^{127}I 量比不缺碘的較

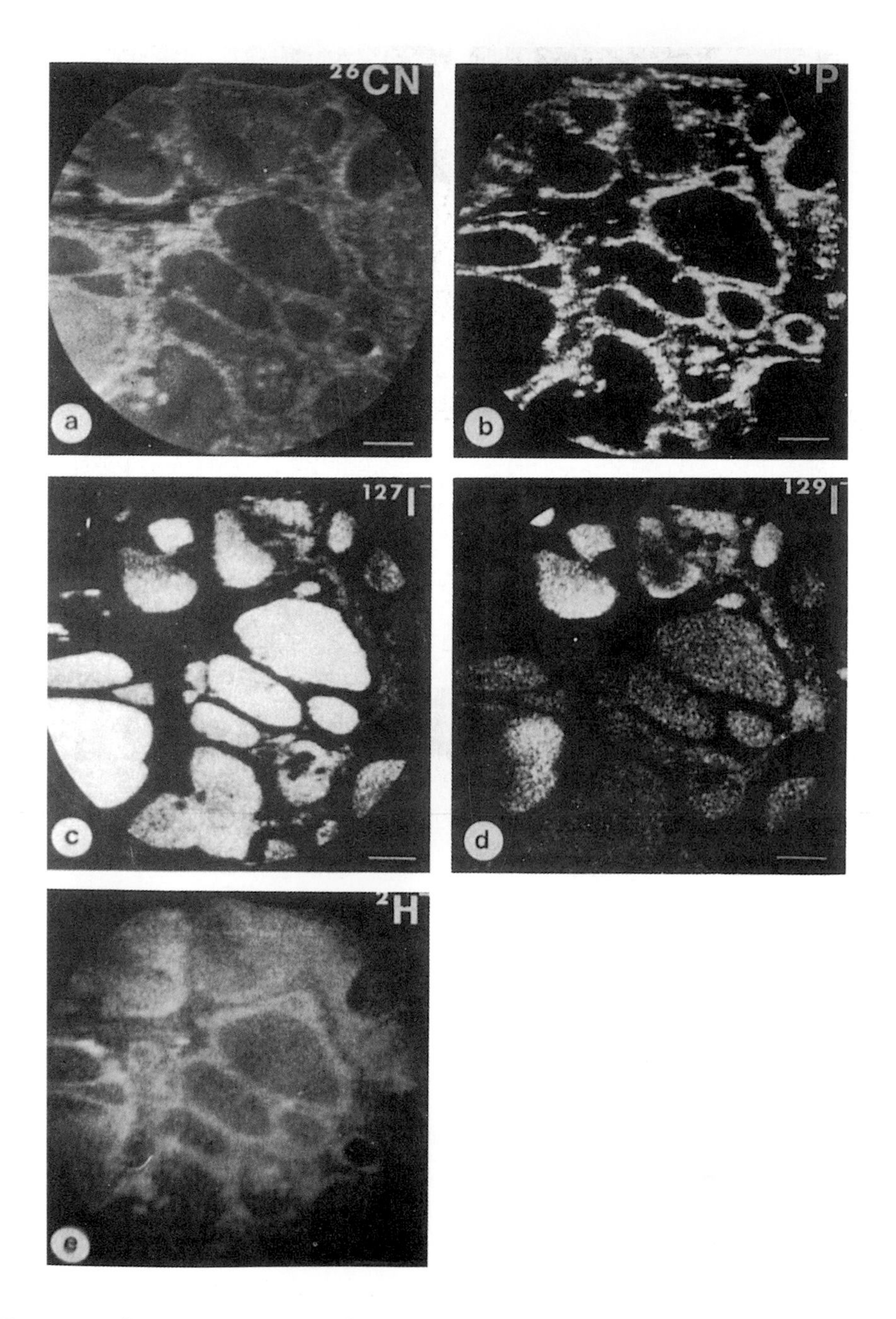

圖12.30 正常老鼠甲狀腺組織中的$^{26}CN^-$(圖 a)、$^{31}P^-$(圖 b)、$^{127}I^-$(圖 c)、$^{129}I^-$(圖 d)和$^{2}H^-$(圖 e)影像圖，長度單位為 50 微米。[56]

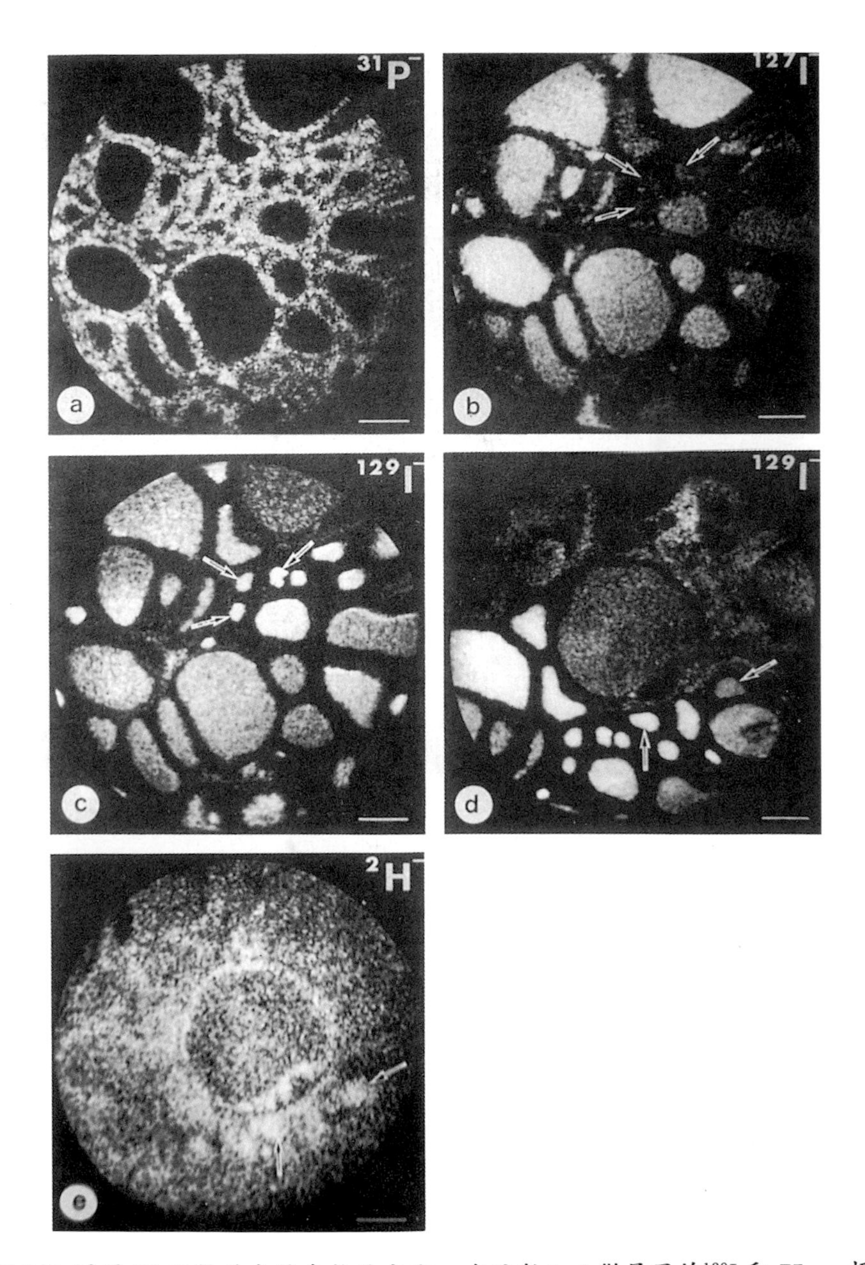

圖12.31 服用 20 天低碘含量食物的老鼠，在注射入 1 微居里的 ^{129}I 和 75mg 標幟有 $^{2}H^-$ 的 Leucine，24 小時後經犧牲取甲狀腺樣後所得到的 $^{31}P^-$、$^{127}I^-$、$^{129}I^-$ 和 $^{2}H^-$ 影像，圖 a，b，c 有同樣的取樣區；圖 d，e 有同樣的取樣區。(56)

大濾泡多出許多，亦即缺碘較嚴重的濾泡，在恢復供碘的狀況下，會吸收較多的碘。從圖(d)和圖(c)中也可以看出，吸收碘 (^{129}I) 較多的地方，即較小濾泡的腔處，同時形成的甲狀腺蛋白量也會比較多。從這兩個圖中可以看出質分離子顯微術能用來研究 ^{127}I 在甲狀腺組織中的分佈情形，也可了解服用缺碘食物一段時間之後，再餵食含碘食物，甲狀腺組織吸收碘和合成甲狀腺蛋白的功能。

十一、成纖維細胞的可體松類固醇和治療腦瘤藥物的分佈研究

了解藥物在細胞中的移動與吸收現象，是探討相關的受體 (receptor) 受藥物影響的組織種類和反應機制的重要方法之一。質分離子顯微術具高感度與高側向解析度，因此近年來也被逐漸應用在這方面的研究。此方法是利用注入的藥物在化學結構上具代表性之原子 (單一或部份結構) 的分佈情形，以了解在細胞中的吸收與分佈情形。例如一個抗發炎的可體松藥物 (Dexamethasone)，結構如圖 12.32 所示，在標幟為 9 的位置上為一個含氟的原子，因此可以利用氟原子來探討 Dexamethasone 在細胞中的分佈情形。圖 12.33 所顯示的即為人體成纖維細胞 (human fibroblasts)，在注射 100 μM 的 Dexamethasone 後，經 2～48 小時的孵化過程，再經過適當的處理之後，所取到 $^{26}CN^-$ 和 $^{19}F^-$ 的影像[57]。$^{26}CN^-$ 的影像是用來顯示整個的細胞結構，$^{19}F^-$ 則是用來探討 Dexamethasone 的分佈情形。在圖 12.33 中，第一個圖 (最上方的) 是注入 Dexamethasone 2 個小時後所產生的影像，箭頭所指的是細胞核的所在，可看出相對之 $^{19}F^-$ 的強度非常弱，隨著時間的增長，一直到最下面的影像，也就是 48 小時之後取得的影像，可以看出 $^{19}F^-$ 在細胞核中的影像變成非常的強，因此從這裡可以看出 $^{19}F^-$

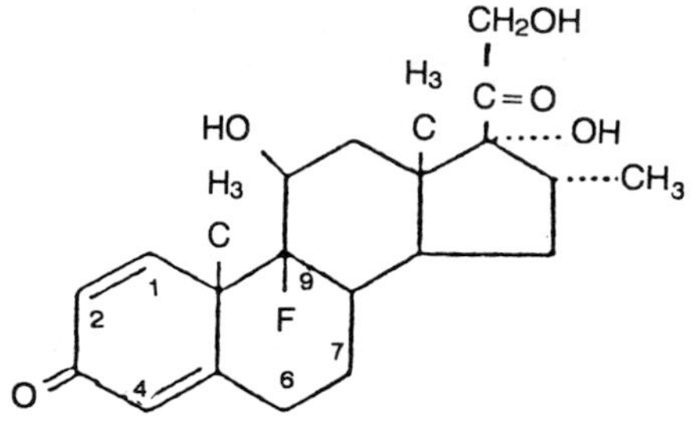

圖12.32
Dexamethasone 的化學結構圖。

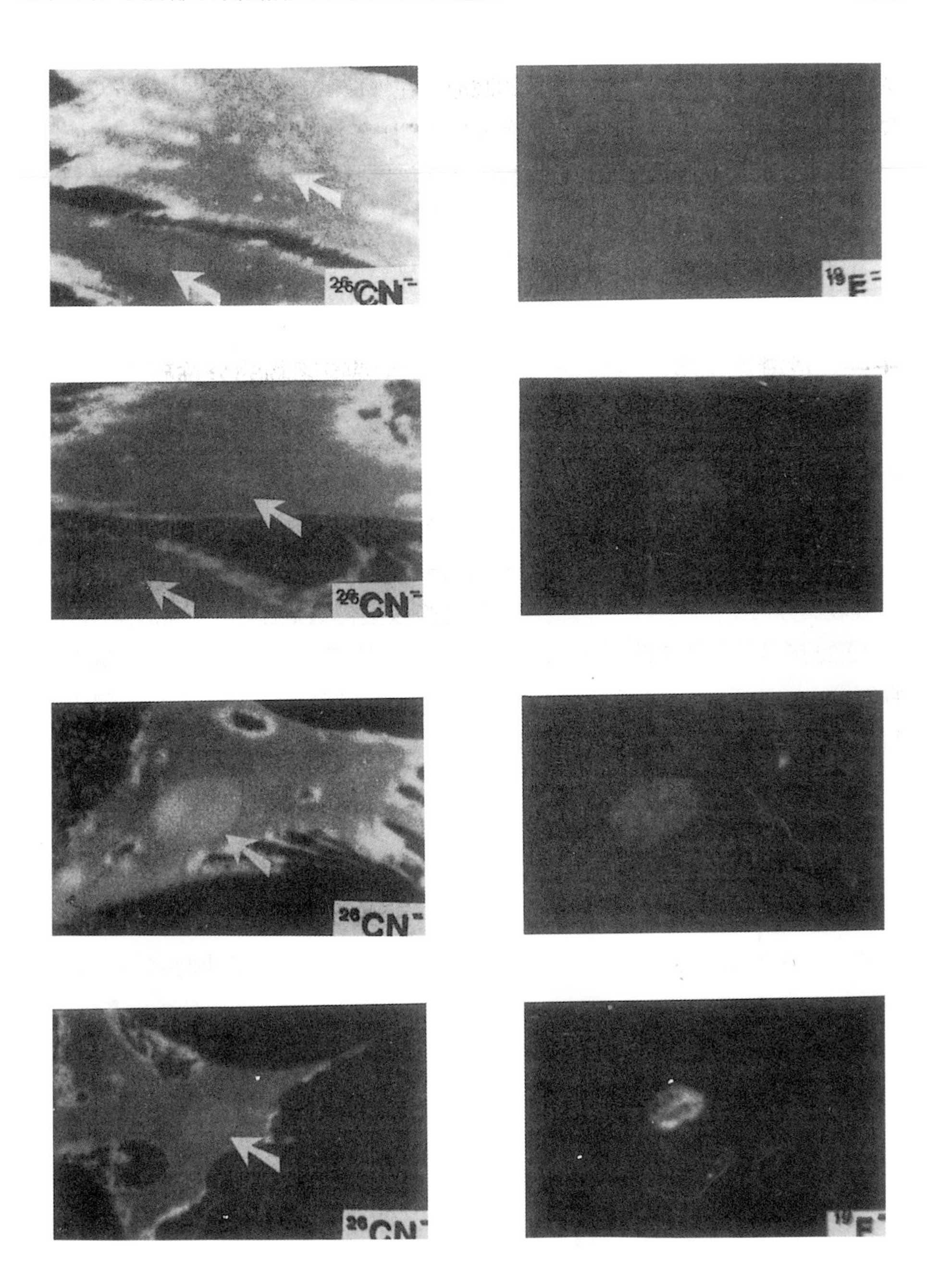

圖12.33 人體成纖維細胞中的結構影像 (以$^{26}CN^-$表示) 和 Dexamethasone 在不同孵化時間後 (以$^{19}F4$-表示)，箭頭所指處爲細胞核。[57]

影像幾乎全部侷限在細胞核中。假若要了解這個藥物在細胞中的新陳代謝現象，就需將藥物的部份組成以同位素作標幟，因此就可以利用含有這同位素之部份結構的原子團影像來探討新陳代謝的現象。^{14}C 由於有較長的半衰期 (5730 年)，可以標幟在任何的藥物上，並且不會引起這個藥物動態的改變，應當是從事這方面最好的同位素。定量細胞中 B 的分析情形對於 Boron Neutron Capture Therapy (BNCT) 技術而言是非常的重要， BNCT 是頗有希望治療幾種腫瘤的新技術[58]。這技術需要先將 ^{10}B 選擇性的置入腫瘤細胞，接著再以熱中子照射，經由 ^{10}B (n, α)^7 Li 反應所產生具有能量的產物來選擇性的摧毀這些腫瘤細胞，由於摧毀的效率有人認爲是決定於 ^{10}B (n, α)^{7}Li 反應和鄰近細胞中控制遺傳之物質的接近程度而定，因此了解這些 ^{10}B 的分佈情形益發顯得重要。圖 12.34 則是

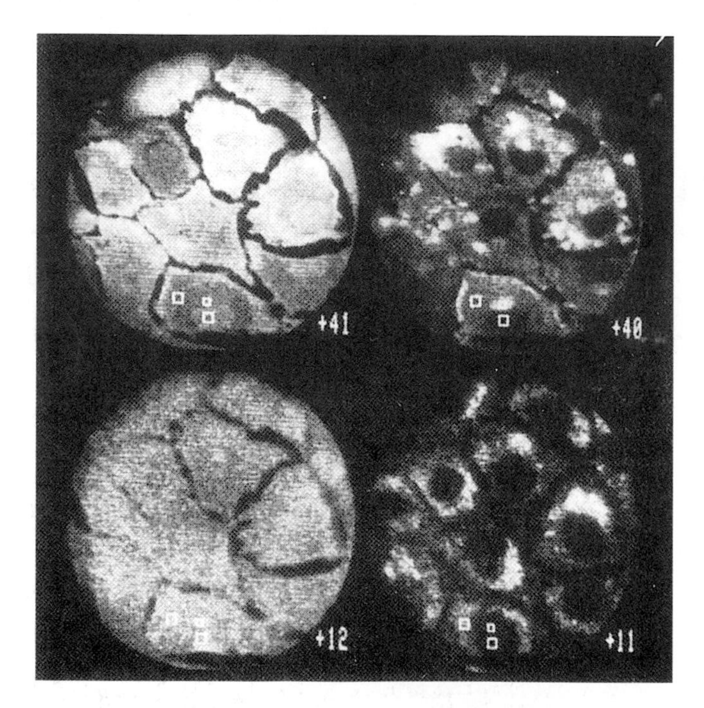

圖12.34 經 100μg / mL $Na_2B_{12}H_{11}SH$ 處理後的 Swiss 3T3 fibroblasts 所測得 $^{41}K^+$、$^{40}Ca^+$、$^{12}C^+$和$^{11}B^+$的離子顯微圖。在每張離子圖最下端細胞中的三個方塊區域爲分析區域，在下方之方塊爲細胞核，在上方之方丢爲核邊緣，左方之方塊則爲細胞質，取景區直徑爲 150μm。[594]

表12.4 Swiss 3T3 Fibroblasts 細胞在細胞核、核邊緣和細胞質中的元素乾重濃度 (dry weight concentration)，結果是以平均值(標準偏差)型式列出。[59]

control. n = 38	K (%)	Na (%)	Mg (%)	Ca (ppm)	B (ppm)
細胞核	2.65 (0.9)	0.55 (0.18)	0.17 (0.02)	255 (43)	b.d.l.
核邊緣	4.09 (0.9)	0.59 (0.16)	0.15 (0.02)	455 (71)	b.d.l.
細胞質	4.44 (1.0)	0.65 (0.19)	0.18 (0.03)	355 (58)	b.d.l.
B treated. n = 31					
細胞核	5.17 (1.3)	0.43 (0.12)	0.19 (0.03)	220 (46)	170 (40)
核邊緣	4.68 (1.1)	0.50 (0.17)	0.17 (0.03)	499 (110)	254 (60)
細胞質	4.92 (1.1)	0.49 (0.12)	0.18 (0.03)	375 (89)	563 (160)

Swiss 3T3 老鼠的成纖維細胞以 100 μg / mL $Na_2B_{12}H_{11}SH$ 處理後，再經第五節(二)段中所敍述的冷凍－包夾脆碎－冷凝乾燥處理後，所測得的 $^{41}K^+$、$^{40}Ca^+$、$^{12}C^+$ 和 $^{11}B^+$ 的離子顯微圖[59]，$^{12}C^+$ 是用來推算其他離子濃度的標準品，其結果列在表 12.4 ，其中 K 、 Mg 和 Na 的結果和細胞元素分析中最常用的 Electron Probe X-ray MicroAnalysis (EPXMA 或 EPMA) 所測得的結果非常相近[60]，可以認證二次離子質譜術分析結果的可靠性。但 EPXMA 偵測不到任何的鈣離子，從圖中可清楚看出 K 和 C 的分佈還相當的均勻，但 Ca 和 B 的分佈則是非常不均勻。值得一提的是，雖然 Ca 和 B 的濃度都集中在細胞質中，但在含 Ca 較多的核邊緣區其 B 的含量卻是相對的低了許多。

十二、腦肌肉細胞中負責神經信號傳遞的 Acetylcholine 的分佈研究

神經細胞專門接收外界的信號，並將這些信號傳遞到器官中的其他細胞，信號傳遞的方式是經由神經末梢 (synapse)，在神經軸突 (axon) 終端接受動作電壓 (action potential) 後，而啓動釋放出負責神經傳遞的化學物質，圖 12.35 所示就是在脊椎動物中的神經末端相接處負責神經傳遞的化學物質：acetylcholine (Ach) 的角色[2]。上圖中所顯示的爲前神經末稍細胞 (presynaptic cell) 在接收到動作電壓後，會提增本身的細胞膜對 Ca^{2+} 的透析性，造成細胞內累積高濃度的 Ca^{2+}。隨之引起的化學梯度改變，造成神經末稍泡囊 (vescile) 向細胞膜邊緣區移動和融合 (fusion)，隨即放出 Ach (見下圖) 到神經末稍臂裂 (cleft) 中，此時在後神經末梢 (postsynaptic) 膜上的 Ach 受體會感受到臂裂中的衆多

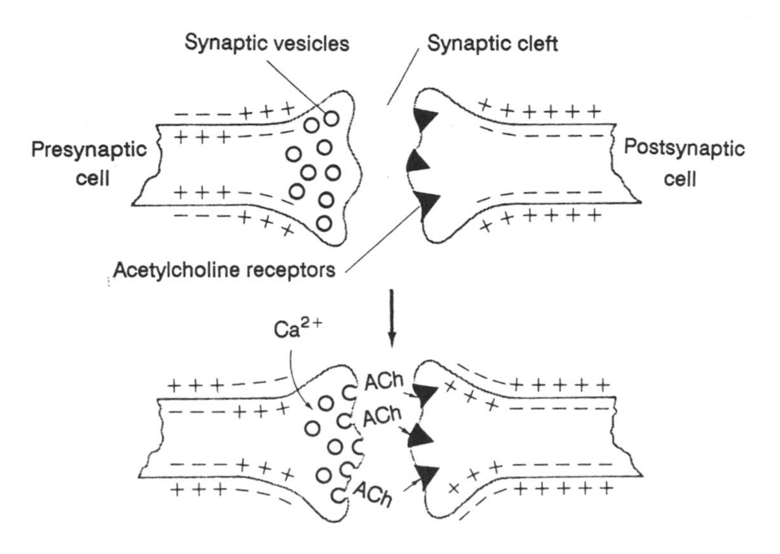

圖12.35 Acetylcholine 在脊椎動物中的神經末端相接處負責神經傳遞角色的示意圖。[2]

Ach ，並發生結合的動作，結果後神經末稍細胞的膜邊緣區會發生去極 (depolarization) 動作，而變成和上圖中的前神經末梢細胞相似，而得以再引發同樣的神經傳遞工作。了解這些受體在組織中的分佈情形 (一般稱爲 receptor mapping)，除了可幫助人們了解第十一節中所敍述的藥物作用機制，更可以提供腦組織的化學結構組成資訊，並從受體的生物化學和型態改變來探討神經與心理上失常的一些病理現象 (即 neuropathology)[61]。傳統的放射性顯微術、免疫細胞化學 (immuno-histochemistry)、螢光顯微術和電子顯微術都需先藉著放射性配位機 (radioactive ligand)、附有螢光示劑 (fluorescent marker ，如 fluorescein) 的抗體，以及附有高電子標幟 (electron-dense labels ，如 colloidal gold)，間接地經由上述標幟物和受體的化學鍵結後，以所放出的信號來觀察受體的分佈情形。這種間接標幟法通常需考慮標幟物在組織中和受體間鍵結的獨特性 (specificity) 和穩定性 (stability)。質分離子顯微術，可以選擇性的針對需求，利用適當的一次離子束從樣品表面所撞濺出的碎裂之受體分子的二次離子 (可能是原子團或分子離子)，提供受體在器官細胞中的分佈資訊。圖 12.36 顯示浸以 2×10^{-7} moles / cm² 的 Achchloride 中之老鼠腦部肌肉切片的質譜圖 (圖

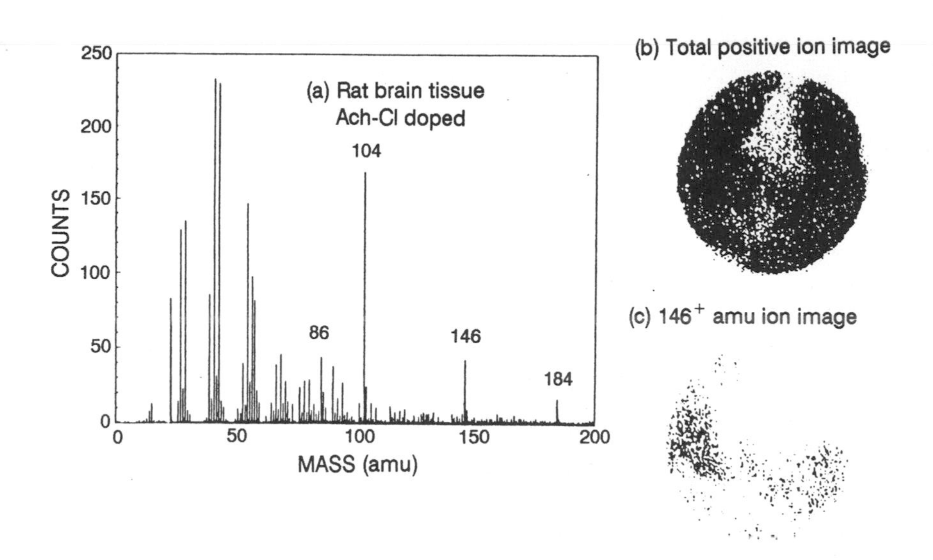

圖12.36 浸有 Ach-Cl 的老鼠腦部肌肉切片質譜圖(a)；全部二次正離子影像(b)；和質荷比(代表失去氯以後的)Ach 分子離子影像(c)。[62]

(a))，全部二次正離子影像 (圖(b))，和質荷比爲 146 (代表失去氯以後的) Ach 分子離子影像 (圖(e))[62]。從這兩個早期的研究，我們可以看出離子束顯微術一樣可以得到分子離子影像，只要這些分子離子信號能高過背景信號和雜訊，同時這些分子離子也必須能夠區分來自樣品中的背景信號。

十三、有絲分裂細胞中鈣元素的分佈研究

前述應用皆著重在二維 (2-dimensional) 顯微術，所取得的影像只能代表樣品在某一特定深度 (可能是表面，或是經適當切片後的外露內部) 之 $X-Y$ 平面上特定物質的分佈資訊，因此從一個樣品的單一切片所取得的影像，在樣品中 Z 方向之化學結構不均勻的前題下，是無法眞正反應樣品中所發生的化學現象。以細胞的生命週期而言 (圖 12.37)，大多數時間細胞都是在 interphase ，在適當的環境和外來的信號啓動下，部份細胞會進行有絲分裂的動作，先經由間接核分裂 (mitosis) 複製細胞核，再在經過細胞質分裂 (cytokinesis)，而形成兩個姊妹細胞 (sister cells)。整個複製動作已被證實起自細胞中 Ca^{2+} 濃度的增加[63]，

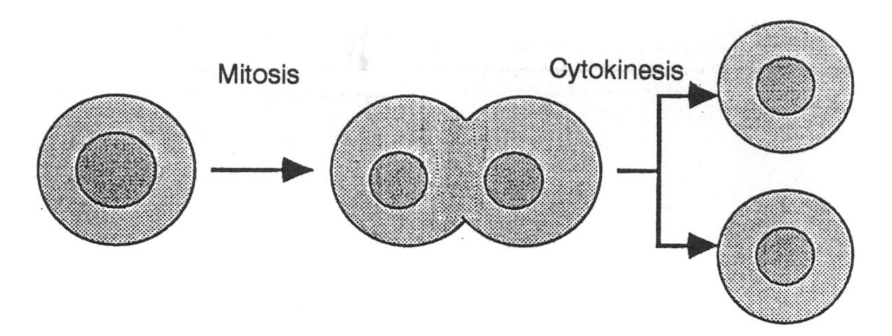

圖12.37 細胞的生命週期示意圖。

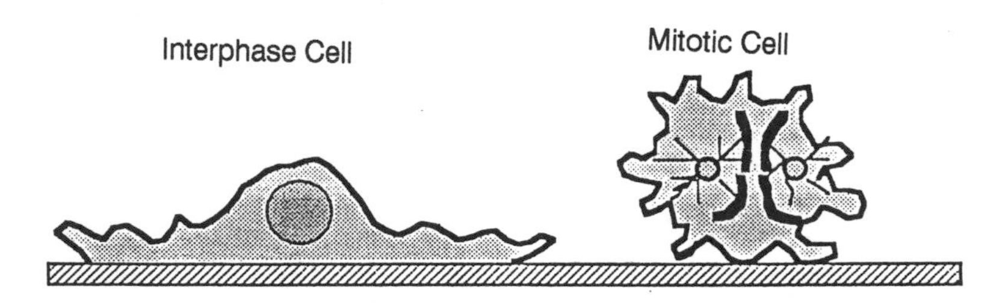

圖12.38 在 Interphase 和 Mitotic 時期的細胞 Z 方向縱剖切面示意圖。

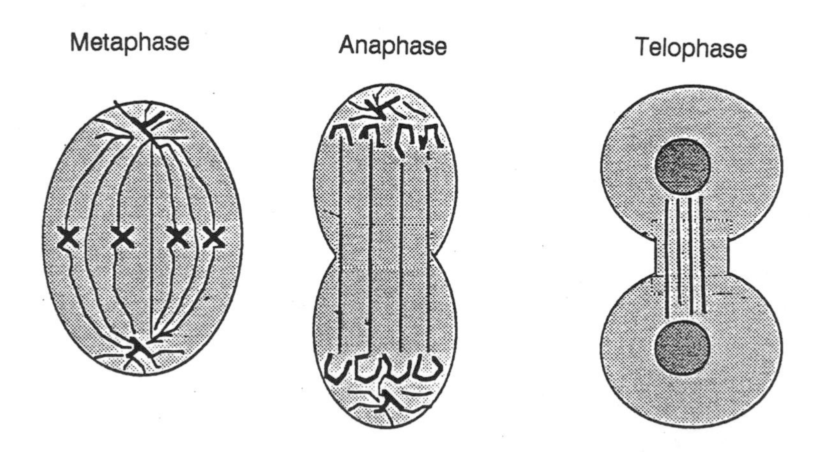

圖12.39 有絲分裂中期(metaphase)、後期(anaphase)和末期(telophase)的細胞內部微結構變化示意圖。

但在後續的複製過程中，Ca^{2+} 的分佈情形則尚未完全了解，部份原因可從圖12.38中interphase細胞和mitotic細胞的 Z 方向縱剖切面說明，圖中左邊爲在interphase的細胞，平貼於樣品承受器的表面上，在 Z 方向的結構也大致相同，因此在任一深度所取的 $X-Y$ 影像，可以用來解釋相關的現象，圖中右邊爲在有絲分裂中期 (metaphase) 的細胞，雖然底端還是平貼在樣品承受器的表面上，但上部從下往上圓凸起來，其中的染色體 (粗線部份) 和紡錘體 (spindle，細絲部份) 在 Z 方向上的分佈不很均勻。除此之外，在後續的有絲分裂後期 (anaphase) 和末期 (telophase)，同樣地在 Z 方向的微結構也有非常巨大的改變 (圖12.39)，在中期時 (左圖)，染色體和紡錘體皆分佈在兩端的紡錘體極 (spindle pole，圖中黑色T型物)，和線狀的紡錘體纖維 (thread-like spindle fiber，圖中在T型物週遭的細線) 中間的區域內，且在同一平面上 (metaphase plate)，在中間的互補染色體對也準備一分爲二，向兩端的紡錘體極移動。在後期時 (中圖)，染色體已完成向兩邊移動的動作並和紡錘體極相接，此時在中間區域 (midzone) 只有紡錘體的分佈。在末期 (右圖)，細胞核已經形成，揑擠 (pinch) 的動作也正在開始，中間區域已逐漸變窄。相對這三個不同分裂時期的LLC－PK細胞中 Ca^{2+} 分佈情形，分別顯示在圖12.40、12.41和12.42。在圖中的兩段白線是用來指示左邊的 $X-Y$ 線 (強度以高度表示) 相對應影像中的區域 (強度以明亮度表示)，數目字則是線中最高和最低點的強度，各個影像間的時間差距爲兩分鐘。

由圖12.40可以看出[64]，是從最先取的兩個影像 (從上往下，1，2圖)，不太能夠清楚分辨出中間低 Ca^{2+} 的染色體和兩邊高 Ca^{2+} 的紡錘體 (第3到第5個影像)，因此若沒有利用質分離子顯微術的三維分析能力，就無法得到在染色體和紡錘體中 Ca^{2+} 數量相差許多的結論。當然，同樣的結果，也可以經由整個樣品從上到下逐一切片，再對每一切片作分析而得到，這方法在理論上行得通，但實際上則是非常繁瑣，還不若利用質分離子顯微術的在原位切片 (in-situ section) 的特性，即同時進行切片和分析動作來得方便。

圖12.41所顯示的則是在有絲分裂後期，細胞中 Ca^{2+} 的分佈圖[64]，在 Z 方向上取7個影像，每一個影像中的染色體皆表現出低濃度 Ca^{2+}，在第一個影像中似乎分別不出染色體、紡錘體纖維和紡錘體極；第2個影像中，紡錘體極顯得更爲清楚；從第3個影像以下，紡錘體纖爲也逐漸呈現出來，因此從第3個影像

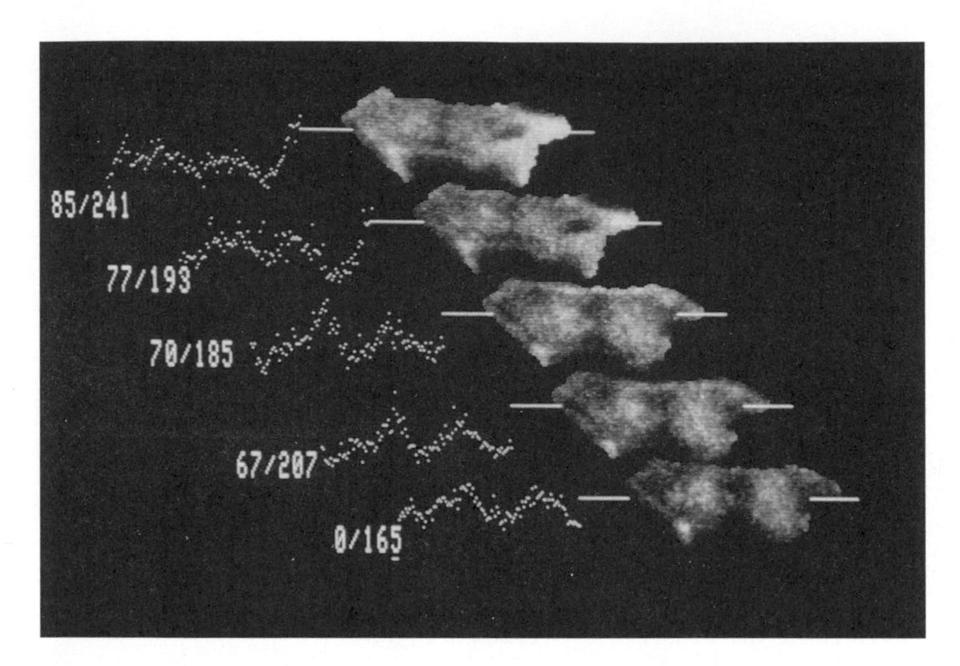

圖12.40 有絲分裂中期之 LLC-PK 細胞中的$^{40}Ca^{2+}$影像圖。(64)

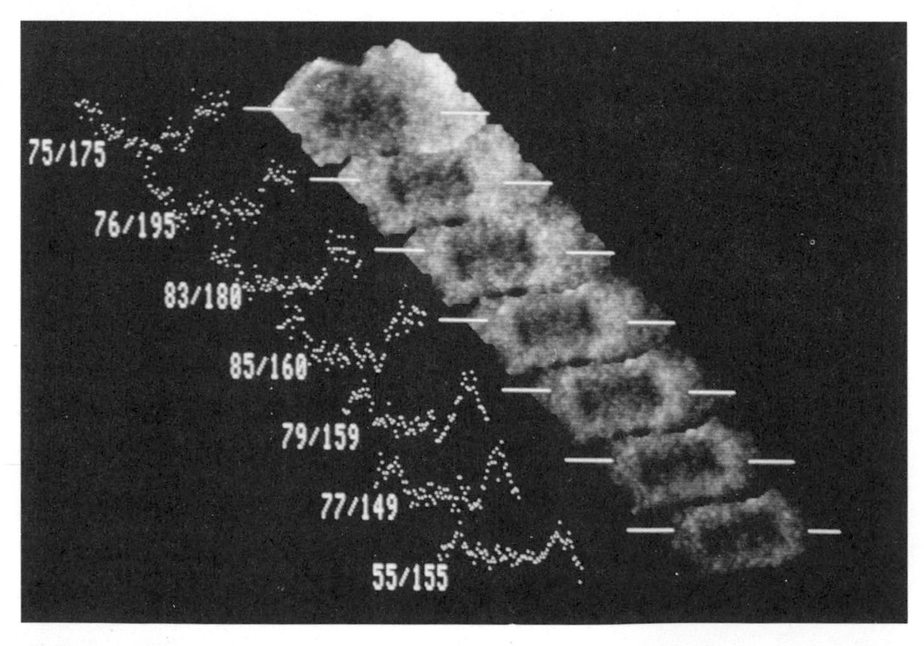

圖12.41 有絲分裂後期之 LLC-PK 細胞中的$^{40}Ca^{2+}$影像圖。(64)

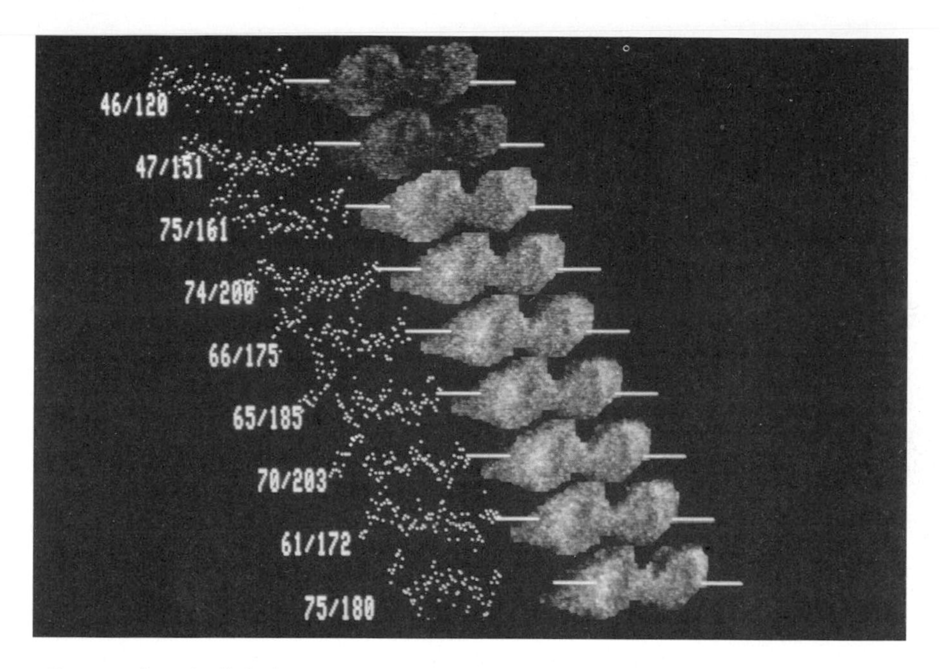

圖12.42 有絲分裂末期之 LLC-PK 細胞中的 $^{40}Ca^{2+}$ 影像圖。(64)

到第 7 個影像，皆可以用來區別在染色體、紡錘體極和紡錘體纖維中 Ca^{2+} 含量的不同。當然若是從第一個影像逕下結論絕無法得到上述的結果，即 Ca^{2+} 在染色體、紡錘體極和紡錘體纖維中的分佈是處於動態的。

圖 12.42 所顯示的爲在有絲分裂末期，細胞中 Ca^{2+} 的分佈圖(64)。在這時期，從圖 12.39 中得知，染色體已凝聚成細胞核，中間區域在遭受揑擠的動作。圖 12.42 也顯示相對應的變化，在上方的第 1 和第 2 個影像，因一次離子束的強度較弱，所以整個影像看來較暗，但這影響不大，因爲從第 4 個影像開始才正確地取到染色體和紡錘體區，同樣的，可以淸楚看出高 Ca^{2+} 含量的紡錘體和低 Ca^{2+} 含量的染色體。

十四、結論

質分離子顯微術具有高靈敏度，可做微量分析，偵測極限可以低到十億分之一，高質量解析度可偵測週期表上所有元素 (包括同位素)，也能提供分子結構的資料，高側向解析度可以看到小至 20 奈米 (nm) 的細微結構，配上縱深解析度可以低到 5 個奈米，是同時具有微體和微量分析能力的分析技術，因此非常適合研究生物系統在不同生理狀況下元素 (或任何化學物質) 的分佈情形。

可以預見，樣品前處理的技術愈發成熟，以及在儀器上的改良，如較佳的側向解析度，和利用後繼離子化方法以提高偵測的靈敏度，還有利用電腦輔助的影像處理所發展出來更精確的定量方法，質分離子顯微術對生物醫學研究上的助益，如從文中所介紹的幾個實例可以看出，應是指日可待的。

在國內類似的發展是需要假以時日的，原因之一是質分離子顯微儀的造價非常昂貴，並非每一個實驗室都能負擔。除此之外，質分離子顯微術由於理論基礎未臻健全，因此基礎研究更形重要，儀器使用者必須具有相當的理論背景和實務經驗，才能做好一般性的分析研究。更先進之生物醫學上的研究，如文中的舉例顯示，端賴於研究群的投入，因此如何整合生物學家、醫學家、化學家、物理學家，針對重點主題做跨領域的研究，也是發揮質分離子顯微術功能到極點的重要因素之一。質分離子顯微術在生物醫學上的應用以及離子束與固態材質間的基礎研究是一體兩面相輔相成的，從文後更廣泛的附錄參考文獻中，可以了解到許多基礎理論的突破發展皆是來自生物醫學上應用的需求，若有適當的管道提供生物學家、醫學家、化學家和物理學家做爲實際問題之專業知識和學術研究的交流溝通，當然更能促進國內的專家、學者利用質分離子顯微術輔助並提昇生物及醫學界的研究與發展。

參考文獻

1. M. J. Pelczar, Jr., E. C. S. Chan, and N. R. Knig, Microbiology, New York: McGraw Hill (1986).
2. G. Zubay, Biochemistry, New York: Macmielan (1988).
3. D. J. Triggle, "Calcium Channels" Chemtech Januany, pp. 58-63 (1990).
4. R. E. Honig, "The development of secondary ion mass spectrometry (SIMS): A retrospective", Int. J. mass Ion Process, vol. 66, pp. 31-54.
5. A. Benninghoven, F. G. Rudenauer, and H. W. Werner, Secondary Ion Mass Spectrometry: Basic Concepts, Instrumental Aspects, Applica-

tions and Trends, New York: Wiley (1987).
6. V. Cherepin, Secondary Ion Mass Spectroscopy of Soild Surfaces, Utrecht: VNU Science Press BV (1987).
7. R. G. Wilson, F. A. Stevie, and C. W. Magee, Secondary Ion Mass Spectrometry: A Practical Handbook for Depth Profiling and Bulk Impurity Analysis, New York: Wiley (1989).
8. D. Briggs, A. Brown, and J. C. Vickerman , Handbook of Static Secondary Ion Mass Spectrometry, New York: Wiley (1989).
9. J. C. Vickerman, A. Brown, N. M. Reed, Secondary Ion Mass Spectrometry: Principles and Applications, New York: Oxford University Press (1990).
10. SIMS Ⅱ(1980), Ⅲ(1983), Ⅳ(1984), Ⅴ(1986), Ⅵ(1988) Berlin: Springer-Verleg and SIMS Ⅶ, New York: Wiley (1990).
11. 蘇青森　二次離子質譜儀　科儀新知　3 (4): 88-93 (1982).
12. 凌永健　二次離子質譜儀　科儀新知　11 (2): 36-48 (1989).
13. 張慧貞、林正德、許秀英　SIMSLAB 3B 系統原理與應用(一)　電子發展月刊 148: 26-45 (1989)
14. 張慧貞、林正德、許秀英　SIMSLAB 3B 系統原理與應用(二)　電子發展月刊 149: 1-3 (1989)
15. 張梁興、凌永健　二次離子質譜儀在微電子工業上的應用　電子發展月刊 149: 50-59 (1989).
16. 凌永健、林雨平、邱奕明、余周利、張慧貞、林正德　聚焦離子束的原理與應用 (上)　科儀新知　11 (6): 60-72 (1990).
17. 凌永健、林雨平、邱奕明、余周利、張慧貞、林正德　聚焦離子束的原理與應用 (下)　科儀新知　12 (1): 63-69 (1990).
18. 凌永健　離子束質譜術的原理與應用　科儀新知　12 (2): 20-37 (1990).
19. M. S. Burns, "Applications of secondary ion mass spectrometry (SIMS) in biological research: a review", J. Microscopy 127 (3), 237-258 (1982)
20. S. Duckett, and P. Galle, "The application of analytical ion micros-

copy (secondary ion mass spectrometry) to the study of normal and pathological neural tissue", in: Metal Ions in Neurology and Psychiatry, New York: Liss, p. 345. (1985)

21. R. Linton, "Biological microanalysis using SIMS－a review", in SIMS V, Eds. A. Benninghoven, R. J. Colton, D. S. Simons, and H. W. Werner, Berlin: Springer, P.420. (1986)
22. C. C. Bouchaud, "Current trends and applications of secondary ion microscopy in medicine and biology: a review", in SIMS VI, A. Benninghoven, A. M. Huber, and H. W. Werner, New York: Wiley, pp. 855-864 (1988)
23. M. S. Burns, "Biological microanalysis by secondary ion mass spectrometry: status and prospects", Ultramicroscopy, vol. 24, pp. 269-282 (1988)
24. S. Chandra, and. G. H. Morrison, "Ion microscopy in biology and medicine", Methods in Enzymology, vol. 158, New York: Academic Press, pp. 157-179. (1988)
25. R. Levi-Setti, "Structural and microanalytical imaging of biological materials by scanning microscopy with heavy-ion probes", Ann. Rev. Biophys. Biophys. Chem. vol. 17, pp. 325-347 (1988)
26. A. Benninghoven, "Developments in secondary ion mass spectroscopy and applications to surface studies", Surf. Sci. vol. 53, pp. 596-625 (1975)
27. F. Bernhardt. H. Oechsner, E. Stumpe, "Energy distribution of neutral atoms and molecules sputterd", Nucl. Instrum. Methods vol. 132. pp. 329-334 (1976).
28. P. Sigmund, in "Sputtering by particle bombardment I", R. Behrisch, ed., Topics in Applied Physics 47, Berlin: Springer Verlag, p.9 (1981).
29. P. Sigmund. C. Claussen, "Sputtering from elastic-collision spikes in heavy-ion-bombarded metals" J. Appl. Phys. 52(2). pp. 990-993 (1981).
30. M. A. Rudat. G. H. Morrison. "Energy spectra of ions sputtered from

element by O_2^+: A comprehensive study", Surf. Sci, vol. 82. pp. 549-576 (1979).

31. H. A. Storms, K. F. Brown, J. D. Steln, "Evaluation of a cesium positive ion source for secondary ion mass spectrometry", Anal. Chem., vol. 49, pp. 2023-2030 (1977)
32. "IMS 4f Secondary Ion Mass Spectrometry", CAMECA, France (1988)
33. Y. C. Ling, M. T. Bernius, and G. H. Morrison, "SIMIPS: Secondary Ion Mass Image Processing System", J. Chem. Inf. Comput Sci., vol. 27, pp. 86-94 (1987)
34. Y. C. Ling, "Expert system development in quantitative SIMS analysis" in SIMS Ⅶ, edited by A. Benninghoven, C. A. Evans, K. D. McKeegan, H. A. Storms, and H. W. Werner, New York: Wiley, pp. 867-870 (1990)
35. Y. C. Ling, and C. P. Chen, "An integrated database system for elemental SIMS analysis" in The Proceedings of the 38th ASMS Conference on Mass Spectrometry and Allied Topics, Tuscon, Arizona, USA, June 3-8, 1990, pp. 405～406.
36. B. Schuler, P. Sander, and D. A. Read, " A new time-of-flight secondary ion microscopy ", SIMS Ⅶ, edited by A. Benninghoven, C. A. Evans, K. D. McKeegan, H. A. Storms, and H. W. Werner, New York: Wiley, pp. 851-854 (1990)
37. S. Chandra, W. A. Ausserer, and G. H. Morrison, "Evaluation of matrix effects in ion microscopic analysis of freeze-fractured, freeze-dried cultured cells", J. Microsc., 148 (3), Microanalysis Using Secondary Ion Mass Spectrometry, pp. 223-239 (1987)
38. P. Williams, " Limits of quantitative microanalysis using secandary ion mass spectrometry" in Scanning Electron Microscopy Vol. II, ed. O. Johari (SEM Inc., AMF O'Hare, Chicago, IL 60666 USA) pp. 553-561 (1985)
39. M. A. Hayat, "Principles and Techniques of Electron Microscopy",

Vol. 1, 2nd ed., Baltimore, Maryland: University Park (1980)

40. A. P. Somlyo, M. Bond, and A. V. Somlyo, "Calcium content of mitochondria and endoplasmic peticulum in liver frozen rapidly in vivo", Nature (London) vol. 314, pp. 622-625 (1985)
41. E. W. Sod, A. R. Crooker, and G. H. Morrison, "Biological cryosection preparation and practical ion yield evaluation for ion microscopic analysis", J. Microsc., 160 (1), pp. 55-65 (1990)
42. S. Chandra, G. H. Morrison, and C. C. Wolcott, "Imaging intracellular elemental distribution and ion fluxes in cultured cells using ion microscopy: a freeze-fracture methodology", J. Microsc., 144 (1), pp. 15-37 (1986)
43. Y. C. Ling, S. Chandra, and G. H. Morrison, Unpublished Results.
44. S. Chandra, and G. H. Morrison, "Imaging elemental distribution and ion transport in cultured cells, with ion microscopy" Science, vol. 228, pp. 1543-1544 (1985)
45. H. W. Werner, A. E. Morgan, "Charging of insulators by ion bombardment and its minimization for secondary ion mass spectrometry (SIMS) Measurements" J. Appl. Phys., 47 (4), pp. 1232-1242 (1976).
46. G. Slodzian, M Chaintreav, R. Dennebouy, "The emission objective lens working as an electron mirror: self regulated potential at the surface of an insulating sample" in SIMS V. pp. 158-160 (1986).
47. A. J. Patkin, s. chandra, and G. H. Morrison, "Differential sputtering correction for ion microscopy using image depth profiling", Anal Chem., vol. 54, pp. 2507- 2510 (1982)
48. A. Lodding, J. C. Noren, and L. G. Petersson, "Applications of secondary ion mass spectrometry to biological hard tissues", in SIMS VI, edited by A. Benninghoven, A. M. Huber, and H. W. Werner, New York: Wiley, pp. 865-871 (1988)
49. P. F. Schmidt, H. Zumkley, R. Barckhaus, and B. Winterberg, "Distribution patterns of aluminum accumulations in bone tissue from

patients with dialysis osteomalacia determined by lamma", in Microbeam Analysis, P. E. Russell, ed., 56-54 (1989) San Francisco Press, Inc. : San Francisco, CA. USA.

50. "Metal Analysis in Human Tissue and Bone" in SIMSLAB Application Note. VG Scientific: West Sussex, England.

51. G. Grynkiewicz, M. Poenie, and R. Y. Tsein, "A new generation of Ca^{2+} indicators with greatly improved fluorescence properties" J. Biol. Chem., vol. 260, pp. 3440-3450 (1985)

52. S. Chandra, D. Gross, Y. C. Ling, and G. H. Morrison, "Quantitative imaging of free and total intracellular calcium in cultured cells" Proc. Natl. Acad. Sci. USA, vol. 86, pp. 1870-1874 (1989)

53. P. Volpe., K. H. Krause, S. Hashimoto, F. Zorzato, T. Pozzan, J. Meedolesi, and D. P. Lew, ""Calcisome", a cytoplasmic organelle: The inositol 1, 4, 5 - trisphosphate-sensitive Ca^{2+} store of nonmuscle cells?" Proc. Natl. Acad. Sci. USA. vol. 85, pp. 1091-1095 (1988)

54. H. Studer, and M. A. Greer, The Regulation of Thyroid Function in Iodine Deficiency, H. Huber, Bernand Stuttgart (1968)

55. G. M. Abrams, and P. R. Larsen, "Triiodothyronine and thyroxine in the serum and thyroid glands of iodine-deficient pats" J. Clin. Invest., vol. 52, pp. 2522-2531 (1973)

56. P. Fragu, C. Briancon, S. Halpern, and E. Larras-Regard, "Changes in iodine mapping in rat thyroid during the course of iodine deficiency: imaging and relative quantitation by analytical ion microscope" Biol. of the Cell, vol. 62, pp. 145-155 (1988)

57. E. Hinde, B. Coulomb, F. Escaig, and P. Galle, "Intracellular dynamics of a fluorinated drug, dexamethasone: a study by ion microscopy", in SIMS Ⅵ, edited by A. Benninghoven, A. M. Huber and H. W. Werner, New York: Wiley, pp. 881-884 (1988)

58. H. Hatanaka, ed. "Neutron Capture Theraph" MTP. Norwell, MA (1986)

59. W. A. Ausserer, Y. C. Ling, S. Chandra, G. H. Morrison, "Quantitative imaging of boron, calcium, magnesium, potassium, and sodium distributions in cultured cells with ion microscopy", Anal. Chem., 61(24), pp. 2690-2695 (1989).
60. K. E. Tvedt, J. Halgunsts, G. Kopstad, O. A. Haugen, "Quick sampling and perpendicular cryosectioning of cell monolayers for X-ray microanalysis of diffusible elements" J. Microsc. (Oxford) 151 (1), pp. 49-59 (1988).
61. M. J. Kuhar, E. B. De Souza, and J.R. Unnerstall, "Nentrotransmitter receptor mapping by autoradiography and other methods", Ann. Rev. Neurosci, vol.9, pp. 27-59 (1986)
62. B. Schueler, "TOF-SIMS with a Stigmatic Ion Microscope" in SIMS Ⅶ, edited by A. Benninghoven, C. A. Evans, K. D. Mckeegan, H. A. Storms, and H. W. Werner, New York: Wiley, pp. 311-314 (1990)
63. J. R. McIntosh, "Mechanisms of mitosis", TIBS, vol. 9, pp. 195-198 (1984)
64. Y. C. Ling, S. Chandra, W. A. Ausserer, and G. H. Morrison, "3-D ion microscopic imaging of tissue culture cells" in SIMS Ⅶ, Monterey, CA, USA (1989)

附錄參考文獻

下列爲取自 SIMS II, edited by A. Benninghoven, C. A. Evans, Jr., R. A. Powell R. Shimizu, H. A. Storms, Berlin: Springer-Verlag (1979)

65. P. Galle, "Biomedical applications of secondary ion emission microanalysis", pp. 238-243.
66. K. M. Stika and G. H. Morrison, "Diffusible ion localization in biological tissue by ion microscopy", p.244.
67. K. Wittmaack, F. Schulz, and E. Werner, "Determinationin of isotope ratios of calcium and iron in human blood by secondary ion mass spectrometry" pp. 245-247.
68. J. Archambault-Guezou and R. Lefevre, "Biogenic and non-biogenic

carbonates of calcium and magnesium: new studies by secondary ion imaging", pp. 248-251.

69. A. R. Spurr and P. Galle, "Localization of elements in botanical materials by secondary ion mass spectrometry", pp. 252-255.
70. C. Chassard-Bouchaud and M. Truchet, "Secondary ion emission microanalysis of the pigments associated with the eye: preliminary data", pp. 256-258.
71. M. S. Burns, D. M. File, A. Quettier, and P. Galle, "Comparison of spectra of biochemical compounds and tissue preparations", pp. 259-261.

下列爲取自 SIMS Ⅵ, edited by A. Benninghoven, J. Okano, R. Shimizu, and H. W. Werner, Berlin: Springer-Verlay (1984)

72. A. Lodding, H. Odelius, and E. G. Petersson, "Sensitivity and quantitation of SIMS as applied to biomineralizations", pp. 478-484.
73. M. S. Burns, "SIMS in biology and medicine.", pp. 485-488.
74. S. Chandra and G. H. Morrison, "Cell cultures: an alternative in biological ion microscopy", pp. 489-491.
75. C. Chassard-Bouchaud, "Secondary ion emission microanalysis applied to the uranium detection in aquatic organisms.", pp. 493-497.
76. P. Galle, "Tissue microlocalization of isotopes by ion microscopy and by microautomradiography", pp. 498-500
77. H. Tamura, J. Tasano, and H. Okano, "An empirical approach to quantitative analysis of biological samples by secondary ion mass spectrometry (SIMS)", pp. 498-500.

下列取自 SIMS Ⅴ, edited by A. Benninghoven,R. J. Colton, D. S. Simons, and H. W. Werner, Berlin: Springer-Verlag (1986)

78. R. W. Linton, "Biological microanalysis using SIMS — a review", pp. 420-425
79. M. S. Burns, "Observations concerning the existence of matrix effects in SIMS analysis of biological specimens.", pp. 426-428.
80. S. Chandra, M. T. Bernius, and G. H. Morrison, "Ion microanalysis of

frozen-hydrated cultured cells", pp. 429-431.

81. S. Chandra and G. H. Morrison, "Imaging intracellular elemental distribution and ion fluxes in cryofractured, freeze-dried cultured cells using ion microscopy", pp.432-434,

82. C. Chassard-Bouchaud, P. Galle, and F. Escaig, "Cellular microlocalization of mineral elements by ion microscopy in organisms of the Pacific Ocean.", pp. 435-437.

83. P. Fischer, J. Noren, A. Lodding, and H. Odelius, "Quantitative SIMS of prehistoric teeth.", pp. 438-443.

下列取自 SIMS Ⅵ, edited by A. Benninghoven, A. M. Huber, and H. W. Werner, New York: Wiley (1988)

84. C. Chassard-Bouchaud, "Current trends and applications of secondary ion microscopy in medicing and biology: a review", pp. 855-864.

85. A. Lodding, J. N. Noren and L. G. Petersson, "Applications of secondary ion mass spectrometry to biological hard tissues", pp.865-872.

86. P. Fragu, C. Briancon, S. Halpern and E. Larras-Regard, "Assessment of semi-quantitative method for comprehensive imagining in physiological study with the analytical ion microscope", pp. 873-876.

87. M-C. Mony, E. Larras-Regard, J. Aioun, S. Halpern and P. Fragu, "Secondary ion mass spectrometry (SIMS) applied to Li, Na, Mg, K, Ca, imaging in Li treated mouse tissues", pp. 877-880

88. E. Hindie, B. Coulomb, F. Escaig and P. Galle, "Intracellular dynamics of a fluorinated drug, dexamethasone: a study ion microscopy.", pp. 881-884.

89. R. W. Odom, G. Lux, R. H. Fleming, P. K. Chu and R. J. Blattner, "MS quantitative trace element analysis of microdroplets", pp. 885-888.

90. L. Schaumann, P. Galle and M. Thellier, "Analysis of two isotopes of nitrogen in organic tissues", pp.889-890.

91. M. S. Burns, R. Taffet and C. Hitzman, "Digital ion imaging of electrolyte movement in the retina choroid complex: relative quantitation",

pp. 891-892.
92. R. L. Inglebert, M. Outrequin and C. Chassard-Bouchaud, "Radionuclides and rare earth elements in marine organisms: ion microprobe detection", pp. 893-896.
93. S. Halpern, P. Fragu, C. Briancon and E. Larras-Regard, "Contribution of the high mass resolution in trace elements imaging in biology", pp. 897-900.
94. J. P. Berry, F. Escaig, R. Levi-Setti and J. Chabala, "Intranuclear beryllium − intranuclear localization of beryllium in roximal tubule cells of the kidney", pp. 901-904.
95. J. P. Berry, J. F. Cavellier, F. Escaig and P. Boumati, "Thyroid ion microscopy − study by ion microscopy of the stable and radioactive iodine distribution in the thyroid gland", pp. 905-908.
96. P. Mandon, E. Escaig and F. Vinzens, "Caesium impregnation of biological open sections: a method for enhancement of negative ion emission", pp. 909-912.
97. A. Allan, P. Galle, M. Meignan, J. P. Berry, M. Meignan and F. Escaig, "Distribution of inhaled soluble chromium aerosols in alveolar macrophages of the rats lung", pp. 913-916.
98. D. Frechon, C. Anselme, O. Marsigny, J. Mallevialle and M. Truchet, "Analysis of microfiltration fibers in water purification", pp. 917-920.
99. M. Truchet, M. Grasset and J. Vovelle, "Contribution of the imaging SIMS to the study of natural bio-accumulations in marine invertebrates", pp. 921-924.

下列取自 SIMS VII, edited by A. Benninghoven, C. A. Evans, K. D. McKeegan, H. A.Storm, H. W. Werner, New York: Wiley (1990)

100. B. T. Chait, and R. C. Beavis, "Matrix assited UV laser desorption of biologically interesting molecules", pp. 289-292.
101. A. Benninghoven, H. Musche, and C. Wünsche, "SIMS (Secondary Ion Mass Spectrometry) in pharmaceutical research", pp. 293-298.

102. B. Schuler, "TOF-SIMS With a stigmatic ion microscope", pp. 311-314.
103. P. Telenczak, M. Ricard, S. Halpern, and P. Fragu, "SIMS: a method to evaluate the tissue absorbed dose in metabolic radio-therapy; preliminary results with mIBG".
104. E. Hindie, N. A. Thorne, F. Degreve, and P. Galle, "Deuterium and carbon 14 in biological tissues: detection sensitivity and quantitation by ion microscopy".
105. J. M. Candy, A. E. Oakley, S. A. Mountfort, H. E. Bishop, G. A. Taylor, C. M. Morris, and J. A. Edwardson, "The distribution of aluminum in the forebrain of chronic renal dialysis patients in relation to Alzheimer's disease using SIMS".
106. P. Hallegot, C. Girod, M. M. Le Beau, and R. Levi-Setti, "High spatial resolution SIMS imaging of labelled human chromosomes".
107. R. W. Linton, J. J. Lee, J. L. Hunter, and J. D. Shelburne, "Immunocytochemical applications of ion microscopy with digital imaging".
108. E. Hindie, G. Blaise, and P. Galle, "Origin of the CN^- secondary ions emitted from biological tissue under ten KeV Cs^+ bombardment".
109. P. Fragu, C. Briancon, S. Halpern, P. Telenczak, J. C. Olivo, and E. Kahn, "Pathological changes in iodine distribution within human thyroid follicle".
110. A. E. Oakley, S. A. Mountfort, J. M. Candy, P. R. Chalker, H. E. Bishop, and J. A. Edwardson, "Optimal substrates for SIMS analysis of trace elements in biological tissue".
111. W. A. Ausserer, Y. C. Ling, S. Chandra, and G. H. Morrison, "Relative sensitivity factors for elemental microanalysis of cultured cells".
112. S. Chandra, W. A. Ausserer, and G. H. Morrison, "Ion microscopic imaging of intracellular storage and movement of calcium".
113. B. Hagenhoff, R. Kock, E. Niehuis, A. Benninghoven, C. Wunsche, and H. Musche, "SIMS and FAB of biomolecules and pharmaceuticals, a comparison".

第十三章

感應偶合電漿質譜儀

江旭禎　楊惠珍

摘　要

本篇文章簡單的介紹感應偶合電漿質譜儀 (ICP-MS) 的基本原理、分析功能與限制，以及代表性的應用。與 ICP 原子放射光譜儀 (AES) 相比，ICP-MS 有較好的偵測極限，而且較不易受到光譜重疊的干擾；除此之外，ICP-MS 可以在多元素分析的狀況下，測定微量成份的同位素比。

一、前言

感應偶合電漿質譜分析法 (Inductively Coupled Plasma Mass Spectrometry，ICP-MS) 是一種相當新的微量多元素分析及同位素分析技術，它結合了 ICP 絕佳的原子化和游離化的特性，以及質譜儀的高靈敏度和測定同位素比的能力。ICP 具有相當高的游離效率，但是又不會有過度激烈的游離，除了少數元素會產生二次游離而形成二價離子外，大部分的元素在電漿中主要都是形成一價離子，這個特性使它成爲無機質譜儀 (inorganic mass spectrometry) 中相當理想的離子源。表 13.1 簡單地說明了 ICP 和質譜儀結合的一些互補特性[1]，此表顯示了無機質譜儀樣品輸入技術現存的一些困難，可藉由 ICP 作爲離子源而克服。而 ICP 原子放射光譜儀 (ICP-AES) 對許多物種偵測能力甚差的情形及複雜的光譜線、光譜干擾等困難，亦可藉由質譜儀偵測而排除，所以 ICP-MS 已可成功地應用在不同種類樣品的分析。

ICP 實際應用在原子放射光譜分析法 (atomic emission spectrometry) 上已有一段時間，一直被當作是一種能將樣品有效地原子化並激發的方法。首篇以 ICP 作爲質譜儀離子源的文章發表於 1980 年[2]，自該篇文章發表後九、十年間，此技術有相當迅速的成長，迄今已有多家儀器公司生產此設備。這些成長主要是因爲 ICP-MS 具有幾個引人矚目的分析特性：對多數元素有相當低的偵測極限 (小於 0.1 ng / mL)；簡單的質譜和輕微的光譜干擾；同時可直接由溶液樣品測定元素同位素比，並可得到中等精密度 (0.1～1%RSD) 的結果。本文將簡單介紹 ICP-MS 的基本原理、分析特性、功能及其應用與限制，而有關 ICP 及 ICP-MS 更詳細的資料可在其他文獻中得到[3-8]。

表13.1 ICP 和質譜儀的互補關係[1]。

ICP 放射光譜儀	質　譜　儀
1. 有效率且溫和的游離源 (最主要產生一價離子)	需要離子源
2. 溶液樣品的輸入快速而且方便	無機樣品的樣品輸入可能是困難的 (通常限於固體樣品且相當費時)
3. 樣品的輸入是在大氣壓力下進行	通常需要在低壓下進行樣品輸入
4. 只發現輕微的基質或元素間效應，而且可容忍相當大量的溶解固體 (dissolved solids)	限制於小量的樣品
5. 放射光譜複雜且常有光譜重疊	有相當簡單的質譜
6. 偵測能力受限於大部份有用的波長範圍內有相當強的連續背景	大部份的質量範圍都有相當低的背景大小
7. 中等的靈敏度	絕佳的靈敏度
8. 通常無法作同位素比測定	可以作同位素比測定

二、基本原理

電漿是一種含高密度電子的離子化氣體 (在 ICP 中通常由氬氣形成)，因含有正、負電荷，所以很容易和磁場作用，如果磁場隨時間改變，則可與電漿產生

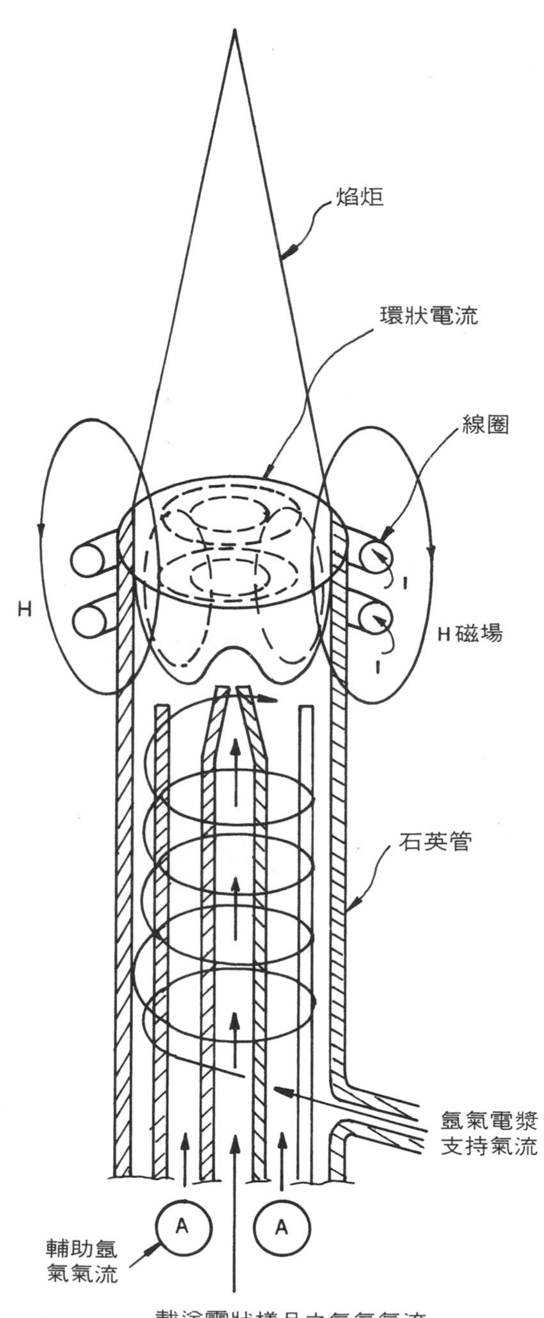

圖 13.1

典型的感應耦合電漿結構[32]。

感應偶合的現象，就像以感應方法加熱柱狀金屬的原理，ICP 就是利用這種性質設計出來的高溫焰炬，圖 13.1 為 ICP 激發源的簡圖。

噴燈 (torch) 是由三層同心石英管組成，氬氣分別由三層石英管的下端輸入，以進行不同的功能。外層石英管以切線方向通入氬氣，這些氬氣盤旋而上，除了形成電漿及冷卻石英管外，並將電漿托上，使電漿能穩定地在石英管中心形成。中層氬氣當作輔助氣流 (auxiliary gas)，其作用是為防止電漿生成過程中試樣注入管 (sample injection tube) 產生過熱現象，同時此輔助氣流也具有調整取樣位置的功用，中間的樣品注入管則為載送霧化試樣、粉末或氣體的煙霧質氣體流 (aerosol gas flow)。在石英管上方開口處繞以感應線圈 (induction coil)，線圈連到高頻率的無線電頻率產生器 (radio-frequency generator)，當線圈通入電流，線圈周圍產生同頻率的磁場，其磁力線方向垂直於石英管，當以 Tesla coil 放電而使石英管內的氬氣游離以引發電子及離子作為種子 (seed) (因為氬氣為非導體，不會與磁場產生感應)，那麼感應磁場會使這些電子及離子受到感應而在石英管內形成渦電流 (eddy current)。由於磁場方向及強度隨時間而變，造成電子加速流動，若在加速過程中遇到其他氬氣原子而互相碰撞，則會因電子受到阻力 (ohmic effect) 而產生焦耳加熱現象 (joule heating)，使得更多氬氣游離

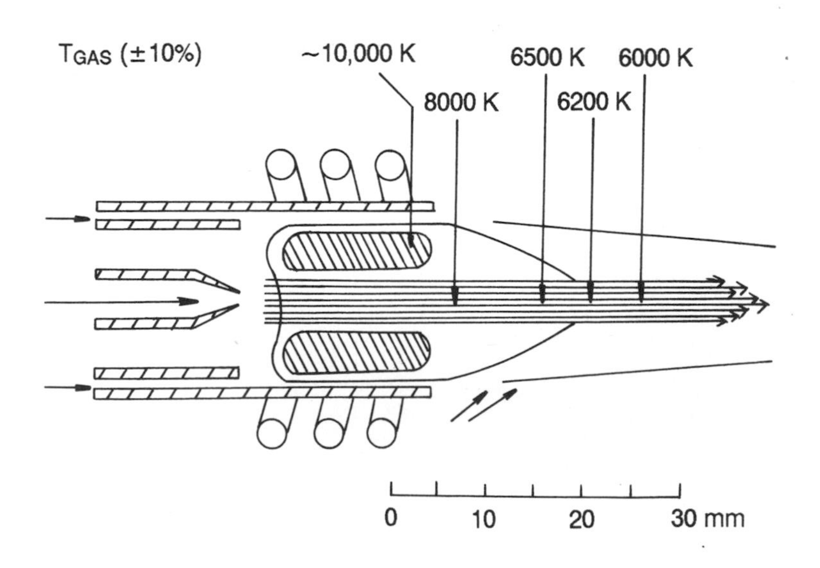

圖 13.2 典型 ICP-MS 噴燈中電漿溫度分佈圖[33]。

，這樣的過程迅速且重覆進行，使得氬氣在一瞬間即大量游離，產生高達 9000～10000K 的高溫電漿，而樣品就由中間的樣品注入管輸入電漿，在此溫度相當均勻的區域下被氣化、原子化進而游離化，電漿溫度分佈圖如圖 13.2。

ICP-MS 系統的操作原理可以圖 13.3 來說明。ICP-MS 的分析以溶液樣品爲主，溶液樣品經由霧化器噴射進入在大氣壓力下操作的 ICP，樣品在電漿中進行離子化，在典型的 ICP 操作狀況下週期表上的元素皆有相當程度的離子化 (圖 13.4)。樣品被離子化的分率可由 Saha 公式來估計：

$$\log K = \frac{3}{2}\log T_{\text{ion}} - 5040\frac{\text{IE}}{T_{\text{ion}}} + \log\frac{Z^{+}}{Z} + 15.684$$

其中　Z^{+} ：離子的分佈函數

Z ：原子的分佈函數

IE ：元素的游離能 (單位：電子伏特)

T_{ion} ：離子溫度

K ：元素的游離平衡常數 ($K = \frac{n_{M}^{+} \cdot n_{e}^{-}}{n_{M}}$)

n_{M}，n_{M}^{+}，n_{e}：分別爲電漿中元素的原子、離子和電子密度

對於游離能較大的非金屬和金屬元素只有輕微游離，因此 ICP 較不適用於

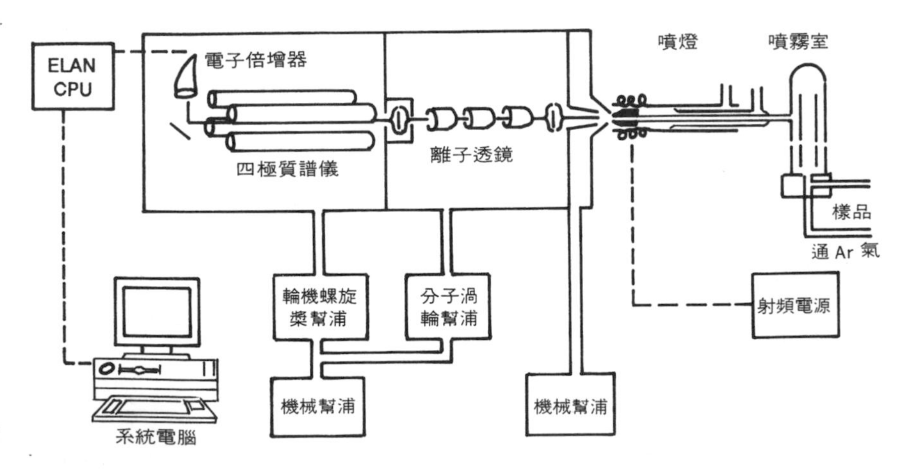

圖 13.3　典型的 ICP-MS 儀器構造圖。

$\left(\frac{M^{+}}{M^{+}+M}\right)\times 100\%$ (→ Be)

1	2	3	4	5	6	7	8	9	10	11	12	13	14	15	16	17	18
H 0.1																	He
Li 100	Be 75											B 58	C 5	N 0.1	O 0.1	F 9×10^{-4}	Ne 6×10^{-6}
Na 100	Mg 98											Al 98	Si 85	P 33	S 14	Cl 0.9	Ar 0.04
K 100	Ca 99 (1)	Sc 100	Ti 99	V 99	Cr 98	Mn 95	Fe 96	Co 93	Ni 91	Cu 90	Zn 75	Ga 98	Ge 90	As 52	Se 33	Br 5	Kr 0.6
Rb 100	Sr 96 (4)	Y 98	Zr 99	Nb 98	Mo 98	Tc	Ru 96	Rh 94	Pd 93	Ag 93	Cd 85	In 99	Sn 96	Sb 78	Te 66	I 29	Xe 8.5
Cs 100	Ba 91 (9)	La 90 (10)	Hf 98	Ta 95	W 94	Re 93	Os 78	Ir	Pt 62	Au 51	Hg 38	Tl 100	Pb 97(0.01)	Bi 92	Po	At	Rn
Fr	Ra	Ac															

Ce 98 (2)	Pr 90 (10)	Nd 99°	Pm	Sm 97 (3)	Eu 100°	Gd 93 (7)	Tb 99°	Dy 100°	Ho	Er 99°	Tm 91 (9)	Yb 92 (8)	Lu
Th 100°	Pa	U 100°	Np	Pu	Am	Cm	Bk	Ct	Es	Fm	Md	No	Lw

$\left(\frac{M^{+2}}{M^{+2}+M^{+}+M}\right)\times 100\%$ (→ Pr)

圖 13.4 ICP 中元素游離程度（以 T_{ion} = 7500°K ，$N_e = 1\times10^{15}\,cm^{-3}$ 計算），括弧中的數目表示 M^{2+} 形成的百分比[5]。

非金屬元素的偵測，一個理想的原子質譜儀離子源，對於週期表上的元素應該只產生一價的單原子離子，ICP 可算是這樣的離子源，但是對某些第二游離能較低（secondary ionization potential ＜ 15 eV）的元素，二價的離子也可能在 ICP 產生 (如圖 13.4 中的鋇、稀土元素)。同時，一些元素 (Ce、La、Th) 因爲有較強的金屬氧化鍵 (M-O)，因而在電漿中會形成不易分解之金屬氧化物離子而出現在質譜圖，可能會對微量元素分析造成干擾，但這類物質的強度通常可以藉由控制 ICP 的操作狀況而減低[9,10]。總之 ICP 是相當理想的離子源，它的能量足以游離大部分的元素，但這些能量又不足以產生二價離子而造成干擾。

因爲 ICP 是在大氣壓力下操作，而質譜儀則必須在低壓下進行操作，因此離子在作質量分析之前必須有效地被抽入一眞空系統，所以 ICP-MS 發展中的重要關鍵是在 ICP 和質譜儀之間設計一個適當的界面，現今所有 ICP-MS 都使用類似圖 13.5 的界面構造，伴隨著一束中性氣體的離子由取樣器 (第一個小孔)

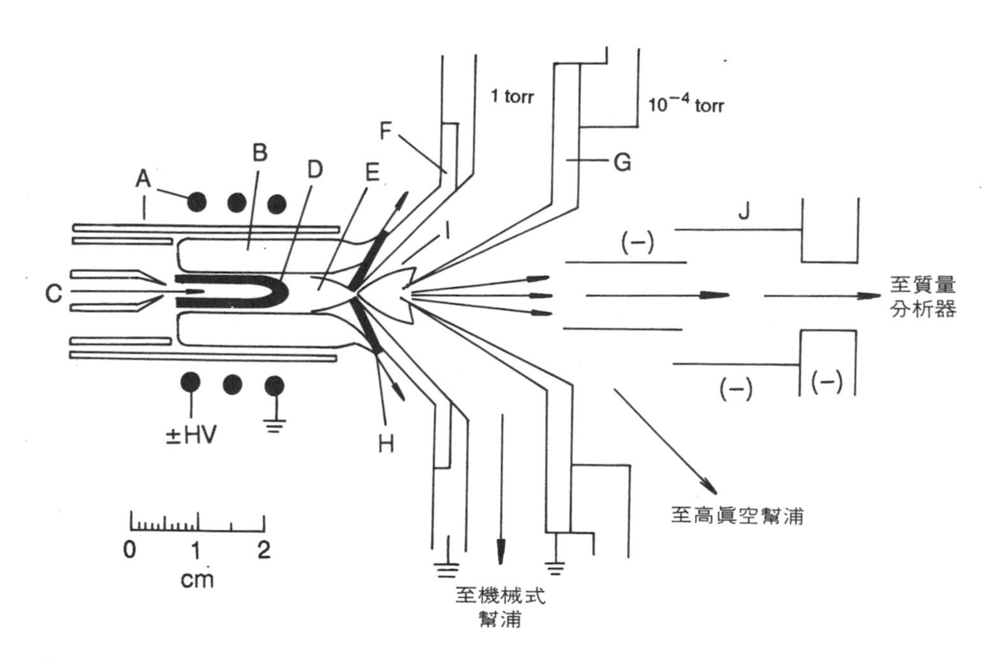

圖 13.5 ICP 及取樣界面(a)噴燈與 RF 感應線圈 (HV ＝ 高壓電) (b) ICP 感應區域(c)霧化樣品經由中心軸注入(d)起始激發區域(e)一般分析區域(f)取樣器(g)削減器(h) ICP 和 MS 的界限層(i)取樣器後氣體超音速噴出物(j)離子透鏡組合[5]。

被抽入眞空系統，而在第一眞空室裡形成超音速的噴出物 (supersonic jet)，這個超音速噴出物的中間部分再度因爲壓力差而通過削減器 (第二個孔洞)，通過削減器之後則有一系列的離子透鏡 (ion lenses) 用來收集、聚焦和傳送離子束進入質譜儀中作測定。由於來自 ICP 的散射光 (紫外光) 會增加背景的強度，所以在離子透鏡之組合前通常加上一個阻光柵，以防止輻射線到達偵測器 (圖 13.3)。

ICP 與 MS 之間的眞空系統一般採用三個不同的抽氣步驟使壓力依次遞減，第一階段的眞空是使用一機械幫浦 (mechanical pump) 抽氣使壓力降至 1 torr 左右，此時由於壓力差而造成超音速膨脹效應 (supersonic expansion)，樣品經由取樣器小孔被吸入眞空室內而形成一束非常準直 (collimate) 的離子束，離子束再進入第二階段的眞空室中，這個眞空室一般採用油擴散幫浦 (oil diffusion pump) 或分子渦輪幫浦 (turbo pump)，壓力大約可抽至 10^{-4} torr，在這樣的壓力下，粒子的平均自由徑已經夠長，離子可以有效地被離子透鏡收集、聚焦、傳送，最後進入一個壓力約 10^{-5} torr 或更低的眞空系統中而被質譜儀偵測器偵測到訊號。

雖然高解析度的雙聚焦質譜儀已經被使用在 ICP-MS 上[11]，但是到目前爲止，大部分的 ICP-MS 均使用四極式質量分析器 (quadrupole mass analyzer)，分析的元素質量可以大到 m/z (質荷比) 300，而得到單位質量解析度，四極式質量分析器的前後可各加入一 RF only rods 以增加離子束的傳送速率，在電腦的控制下質量分析器可相當迅速的連續掃描 (在 1 秒內可作 $m/z = 1$ 至 $m/z = 250$ 之多次掃描)，或是在選擇的 m/z 值上迅速地來回跳躍，因此幾乎可以在同一時間狀況下作多元素分析。這個優點是以分光儀作跳躍掃描 (slew scanning) 的傳統式 ICP-AES 組合無法獲得的；在實際分析應用上，通常只選特定的較小範圍之質荷比離子來作研究，很少從 1 掃描至 250 者，而省下的時間可用來反覆掃描特定之質荷比範圍多次，以得到更佳的訊噪比 (signal / noise ratio)，當 ICP-MS 和非連續樣品輸入裝置，如流動注入式分析法 (FIA)、液相層析法 (HPLC)、氣相層析法 (GC)、雷射削磨 (laser ablation)、電熱蒸發法 (ETV) 等樣品輸入技術連接時，因爲四極式質譜儀快速跳躍的能力，通常在作多元素分析時，也可以得到良好的時間相關訊號 (time dependent signal)，在此必須強調的是在任一時間只有某個 m/z 值的離子有穩定的軌道而通過質量分析器進入離子偵測器，因此 ICP-MS 實際上是一種連續式 (sequential) 多元素分析技術，經過選擇 m/z 值的離子離開質量分析器後被偏折入一電子倍增器作偵測。ICP-MS 通常使用 channeltron multiplier 而在計算脈動型式下操作，當然離子電流的測量也是有可能的。

ICP-MS 最常用於液態試樣的分析，樣品先經霧化器霧化成煙霧質 (aerosol) 後，被送進 ICP 進行原子化及離子化。較常用的霧化器為氣動式霧化器及超音波霧化器，氣動式霧化器又可分為同心式及交叉氣流式，此霧化器使用較為普遍，容易應用在自動分析上；而超音波霧化器因為有較高的霧化效率，並且具有去除溶劑裝置，因此至少可以提高靈敏度一階 (order)，但超音波霧化器的 memory effect 較大，更換樣品時，必須花較長的時間清洗試樣槽，而 As、Se、Ge、Hg 等元素可以氫化物 (hydride) 或蒸氣 Hg 的形態輸入 ICP 以增加元素的靈敏度。固態試樣可先溶解，再以前述液態樣品輸入方式送進 ICP，亦可不經溶解直接從固體轉換成蒸氣或微小液態顆粒，或者直接將粉狀固體送入 ICP 分析之。例如雷射削磨[12]、電熱蒸發法[13]、slurry nebulization[14] 都已經成功的和 ICP-MS 結合，可以直接分析固體樣品，而不需要樣品的溶解。近年來因為金屬物種分析 (metal speciation) 漸受重視，液相層析、氣相層析已可成功地和 ICP-MS 結合並應用於各種不同金屬的物種分析[15–17]，圖 13.6 顯示試樣注入 ICP 的各種可能方式。

三、ICP-MS 的分析特性

(一) 儀器操作變數對分析訊號的影響

ICP-MS 的分析訊號依其操作狀況而變[9,10]，而金屬氧化物離子 (MO^+)、二價離子 (M^{2+}) 等可能之干擾物質的離子強度，同樣也依儀器的操作狀況而變；一般而言，霧化氣體流速、電漿功率、輔助氣體流速和質譜儀的操作變數如離子透鏡的電壓組合等都對分析訊號有相當的影響，但其中以霧化氣體流速和電漿功率的影響最大。典型的離子訊號 (M^+) 和霧化氣體流速的關係顯示於圖 13.7。這樣的圖通常稱為變數行為圖 (parameter behavior plot)，同樣的也可以得到其他儀器操作變數的變數行為圖。由圖 13.7 的結果可發現，雖然這些元素涵蓋了相當大的原子量和游離能範圍，但是它們具有相當類似的感應行為，這對使用 ICP-MS 作例行性多元素分析有相當的重要性。由這些結果發現通常對大多數元

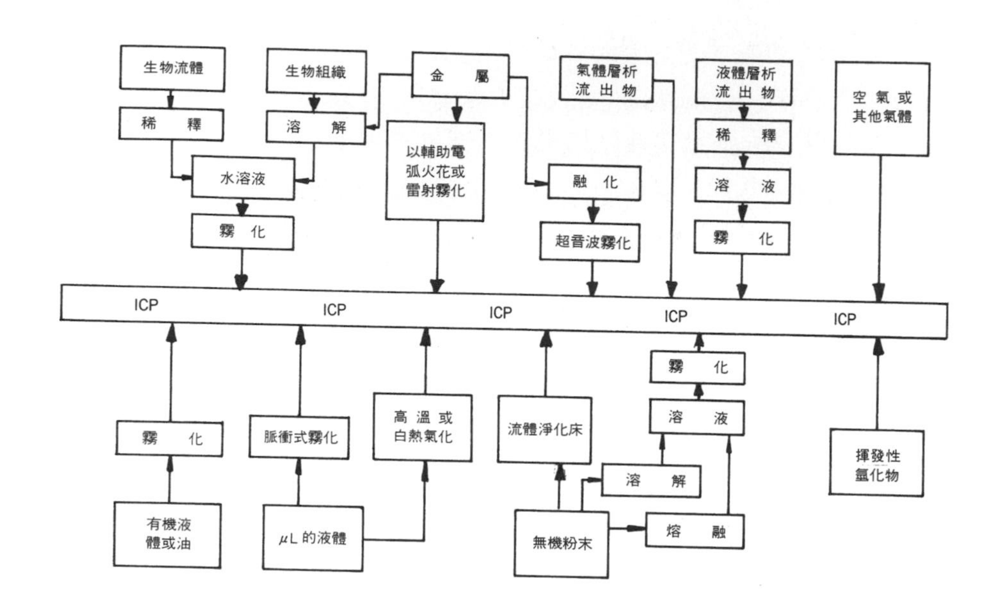

圖 13.6 試樣注入 ICP 中的各種方式(32)。

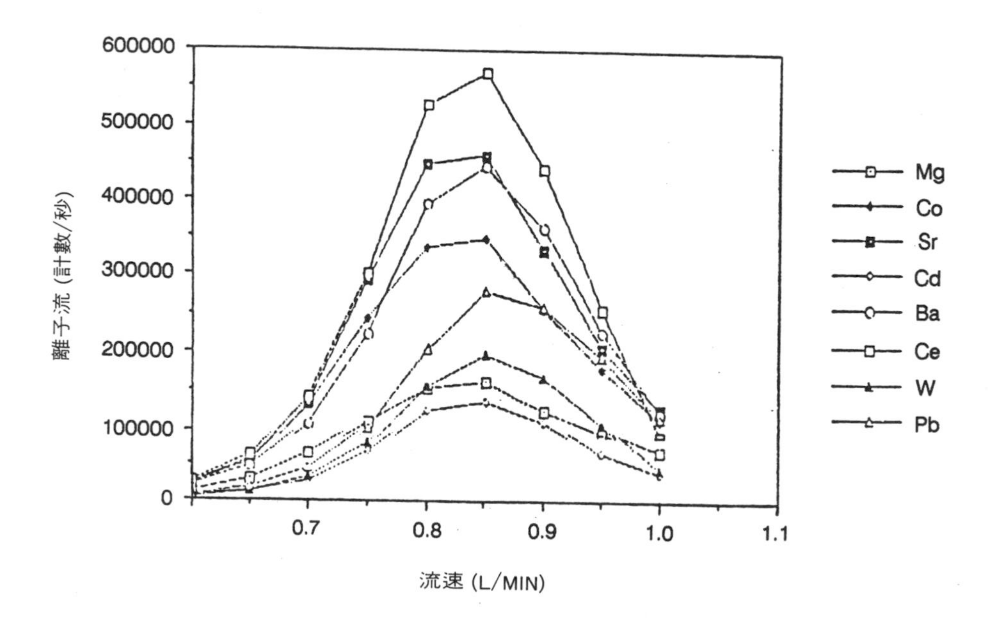

圖 13.7 一價離子強度和霧化氣體流速之關係，電漿功率爲 1.00 KW 。

素而言，可以使用一個折衷的操作狀況進行分析，但可接受的霧化氣體流速和電漿功率的範圍極小，所以儀器操作狀況的調整和控制就特別重要。

增加ICP-MS質譜複雜性的最大來源是兩價離子 (M^{2+})、氧化物離子 (MO^+) 和氫氧化物離子 (MOH^+)，其中以氧化物離子最可能造成光譜干擾。圖13.8顯示了霧化氣體流速及電漿功率對 MO^+/M^+、M^{2+}/M^+和 MOH^+/M^+比

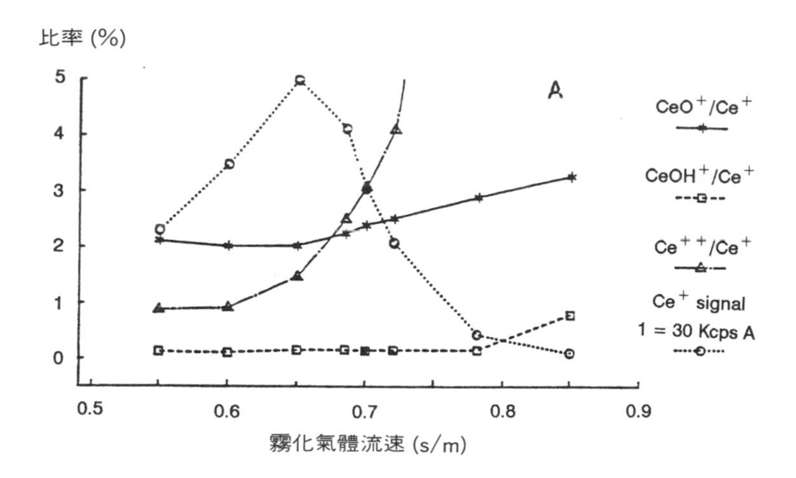

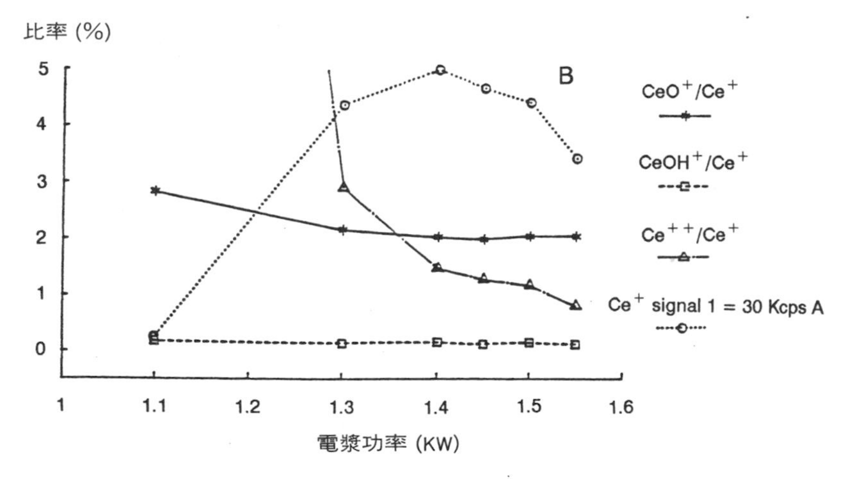

圖 13.8 (a) CeO^+/Ce^+，$CeOH^+/Ce^+$和 Ce^{2+}/Ce^+比率和霧化氣體流速之關係，電漿功率爲 1.40 KW。

(b) CeO^+/Ce^+，$CeOH^+/Ce^+$和 Ce^{2+}/Ce^+比率和電漿功率之關係，霧化氣體流速爲 0.650 L / min[9]。

率的影響。為了避免光譜重疊干擾問題，通常希望能找到一操作狀況，可以產生最大的 M^+ 訊號，但 MO^+、M^{2+} 的訊號降至最小，以減小背景和樣品質譜的複雜性而同時得到最好的儀器穩定性。因此在實驗時必須尋找一最佳的實驗狀況：

表13.2 三種方法 (ICP-MS、ICP-OES 及 AAS) 偵測極限值之比較[33]。

元　素	ICP-MS	ICP-AES*	F-AAS+
Li	0.1	2.8	3
B	0.4	4.8	1500
Mg	0.7	0.15	0.3
Al	0.2	22	30
Cr	0.3	6.1	4.5
Mn	0.1	1.3	4.5
Co	0.01	6	7.5
Zn	0.2	1.8	0.9
Ge	0.02	1.5	75
As	0.04	52	150
Se	0.8	45	150
Ag	0.03	7.0	3
Cd	0.06	2.5	1.5
In	0.07	63	45
Te	0.09	40	105
La	0.05	10	2400
Ce	0.05	48	—
W	0.05	30	750
Au	0.06	16	15
Hg	0.02	25	300
Pb	0.05	42	30
Th	0.02	64	—
U	0.03	255	10500

如負載氣體及支持氣體的流速，無線電頻率的能量大小及噴燈和取樣器的相對位置等。因為每一部儀器可能有不同的分析特性，因此再次強調在正式分析前儀器操作狀況的調整是非常重要的。

㈡ ICP-MS 的分析功能

ICP-MS 有三個相當重要的特性，第一，ICP-MS 所使用的質譜偵測法具有絕佳的靈敏度因而可得到相當低的偵測極限，在分析複雜的實際溶液樣品時，大多數的元素都可以得到 0.1 ng／mL 的偵測極限、某些元素，甚至可得到 0.01 ng／mL 的偵測極限。表 13.2 列出 ICP-MS，ICP-AES 及 AAS 三種分析方法所獲得的偵測極限值，對於較重的元素 ICP-MS 有較好的偵測極限值，表上可清楚看出 ICP-MS 對於稀土元素和第二、第三列過渡金屬元素有特別好的偵測極限。事實上 ICP-MS 足以和電熱式原子吸收光譜 (ETVΛAS) 競爭超微量分析的王座，但 ICP-MS 提供顯著的方便與迅速，而且可作多元素分析，這是傳統

表13.3　鈾 (U) 元素的同位素比測定[18]。

(a) U-500 238／235		(b) U-005 238／235	
編　號	同位素比	編　號	同位素比
1	0.997456	1	202.852
2	0.998700	2	204.894
3	1.00187	3	203.973
4	0.987602	4	202.906
5	1.00075	5	203.681
平均值 (average)	0.9973 ± 0.0057	平均值 (average)	203.68 ± 0.95
接受值 (accepted)	1.00030	接受值 (accepted)	204.28 ± 0.95
精密度 (RSD)	0.57%	精密度 (RSD)	0.47%
修正因子 (correction factor)	1.0030		

的 ETVAAS 所無法辦到的。第二， ICP-MS 另一個重要特性是可以迅速地直接由溶液樣品測定同位素比，此功能促進了穩定同位素追蹤研究和利用同位素稀釋法 (isotope dilution) 作元素分析的迅速發展 (見應用)。表 13.3 說明了 ICP-MS 應用在鈾元素同位素比測定的結果，由表 13.3 (a)上的結果發現實驗值和預期值有 1%～2%的差別，這可能來自離子抽取 (ion extraction) 過程和離子透鏡聚焦過程中造成的質量歧視效應 (mass discrimination effect)，但若系統很穩定，質量歧視的現象可由分析一同位素標準物而加以校正，如表 13.3 (b)所示，如此則可以作更準確的同位素比測定，一般而言，在 2～10 mL 的樣品中，若待測物的濃度大於 10 ppb ，則同位素比測量的精密度可達 0.1～1% 的誤差值。第

表13.4　氣體對 ICP-MS 可能引起的背景干擾[33]。

離子種類	質荷比值	與之重複者 (天然含量%)	
O_2^+	32	$^{32}S^+$	(95.0)
	34	$^{34}S^+$	(4.2)
	36	－	
N_2^+	28[c]	$^{28}Si^+$	(92.2)
Ar_2^+	80	$^{80}Se^+$	(49.8)
	76	$^{76}Se^+$	(9.0)
	78	$^{78}Se^+$	(23.5)
	72	$^{72}Ge^+$	(27.4)
	74	$^{74}Ge^+$	(36.7)
		$^{74}Se^+$	(0.9)
ArO^+	56	$^{56}Fe^+$	(91.7)
	52	$^{52}Cr^+$	(83.8)
	58	$^{58}Ni^+$	(67.8)
	54	$^{54}Cr^+$	(2.3)
		$^{54}Fe^+$	(5.8)
NO^+	30[c]	$^{30}Si^+$	(3.1)

[c]表示背景干擾亦可能來自 Si^+同位素

三，ICP 的背景質譜非常簡單，由分析物元素所得到的質譜圖也相當簡單 (主要是 M^+離子)，因此有利於一般樣品及複雜樣品的分析。但無論如何，背景質譜干擾還是無可避免，當沒有樣品輸入 ICP 時，偵測器上所顯示的訊號主要還是來自於電漿的負載氣體和支持氣流 (氬氣) 以及氣體中所含的不純物，如 N_2、CO_2和水蒸氣等，這些會造成干擾的物質依其訊號的大小列於表 13.4，像 Ar^+、ArH^+、O_2^+干擾了 K、Ca 和 S 的測定，而 ArO^+、Ar_2^+可能干擾 Fe 和 Se 的測量，但一般而言超過 m/z 82 的背景相當乾淨，而且較重元素大致上有相同的游離效率 (> 90%)，因此 ICP 特別有利於重元素的分析；雖然大多數的背景干擾其訊號強度相對於最強的 Ar^+ 訊號而言非常的小，但是在微量分析上如樣品濃度只爲 ppb 時，則即使是很小的背景干擾亦可能造成較大的誤差。圖 13.9 所顯示的是由分析溶解岩石樣品中的稀土元素所得到的質譜儀，藉這一簡單的質譜，可以同時作 15 個元素分析，雖然因爲稀土元素含有較多的同位素，質量重疊的干擾 (isobaric interference) 較爲嚴重 (例如 ^{142}Ce 和 ^{142}Nd)，但是每

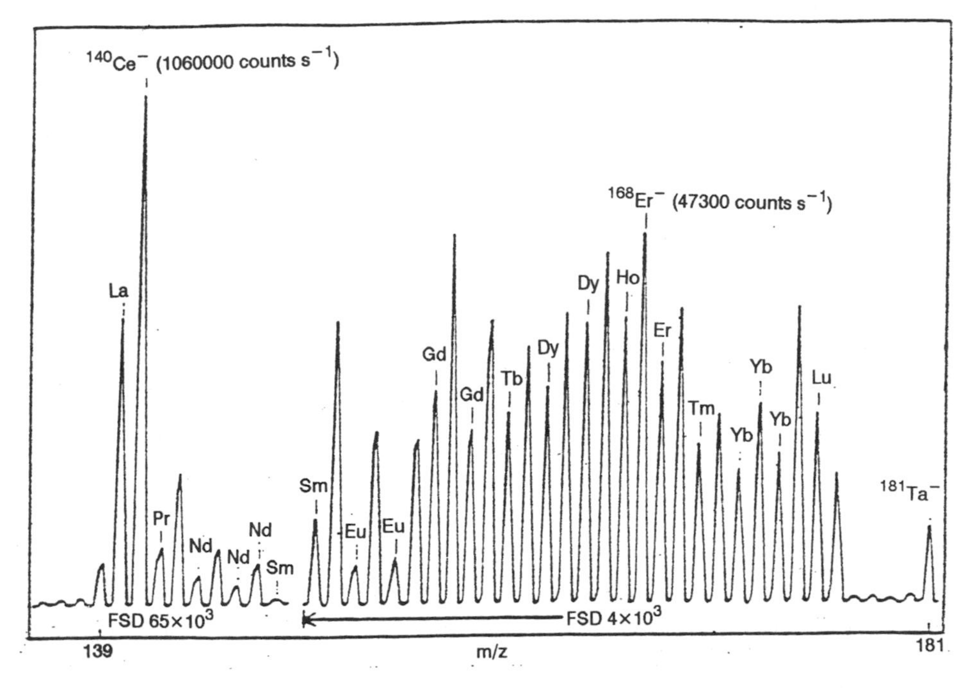

圖 13.9　黑花崗石標準參考物質 (SY-3) 溶解物中之稀土元素 ICP-MS 質譜圖[19]，在這樣品中 Lu (~80 ng / mL) 是含量最少的元素。

一個元素至少有一無質量重疊干擾的 m/z 值，而可以直接進行分析，而重元素因爲複雜的能階，它們所放射的原子光譜非常複雜，這樣的複雜性導致沒有一條光譜線特別強，而且光譜重疊干擾的機率也很大，所以此複雜光譜阻礙了 ICP-AES 在許多重元素測定上的應用。ICP -MS 利用一般元素只有少數幾個同位素 (相對上)，故干擾較少的性質，使元素的靈敏度提高很多，所以 ICP-MS 的偵測極限通常比 ICP-AES 低 1～3 階。此外，在元素分析的一些基本儀器中只有以質譜的方式 (例如 ICP-MS) 才能進行同位素分析 (見應用)，這點對某些分析工作是相當重要的。

除了上述三個獨特的優點外，ICP-MS 還具有一般 ICP 儀器所共有的優點：對多數元素而言，可由單一操作狀況得到最佳分析結果，有相當大的線性範圍 (4～5 階)、輕微的化學性干擾 (指元素間)、分析快速及不錯的精確度和穩定性等。

如果沒有干擾現象，ICP-MS 所提供的分析資料是微量分析和超微量分析最準確的技術之一。以下將要討論干擾的種類及其嚴重性，因爲這些干擾現象是 ICP-MS 在實際分析應用時成功與失敗的決定因素。

㈢ ICP-MS 的儀器限制

雖然 ICP-MS 具有相當好的分析功能，但使用者必須面對兩個很重要的問題：基質效應和光譜干擾。

光譜干擾 (或稱同質量干擾) 是因爲分析物的同位素和樣品中共存元素 (或多原子離子) 的某一同位素質量重疊所造成，前面提過，這類干擾發生的可能性比 ICP-AES 爲小，而且容易克服。當光譜重疊干擾發生時，使用者可選擇沒有干擾的同位素進行分析，雖然這樣的選擇可能因爲同位素分率的減少，而使靈敏度降低，但一般而言影響不大，或者可要求電腦校正質量重疊干擾，當然這個步驟會使分析時間增加許多。除元素間同位素同質量所造成的重疊干擾外，光譜干擾也可能因金屬氧化物或金屬氫氧化物離子及二價離子的重疊而造成；例如 Cd 大多數的同位素與 MoO^+ 和 $MoOH^+$ 重疊，此時要偵測 Cd 的訊號時必須選擇 $m/z = 106$ (因爲它不在干擾範圍內，所以它的出現可能證明 Cd 之存在)，而又如 $^{150}Nd^{2+}$ 和 $^{150}Sn^{2+}$ 可能干擾 $^{75}As^+$ 的測量，有一篇文章曾將這類的干擾加以列表整理[20]，除了前述的背景干擾外，當樣品處理需要使用無機酸時，光譜干擾也可能由這些酸所產生的分子離子造成，例如溶液中含有鹽酸 (HCl) 時將會

產生 $ArCl^+$，它干擾了 As 唯一同位素 ^{75}As 的測量，而 ClO^+ 則干擾 V 最大同位素 ^{51}V 的測定。表 13.5 列出一些可能的干擾，更詳細的資料可由參考資料 21 得到，除了去離子水所產生的背景峰外，硝酸 (HNO_3) 只增加了一些分子離子 (見表 13.5)，因此硝酸是樣品處理時最常使用的酸。這些在背景中出現的分子離子，其發生的原因可能是因爲在離子抽取 (extraction) 過程中的群集反應 (clustering reaction)，因此如果可以進一步的改善界面，避免群集反應的發生，應

表13.5　無機酸對 ICP-MS 可能形成的背景干擾[5]。

無機酸	離子種類	質荷比	與之重疊者	(天然含量%)
HNO_3	N^+	14	—	
	ArN^+	54	$^{54}Fe^+$	(5.8)
			$^{54}Cr^+$	(2.3)
HCl	Cl^+	35,37	—	
$HClO_4$				
	ClO^+	51	$^{51}V^+$	(99.7)
		53	$^{53}Cr^+$	(9.6)
	$ArCl^+$	75	$^{75}As^+$	(100)
		77	$^{77}Se^+$	(7.6)
	HCl^+	36,38	—	
H_2SO_4	S^+	32,33,34	—	
	SO^+	48	$^{48}Ti^+$	(74.0)
		49	$^{49}Ti^+$	(5.5)
		50	$^{50}Ti^+$	(5.2)
			$^{50}Cr^+$	(4.3)
			$^{50}V^+$	(0.3)
	SO_2^+	64	$^{64}Zn^+$	(48.9)
			$^{64}Ni^+$	(1.2)
		65	$^{65}Cu^+$	(30.9)
		66	$^{66}Zn^+$	(27.8)

可將背景離子質譜簡化。

除了質量重疊問題，分析物的靈敏度可能依樣品溶液中的總溶質濃度而變，這樣的現象通常稱爲基質效應 (matrix effect)。有許多文獻報導，當溶液所含的鹽總量超過 0.1% 時可能會使分析物的信號降低，任何物質當其濃度大到某一值時都可能造成基質效應，但是實驗發現當輕元素在較重的基質裡 (如：B 在 U 溶液中) 有較嚴重的基質干擾，而重元素在輕介質裡 (Pb 在 Na 溶液中) 則有較輕的基質干擾。

在分析高鹽度的樣品時，ICP-MS 可能必須遭遇另一個問題：因爲在離子抽取的過程中必須將冷卻的取樣器表面伸入電漿，因而加速了鹽類在取樣器表面凝結與沈積的現象，而取樣器會因此受阻塞，造成信號的漂移 (drift)，而高鹽度溶液造成信號漂移程度的大小，則依基質的種類和鹽的總量而定，因爲這兩個因素，通常在作 ICP-MS 分析時應儘可能要求鹽的總量不超過 0.1%，由於 ICP-MS 具有相當高的靈敏度，因此將分析樣品稀釋 (以減少鹽的總量%) 是可以接受的，除此之外，內標準法 (internal standard method)、標準添加法 (standard addition method) 和同位素稀釋法也都已經成功地應用在高鹽度樣品的分析，而不需要將樣品稀釋。當然只要分析者了解樣品種類和儀器狀況，高鹽度溶液還是有可能直接分析而不需要作樣品處理。

ICP-MS 在使用上雖然有如基質效應、光譜干擾、取樣孔堵塞以致信號減弱等限制，但仍難掩它的優點，因此 ICP-MS 的發展，必是指日可待的。

四、應用

㈠ 同位素測量

ICP-MS 最重要的功能之一是它可以直接由溶液測量微量元素的同位素比，這樣的功能至少有三種可能的應用，第一，ICP-MS 促進了營養學和生物醫學上的穩定同位素追蹤研究；第二，同位素比的訊息有助於地質學家判斷他的樣品來源及其地質歷史；第三，ICP-MS 可以應用同位素稀釋法作元素分析。

傳統上，熱游離式質譜儀 (TIMS) 是這類應用的唯一選擇，因爲它在作同位素比測定時，可以提供無可比擬的精密度 (0.01% RSD)，但以 ICP-MS 與 TIMS 相比，ICP-MS 有分析迅速和操作簡單的優點，因爲樣品是在溶液狀態及大氣壓力下處理，因此可以在一小時內分析 10 個或更多的樣品，適合於需要分析大量樣品的應用；此外，ICP-MS 可以在 ppb(ng / mL)的濃度範圍同時測定多種元素的同位素比，每次分析只需要 2～10 mL 的樣品，ICP-MS 同位素比的測定，雖然只有 0.1～1% RSD 的精密度，但如此的精密度對大多數的應用而言已經適用，同位素比測定的精密度最主要是受到電漿的閃動雜訊 (flicker noise) 和 counting statistics 的限制。

ICP-MS 的引進已經刺激了「穩定同位素追蹤法」來研究礦物質在人體內代謝情形，因爲這是第一種可以直接由溶液迅速而且可靠地測量同位素比的方法，初步的研究結果證明 ICP-MS 具有足夠的精密度和準確性來測量生物體樣品內感興趣元素的同位素比，已經被研究的元素包括在不同基質 (如排泄物、血液或乳液) 中的 Zn 、 Fe 、 Se 、 Cu 、 Li 、 B 等元素[22-25]。

至於 ICP-MS 在地質化學上的應用，最主要是在 Pb 和 B 同位素比的測量，其他如 Sr 、 Ru 、 Ba 、 Sm 和 Os 等元素之同位素比測定均有文獻報導[26,27,29]。

最後 ICP-MS 的另一優點是可以利用穩定同位素的同位素稀釋法來作定量分析，以增加分析結果的準確性，同位素稀釋法早已被公認是微量元素分析最精確的分析技術，這個方法的基本原理是在樣品中加入待測元素的某一濃縮同位素 (enriched isotope)，而原來元素的濃度則可以由所加濃縮同位素的量及同位素比的改變來獲得。分析物濃度可由下列計算式獲得

$$C_s = C_t \cdot \left(\frac{X_B^*}{X_B}\right) \cdot \left(\frac{M}{M^*}\right) \cdot \left(\frac{R_m - R_t}{R_s - R_m}\right)$$

C_s ：待測樣品的濃度

C_t ：加入同位素追蹤劑的濃度

X_B ：濃縮同位素的天然含量分率

X_B^*：濃縮同位素在濃縮同位素追蹤劑中的含量分率

M ：待測元素自然界的原子量

M^*：濃縮同位素追蹤劑元素的原子量

R_m ：樣品與追蹤劑之混合物中同位素 A 和 B 的含量比

R_t ：同位素追蹤劑中，同位素 A 和 B 的含量比

R_s ：樣品中同位素 A 和 B 的含量比

因為被分析元素的另一個同位素代表了這一元素理想的內標準 (internal standard)，因而可以減少基質效應和訊號漂動的干擾，同時在樣品處理中即使有任何分析物的損失，都不會改變同位素的比例，因此當樣品基質相當複雜時，也可以得到正確的分析結果。這個技術已被用來分析各種含有兩個以上同位素的元素，例如牛乳中 pb 的含量、海水中微量鎘 (Cd)、鉻 (Cr)、鋇 (Ba)、鉛 (Pb)

表13.6　都市微塵物質 (SRM 1648) 的定量分析結果[31] (單位 10^{-6} g / g)。

元　素	ICP-MS 定量分析	法　定　值
Ag	5	6
Al	2.91%	3.4%
As	120	115
Ba	830	740
Cd	100	75
Ce	50	55
Co	15	18
Cr	390	403
Cu	605	609
Fe	3.91%	3.91%
Pb	700	655
Mn	850	860
Sb	43	45
Se	31	27
Ti	0.39%	0.40%
V	120	140
U	5	6
Zn	0.50%	0.48%
Be	——	——
Mo	——	——

等(23,28−30)。

㈡ 元素分析

很自然的，ICP-MS 另一個重要的應用就是元素分析，因為 ICP-MS 同時結合了多元素分析和低偵測極限的優點，它可應用於所有 ICP-AES 和 ETV-AAS 可能的用途上，因此 ICP-MS 已經被廣泛地應用於各種樣品的微量元素分

表13.7　水中微量元素 (SRM 1643b) 的定量分析(31) (單位 ng / mL)。

元　素	ICP-MS 定量分析	法　定　值
Ag	10	9.8
Al	—	—
As	43	49
Ba	48	44
Cd	20	20
Ce	—	—
Co	19	26
Cr	15	19
Cu	20	22
Fe	—	—
Pb	24	24
Mn	28	28
Sb	—	—
Se	10	10
Ti	—	—
V	45	46
U	—	—
Zn	63	66
Be	18.3	19
Mo	83	85

析。ICP-MS 在定量分析上的準確性可以由兩種 NBS 標準參考物質的分析結果來說明 (表 13.6 、表 13.7)[31]，在這個分析中只簡單地使用酸相似標準溶液 (acid matched standard)，但所得到的分析結果和參考值有相當好的一致性。有關 ICP-MS 在元素分析應用上的詳細資料可參考 Analytical Chemistry 每兩年一期的 Fundamental Reviews Issue 中的 atomic mass spectrometry 部分，由已經發表的結果發現，ICP-MS 在元素分析上的應用至少可以歸納出下列幾個特性：(1)對大多數元素而言，在複雜的基質中，要得到 0.1 ng / mL 的偵測極限是有可能的。(2)如果將總溶解固體量保持於 0.1 ％或低於 0.1%，則在分析時不需要使用基質相似的標準溶液。(3)內標準的使用可以適當的彌補信號漂動及基質效應的干擾。(4)每一元素通常只需 1～10 sec 的分析時間。(5)在某些情況下，分子離子的干擾對樣品中少數元素的分析，可能會造成誤差。(6)一般而言，只要分析者瞭解可能存在的問題，就算是在極低的濃度下，也可以得到不錯的精密度和準確性。

因爲 ICP-MS 具有極強的分析功能，可以預見其將會在環境化學、半導體工業、臨床化學、藥物化學、海洋化學的研究與分析應用上有相當快速的成長，特別是當 ICP-MS 和其他非連續液體樣品輸入方式連接時，更可以擴展 ICP-MS 的分析能力[6]。

五、討論

總之，ICP-MS 是分析化學上發展相當迅速的一種技術，雖然它有一些潛在的困難，但是這個技術已成功地應用於各種不同樣品的元素和同位素分析應用上，如果可以進一步改善 ICP-MS 的穩定性及減輕干擾問題，則其功能必定可以進一步提昇。

參考文獻

1. M. Selby and G. M. Hieftje, “Inductively Coupled Plasma-mass Spectrometry: a status reports”, American Laboratory, August, pp.16-28 (1987).

2. R. S. Houk, V. A. Fassel, G. D. Flesch, H. J. Svec, A. L. Gray and C. E. Taylor, "Inductively coupled argon plasma as an ion source for mass spectrometric determination of trace elements", Anal. Chem., Vol. 52, pp.2283-2289 (1980).
3. V. A. Fassel, "Quantitative elemental analysis by plasma emission spectroscopy", Science, Vol.202, pp.183 (1978).
4. A. R. Date ed., Applications of Inductively Coupled Plasma Mass Spectrometry, Blackie Sons Ltd., London (1988).
5. R. S. Houk, "Mass spectrometry of inductively coupled plasma", Anal. Chem.,Vol.58, pp.97A-105A (1986).
6. D. Beauchemin, "Inductively coupled plasma mass spectrometry in hyphenation; a multielemental analysis technique with almost unlimited potential", Trends in Anal. Chem., Vol.10, pp.71 (1991).
7. J. W. Olesik, "Elemental analysis using ICP-OES and ICP-MS", Anal. Chem.,Vol.63, pp.12A-24A (1991).
8. G. M. Hieftje, G. H. Vickers, "Developments in plasma source / mass spectrometry", Anal. Chim. Acta, Vol.216, pp.1-24 (1989).
9. G. Zhu, R. F. Browner, "Investigation of experimental parameters with a quadrupole ICP / MS, Appl. Spectrosc., Vol.41, pp.349-359 (1987).
10. G. Horlick, S.H. Tan, M.A. Vaughan, C.A. Rose, "The effect of plasma operating parameters on analyte signals in inductively coupled plasma-mass spectrometry", Spectrochim. Acta, Part B, Vol.40B, pp. 1555-1572 (1985).
11. C.K. Kim, R. Seki, S. Morita, S. Yanasaki, A. Tsumura Y. Takaku, Y. Igarashi, M. Yamamoto, "Application of a high resolution inductively coupled plasma mass spectrometer to the measurement of long-lived radionuclides, J. Anal. At. Spectrom, Vol.4, pp.205-209 (1991).
12. Eric Denoyer, K.J. Fredeen, J.W. Hager, "Laser solid sampling for inductively coupled plasma mass spectrometry", Anal. Chem., Vol.63, pp.445A-457A (1991).

13. D.C. Gregoire, "Sample introduction techniques for the determination of osmium isotope ratios by inductively coupled plasma mass spectrometry", Anal. Chem., Vol.62, pp.141 (1990).
14. T. Mochizuki, A. Sakashita, H. Iwata, Y. Ishibashi, N. Gunji, "Application of Slurry nebulization to the elemental analysis of some biological samples by inductively coupled plasma mass spectrometry", Fresenius J. Anal. Chem.,Vol.339, pp.889-894 (1991).
15. D. Beauchemin, K.W.M. Siu, J.W. McLaren, S.S. Berman, "Determination of arsenic species by high-performance liquid chromatography-inductively coupled plasma mass spectrometry", J. Anal. atomic spectrom., Vol.4, pp.285-289 (1989).
16. D. S. Bushee, "Speciation of mercury using liquid chromatography with detection by inductively coupled plasma mass spectrometry", Analyst, Vol.113, pp.1167-1170 (1988).
17. H. M. Crews, J. R. Dean, L. Ebdon, R. C. Massey, "Application of high-performance liquid chromatography-inductively coupled plasma mass spectrometry to the investigation of cadmium speciation in pig kidney following cooking and in vitro gastro-intestinal digestion", Analyst, Vol.114, pp.895(1989).
18. D. J. Douglas, " Some current perspectives on ICP-MS", Can, J. Spectrosc.,Vol.34, pp.37 (1989).
19. A. R. Date, D. J. Hutchison, "The determination of rare earth elements in geological samples by ICP-MS", J. Anal. Atomic Spectrom., Vol.2, pp.269 (1987).
20. M. A. Vaughan, G. Horlick, "Oxide, hydroxide, and doubly charged analyte species in inductively coupled plasma / mass spectrometry", Appl. Spectrosc.,Vol.40, pp.434 (1986).
21. S. H. Tan, G. Horlick, "Background spectral features in inductively coupled plasma / mass spectrometry", Appl. Spectrosc., Vol.40, pp.445 (1986).

22. B. T. G. Ting, M. Janghorbani, "Inductively coupled plasma mass spectrometry applied to isotopic analysis of iron in human fecal matter", Anal. Chem.,Vol.58, pp.1334-1340 (1986).
23. J. D. Dean, R. Massey, L. Ebdon, "Selection of mode for the measurement of lead isotope ratios by inductively coupled plasma-mass spectrometry and its applications to milk powder analysis", J. Anal. Atomic Spectrom., Vol.2, pp.369-374 (1987).
24. R. E. Serfass, J. J. Thompson, R. S. Houk, "Isotope ratio determinations by inductively coupled plasma-mass spectrometry for zinc bioavailability studies", Anal. Chim. Acta, Vol.188, pp.73-84 (1986).
25. F. G. Smith, D. R. Wiederin, R. S. Houk, C. B. Egan, R. E. Serfass, "Measurement of boron concentration and isotope ratios in biological samples by inductively coupled plasma mass spectrometry with direct injection nebulization", Anal. Chim. Acta, Vol.248, pp.229-234 (1991).
26. G. P. Russ III, J. M. Bazen, A. R. Date, "Osmium isotopic ratio measurements by inductively coupled plasma mass spectrometry", Anal. Chem., Vol.59, pp.984-989 (1987).
27. G. P. Russ III, J. M. Bazen, "Isotopic ratio measurements with an inductively coupled plasma source mass spectrometer", Spectrochim. Acta, Part B, Vol.42B, pp.49-62 (1987).
28. D. Beauchemin, J. W. McLaren, A. P. MyKytiuk, S. S. Berman, "Determination of trace metals in a river water reference material by inductively coupled plasma mass spectrometry", Anal. Chem., Vol.59, pp.778 (1987).
29. G. P. Klinkhammer, L. H. Chan, "Determination of barium in marine waters by isotope dilution inductively coupled plasma mass spectrometry", Analytica Chim. Acta, Vol.232, pp.323-329 (1990).
30. G. P. Klinkhammer, L. H. Chan, "Determination of barium in marine waters by isotope dilution inductively coupled plasma mass spectrometry", Anal. Chim. Acta, Vol.232, pp.323-329 (1990).

31. A. Lasztity, M. Viczian, X. Wang, R. M. Barnes, "Sample analysis by on-line isotope dilution inductively coupled plasma mass spectrometry", J. Anal. Atomic Spectiom., Vol.4, pp.761-766 (1989).
32. Technical Information PQ701, VG Isotopes Ltd., 1987.
33. 張祖琰，精妙的元素分析法 —— 感應耦合電漿－原子發射光譜分析法 (ICP-AES)，工業技術， 131:25-38, (1985).
34. 張儀盛、唐宏怡，感應偶合電漿質譜儀，科儀新知， 10(3)： 81-90, (1988).

第十四章

質譜儀之維護與保養

劉邦基

一、前　言

質譜是化合物鑑定與結構分析的有力且重要工具。近年來，國內質譜的應用有著蓬勃的發展，從簡易的四極質譜儀 (quadrupole mass spectrometer)，雙聚焦高解析質譜儀 (double focusing mass spectrometer)，進而串聯式質譜儀 (tandem mass spectrometer) 等各式各樣質譜儀陸續引進與購置。基本上一部典型的高解析度質譜儀是複雜精密電子與機械裝置，在價位與維持上均所費不貲。因此嚴格遵守正常操作程序及嚴謹從事保養維修是確保測定精確性、減少故障率、延長使用年限不可或缺的工作。

圖 14.1 是質譜儀的主要組件示意圖，精密的真空系統是質譜儀的特色。因爲儀器構造精密，操作繁雜，一般皆由專人負責操作維護。本文是筆者在工作崗位上之實務經驗與心得所得的一些關於質譜儀操作技術人員對儀器的保養維護事宜，主要著重在游離區與真空系統部分，至於電子線路等硬體部分則宜請電子專業人員爲妥。本文重點爲經驗談，學理依據則請參考文後所附參考文獻，俾能對感興趣的讀者有所幫助，並請專家與先進不吝賜予指導。

二、儀器室一般要求

儀器室的空間依儀器型式有所不同，最起碼的要求，與一般精密電子儀器相同，儀器室溫度最好維持在 20～25°C，溫差不得大於± 1°C/小時，濕度宜低於 60%，需穩定的電源供應系統，避免與其它大電力設備共用，並安裝地線以確保用電安全。儀器室的潔淨非常重要，禁止抽煙，絕對避免殘留任何刺激性、腐蝕性氣體。

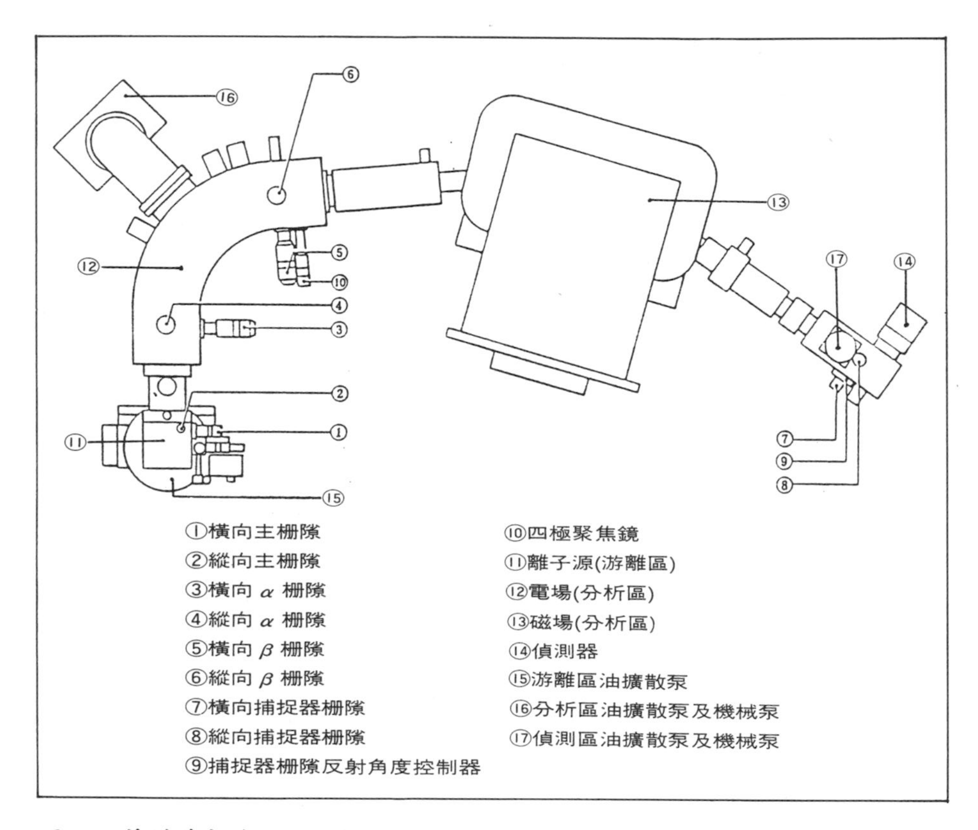

圖14.1 質譜儀本體組件示意圖。

三、導入系統 (Inlet System)

大部分樣品爲直接導入，由直接送樣器 (direct probe) 送至游離室。游離室在樣品進入之前需抽至足夠的眞空度 (約 5×10^{-4} torr)，才能開啓游離室之閥門 (valve)，再將送樣器推入。這部分保養著重於導入組件與裝置之潔淨及適度之潤滑。

導入系統均採用橡皮環 (o-ring) 爲止漏材料，以保持送樣器滑桿以及送樣器與游離室接口的密合。因爲橡皮環經常長時間處在高眞空下，潤滑劑易在游離室內自然擴散消失而導致皮環因乾澀而磨損，造成漏氣。所以，平時除了注意送樣器清潔與滑桿之順暢外，更不可忽略橡皮環的潤滑。另外，巨大的溫度變異亦會造成橡皮環的傷害。當游離室加熱逾 250°C時，送樣器前端也同處此高溫，因此，完成測定時勿立刻抽出送樣器，宜在游離室溫度下降後再做此一動作，否則，橡皮環易變形或龜裂而影響氣密性。

質譜測定後常有因微量樣品沾附在送樣器前端的置待測物處，造成隨後測定之干擾甚或導致圖譜結果誤判的遺憾，解決或避免之道在於遇到有殘留顧慮試樣時　(例如具高氣化溫度者)，宜於測定後將空的送樣器送入游離室再熱至 350°C (或更高) 數分鐘以驅趕之，亦可以適用溶劑清洗相關組件。

四、游離區 (Ion Source)

這部分最重要組件爲游離源裝置 (圖 14.2)，故障的可能成因主要有三：

⑴ 質譜測定之樣品，經加熱氣化或撞擊游離後，所產生的裂解物或殘留物部份會存在於游離源處，長時間堆積至一限度後會干擾離子束進行方向，進而造成加速電壓驟降失去離子訊號。

⑵ 游離源之燈絲 (filament) 一般以鎢絲 (tungsten) 或錸絲 (rhenium) 爲材質，點焊在燈絲架 (holder) 上，由於通電流產生高溫會有金屬老化現象，正常使用 100 小時後，在電子顯微鏡下可清楚的觀察到表面裂痕，使用約 300 小時後即可能斷裂而必須更換。

⑶ 當眞空度不佳或樣品過量時，於氣 (離) 化時會導致眞空迅速惡化，易造成游離源之燈絲燒斷及加速電壓因過壓而放電，輕則啓動保護系統停機，重則當機待修。

故障預防與排除之對策：

⑴ EI 、 CI 質譜測定時，先把游離源之游離室加熱器 (ionizing chamber heater) 預熱至約 200°C，可減少試樣氣化後沾附殘留在游離區的程度，若因使用相當時間而造成的污染無法以加熱方式排除時，只好藉由直接清潔游離源的方式。將細部分解後各零件以溶劑、研磨劑、細砂紙、噴砂法、拋光法等方式除去污染物，然後浸泡在溶劑中以超音波洗淨器充分清洗沾附之油污。最後再烘乾，重新組合。

⑵ 燈絲燒損後，髒污的燈絲座可用噴砂法、拋光法或細砂紙磨去污染物，若絕緣體已因污染而絕緣不良時，亦可視其材質清洗之。玻璃製品可用 30% 氫氟酸， 10% 硝酸水溶液擦拭後，以清水洗淨再烘乾。陶瓷製品可選擇氧化法，

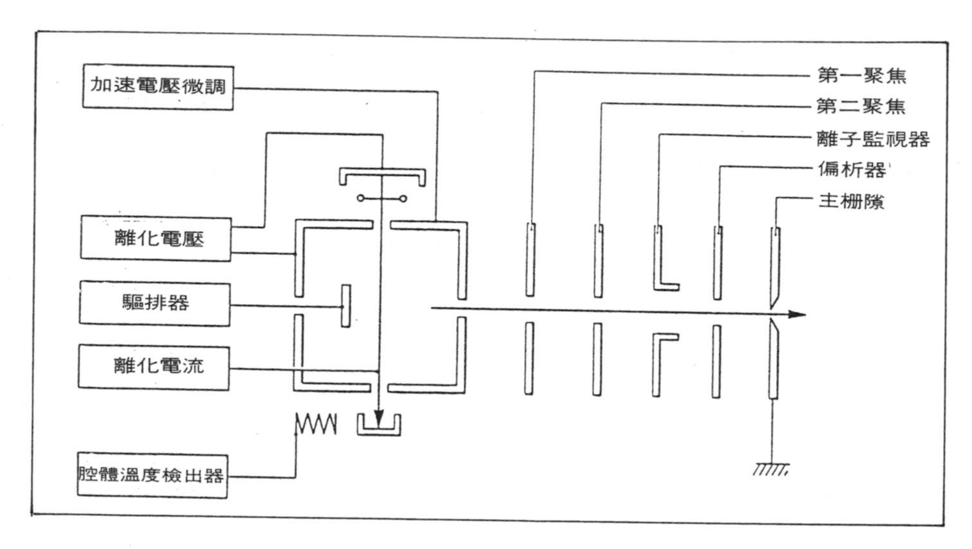

圖14.2(a)電子游離法/快速原子撞擊游離法綜合離子源示意圖。

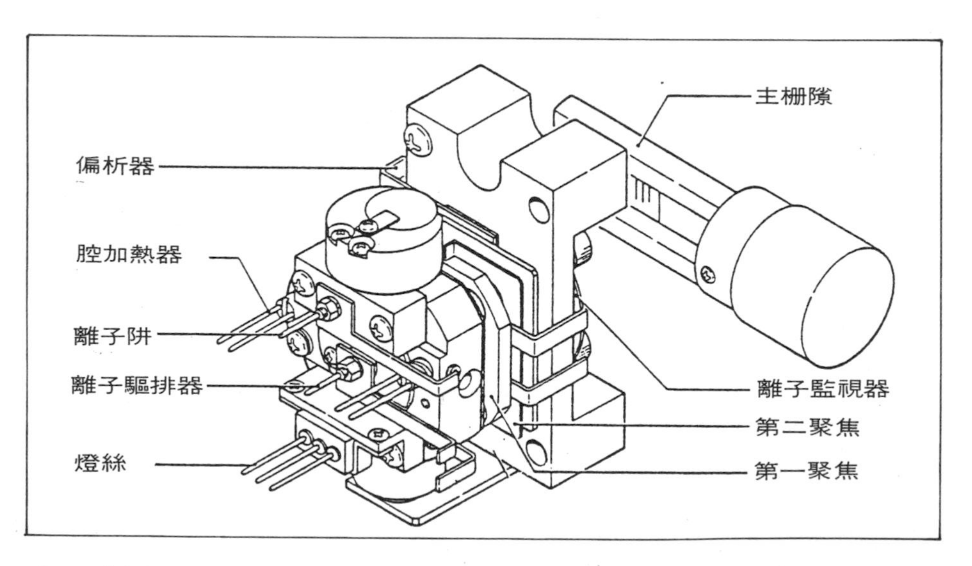

圖14.2(b)電子游離法/快速原子撞擊游離法綜合離子源實體示意圖。

如用本生燈火燄高溫氧化之。燈絲座清潔完成後，在定位用點焊機重新更換燈絲。

五、質荷比分析區 (Analyzer)

一般儀器之保護裝置完善，除非非常事故，如油氣倒灌，通常質荷比分析區不易遭到污染。非專業技術人員，應儘量避免拆解這部份，以免離子束無法精確投射至偵測區，而影響偵測之準確性等。但是使用頻率高時，每 2 至 3 年仍需由專業技術人員清理及調整內部各組件，以達到最佳的測定結果。

六、偵測區 (Detecter)

質譜測定次數頻繁、樣品用量過多及眞空度不良等因素均易使偵測器的壽命減短，爲使偵測器的靈敏度保持在最佳狀態，除了平時需避免上述因素外，每 2 至 3 年需檢查調整或更換尤佳。

七、眞空系統 (Vacuum System)

優異的眞空系統是質譜儀的靈魂，合乎要求的眞空度才能獲得精確的質譜。一般質譜儀的眞空系統由機械幫浦 (mechanical pump) 與油擴散幫浦 (oil-diffusion pump) 或渦輪幫浦 (turbo pump) 組成。眞空系統的檢修是屬於專業性的工作，宜由有關技術人員負責，質譜儀操作員則著重在保養部份。

關於機械幫浦，須注重運轉品質維護，首先在進行質譜測定時需避免試樣過多或過量溶劑，以減少幫浦油的劣化變質。再則，定期檢查油質、勤於更換實爲保護機械幫浦的不二法門。油擴散幫浦基本原理是擴散幫浦油加熱汽化，油氣分子經冷卻吸附氣體分子排出以達到高眞空 (1×10^{-7} torr) 的效果， silicone 系列的擴散幫浦油，若冷卻不完全時，其蒸氣易產生 m/z 100 以上的 silicone 油氣成份的干擾，而且不易清除，較不適於質譜儀游離區之擴散幫浦使用。因此建議採用 polyphenyl ether vacuum pump fluid 之擴散幫浦油，其成分若被熱分解後形成 m/z 100 以下 CH_2形態的裂片，干擾較少，而且可用加熱法予以驅除。

擴散幫浦油處在高溫的狀態，易與樣品或未抽乾淨的空氣接觸而被氧化或變質，導致功能降低。所以除了注意試樣用量外，在導入游離室前之預備排氣務必確實，儘可能將空氣抽離。若儀器正常運轉每 1 ～ 2 年需更換擴散幫浦油。換油時須同時清除槽內與冷卻器上沾附之油垢並作適當的清潔工作。

質譜儀本身是極靈敏的成分偵測儀器，當圖譜中發現質量數 28 與 32 （氮與氧）的相對強度比為 4 ： 1 時，極可能有空氣滲入。簡易有效的測漏可用氦氣測漏儀，將氦氣以細噴嘴在可能漏氣的相關零組件處導入，由上往下檢測，若在 m/z 值 4 (氦分子量) 出現信號即可確定漏氣部位。這個方法亦能應用在檢驗有關零組件維修後的密閉性。

八、其它

隨著電子科技的突飛猛進，電腦與週邊設備已成為質譜儀不可或缺的配備。這部份的保養維護亦不可忽視，就如同一般電腦的保養一樣，除了維持其內部的乾淨，並應注意散熱與定期清除濾塵器與電路板上灰塵等，以免短路而損及電腦。顯示器的銀幕因有強的靜電，建議加裝隔離網及接地線，以避免輻射和靜電的傷害，銀幕鏡面因靜電易沾灰塵，可用紗布沾稀酒精或清水加以清除。

參考文獻

1. 蘇青森　眞空技術　台北東華書局　(1978).
2. G. M. Message, Practical Aspects of Gas Chromatography / Mass Spectrometry, New York : Wiley (1984).
3. "The Mass Spec Handbook of Service", volume 1, ed. by John J. Manura, Scientific Instrument Services, Inc ： New Jersey (1983).
4. Jeol Ltd. MS section, Training Center Textbook for Mass Spectrometry.

索　引

I. 英文名詞索引

A

accelerating-voltage scan 加速電壓掃描 91, 122, 124, 129

accurate mass 正確質量 52-53

acetylation 乙醯化反應 247

active 主動 100

adduct ion 加成離子 24, 27, 32, 108-109, 145

adducts 加成體 22

adsorption 附著現象 247

alkylation 烷化反應 247

alkylphosphonate 烷基磷酸鹽 110

amphetamine 安非他命 201, 203, 210

amplitude 波幅；振幅 69-70, 74, 97, 101-102

anabolic steroids 同化類固醇 201-203, 207, 216, 218

angle-resolved mass spectrometry 角分辨質譜 95

anion radical 負離子游離基 28

atom gun 原子槍 39-40

Atomspheric Pressure chemical Ionization, API 大氣壓化學離子化 99

axial component 軸向成份 102

B

β-blocker 腎上腺素 β 型接受器阻斷劑 201, 203, 214

billiard ball 撞球 95, 203

Brønsted acid 布忍司特酸 26-27

Brønsted base 布忍司特鹼 26

buffer gas 緩衝氣體 28, 30-31, 69, 104-105

buffering gas 緩衝氣體 28, 30-31, 69, 104-105

C

capacitance 電容 97

center of mass energy 質量中心能量 106-107

chain reaction 鏈鎖反應 26

charge exchange 電荷交換 23, 31, 39, 95

charge exchange reaction 電荷交換反應 23, 31, 95

charge inversion reaction 電荷反向反應 95, 100

charge stripping reaction 電荷剝奪反應 95,100

chemical association 化學結合 110

chemical background 化學干擾背景 43

chemical ionization ion source 化學離子化離子源 148, 175
Chemical Ionization Mass Spectrometry, CIMS 化學游離質譜法 21-22, 24-25, 27-28, 31-34, 259, 284
chlorobenzene 氯苯 107, 110, 157
cluster ion 叢式離子 22, 24, 27
clustering association 叢式結合反應 23-24, 28
collision cell 碰撞室 15, 89, 95, 98-99,135
collision chamber 碰撞室 15, 89, 95, 98-99, 135
collision gas 碰撞氣體 89, 91, 93-95, 99, 106-108, 110
Collision-Activated Dissociation, CAD 碰撞活化解離 91-94, 98-100
Collision-Induced Dissociation, CID 碰撞誘導解離 89, 92, 95, 98, 104-110, 121-122, 135-136, 232
corticosteroids 腎上腺皮質類固醇 214-215
cross section 截面 107
cyclic ring 環系 245-246
cyclopentadiene 環戊間二烯 108-109

D

damp 阻撓 104
daughter ion 子離子 15, 21, 60, 68, 70, 89, 92-94, 99, 106-108, 110, 117, 120-129, 133-135, 145, 232-234, 237-238
daughter ion scan 子離子掃描 15, 89, 92, 106, 124, 128-129
DC voltage 直流電壓 95-96, 100, 150
derivative 衍生物 34, 49, 51, 153, 155, 185, 188, 190, 196, 212, 214, 216, 223, 228, 245-247, 249, 250, 252-253, 255-258, 261-262
derivatization 衍生 43, 185-188, 191, 196, 212, 216
derivatized 衍生化 43, 49
detection limit 偵測極限 107-108, 110, 143, 173, 283, 287, 292-295, 300, 302, 329, 343-344, 355, 358, 363-364
diisopropyl methyl phosphonate 雙異丙基甲基磷酸鹽 110
dissociation chemistry 解離化學 110
diuretics 利尿劑 201, 203-204, 214-215
dope 禁藥 107, 201-202, 218-219
doping control center 禁藥檢測中心 201-202, 219
double cleavage-recombination process 雙斷裂—重組合過程 254
drift space 漂移空間 91
dynamic range 測試範圍 110, 294

E

efficiency 效率 98-100, 105, 107, 109-110, 134, 136, 230, 283, 290, 293, 308, 322, 343, 351, 357
electron impact ion source 電子撞擊式離子源 148, 160
Electron Impact Mass Spectrometry, EIMS 電子撞擊法質譜術 3, 21-22, 31, 261

electronic excitation 電子激發 95, 136
Electronic Impact, EI 電子撞擊 3, 15, 21-22, 30-32, 39, 67-68, 77, 104, 106, 110, 119, 148, 158, 160, 166, 171-172, 175, 177, 186, 189, 230-231, 238, 261, 373
electrospray 電灑法 3, 45, 68, 77, 118, 136
elemental composition 元素組成 13, 39, 52, 290, 303,
end cap 端蓋 100-105
epoxide 環氧基 246, 258
exethermicity of proton transfer 質子轉移熱 23
extractables 萃取類 152

F

Fast Atom Bombardment, FAB 快速原子撞擊法 3, 39-53, 68, 77, 118, 134, 228, 230, 264
fast ion bombardment 快速離子撞擊 40
fatty acid 脂肪酸 194, 196, 224-225, 228, 232, 245-264
femtogram 一千兆分之一克 99
ferrite ceramic 紅鋁鐵質陶瓷 99
field desorption 電場解吸 39
field-free 無場力 98
flight time 飛行時間 79, 90-91, 298
Fourier transform mass spectrometer 傅立葉轉換質譜儀 121
fragment ion 斷裂離子 43-44, 46-49, 51, 53, 91, 93, 105, 108
fragmentation pattern 斷裂形式 46, 245, 249, 253, 261
fragments 斷裂碎片 246, 257-258, 261
full daughter spectrum 全子離子質譜 110

G

Gas Chromatography, GC 氣相層析法 3, 91, 185, 188, 196-197, 250, 350
Gas Chromatography-Mass Spectrometry, GC-MS 氣相層析質譜法 77, 143-144, 165-166, 174, 185, 194, 196, 224, 228, 230, 232, 237-238, 245-247, 250, 257, 259, 261-262
granddaughter ion 孫代離子 106, 110

H

hexachlorobenzene, HCB 六氯苯 107
high resolution 高解析度 52, 59, 67, 74, 76, 78, 80, 117, 134, 145, 151, 160, 189, 308, 350, 371
hybrid mass spectrometer 混成式質譜儀 95
hydride abstraction 氫陰離子抽取反應 23
hydroxyimido group 羥亞胺基 246
hyperboloid 擬雙曲線型 100

I

inborn errors of metabolism 先天代謝異常 185, 196-197
inductance 電感 97
Inductively Coupled Plasma Mass Spectrometry, ICP-MS 感應偶合電漿質譜分析法 343-364

internal energy 內能 23, 107, 129, 133, 135-136
International Olympic Committee 國際奧林匹克委員會 201-202
intractables 非萃取類 152-153, 155
ion activation 離子活化 94
Ion Cyclotron Resonance mass spectrometer, ICR 離子迴旋共振質譜儀 59-61, 63-70, 72, 74-77, 79-80
ion source 離子源 14, 22, 24, 26, 29, 39-41, 59-60, 67-69, 77-79, 89, 95, 97, 100, 102, 145, 147-149, 158, 160, 171, 188, 193, 230-232, 236-237, 284, 289, 292, 297-298, 343, 349
Ion Trap Detector, ITD 離子阱偵測器 104-105
ion trap mass spectrometer 離子阱質譜儀 89, 95, 100, 104-110
isobaric ion 同質異構物離子 100
isobutane 異丁烷 109, 189, 236
isolation/dissociation 孤離/解離 105
isotope ratio determination 同位素比測定 356, 360-361
isotopic pattern 同位素圖樣 45

J

jet 噴射 99, 145, 188, 230, 347

L

LC-MS 液相層析質譜儀 3, 77, 224, 228, 230-232, 234, 238
leaky dielectric 滲透介電質 99
lens 聚焦墊片 99
linked scan 聯結掃描 15, 117, 122, 125-126, 129, 133-134
liquid secondary ion mass spectrometry 液體二級離子質譜 40

M

magnetic sector instrument 磁扇形質譜儀 52, 129, 134
mass analyzer 質量分析器 98, 145, 150-151, 186, 293, 297, 350-351
mass overlap interferences 光譜干擾 343-344, 353, 358, 360
mass scan range 質量掃描範圍 45
mass-analyzed ion microscopy 質分離子顯微術 277-279, 282, 289-310, 320, 324, 327, 329-330
matrix effect 基質效應 283, 308-310, 358, 360, 362, 364
McLafferty rearrangement McLafferty 重組 13, 250, 258
mean free path 平均自由途徑 22, 350
metastable ion 間穩離子 14, 70, 91-92, 118, 120-125
methyl ester 甲基酯 155, 246-247, 250-252, 259, 262
methylmalonic acid 甲基丙二酸 194, 196
methylmalonic aciduria 甲基丙二酸尿症 185, 189, 194
millisecond 微秒 70, 97
moderating gas 緩衝氣體 28, 30-31, 69, 104-105

molecule/ion reaction 分子與離子反應 98, 194
monoisotopic molecular weight 單一同位素分子量 45
multielemental analysis technique 多元素分析技術 343, 350-351, 355, 363

N

n-butyl benzene 丁基苯 109
nareotic analgesics 麻醉性止痛劑 201-203, 212
negative ion chemical ionization 負離子化學離子化 149-150, 171, 237
Negative Ion Chemical Ionization Mass Spectrometry, NICIMS 負離子化學游離法質譜術 28-29
neutral loss scan 中性丟失掃描 89, 93-94, 106, 111, 117, 127, 129
nitrobenzene 硝基苯 109

O

organic acids 有機酸 153, 155, 185, 187-190, 196, 246,
organic acidurias 有機酸尿症 185, 187, 189
osmium tetraoxide 四氧化鋨 257, 304
oxidative degradation 氧化降解 257-258
ozonolysis 臭氧分解法 259

P

parent ion 母離子 15, 60, 68-70, 89, 92-94, 99, 105-107, 110-111, 117, 120-129, 133-136, 145, 252
parent ion scan 母離子掃描 15, 89, 93, 124, 128-129
partition 分佈現象 247
passive 被動 100
1-penten-3-nye 1-戊烯-3-炔基 108-109
perfluorotributylamine 全氟三丁胺 109
photodissociation 光活化解離 98, 104, 121
picogram 一兆分之一克 44, 99
polyatomic ion 多原子離子 91, 358
polychlorinated biphenyls, PCBs 多氯聯苯 143, 157, 163-168, 174, 224
polychlorinated dibenzo-p-dioxins, PCDDs 戴奧辛 34, 143-144, 157, 168, 171-175, 177
polycyclic aromatic hydrocarbons,PAH 多環芳香烴化合物 143, 159-160, 162-163
polyunsaturated fatty acid, PUFA 多不飽和脂肪酸 257, 261-262
positive chemical ionization 正離子化學離子化 93, 107, 110, 237
Positive Ion Chemical Ionization Mass Spectrometry, PICIMS 正離子化學游離法質譜術 22
potential 電位 22, 62, 66, 69, 77-78, 95, 97, 101
primary ions 第一級離子 26
proton affinity 質子親和力 23-27, 29, 32-33, 230
protonated molecular ion 質子化分子離子 21-25

protonation 質子化 21-24, 27, 31-34
pseudomolecular ion 類似分子離子 43, 46
pulse voltage 脈衝電壓 103
purge and trap 吹洗捕集法 152, 156
purgeables 吹洗類 152
pyrrolidide 過氧吡咯醯胺 247, 252

Q

quadrupole 四極棒，四極矩 95, 97-100, 107, 109, 150-151, 186
quasimolecular ion 擬分子離子 23

R

radial component 徑向成份 102
radio frequency voltage 射頻電壓 95-96, 100
reagent gas 試劑氣體 22-28, 31, 148, 230-231, 236
repellar 推送電極 100
retarding grid 阻繞柵 91
retention time 滯留時間 24, 90-91, 107, 144, 159, 162, 165-166, 173-174, 185, 190, 193, 196, 209, 224-255
ring electrode 環狀電極 100-101, 104-105

S

saturated fatty acid 飽和脂肪酸 224, 232, 245, 247, 249
scattering angle 散射角度 95, 107
secondary ion 第二級離子 26, 68, 281-284, 288-298, 300, 302-303, 308-310, 324, 349
Secondary Ion Mass Spectrometry, SIMS 二次離子質譜術 279-282, 284, 305, 308, 323
sector 扇形 15, 52, 91, 95, 98-100, 107, 110, 117, 119-120, 129, 134-135, 137
Selected Ion Monitoring, SIM 選擇離子偵測法 94, 151, 168, 173, 187, 259, 264
Selected Reaction Monitoring, SRM 選擇反應偵測 89, 94, 100, 107, 110
selectivity 選擇性 91, 94, 99, 107, 133-134, 145, 216, 218
signal-to-noise ratio 訊號雜訊比 45, 94
silylation 矽化反應 247
solvation 溶合 24, 190
sports medicine 運動員用藥 201, 203-204
stable ions 穩定離子 91
stationary phase 固定相 145, 185-188, 245, 247, 249
stimulants 興奮劑 201-203, 209-210
sub-structure 次結構 93

T

tandem mass spectrometer 串聯質譜儀 3, 89-92, 95, 98-100, 105-111, 117, 134, 218, 234, 371
tandem-in-space 空間的串聯 89, 111
tandem-in-time 時間的串聯 89, 110
thermospray 熱灑法 3, 68, 77, 118-119, 215, 230-231
time domain 時間領域 73, 104
Time Of Flight, TOF 飛行時間 79, 90-91, 119, 295, 298

transmission 傳送率　99, 293

trap 阱　59, 62-70, 73-80, 100-110, 119

2, 4, 5-trichlorophenol, TCP 2, 4, 5-三氯酚　107

trimethylsilyl ester 三甲矽基酯　252

trimethylsilyl ether 三甲矽醚　255

triple quadrupole mass spectrometer 三段四極質譜儀　89, 95, 98-99, 107, 134-136

tropylium cation 環庚三烯陽離子　34

U

unimolecular decay 單分子衰變　95

unimolecular reaction 單分子反應　91

unit mass 單一質量　99-100, 133

volatile organic compounds 揮發性有機化合物　143, 145, 157, 159

II. 中文名詞索引

1-戊烯-3-炔基 1-penten-3-nye 108-109
2, 4, 5-三氯酚 2, 4, 5-trichlorophenol, TCP 107
McLafferty 重組 McLafferty rearrangement 13, 250, 258

一劃

一千兆分之一克 femtogram 99
一兆分之一克 picogram 44, 99
乙醯化反應 acetylation 247

二劃

丁基苯 n-butyl benzene 109
二次離子質譜術 Secondary Ion Mass Spectrometry, SIMS 279-282, 284, 305, 308, 323

三劃

三甲矽基酯 trimethylsilyl ester 252
三甲矽醚 trimethylsilyl ether 255
三段四極質譜儀 triple quadrupole mass spectrometer 89, 95, 98-99, 107, 134-136
大氣壓化學離子化 Atomspheric Pressure chemical Ionization, API 99
子離子 daughter ion 15, 21, 60, 68, 70, 89 92-94, 99, 106-108, 110, 117, 120-129, 133-135, 145, 232-234, 237-238
子離子掃描 daughter ion scan 15, 89, 92, 106, 124, 128-129

四劃

中性丟失掃描 neutral loss scan 89, 93-94, 106, 111, 117, 127, 129
元素組成 elemental composition 13, 39, 52, 290, 303
內能 internal energy 23, 107, 129, 133, 135-136
六氯苯 hexachlorobenzene, HCB 107
分子與離子反應 molecule/ion reaction 98, 194
分佈現象 partition 247
化學干擾背景 chemical background 43
化學游離質譜法 Chemical Ionization Mass Spectrometry, CIMS 21-22, 24-25, 27-28, 31-34, 259, 284
化學結合 chemical association 110

化學離子化離子源 chemical ionization ion source 148, 175

五劃

主動 active 100
加成離子 adduct ion 24, 27, 32, 108-109, 145
加成體 adducts 22
加速電壓掃描 accelerating-voltage scan 91, 122, 124, 129
四氧化鋨 osmium tetraoxide 257, 304
四極矩 quadrupole 95, 97-100, 107, 109, 150-151, 186
四極棒 quadrupole 95, 97-100, 107, 109, 150-151, 186
布忍司特酸 Brønsted acid 26-27
布忍司特鹼 Brønsted base 26
平均自由途徑 mean free path 22, 350
正確質量 accurate mass 52-53
正離子化學游離法質譜術 Positive Ion Chemical Ionization Mass Spectrometry, PICIMS 22
正離子化學離子化 positive chemical ionization 93, 107, 110, 237
母離子 parent ion 15, 60, 68-70, 89, 92-94, 99, 105-107, 110-111, 117, 120-129, 133-136, 145, 252
母離子掃描 parent ion scan 15, 89, 93, 124, 128-129
甲基丙二酸 methylmalonic acid 194, 196
甲基丙二酸尿症 methylmalonic aciduria 185, 189, 194
甲基酯 methyl ester 155, 246-247, 250-252, 259, 262

六劃

光活化解離 photodissociation 98, 104, 121
光譜干擾 mass overlap interferences 343-344, 353, 358, 360
先天代謝異常 inborn errors of metabolism 185, 196-197
全子離子質譜 full daughter spectrum 110
全氟三丁胺 perfluorotributylamine 109
同化類固醇 anabolic steroids 201-203, 207, 216, 218
同位素比測定 isotope ratio determination 356, 360-361
同位素圖樣 isotopic pattern 45
同質異構物離子 isobaric ion 100
多不飽和脂肪酸 polyunsaturated fatty acid, PUFA 257, 261-262
多元素分析技術 multielemental analysis technique 343, 350-351, 355, 363
多原子離子 polyatomic ion 91, 358
多氯聯苯 polychlorinated biphenyls, PCBs 143, 157, 163-168, 174, 224
多環芳香烴化合物 polycyclic aromatic hydrocarbons, PAH 143, 159-160, 162-163
安非他命 amphetamine 201, 203, 210
有機酸 organic acids 153, 155, 185, 187-190, 196, 246

有機酸尿症 organic acidurias 185, 187, 189
次結構 sub-structure 93

七劃

串聯質譜儀 tandem mass spectrometer 3, 89-92, 95, 98-100, 105-111, 117, 134, 218, 234, 371
利尿劑 diuretics 201, 203-204, 214-215
吹洗捕集法 purge and trap 152, 156
吹洗類 purgeables 152
快速原子撞擊法 Fast Atom Bombardment, FAB 3, 39-53, 68, 77, 118, 134, 228, 230, 264
快速離子撞擊 fast ion bombardment 40
角分辨質譜 angle-resolved mass spectrometry 95
阱 trap 59, 62-70, 73-80, 100-110, 119

八劃

固定相 stationary phase 145, 185-188, 245, 247, 249
孤離/解離 isolation/dissociation 105
波幅 amplitude 69-70, 74, 97, 101-102
直流電壓 DC voltage 95-96, 100, 150
矽化反應 silylation 247
空間的串聯 tandem-in-space 89, 111
阻撓 damp 104
阻繞柵 retarding grid 91
附著現象 adsorption 247
非萃取類 intractables 152-153, 155

九劃

紅鋁鐵質陶瓷 ferrite ceramic 99
衍生 derivatization 43, 185-188, 191, 196, 212, 216
衍生化 derivatized 43, 49
衍生物 derivative 34, 49, 51, 153, 155, 185, 188, 190, 196, 212, 214, 216, 223, 228, 245-247, 249, 250, 252-253, 255-258, 261-262
負離子化學游離法質譜術 Negative Ion Chemical Ionization Mass Spectrometry, NICIMS 28-29
負離子化學離子化 negative ion chemical ionization 149-150, 171, 237
負離子游離基 anion radical 28
飛行時間 flight time; Time Of Flight, TOF 79, 90-91, 119, 295, 298

十劃

原子槍 atom gun 39-40
孫代離子 granddaughter ion 106, 110
射頻電壓 radio frequency voltage 95-96, 100
徑向成份 radial component 102
扇形 sector 15, 52, 91, 95, 98-100, 107, 110, 117, 119-120, 129, 134-135, 137
效率 efficiency 98-100, 105, 107, 109-110, 134, 136, 230, 283, 290, 293, 308, 322, 343, 351, 357
時間的串聯 tandem-in-time 89, 110
時間領域 time domain 73, 104

振幅 amplitude 69-70, 74, 97, 101-102
氣相層析法 Gas Chromatography, GC 3, 91, 185, 188, 196-197, 250, 350
氣相層析質譜法 Gas Chromatography-Mass Spectrometry, GC-MS 77, 143-144, 165-166, 174, 185, 194, 196, 224, 228, 230, 232, 237-238, 245-247, 250, 257, 259, 261-262
氧化降解 oxidative degradation 257-258
脂肪酸 fatty acid 194, 196, 224-225, 228, 232, 245-264
脈衝電壓 pulse voltage 103
臭氧分解法 ozonolysis 259
訊號雜訊比 signal-to-noise ratio 45, 94
高解析度 high resolution 52, 59, 67, 74, 76, 78, 80, 117, 134, 145, 151, 160, 189, 308, 350, 371

十一劃

偵測極限 detection limit 107-108, 110, 143, 173, 283, 287, 292-295, 300, 302, 329, 343-344, 355, 358, 363-364
國際奧林匹克委員會 International Olympic Committee 201-202
基質效應 matrix effect 283, 308-310, 358, 360, 362, 364
推送電極 repellar 100
氫陰離子抽取反應 hydride abstraction 23
液相層析質譜儀 LC-MS 3, 77, 224, 228, 230-232, 234, 238
液體二級離子質譜 liquid secondary ion mass spectrometry 40
混成式質譜儀 hybrid mass spectrometer 95
異丁烷 isobutane 109, 189, 236
第一級離子 primary ions 26
第二級離子 secondary ion 26, 68, 281-284, 288-298, 300, 302-303, 308-310, 324, 349
被動 passive 100
痲醉性止痛劑 nareotic analgesics 201-203, 212
烷化反應 alkylation 247
烷基磷酸鹽 alkylphosphonate 110

十二劃

傅立葉轉換質譜儀 Fourier transform mass spectrometer 121
單一同位素分子量 monoisotopic molecular weight 45
單一質量 unit mass 99-100, 133
單分子反應 unimolecular reaction 91
單分子衰變 unimolecular decay 95
揮發性有機化合物 volatile organic compounds 143, 145, 157, 159
散射角度 scattering angle 95, 107
氯苯 chlorobenzene 107, 110, 157
測試範圍 dynamic range 110, 294
無場力 field-free 98
硝基苯 nitrobenzene 109
腎上腺皮質類固醇 corticosteroids 214-215
腎上腺素 β 型接受器阻斷劑 β-blocker

201, 203, 214
萃取類 extractables 152
軸向成份 axial component 102
間穩離子 metastable ion 14, 70, 91-92, 118, 120-125

十三劃

傳送率 transmission 99, 293
微秒 millisecond 70, 97
感應偶合電漿質譜分析法 Inductively Coupled Plasma Mass Spectrometry, ICP-MS 343-364
溶合 solvation 24, 190
碰撞室 collision cell; collision chamber 15, 89, 95, 98-99, 135
碰撞活化解離 Collision-Activated Dissociation, CAD 91-94, 98-100
碰撞氣體 collision gas 89, 91, 93-95, 99, 106-108, 110
碰撞誘導解離 Collision-Induced Dissociation, CID 89, 92, 95, 98, 104-110,121-122, 135-136, 232
禁藥 dope 107, 201-202, 218-219
禁藥檢測中心 doping control center 201-202, 219
解離化學 dissociation chemistry 110
試劑氣體 reagent gas 22-28, 31, 148, 230-231, 236
運動員用藥 sports medicine 201, 203-204
過氧吡咯醯胺 pyrrolidide 247, 252
電子撞擊 Electronic Impact, EI 3, 15, 21-22, 30-32, 39, 67-68, 77, 104, 106, 110,119, 148, 158, 160, 166, 171-172, 175, 177, 186, 189, 230-231, 238, 261, 373
電子撞擊式離子源 electron impact ion source 148, 160
電子撞擊法質譜術 Electron Impact Mass Spectrometry, EIMS 3, 21-22, 31, 261
電子激發 electronic excitation 95, 136
電位 potential 22, 62, 66, 69, 77-78, 95, 97, 101
電容 capacitance 97
電荷反向反應 charge inversion reaction 95, 100
電荷交換 charge exchange 23, 31, 39, 95
電荷交換反應 charge exchange reaction 23, 31, 95
電荷剝奪反應 charge stripping reaction 95, 100
電場解吸 field desorption 39
電感 inductance 97
電灑法 electrospray 3, 45, 68, 77, 118, 136
飽和脂肪酸 saturated fatty acid 224, 232, 245, 247, 249
羥亞胺基 hydroxyimido group 246

十四劃

截面 cross section 107
漂移空間 drift space 91
滯留時間 retention time 24, 90-91, 107, 144, 159, 162, 165-166, 173-174, 185, 190, 193, 196, 209, 224-255

滲透介電質 leaky dielectric 99
磁扇形質譜儀 magnetic sector instrument 52, 129, 134
端蓋 end cap 100-105
聚焦墊片 lens 99

十五劃

噴射 jet 99, 145, 188, 230, 347
撞球 billiard ball 95, 203
熱灑法 thermospray 3, 68, 77, 118-119, 215, 230-231
緩衝氣體 buffer gas 28, 30-31, 69, 104-105
緩衝氣體 buffering gas; moderation gas 28, 30-31, 69, 104-105
質子化 protonation 21-24, 27, 31-34
質子化分子離子 protonated molecular ion 21-25
質子親和力 proton affinity 23-27, 29, 32-33, 230
質子轉移熱 exethermicity of proton transfer 23
質分離子顯微術 mass-analyzed ion microscopy 277-279, 282, 289-310, 320, 324, 327, 329-330
質量中心能量 center of mass energy 106-107
質量分析器 mass analyzer 98, 145, 150-151, 186, 293, 297, 350-351
質量掃描範圍 mass scan range 45

十六劃

興奮劑 stimulants 201-203, 209-210
選擇反應偵測 Selected Reaction Monitoring, SRM 89, 94, 100, 107, 110
選擇性 selectivity 91, 94, 99, 107, 133-134, 145, 216, 218
選擇離子偵測法 Selected Ion Monitoring, SIM 94, 151, 168, 173, 187, 259, 264

十七劃

戴奧辛 polychlorinated dibenzo-p-dioxins, PCDDs 34, 143-144, 157, 168, 171-175, 177
擬分子離子 quasimolecular ion 23
擬雙曲線型 hyperboloid 100
環戊間二烯 cyclopentadiene 108-109
環系 cyclic ring 245-246
環庚三烯陽離子 tropylium cation 34
環狀電極 ring electrode 100-101, 104-105
環氧基 epoxide 246, 258
聯結掃描 linked scan 15, 117, 122, 125-126, 129, 133-134

十八劃

叢式離子 cluster ion 22, 24, 27
叢式結合反應 clustering association 23-24, 28
斷裂形式 fragmentation pattern 46, 245, 249, 253, 261
斷裂碎片 fragments 246, 257-258, 261
斷裂離子 fragment ion 43-44, 46-49, 51, 53, 91, 93, 105, 108

離子阱偵測器 Ion Trap Detector, ITD 104-105
離子阱質譜儀 ion trap mass spectrometer 89, 95, 100, 104-110
離子活化 ion activation 94
離子迴旋共振質譜儀 Ion Cyclotron Resonance Mass Spectrometer, ICR-MS 59-61,63-70, 72, 74-77, 79-80
離子源 ion source 14, 22, 24, 26, 29, 39-41, 59-60, 67-69, 77-79, 89, 95, 97, 100, 102, 145, 147-149, 158, 160, 171, 188, 193, 230-232, 236-237, 284, 289, 292, 297-298, 343, 349
雙異丙基甲基磷酸鹽 diisopropyl methyl phosphonate 110
雙斷裂－重組合過程 double cleavage-recombination process 254

十九劃

穩定離子 stable ions 91
鏈鎖反應 chain reaction 26
類似分子離子 pseudomolecular ion 43, 46

科儀叢書 5

質譜分析術專輯

初　　版／中華民國八十一年十一月
初版四刷／中華民國九十五年三月

發 行 人 ／陳建人
發 行 所 ／財團法人國家實驗研究院儀器科技研究中心
新竹市科學工業園區研發六路 20 號
電話：03-5779911 轉 303、304
傳真：03-5789343
網址：http://www.itrc.org.tw
行政院新聞局出版事業登記證局版臺業字第 2661 號

定　　價／精裝本　新台幣 450 元
平裝本　新台幣 350 元
郵撥戶號／00173431
財團法人國家實驗研究院儀器科技研究中心

打字暨印刷／彩言商業設計社 03-5256909

ISBN 957-00-0310-3 (精裝)
ISBN 957-00-0312-X (平裝)

國家圖書館出版品預行編目資料

質譜分析術專輯／財團法人國家實驗研究院儀器
科技研究中心．——初版．——新竹市：編者
發行，民 81
面：　　公分．——（科儀叢書；5）
含參考書目及索引
ISBN 957-00-0310-3（精裝）
ISBN 957-00-0312-X（平裝）

1, 定量分析　2, 化學—儀器
343　　　　　　　　81004451